高等职业教育"互联网+"新形态一体化系列教材
智能制造领域高素质技术技能型人才培养教材

Jixie Zhizao Gongyi yu Jiaju

机械制造工艺与夹具

主　编　◎ 张　宁
副主编 ◎ 张奎晓　李玉琴　许　强
参　编 ◎ 范习民　彭竹平　洪　涛　程　玉　陶晓川　曹文霞

华中科技大学出版社
http://press.hust.edu.cn
中国·武汉

内 容 简 介

本书内容包括机械制造工艺规程设计、机械加工精度、机械加工表面质量、典型零件的加工工艺、装配工艺规程设计、现代制造技术、工艺综合实训七个部分。全书以工艺设计为主线,将制造工艺、机床夹具、装配工艺和加工质量等有机统一,体系完整,简明精练。本书作为活页式教材,在内容上分为理论和工单册两个部分,内容组织具有一定的科学性和先进性。理论部分强调对基本概念和基本知识的理解和掌握,突出典型机械结构、典型工艺及其典型应用。为了体现对现场加工实际问题的分析并提出解决方案,对任务配备有相应的工单册。

本书可作为高职高专院校机械设计与制造、机械制造与自动化、数控技术、模具设计与制造、材料成形与控制技术、机电一体化技术、检测技术及应用、汽车制造与装配技术、汽车检测与维修技术、精密机械技术等各专业教材,也可作为高职本科机械设计制造及其自动化、材料成形及控制工程、过程装备与控制工程等专业教学用书,还可供从事机械制造工艺的工程技术人员学习参考。

图书在版编目(CIP)数据

机械制造工艺与夹具/张宁主编. —武汉:华中科技大学出版社,2023.5
ISBN 978-7-5680-9330-9

Ⅰ.①机… Ⅱ.①张… Ⅲ.①机械制造工艺-高等职业教育-教材 ②机床夹具-高等职业教育-教材
Ⅳ.①TH16 ②TG75

中国国家版本馆 CIP 数据核字(2023)第 061595 号

机械制造工艺与夹具
Jixie Zhizao Gongyi yu Jiaju

张　宁　主编

策划编辑:张　毅	
责任编辑:刘　静	
封面设计:孢　子	
责任监印:朱　玢	
出版发行:华中科技大学出版社(中国•武汉)	电话:(027)81321913
武汉市东湖新技术开发区华工科技园	邮编:430223

录　　排:华中科技大学惠友文印中心
印　　刷:武汉市洪林印务有限公司
开　　本:787mm×1092mm　1/16
印　　张:23.5
字　　数:598千字
版　　次:2023年5月第1版第1次印刷
定　　价:69.00元

本书若有印装质量问题,请向出版社营销中心调换
全国免费服务热线:400-6679-118　竭诚为您服务
版权所有　侵权必究

前言

教育、科技、人才是全面建设社会主义现代化国家的基础性、战略性支撑。党的二十大报告首次把教育、科技、人才一体部署，充分体现了对教育事业的高度重视和教育在中国式现代化中的重要地位与作用，坚持教育优先发展，教育是国之大计、党之大计。党的二十大报告还提出，我们要坚持教育优先发展、科技自立自强、人才引领驱动，加快建设教育强国、科技强国、人才强国，坚持为党育人、为国育才，全面提高人才自主培养质量，着力造就拔尖创新人才，聚天下英才而用之。构建新发展格局，实现高质量发展，离不开高水平科技自立自强，离不开国家战略人才力量的有力支撑，优先还是要办好人民满意的教育。教育离不开教材，编好教材是我们办好教育的一个重要环节。

"机械制造工艺与夹具"课程是机械类专业的一门主干专业课，教学内容包括机械制造工艺规程设计、机械加工精度、机械加工表面质量、典型零件的加工工艺、装配工艺规程设计、现代制造技术、工艺综合实训等。本课程实操性强，强调学以致用、理论联系实际，注重学生机械制造技术应用能力与工程素养的培养，旨在提高学生解决生产一线实际问题的能力。

制造业是国民经济的主体，是立国之本、兴国之器、强国之基。当前，新一轮科技革命和产业变革与我国加快转变经济发展方式的举措形成历史性交汇，国际产业分工格局正在重塑。经过几十年的快速发展，我国制造业规模跃居世界第一位，经济发展进入新常态，制造业发展面临新挑战。资源和环境约束不断强化，劳动力等生产要素成本不断上升，投资和出口增速明显放缓，主要依靠资源要素投入、规模扩张的粗放发展模式难以为继，调整结构、转型升级、提质增效刻不容缓。形成经济增长新动力，塑造国际竞争新优势，重点在制造业，难点在制造业，出路也在制造业。《中国制造 2025》明确了中国制造业的发展方向。编写本书的初衷是力求更好地为培养高职机械制造类和近机类专业高端技能型人才服务，引导学生培养机械制造工艺和夹具设计专业素质与能力，为学生成为机械及其相关行业工艺设计、夹具设计、数控加工、装配、调试与机床维护、生产组织、技术管理方面的高技能人才打下扎实的基础。

本书采用活页式装订方式，对传统的教学内容进行了重新整合，建立了新的教学内容体系，内容组织符合教学和学生认识规律，做到了由浅入深、循序渐进。本书在编写时力争做到突出重点、点面结合，精简了有关理论，删减和调整了部分传统内容，将传统技术与现代机械制造技术结合在一起，适当增加了较成熟的新知识、新材料、新工艺、新技术和新方法。通过本课程的学习，学生应能够掌握工艺的基本理论，以及机械加工和装配工艺规程制订的原则、步骤和方法，并能结合具体条件制订出工艺上可行、经济上合理的工艺规程；了解影响加工质量的各项因素，并学会分析研究加工质量的方法；掌握机床夹具设计的原理和方法；了解当前制造技术的发展情况，学会分析并总结实际生产中的先进经验，吸收国内外新技术、新工艺和新方法，并用于解决实际问题；掌握对具体工艺问题进行综合分析和试验的科学方法;能处理质量、成本和生产效益这三者的辩证关系,以求在保证质量的前提下获得最好的经济效益。本书每个项目中的任务都配有工单册,以实践教学为基础,以实际应用为主线,体现工艺的实际情况。本书特别注重学生机械制造技术应用能力与工程素养两个方面的培养,具有较强的实用性。

本书具体编写分工如下:张宁负责编写项目1、项目2、项目3、项目5、项目7及统稿;张奎晓、程玉负责编写项目6,李玉琴、许强负责编写项目4,范习民、彭竹平、洪涛、陶晓川、曹文霞负责编写部分章节的表格及图片。

本书在编写过程中,参考了大量国内外院校和专家的有关文献和资料,在此一并表示衷心的感谢。由于编者水平有限,书中难免有疏漏之处,敬请广大读者批评指正。

编 者
2023 年 2 月

目录 MULU

项目 1　机械制造工艺规程设计 ·· 1
　任务 1　工艺基础知识 ·· 2
　任务 2　机械制造工艺规程格式 ·· 7
　任务 3　零件图的研究和工艺分析 ··· 10
　任务 4　毛坯的选择 ·· 13
　任务 5　拟订工艺路线 ··· 16
　　任务 5.1　选择定位基准 ·· 16
　　任务 5.2　选择表面加工方法 ·· 19
　　任务 5.3　划分加工阶段 ·· 23
　　任务 5.4　加工顺序的安排 ··· 24
　　任务 5.5　确定工序数量 ·· 25
　任务 6　工序内容的设计 ·· 26
　　任务 6.1　机床与工艺装备的选择 ·· 26
　　任务 6.2　加工余量和工序尺寸的确定 ·· 27
　　任务 6.3　工序尺寸及其公差的确定 ··· 31
　　任务 6.4　切削用量的确定 ··· 39
　　任务 6.5　工时定额的确定 ··· 41
　　任务 6.6　工艺过程的技术经济分析 ··· 45
　任务 7　夹具设计 ··· 47
　　任务 7.1　夹具基础知识 ·· 47
　　任务 7.2　夹具的定位 ··· 53
　　任务 7.3　夹具的夹紧 ··· 78
　　任务 7.4　分度装置与夹具体 ·· 99
　　任务 7.5　专用夹具设计方法 ··· 111
　任务 1 工单册 ·· 117
　任务 2 工单册 ·· 119
　任务 3 工单册 ·· 121
　任务 4 工单册 ·· 123
　任务 5.1 工单册 ·· 125
　任务 5.5 工单册 ·· 127
　任务 6.1 工单册 ·· 129
　任务 6.2、6.3 工单册 ··· 131

任务6.4 工单册 ·· 138
　　任务6.5 工单册 ·· 139
　　任务6.6 工单册 ·· 141
　　任务7.1 工单册 ·· 142
　　任务7.2 工单册 ·· 144
　　任务7.3 工单册 ·· 150
　　任务7.4 工单册 ·· 152
　　任务7.5 工单册 ·· 153

项目2　机械加工精度 ·· 155
　　任务1　加工精度与加工误差 ····································· 156
　　任务2　工艺系统的几何误差 ····································· 159
　　任务3　工艺系统的受力变形 ····································· 168
　　任务4　工艺系统的热变形 ······································· 177
　　任务5　工艺系统的内应力变形 ··································· 181
　　任务6　加工误差的统计分析 ····································· 184
　　任务7　提高加工精度的措施 ····································· 197
　　任务1 工单册 ·· 201
　　任务2 工单册 ·· 202
　　任务3 工单册 ·· 204
　　任务4 工单册 ·· 206
　　任务5 工单册 ·· 208
　　任务6 工单册 ·· 209
　　任务7 工单册 ·· 213

项目3　机械加工表面质量 ·· 215
　　任务1　加工表面质量 ··· 216
　　任务2　影响加工表面质量的工艺因素 ····························· 218
　　任务3　控制加工表面质量的工艺途径 ····························· 227
　　任务1 工单册 ·· 233
　　任务2 工单册 ·· 234
　　任务3 工单册 ·· 236

项目4　典型零件的加工工艺 ·· 239
　　任务1　轴类零件加工 ··· 240
　　任务2　箱体类零件加工 ··· 251
　　任务3　套类零件加工 ··· 264
　　任务1 工单册 ·· 271
　　任务2 工单册 ·· 274
　　任务3 工单册 ·· 276

项目 5　装配工艺规程设计 ····· 279
任务 1　装配工艺基础知识 ····· 280
任务 2　装配尺寸链 ····· 283
任务 3　装配方法 ····· 287
任务 4　装配工艺规程的制订 ····· 298
任务 1 工单册 ····· 305
任务 2 工单册 ····· 306
任务 3 工单册 ····· 308
任务 4 工单册 ····· 311

项目 6　现代制造技术 ····· 313
任务 1　先进制造技术基础知识 ····· 314
任务 2　现代制造工艺技术 ····· 316
任务 3　制造自动化技术 ····· 327
任务 4　先进制造生产与管理模式 ····· 332
任务 1 工单册 ····· 339
任务 2 工单册 ····· 340
任务 3 工单册 ····· 341
任务 4 工单册 ····· 342

项目 7　工艺综合实训 ····· 343
任务　工艺综合实训的目的、内容和步骤 ····· 344
任务工单册 ····· 349

参考文献 ····· 367

项目 1

机械制造工艺规程设计

生产工艺展示

动画效果演示

知识目标

1. 懂得机械制造工艺规程的格式、内容、作用和设计原则。
2. 掌握零件工艺规程的设计步骤和方法。
3. 了解工艺过程技术经济分析方法和提高生产率的各种措施。

能力目标

1. 会根据零件图的加工要求对零件进行结构工艺性分析。
2. 会拟订零件的加工工艺路线。
3. 会用工艺尺寸链进行工序尺寸的相关计算。
4. 了解夹具的各个组成部分及作用。
5. 掌握夹具设计的方法。

思政目标

1. 提高学生的实践能力,锻炼学生的创新精神,增强学生的创造意识,引导学生体会科学精神。
2. 使学生能处理质量、成本和生产效益这三者之间的辩证关系,以求在保证质量的前提下取得最好的经济效益。
3. 培养学生精益求精的大国工匠精神。

任务1　工艺基础知识

制订机械加工工艺规程是机械制造企业工艺技术人员的一项主要工作内容。机械加工工艺规程的制订与生产实际有着密切的联系,它要求工艺规程制订者具有一定的生产实践知识和专业基础知识。

在实际生产中,由于零件的结构形状、几何精度、技术条件和生产数量等要求不同,往往要经过一定的加工过程才能由图样变成成品零件。因此,机械加工工艺人员必须从工厂现有的生产条件和零件的生产数量出发,根据零件的具体要求,在保证加工质量、提高生产效率和降低生产成本的前提下,针对零件上的各加工表面选择适宜的加工方法,合理地安排加工顺序,科学地拟订加工工艺过程,才能获得合格的机械零件。下面是在确定零件加工过程时应掌握的一些基本概念。

一、生产过程和工艺过程

1. 生产过程和工艺过程的概念

机械产品的生产过程是指将原材料转变为成品的所有劳动过程。这里所指的机械成品,可以是一台机器、一个部件,也可以是某种零件。对于机器制造而言,生产过程包括:

(1)原材料、半成品和成品的运输和保存;

(2)生产和技术准备工作,如产品的开发和设计、工艺的制订及工艺装备的设计与制造、各种生产资料的准备和生产组织等;

(3)毛坯制造和处理;

(4)零件的机械加工、热处理及其他表面处理;

(5)部件或产品的装配、检验、调试、涂装和包装等。

由上可知,机械产品的生产过程是相当复杂的。它通过的整个路线称为工艺路线。

工艺过程是指改变生产对象的形状、尺寸、相对位置和性质等,使其成为半成品或成品的过程。它是生产过程的一部分。工艺过程可分为毛坯制造、机械加工、热处理和装配等。

机械加工工艺过程是指用机械加工的方法直接改变毛坯的形状、尺寸和表面质量,使其成为零件或部件的那部分生产过程。它包括机械加工工艺过程和机器装配工艺过程。本书所称工艺过程均指机械加工工艺过程。

2. 工艺过程的组成

在机械加工工艺过程中,针对零件的结构特点和技术要求,要采用不同的加工方法和装备,按照一定的顺序依次进行加工,才能完成由毛坯到零件的过程。组成机械加工工艺过程的基本单元是工序。工序又由安装、工位、工步和走刀等组成。

(1)工序。一个或一组工人,在一个工作地点对同一个或同时对几个工件进行加工所连续完成的那部分工艺过程,称为工序。由定义可知,判别是否为同一工序的主要依据是工作地点是否变动和加工是否连续。

生产规模不同,加工条件不同,工艺过程及工序的划分也不同。图1-1所示的阶梯轴,根据加工是否连续和变换机床的情况,有三种加工方案:小批量生产时,可划分为表1-1所示的三道工序;大批大量生产时,可划分为表1-2所示的五道工序;单件生产时,甚至可以划分为表1-3所示的两道工序。

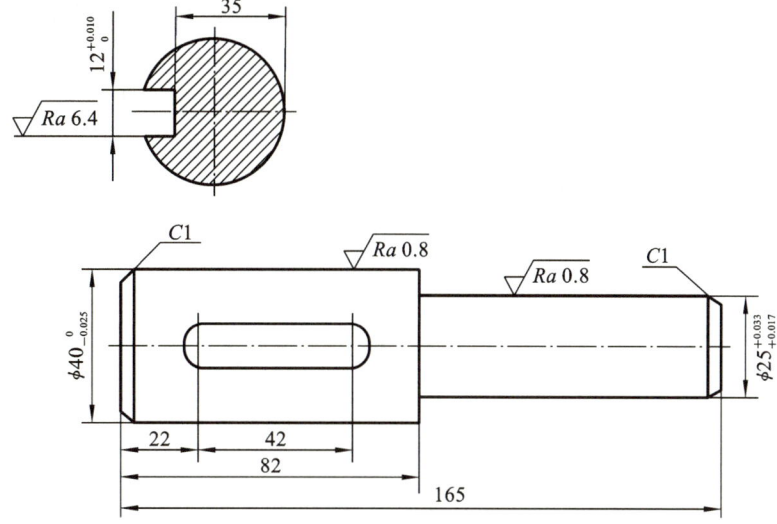

图 1-1 阶梯轴

表 1-1 小批量生产的工艺过程

工序号	工序内容	设备
1	车小端端面,钻小端中心孔;车小端外圆及倒角	车床
2	车大端端面,钻大端中心孔;车大端外圆及倒角	车床
3	精车外圆	车床
4	铣键槽;去毛刺	铣床

表 1-2 大批大量生产的工艺过程

工序号	工序内容	设备
1	铣端面,钻中心孔	中心孔机床
2	仿形车外圆、倒角	仿形车床
3	精车外圆	车床
4	铣键槽	立式铣床
5	去毛刺	钳工

表 1-3 单件生产的工艺过程

工序号	工序内容	设备
1	车小端端面,钻小端中心孔;车小端外圆及倒角;车大端端面,钻大端中心孔;车大端外圆及倒角;精车外圆	车床
2	铣键槽;去毛刺	铣床

（2）安装。在加工前,应先使工件在机床上或夹具中占有正确的位置,这一过程称为定位;工件定位后,将其固定,使其在加工过程中保持定位位置不变的操作称为夹紧。将工件在机床或夹具中每定位、夹紧一次所完成的那一部分工序内容称为安装。一道工序中,工件可能被安装一次或多次。

（3）工位。为了完成一定的工序内容,一次安装工件后,工件与夹具或设备的可动部分

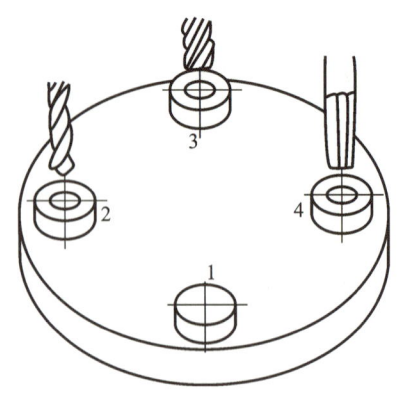

图 1-2　多工位加工

工位 1，装卸工件；工位 2，钻孔；
工位 3，扩孔；工位 4，铰孔

一起相对刀具或设备的固定部分所占据的每一个位置称为工位。为了减少由多次安装带来的误差和时间损失，加工中常采用回转工作台、回转夹具或移动夹具，使工件在一次安装中，先后处于几个不同的位置进行加工，称为多工位加工。图 1-2 所示为一利用回转工作台，在一次安装中依次完成装卸工件、钻孔、扩孔、铰孔四个工位加工的例子。采用多工位加工方法，既可以减少安装次数，提高加工精度，并减轻工人的劳动强度；又可以使各工位的加工与工件的装卸同时进行，提高劳动生产率。

（4）工步。工序又可分成若干工步。在加工表面不变、切削刀具不变、切削用量中的进给量和切削速度基本保持不变的情况下所连续完成的那部分工序内容，称为工步。以上三个不变因素中只要有一个因素改变，就形成新的工步。一道工序包括一个或几个工步。

为简化工艺文件，对于那些连续进行的几个相同的工步，通常可看作一个工步。为了提高生产率，常将几个待加工表面用几把刀具同时加工。这种由刀具合并起来的工步，称为复合工步，如图 1-3 所示。立轴转塔车床回转刀架（见图 1-4）一次转位完成的工位内容应属于一个工步。复合工步在工艺规程中也写作一个工步。

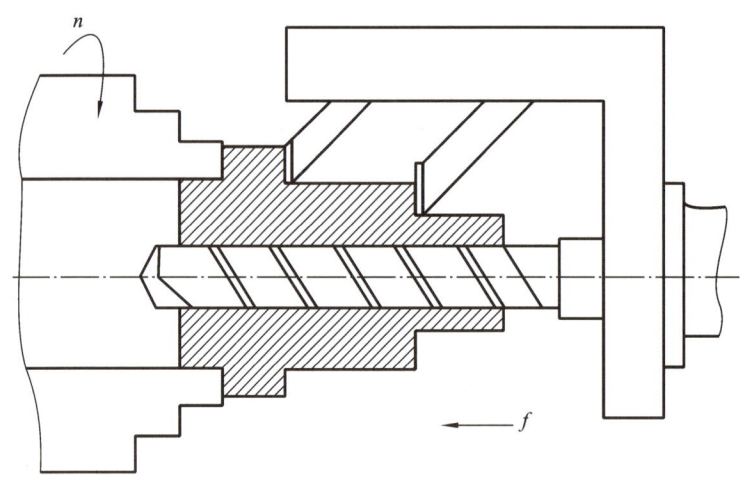

图 1-3　复合工步

（5）走刀。在一个工步中，若需切去的金属层很厚，则可分为几次切削，而每进行一次切削就是一次走刀。一个工步可以包括一次或几次走刀。

二、生产纲领和生产类型

1. 生产纲领

生产纲领是指企业在计划期内应当生产的产品产量和进度计划。计划期通常为 1 年，所以生产纲领也称为年产量。

对于零件而言，产品的产量除了制造机器所需要的数量之外，还要包括一定的备品和废

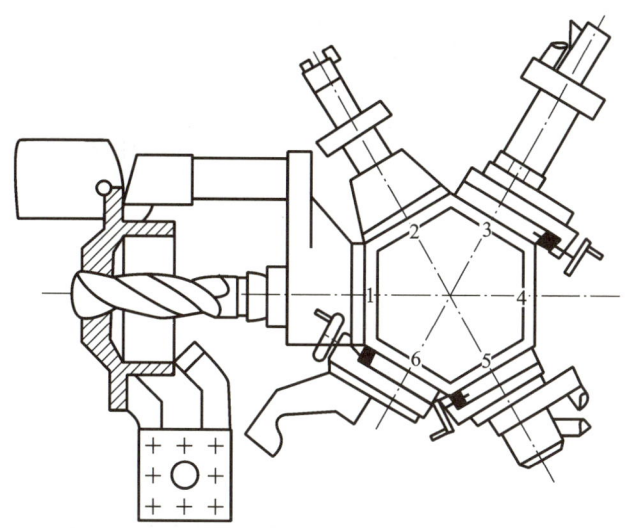

图 1-4　立轴转塔车床回转刀架

品,因此零件的生产纲领应按下式计算:

$$N=Qn(1+a\%)(1+b\%) \tag{1-1}$$

式中:N——零件的年产量(件/年);

Q——产品的年产量(台/年);

n——每台产品中该零件的数量(件/台);

$a\%$——该零件的备品率;

$b\%$——该零件的废品率。

2. 生产类型

生产类型是指企业生产专业化程度的分类。按照产品的生产纲领、投入生产的批量,可将生产分为单件生产、大量生产和批量生产三种类型。

(1) 单件生产。单个生产不同结构和尺寸的产品,很少重复甚至不重复,这种生产称为单件生产。例如,新产品试制、维修车间的配件制造和重型机械制造等,都属此种生产类型。它的特点是:生产的产品种类较多,而同一产品的产量很小,工作地点的加工对象经常改变。

(2) 大量生产。同一产品的生产数量很大,大多数工作地点经常按一定节奏重复进行某一零件的某一工序的加工,这种生产称为大量生产。例如,自行车制造和一些链条厂、轴承厂等的专业化生产,即属此种生产类型。它的特点是:同一产品的产量大,工作地点较少改变,加工过程重复。

(3) 批量生产。一年中分批轮流制造几种不同的产品,每种产品均有一定的数量,工作地点的加工对象周期性地重复,这种生产称为批量生产或成批生产。例如,一些通用机械厂、某些农业机械厂、陶瓷机械厂、造纸机械厂、烟草机械厂等的生产,即属这种生产类型。它的特点是:产品的种类较少,有一定的生产数量,加工对象周期性地改变,加工过程周期性地重复。

同一产品(或零件)每批投入生产的数量称为批量。根据批量的大小,又可将生产分为大批量生产、中批量生产和小批量生产。小批量生产的工艺特征接近单件生产,大批量生产的工艺特征接近大量生产。

根据用式(1-1)计算的零件生产纲领,参考表 1-4 即可确定生产类型。不同生产类型的制造工艺有不同特征。各种生产类型的工艺特征见表 1-5。

表 1-4　生产类型和生产纲领的关系

生产类型		生产纲领/(件/年或台/年)		
		重型(30 kg 以上)	中型(4～30 kg)	轻型(4 kg 以下)
单件生产		5 以下	10 以下	100 以下
批量生产	小批量生产	5～100	10～200	100～500
	中批量生产	100～300	200～500	500～5 000
	大批量生产	300～1 000	500～5 000	5 000～50 000
大量生产		1 000 以上	5 000 以上	50 000 以上

表 1-5　各种生产类型的工艺特征

工艺特点	单件生产	批量生产	大量生产
毛坯的制造方法	铸件用木模手工造型,锻件采用自由锻锻造	铸件用金属模造型,部分锻件采用模锻锻造	铸件广泛用金属模机器造型,锻件采用模锻锻造
零件互换性	无须互换,互配零件可成对制造,广泛用修配法装配	大部分零件有互换性,少数用修配法装配	全部零件有互换性,某些要求精度高的配合采用分组装配
机床设备及其布置	采用通用机床;按机床类别和规格采用"机群式"排列	部分采用通用机床,部分采用专用机床;按零件加工分"工段"排列	广泛采用生产率高的专用机床和自动机床;按流水线形式排列
夹具	很少用专用夹具,采用划线法和试切法达到设计要求	广泛采用专用夹具,部分用划线法进行加工	广泛用专用夹具,用调整法达到精度要求
刀具和量具	采用通用刀具和万能量具	较多采用专用刀具和专用量具	广泛采用高生产率的刀具和量具
对技术工人的要求	需要技术熟练的工人	各工种需要达到一定熟练程度的技术工人	对机床调整工人技术要求高,对机床操作工人技术要求低
对工艺文件的要求	只有简单的工艺过程卡	有详细的工艺过程卡或工艺卡,零件的关键工序有详细的工序卡	有工艺过程卡、工艺卡和工序卡等详细的工艺文件

任务 2　机械制造工艺规程格式

一、机械加工工艺规程的概念

机械加工工艺规程是将产品或零部件的制造工艺过程和操作方法按一定格式固定下来的技术文件。它是在具体生产条件下,本着最合理、最经济的原则编制而成,经审批后用来指导生产的法规性文件。

机械加工工艺规程包括零件加工工艺流程、加工工序内容、切削用量、所采用设备及工艺装备、工时定额等。

二、机械加工工艺规程的作用

机械加工工艺规程是机械制造工厂最主要的技术文件,是工厂规章制度的重要组成部分。它的主要作用如下。

(1) 它是组织和管理生产的基本依据。工厂进行新产品试制或产品投产时,必须按照机械加工工艺规程提供的数据进行技术准备和生产准备,以便合理编制生产计划,合理调度原材料、毛坯和设备,及时设计制造工艺装备,科学地进行经济核算和技术考核。

(2) 它是指导生产的主要技术文件。机械加工工艺规程是在结合本厂具体情况、总结实践经验的基础上,依据科学的理论,进行必要的工艺实验后制订的,反映了加工过程中的客观规律。工人必须按照机械加工工艺规程进行生产,才能保证产品质量,才能提高生产效率。

(3) 它是新建和扩建工厂的原始资料。根据机械加工工艺规程,可以确定生产所需的机械设备、技术工人、基建面积以及生产资源等。

(4) 它是进行技术交流、开展技术革新的基本资料。典型和标准的机械加工工艺规程能缩短生产的准备时间,提高经济效益。先进的机械加工工艺规程必须广泛吸取合理化建议,不断交流工作经验,才能适应科学技术的不断发展。机械加工工艺规程是开展技术革新和技术交流必不可少的技术语言和基本资料。

三、机械加工工艺规程的类型

根据指导性技术文件 JB/T 9169.5—1998《工艺管理导则　工艺规程设计》中的规定,工艺规程的类型如下。

(1) 专用工艺规程:针对每一个产品和零件所设计的工艺规程。

(2) 通用工艺规程:包括典型工艺规程和成组工艺规程。

①典型工艺规程:为一组结构相似的零部件所设计的通用工艺规程。

②成组工艺规程:按成组技术原理将零件分类成组,针对每一组零件所设计的通用工艺规程。

(3) 标准工艺规程:已纳入标准的工艺规程。

为了适应工业发展的需要,加强科学管理和便于交流,我国还制订了指导性技术文件 JB/T 9165.2—1998《工艺规程格式》。按照规定,属于机械加工工艺规程的有:

(1) 机械加工工艺过程卡片(主要列出零件加工所经过的整个工艺路线以及工装设备和工时等内容,多用于生产管理);

(2) 机械加工工序卡片(用来具体指导工人操作的一种最详细的工艺文件,卡片上要画出工序简图,注明该工序的加工表面及应达到的尺寸精度和粗糙度要求、工件的安装方式、切削用量、工装设备等内容);

(3) 标准零件或典型零件工艺过程卡片;

(4) 单轴自动车床调整卡片;

(5) 多轴自动车床调整卡片;

(6) 机械加工工序操作指导卡片;

(7) 检验卡片等。

属于机械装配工艺规程的有:

①装配工艺过程卡片;

②装配工序卡片。

最常用的机械加工工艺过程卡片和机械加工工序卡片的格式分别如图1-5、图1-6所示。

机械加工工艺过程卡片				产品型号					零件图号			共 页	第 页
				产品名称					零件名称				
材料牌号			毛坯种类			毛坯外形尺寸		每毛坯件数		每台件数		备注	
工序号	工序名称		工序内容			车间	工段	设备		工艺装备		工时	
												准终	单件
									设计(日期)	校对(日期)	审核(日期)	标准化(日期)	会签(日期)
标记	处数	更改文件号	签字	日期	标记	处数	更改文件号	签字	日期				

图 1-5 机械加工工艺过程卡片

四、制订工艺规程的原则和依据

1. 制订工艺规程的原则

制订工艺规程时,必须遵循以下原则:

(1) 必须充分利用本企业现有的生产条件;

(2) 必须可靠地加工出符合图纸要求的零件,保证产品质量;

(3) 保证良好的劳动条件,提高劳动生产率;

机械加工工序卡片		产品型号		零件图号			
		产品名称		零件名称		共 页	第 页

	车间	工序号	工序名称	材料牌号
	毛坯种类	毛坯外形尺寸	每毛坯可制件数	每台件数
	设备名称	设备型号	设备编号	同时加工件数
	夹具编号		夹具名称	切削液
	工位器具编号		工位器具名称	工序工时（分）
				准终 | 单件

工步号	工步内容	工艺装备	主轴转速 r/min	切削速度 m/min	进给量 mm/r	切削深度 mm	进给次数	工步工时 机动 | 辅助

						设计（日期）	校对（日期）	审核（日期）	标准化（日期）	会签（日期）
标记	处数	更改文件号	签字	日期	标记	处数	更改文件号	签字	日期	

图1-6　机械加工工序卡片

（4）在保证产品质量的前提下，尽可能降低消耗、降低成本；

（5）应尽可能采用国内外先进工艺技术。

由于工艺规程是直接指导生产和操作的技术文件，因此工艺规程还应做到清晰、正确、完整和统一，所用术语、符号、编码、计量单位等都必须符合相关标准。

2．制订工艺规程的主要依据

制订工艺规程时，必须依据如下原始资料：

（1）产品装配图和零件工作图；

（2）产品的生产纲领；

（3）本企业现有的生产条件，包括毛坯的生产条件或协作关系、工艺装备和专用设备及其制造能力、工人的技术水平以及各种工艺资料和标准等；

（4）产品验收的质量标准；

（5）国内外同类产品的新技术、新工艺及其发展前景等的相关信息。

五、制订工艺规程的步骤

制订机械加工工艺规程的步骤大致如下：

（1）零件图的研究和工艺分析，由零件生产纲领确定零件生产类型；

（2）确定毛坯种类；

（3）拟订零件加工工艺路线；

（4）确定各工序所用机床设备和工艺装备（含刀具、夹具、量具、辅具等）；

(5) 确定各工序的加工余量,计算工序尺寸及其公差;

(6) 确定各工序的技术要求及检验方法;

(7) 确定各工序的切削用量和工时定额;

(8) 编制工艺文件。

六、制订工艺规程时要解决的主要问题

制订工艺规程时,主要解决以下几个问题:

(1) 熟悉和分析制订机械加工工艺规程的主要依据,确定零件的生产纲领和生产类型;

(2) 分析零件工作图和产品装配图,进行零件结构工艺性分析;

(3) 确定毛坯,包括选择毛坯的类型和制造方法;

(4) 选择定位基准或定位基面;

(5) 拟订工艺路线;

(6) 确定各工序需用的设备及工艺装备;

(7) 确定工序余量、工序尺寸及其公差;

(8) 确定各主要工序的技术要求及检验方法;

(9) 确定各工序的切削用量和时间定额,并进行技术经济分析,选择最佳工艺方案;

(10) 填写工艺文件。

任务3　零件图的研究和工艺分析

制订零件的机械加工工艺规程前,必须认真研究零件图,对零件进行工艺分析。

一、零件图的研究

零件图是制订工艺规程最主要的原始资料。只有通过对零件图和装配图的分析,才能了解产品的性能、用途和工作条件,明确各零件的相互装配位置和作用,了解零件的主要技术要求,找出生产合格产品的关键技术问题。零件图的研究包括以下三项内容。

(1) 检查零件图的完整性和正确性。主要检查零件视图是否表达直观、清晰、准确、充分,尺寸、公差、技术要求是否合理、齐全。如有错误或遗漏,应提出修改意见。

(2) 分析零件材料选择是否恰当。零件材料的选择应立足于国内,尽量采用我国资源丰富的材料,尽量避免采用贵重金属。同时,所选材料必须具有良好的加工性。

(3) 分析零件的技术要求,包括零件加工表面的尺寸精度、形状精度、位置精度、表面粗糙度、表面微观质量以及热处理等要求。分析零件的这些技术要求在保证使用性能的前提下是否经济合理,在本企业现有生产条件下是否能够实现。

二、零件的结构工艺性分析

零件的结构工艺性是指在不同生产类型的具体生产条件下,零件毛坯的制造、零件的加工和产品的装配所具备的可行性和经济性。零件的结构工艺性涉及面很广,具有综合性,必须全面综合地分析。零件的结构对机械加工工艺过程的影响很大,尽管不同结构的两个零件都能满足使用要求,但它们的加工方法和制造成本却可能有很大的差别。所谓具有良好的结构工艺性,应是在不同生产类型的具体生产条件下,对零件毛坯的制造、零件的加工和产品的装配,都能以较高的生产率和最低的成本,采用较经济的方法进行并能满足使用性能

的要求。在制订机械加工工艺规程时,主要对零件切削加工工艺性进行分析。两个使用性能完全相同的零件,结构稍有不同,制造成本可能有很大的差别。零件机械加工结构工艺性实例分析如表 1-6 所示。

表 1-6 零件机械加工结构工艺性实例分析

序号	结构工艺性内容	不好	好
1	尽量减少大平面的加工	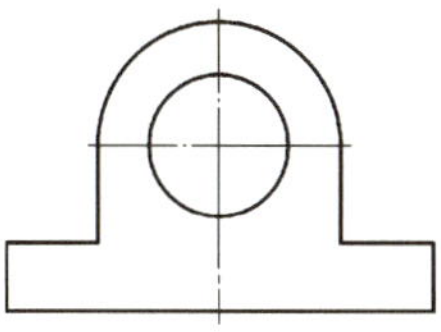	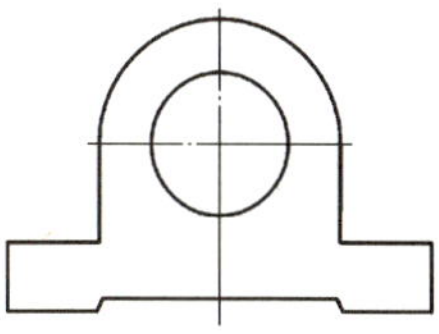
2	尽量减少深孔加工	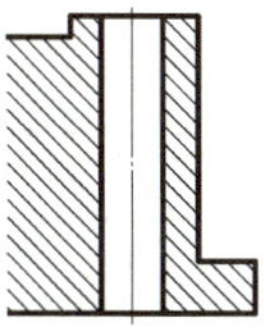	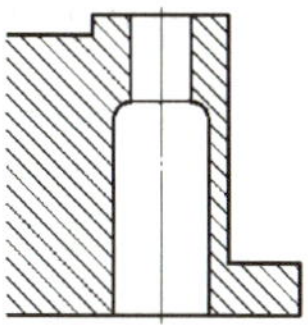
3	键槽布置在同一方向可减少调整次数	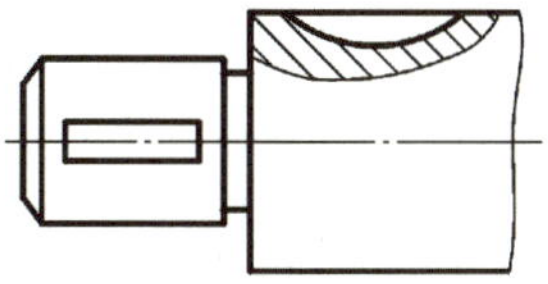	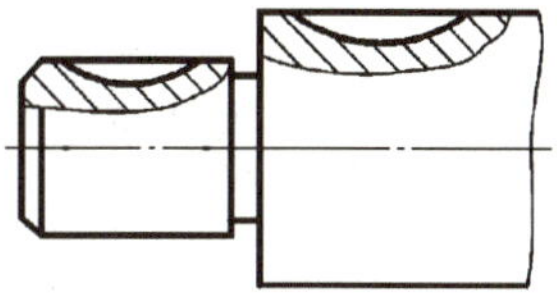
4	(1) 加工面与非加工面应明显分开; (2) 凸台高度应相同,以便于一次加工	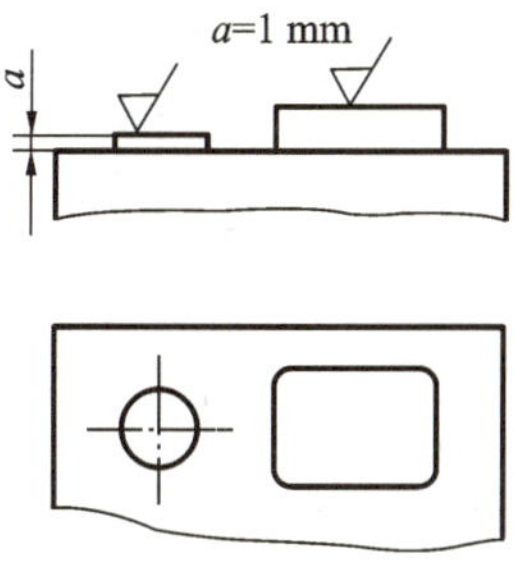	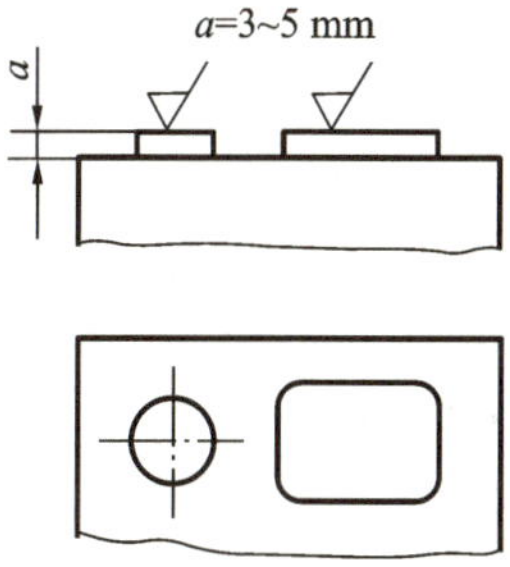
5	槽的宽度一致	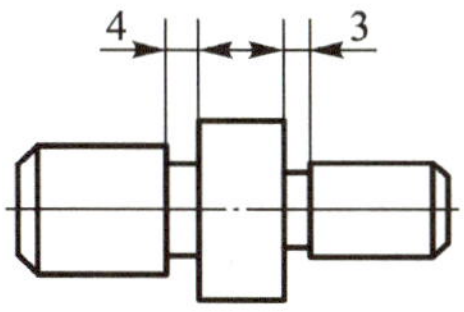	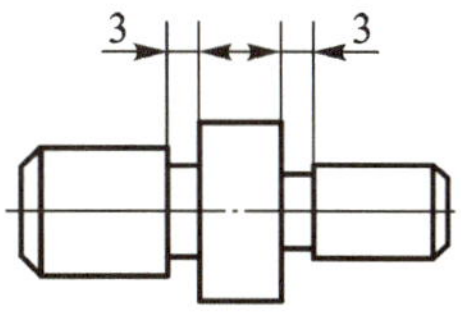
6	磨削表面应有退刀槽	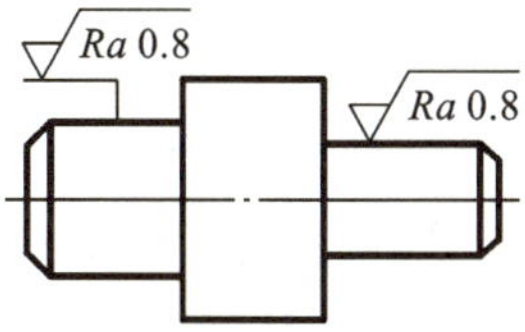	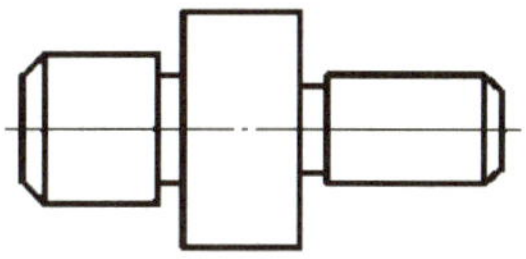
7	(1) 内螺纹孔口应倒角; (2) 内螺纹孔根部应有退刀槽	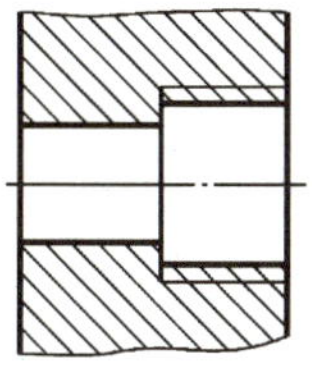	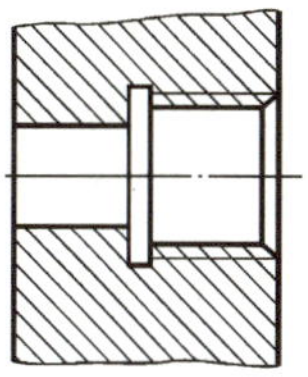

续表

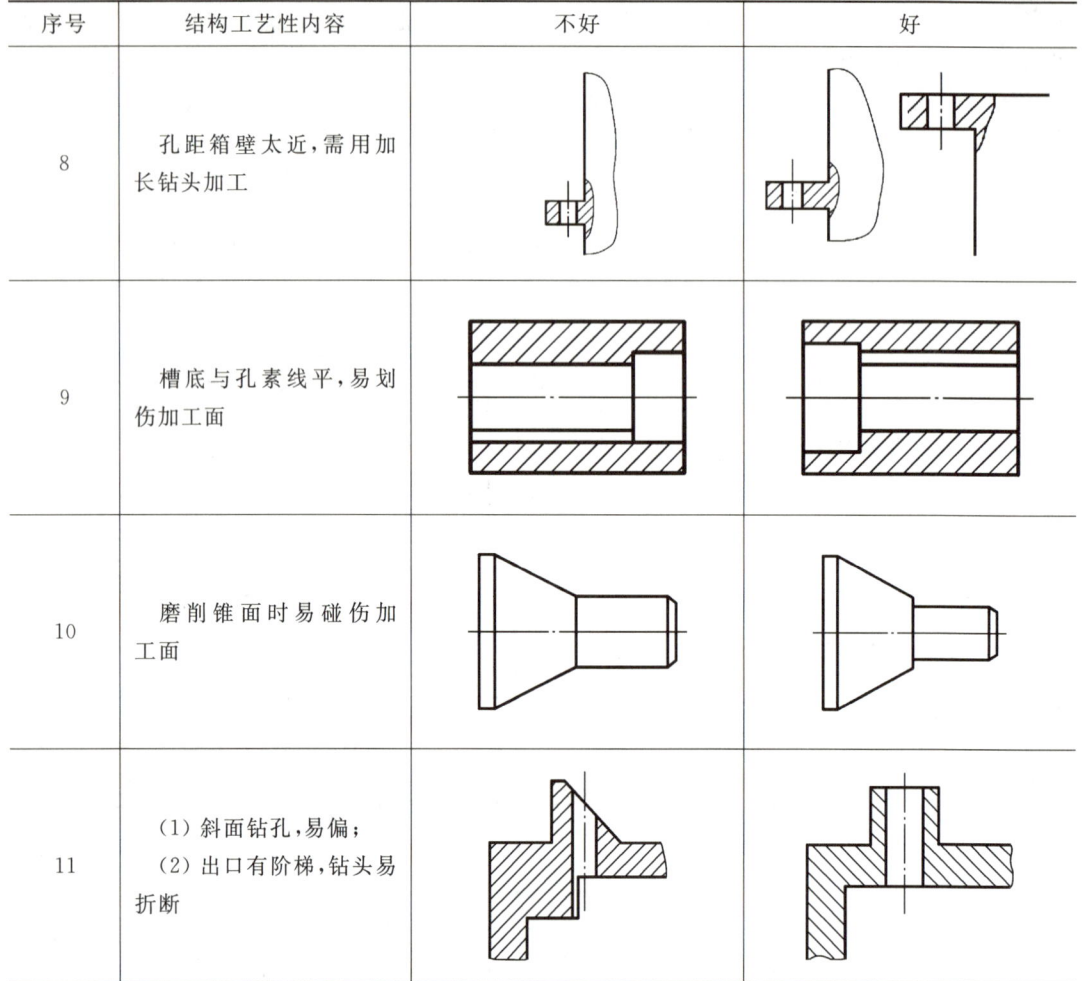

三、零件工艺分析应重点研究的几个问题

对于较复杂的零件,在进行工艺分析时还必须重点研究以下三个方面的问题。

(1) 主次表面的区分和主要表面的保证。零件的主要表面是指零件与其他零件相配合的表面,或是直接参与机器工作过程的表面。主要表面以外的其他表面称为次要表面。根据主要表面的质量要求,便可确定所应采用的加工方法以及采用哪些最后加工的方法来保证实现这些要求。

(2) 重要技术条件分析。零件的技术条件一般是指零件的表面形状精度和位置精度,静平衡、动平衡要求,热处理、表面处理,探伤要求和气密性试验等。重要技术条件是影响工艺过程制订的重要因素,通常不仅会影响到基准的选择和加工顺序,还会影响工序的集中与分散。

(3) 零件图上表面位置尺寸的标注。零件上各表面之间的位置精度是通过一系列工序加工后获得的,这些工序的顺序与工序尺寸和相互位置关系的标注方式直接相关,这些尺寸的标注必须做到尽量使定位基准、测量基准与设计基准重合,以减少基准不重合带来的误差。

任务 4　毛坯的选择

选择毛坯，主要是确定毛坯的种类、制造方法和制造精度。毛坯的形状、尺寸越接近成品，切削加工余量就越少，从而可以提高材料的利用率和生产效率，然而这样往往会导致毛坯制造困难，需要采用昂贵的毛坯制造设备，从而增加毛坯的制造成本。所以，选择毛坯时应从机械加工和毛坯制造两方面出发，综合考虑，以求获得最佳效果。

一、毛坯的种类

毛坯的种类很多，同一种毛坯又有多种制造方法。

1. 铸件

铸件主要是形状复杂的零件毛坯。根据铸造方法的不同，铸件又分为以下几种。

（1）砂型铸造铸件。这是应用最为广泛的一种铸件。它又有木模手工造型和金属模机器造型之分。木模手工造型铸件精度低，加工表面需留较大的加工余量；木模手工造型生产效率低，适用于单件小批生产或大型零件的铸造。金属模机器造型生产效率高，铸件精度也高，但设备费用高，铸件的重量也受限制，适用于大批量生产的中小型铸件的铸造。

（2）金属型铸造铸件。金属型铸造铸件是将熔融的金属浇注到金属模具中，依靠金属自重充满金属模型腔而获得的铸件。这种铸件相比砂型铸造铸件精度高、表面质量和力学性能好，生产效率也较高，但需用专用的金属模铸造。金属型铸造适用于大批量生产中的尺寸不大的有色金属铸件的铸造。

（3）离心铸造铸件。离心铸造铸件是将熔融的金属注入高速旋转的铸型内，在离心力的作用下，金属液充满型腔而形成的铸件。这种铸件晶粒细、金属组织致密，零件的力学性能好、外圆精度及表面质量高，但内孔精度差，且需用专门的离心浇注机铸造。离心铸造适用于批量较大的黑色金属和有色金属的旋转体铸件的铸造。

（4）压力铸造铸件。压力铸造铸件是指将熔融的金属在一定的压力作用下，以较高的速度注入压铸型型腔内而获得的铸件。这种铸件精度高（可达 IT11～IT13 级），表面粗糙度值小（可达 $Ra\ 0.4\sim3.2\ \mu m$），力学性能好。压力铸造具有以下特点：可铸造各种结构较复杂的零件，零件上各种孔眼、螺纹、文字及花纹图案均可铸出；需要一套昂贵的设备和型腔模；适用于批量较大的形状复杂、尺寸较小的有色金属铸件的铸造。

（5）精密铸造铸件。精密铸造是指将石蜡通过型腔模压制成与工件一样的蜡制件，再在蜡制件周围粘上特殊型砂，凝固后将其烘干焙烧，蜡被蒸化而放出，留下工件形状的模壳，用于浇注。精密铸造铸件精度高，表面质量好。精密铸造一般用来铸造形状复杂的铸钢件，可节省材料、降低成本，是一项先进的毛坯制造工艺。

2. 锻件

锻造适用于制造强度要求高、形状比较简单的零件毛坯。经锻造成型的零件毛坯称为锻件。它根据所采用的锻造方法不同分为自由锻锻件和模锻锻件两种。

自由锻锻件是用锻锤或在压力机上通过手工操作而成型的锻件。它的精度低，加工余量大。自由锻生产效率低，适用于锻造单件小批生产及大型锻件。

模锻锻件是用锻锤或在压力机上，通过专用锻模锻制成型的锻件。它的精度和表面粗糙度均比自由锻锻件好,形状更接近工件的形状,加工余量小。另外,模锻锻件由于材料纤维组织分布好,因而机械强度高。模锻生产效率高,但需要专用的模具,且锻锤的吨位也要比自由锻锻锤的吨位大,主要适用于锻造批量较大的中小型锻件。

3. 焊接件

焊接件是根据需要用型材或钢板焊接而成的毛坯。它制作方便、简单,加工周期短,且重量轻,但抗振动性差,需要经过热处理才能进行机械加工。焊接件一般都是单件小批生产的大型毛坯。

4. 冲压件

冲压件是通过冲压设备对薄钢板进行冷冲压加工而得到的零件。冲压件尺寸精度较高,可以不再进行加工,或只进行精加工。冲压件一般都是批量较大而厚度较小的中小型零件。

5. 型材

型材主要通过热轧或冷拉而成。热轧型材的精度低,价格较冷拉型材便宜,用作一般零件的毛坯。冷拉型材尺寸小,精度高,易于实现自动送料,但价格贵,多用于批量较大且在自动机床上进行加工的情形。按截面形状,型材可分为圆钢、方钢、六角钢、扁钢、角钢、槽钢以及其他特殊截面的型材。

6. 冷挤压件

冷挤压件是在压力机上通过挤压模挤压而制成的。冷挤压件生产效率高,精度高,表面粗糙度值小,可以不再进行机械加工,但要求材料塑性好,所用材料主要为有色金属和塑性好的钢材。冷挤压适用于在大批量生产中制造形状简单的小型零件。

7. 粉末冶金件

粉末冶金件是以金属粉末为原料,在压力机上通过模具压制成型后经高温烧结而成的。粉末冶金件生产效率高,精度高,表面粗糙度值小,一般可不再进行精加工,但金属粉末成本较高。这种工艺技术适用于在大批大量生产中压制形状较简单的小型零件。

二、确定毛坯时应考虑的因素

在确定毛坯时应考虑以下因素。

(1) 零件的材料及其力学性能。零件的材料选定以后,毛坯的类型就大体确定了。例如,对于材料为铸铁的零件,自然应选择铸造毛坯;而对于重要的钢质零件,力学性能要求高时,可选择锻造毛坯。

(2) 零件的结构和尺寸。形状复杂的毛坯常采用铸件,但形状复杂的薄壁件一般不能采用砂型铸造工艺。一般用途的阶梯轴,各段直径相差不大、力学性能要求不高时,可选择棒料做毛坯;倘若各段直径相差较大,为了节省材料,应选择锻件。

(3) 零件的生产类型。当零件的生产批量较大时,应采用精度和生产效率都比较高的毛坯制造方法,这时毛坯制造增加的费用可由材料耗费减少的费用以及机械加工减少的费用来补偿。

(4) 现有的生产条件。选择毛坯类型时,要结合本企业的具体生产条件,如毛坯制造的实际水平和能力、外协的可能性等。

(5) 利用新技术、新工艺和新材料的可能性。为了节约材料和能源,减少机械加工余量,提高经济效益,只要有可能,就必须尽量采用精密铸造、精密锻造、冷挤压、粉末冶金和工程塑料等新工艺、新技术和新材料。

三、确定毛坯时的几项工艺措施

实现少切屑、无切屑加工,是现代机械制造技术的发展趋势。但是,受毛坯制造技术的限制,加之现代机器对零件精度和表面质量的要求越来越高,为了保证机械加工能达到质量要求,毛坯的某些表面仍需留有加工余量。由于一些零件形状特殊,安装和加工不大方便,因此必须采取一定的工艺措施才能对毛坯进行机械加工。以下列举几种常见的工艺措施。

(1) 为了便于安装,有些铸件毛坯需铸出工艺搭子,如图 1-7 所示。工艺搭子在零件加工完毕后一般应切除,如对使用和外观没有影响,也可保留在零件上。

(2) 对于装配后需要形成同一工作表面的两个相关偶件,为了保证加工质量并使加工方便,常常将这些分离零件先制作成一个整体毛坯,加工到一定阶段后再切割分离。例如:图 1-8 所示的车床走刀系统中的开合螺母外壳,毛坯就是两件合制的;柴油机连杆大端也是合制的。

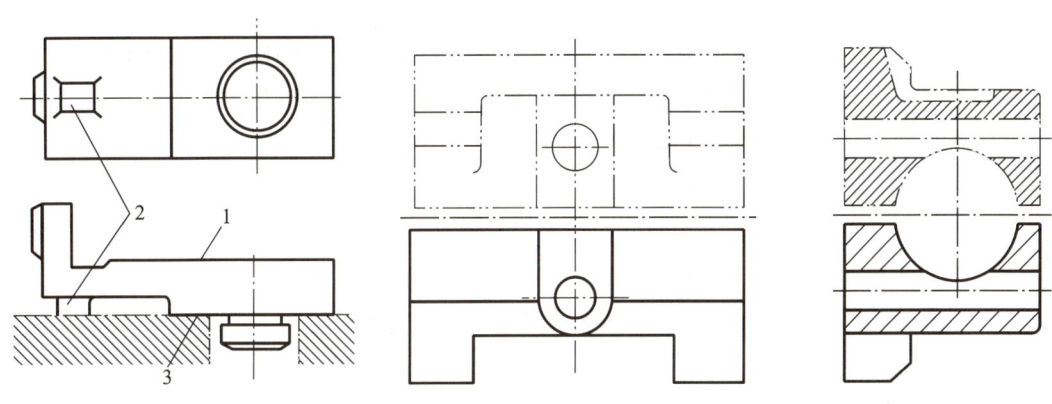

图 1-7 工艺搭子的实例   图 1-8 车床开合螺母外壳

1—加工面;2—工艺搭子;3—定位面

(3) 对于形状比较规则的小型零件,为了便于安装和提高机械加工的生产率,可将多件合成一个毛坯,加工到一定阶段后,再分离成单件。例如,对于图 1-9 所示的滑键,可先将毛坯的各平面加工好后再切离成单件,然后对单件进行加工。

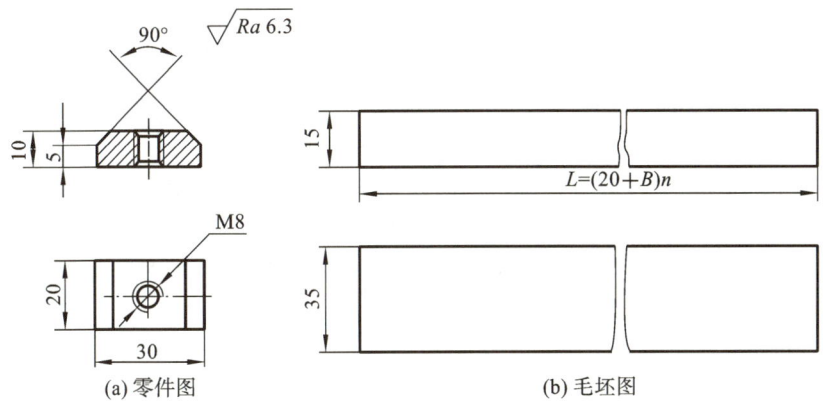

图 1-9 滑键零件图与毛坯图

任务 5　拟订工艺路线

工艺路线是指在零件的生产过程中,由毛坯到成品所经过的工序先后顺序。拟订工艺路线是制订工艺规程的重要内容。拟订工艺路线的主要任务如下。
(1) 选择定位基准。
(2) 选择表面加工方法。
(3) 划分加工阶段。
(4) 确定工序数量(工序集中和分散原则)。
(5) 安排工序的顺序。

任务 5.1　选择定位基准

定位基准的选择对于保证零件的尺寸精度和位置精度以及合理安排加工顺序都有很大的影响。当使用夹具安装工件时,定位基准的选择还会影响夹具结构的复杂程度。因此,定位基准的选择是制订工艺规程时必须认真考虑的一个重要工艺问题。

一、基准的概念和分类

基准是指确定零件上某些点、线、面位置时所依据的那些点、线、面,或者说是用来确定生产对象上几何要素间的几何关系所依据的那些点、线、面。

按作用的不同,基准可分为设计基准和工艺基准两大类。

1. 设计基准

设计基准是指零件设计图上用来确定其他点、线、面位置关系所采用的基准。

2. 工艺基准

工艺基准是指在加工或装配过程中所使用的基准。根据使用场合的不同,工艺基准又可分为工序基准、定位基准、测量基准和装配基准四种。

(1) 工序基准:在工序图上,用来确定本工序所加工表面加工后的尺寸、形状、位置的基准,即工序图上的基准。

(2) 定位基准:在加工时用作定位的基准。它是工件上与夹具定位元件直接接触的点、线、面。

(3) 测量基准:在测量零件已加工表面的尺寸和位置时所采用的基准。

(4) 装配基准:装配时用来确定零件或部件在产品中的相对位置所采用的基准。

上述各类基准应尽可能重合。在设计机械零件时,应尽可能以装配基准作为设计基准,以便直接保证装配精度。在编制零件加工工艺规程时,应尽可能以设计基准为工序基准,以便保证零件的加工精度。在加工和测量工件时,应尽量使定位基准和测量基准与工序基准重合,以便消除基准不重合误差。

二、定位基准的选择要求

选择定位基准时应符合以下两点要求:
(1) 各加工表面应有足够的加工余量,非加工表面的尺寸、位置符合设计要求;
(2) 定位基面应有足够大的接触面积和分布面积,以保证能承受大的切削力,保证定位稳定、可靠。

三、定位基准的分类

定位基准可分为粗基准和精基准。未经加工的表面作为定位基准时称为粗基准。已加工的表面作为定位基准时称为精基准。选择粗基准时考虑的重点是如何保证各加工表面有足够的加工余量,而选择精基准时考虑的重点是如何减少误差。在选择定位基准时,通常从保证加工精度要求角度出发,因而定位基准选择的顺序应是从精基准到粗基准。

四、精基准的选择

选择精基准应考虑如何保证加工精度和装夹可靠、方便,一般应遵循以下原则。

(1) 基准重合原则:应尽可能选择设计基准作为定位基准。这样可以避免基准不重合引起的误差。图 1-10 所示为采用调整法加工 C 面,尺寸 c 的加工误差 T_c 不仅包含本工序的加工误差 Δ_j,而且还包括基准不重合带来的设计基准与定位基准之间的尺寸误差 T_a。如果采用图 1-11 所示的方式安装工件,则可消除基准不重合误差。

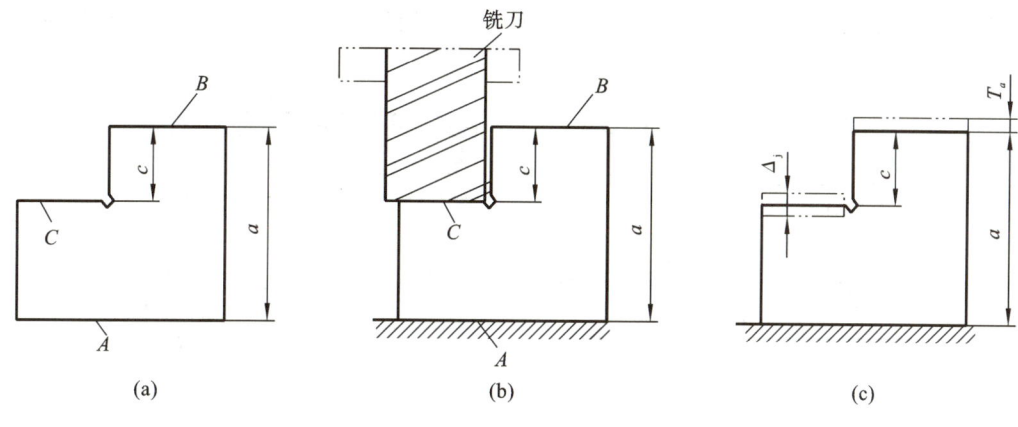

图 1-10 基准不重合误差示例

(2) 基准统一原则:应尽可能采用同一个定位基准加工工件上的各个表面。采用基准统一原则,可以简化工艺规程的制订,减少夹具数量,节约夹具设计和制造费用;同时,由于减少了基准的转换,更有利于保证各表面间的相互位置精度。利用两中心孔加工轴类零件的各外圆表面,即符合基准统一原则。

(3) 互为基准原则:对工件上相互位置精度要求比较高的两个表面进行加工时,可以利用两个表面互相作为基准,反复进行加工,以保证位置精度要求。例如,为保证套类零件内外圆柱面较高的同轴度要求,可先以孔为定位基准加工外圆,再以外圆为定位基准加工内孔,这样反复多次,就可使两者的同轴度达到很高要求。

(4) 自为基准原则:某些加工表面加工余量小而均匀时,可选加工表面本身作为定位基准。如图 1-12 所示,在导轨磨床上磨削床身导轨面时,就是以导轨面本身为基准,用百分表来找正定位的。

(5) 准确可靠原则:所选基准应保证工件定位准确、安装可靠,夹具设计简单、装夹方便。

五、粗基准的选择

(1) 为了保证重要加工表面加工余量均匀,应选择重要加工表面作为粗基准。图 1-13

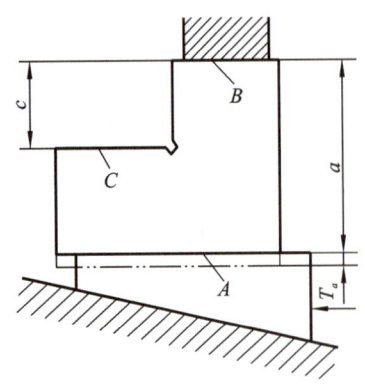
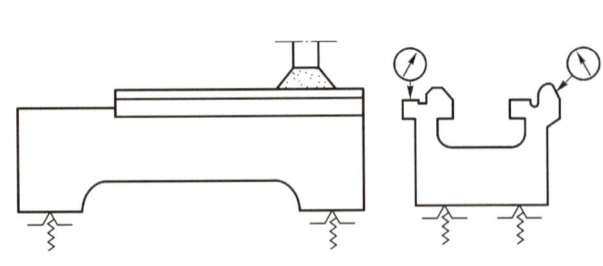

图 1-11 基准重合工件安装示意图

图 1-12 自为基准实例

所示为机床导轨面加工,先以导轨面作为粗基准来加工床脚底面,然后以床脚底面作为精基准加工导轨面,如图 1-13(a)所示,这样才能保证床身的重要表面——导轨面加工时所切去的金属层尽可能薄且均匀,以保留组织紧密、耐磨的表面层。图 1-13(b)所示为不合理的定位方案。

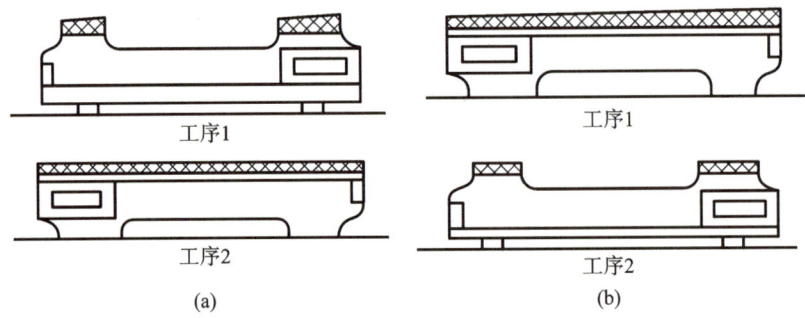

图 1-13 床身导轨面加工粗基准的选择

(2) 为了保证非加工表面与加工表面之间的相对位置精度要求,应选择非加工表面作为粗基准;零件上同时具有多个非加工表面时,应选择与加工表面位置精度要求最高的非加工表面作为粗基准。如图 1-14 所示,要求不加工的外圆和加工的内孔有较高的同轴度,此时粗基准有两种选择方式:一是以外圆表面为粗基准,如图 1-14(a)所示,加工后,内孔表面切除的厚度即加工余量不均匀,但壁厚均匀,同轴度得到保证;二是以内孔表面为粗基准,如图 1-14(b)所示,加工后,内孔的加工余量均匀,但壁厚不均匀,同轴度得不到修正。因此,应选择外圆表面作为粗基准,这样可以保证加工表面与非加工表面的位置精度。

(3) 有多个表面需要一次加工时,应选择精度要求最高或者加工余量最小的表面作为粗基准。图 1-15 所示的阶梯轴锻件毛坯大,小端外圆的偏心为 3 mm,大端外圆的加工余量是 8 mm,而小端外圆的加工余量是 5 mm。若以大端外圆表面为粗基准,则小端外圆无法加工出来,所以应选择以加工余量较小的小端外圆表面为粗基准。

(4) 粗基准在同一尺寸方向上通常只允许使用一次。

(5) 选作粗基准的表面应平整光洁,有一定的面积,无飞边、浇口、冒口,以保证定位稳定、夹紧可靠。

无论是精基准的选择还是粗基准的选择,上述原则和要求都不可能同时满足,有时甚至

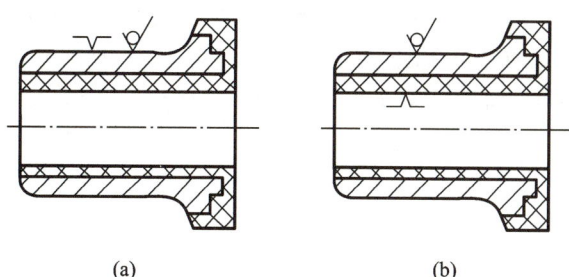

图 1-14 保证非加工表面与加工表面之间的相对位置精度要求时粗基准的选择

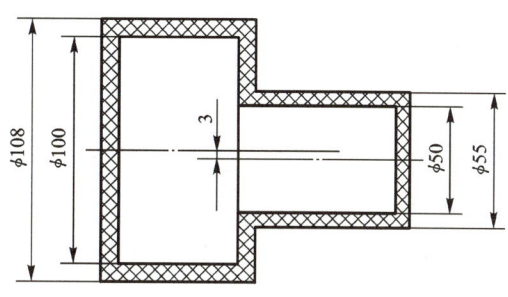

图 1-15 以加工余量小的表面作为粗基准

互相矛盾,因此选择基准时,必须具体情况具体分析,权衡利弊,保证零件的主要设计要求。

任务 5.2 选择表面加工方法

一、加工经济精度

实践证明,各种表面加工方法(如车、铣、刨、磨、钻等)所能达到的加工精度和表面粗糙度是有一定范围的。采取一种表面加工方法进行加工时,如果由技术水平高的工人在精密完好的设备上仔细操作,必然使加工误差减小,可以得到较高的加工精度和较小的表面粗糙度,但却使成本增加;若由技术水平较低的工人在精度较差的设备上快速操作,虽然成本下降,但得到的加工误差必然较大,使加工精度降低。

统计资料表明,采用各种表面加工方法加工时,误差和成本之间的关系如图 1-16 所示。图中横坐标是加工误差 Δ,纵坐标是零件成本 S。从图中可以看出,加工精度越高,即允许的加工误差越小,零件成本越高。这一关系在曲线 AB 段比较正常;当 $\Delta < \Delta_A$ 时,两者之间的关系十分敏感,即加工误差减少一点,成本增加很多;当 $\Delta > \Delta_B$ 时,虽然加工误差增加很多,但成本却下降很少。显然,上述两种情况都是不经济的,相对应的精度不在应当采用的精度范围内。

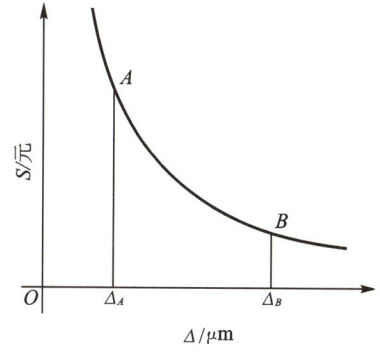

图 1-16 零件成本和加工误差的关系

曲线 AB 段所对应的加工精度是某种加工方法在正常的加工条件下所能保证的加工精度,称为加工的经济精度。所谓正常的加工条件,是指采用符合质量标准的设备、工艺装备和标准技术等级的工人,不延长加工时间的条件。各种表面加工方法都有一个加工经济精度和表面粗糙度范围。选择表面加工方法时,应当使工件的加工要求与之相适应。表 1-7 介绍了各种表面加工方法的加工经济精度和表面粗糙度,供选择表面加工方法时参考。

表 1-7 各种表面加工方法的加工经济精度和表面粗糙度

加工表面	加工方法	经济精度等级	表面粗糙度 $Ra/\mu m$
外圆柱面和端面	粗车	IT11~IT13	12.5~50
	半精车	IT9~IT10	3.2~6.3
	精车	IT7~IT8	0.8~1.6
	粗磨	IT8~IT9	0.4~0.8
	精磨	IT6	0.1~0.4
	研磨	IT5	0.012~0.1
	超精加工	IT5~IT6	0.012~0.1
	金刚车	IT6	0.025~0.4
圆柱孔	钻孔	IT11~IT12	12.5~25
	粗镗(扩孔)	IT11~IT12	6.3~12.5
	半精镗(精扩)	IT8~IT9	1.6~3.2
	精镗(铰孔、拉孔)	IT7~IT8	0.8~1.6
	粗磨	IT7~IT8	0.2~0.8
	精磨	IT6~IT7	0.1~0.2
	珩磨	IT6~IT7	0.025~0.1
	研磨	IT5~IT6	0.025~0.1
平面	粗刨(粗铣)	IT11~IT13	12.5~50
	精刨(精铣)	IT8~IT10	1.6~6.3
	粗磨	IT8~IT9	1.25~5
	精磨	IT6~IT7	0.16~1.25
	刮研	IT6~IT7	0.16~1.25
	研磨	IT5	0.006~0.1

二、选择表面加工方法应注意的事项

选择表面加工方法时,首先应根据零件的加工要求,查表或根据经验来确定哪些表面加工方法能达到所要求的加工精度。从表 1-7 中可以看出,满足同样精度要求的表面加工方法有多种,所以选择表面加工方法时还必须注意以下事项。

(1) 应根据每个加工表面的技术要求,确定加工方法和分几次加工。

(2) 应选择能获得加工经济精度和经济表面粗糙度的加工方法。加工时,不要盲目采用高的加工精度和小的表面粗糙度的加工方法,以免增加生产成本、浪费设备资源。

(3) 应考虑工件材料的性质。例如:淬火钢精加工应使用磨床磨削;但有色金属的精加工为避免磨削时堵塞砂轮,应采用金刚镗或高速精细车削等。

（4）要考虑工件的结构和尺寸。例如：对于IT7级精度的孔，采用镗、铰、拉和磨削等都可达到要求；但箱体上的孔一般不宜采用拉和磨削，大孔宜选择镗削，小孔宜选择铰孔。

（5）要根据生产类型选择加工方法。大批量生产时，应采用生产率高、质量稳定的专用设备和专用工艺装备加工；单件小批生产时，只能采用通用设备和工艺装备以及一般的加工方法。

（6）应考虑本企业的现有设备情况和技术条件以及充分利用新工艺、新技术的可能性。应充分利用企业的现有设备和工艺手段，节约资源，发挥职工的创造性，挖掘企业潜力。同时，应重视新技术、新工艺，设法提高企业的工艺水平。

（7）应考虑其他特殊要求，如工件表面纹路要求、表面力学性能要求等。

三、各种表面的典型加工路线

确定了某个表面的最终加工方法后，还必须同时确定前面的预加工方法，形成一个表面加工路线。下面介绍几种生产中较为成熟的表面加工路线，供选用时参考。

1. 外圆表面的加工路线

图1-17所示是外圆表面的加工路线。

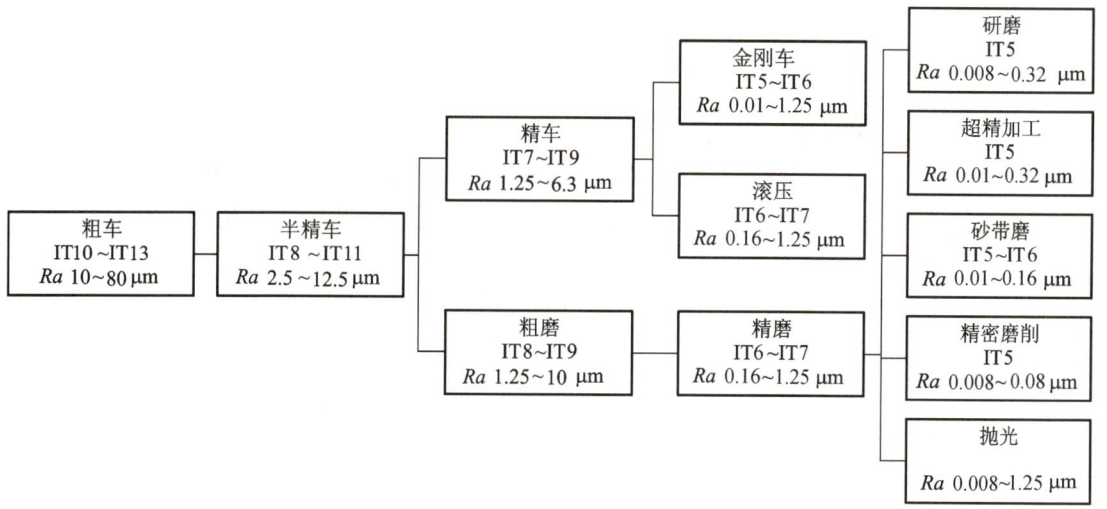

图1-17 外圆表面的加工路线

外圆表面常用的加工路线有以下四条。

（1）粗车—半精车—精车。如果加工精度要求较低，也可以只取粗车或粗车—半精车。

（2）粗车—半精车—粗磨—精磨。对于材料为黑色金属，加工精度低于或等于IT6级，表面粗糙度大于或等于$Ra\ 0.4\ \mu m$的外圆表面，特别是有淬火要求的外圆表面，通常采用此加工路线，有时也可采取粗车—半精车—磨的方案。

（3）粗车—半精车—精车—金刚车。这种加工路线主要适用于材料为有色金属的外圆表面及其他不宜采用磨削加工的外圆表面。

（4）粗车—半精车—粗磨—精磨—精密加工（或光整加工）。当外圆表面的精度要求特别高或表面粗糙度要求特别小时，在方案（2）的基础上，还要增加精密加工或光整加工工序。外圆表面常用的精密加工方法有研磨、超精加工、精密磨削等；抛光、砂带磨等光整加工方法以减小表面粗糙度为主要目的。

2. 孔的加工路线

图 1-18 所示是孔的加工路线。

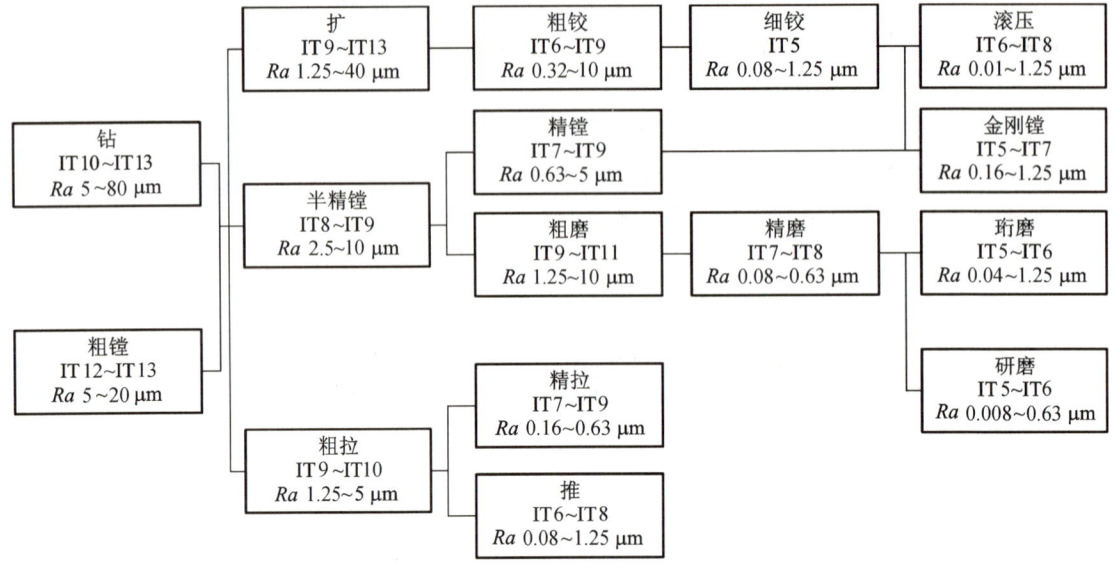

图 1-18 孔的加工路线

孔常用的加工路线有以下四条。

(1) 钻—扩—粗铰—精铰。此方案广泛用于加工直径小于 $\phi 40$ mm 的中小孔。其中：扩孔有纠正位置误差的能力；而铰刀又是定尺寸刀具，容易保证孔的尺寸精度。对于较小的孔，有时只需铰一次便能达到要求。

(2) 粗镗（或钻）—半精镗—精镗。这条加工路线适用于下列情况。

①加工直径较大的孔。

②加工位置精度要求较高的孔系。

③加工单件小批生产中的非标准中小孔。

④加工有色金属材料上的孔。

在上述情况下，如果毛坯上已有预制孔（铸出或锻出的孔），则第一道工序先安排粗镗（或扩）；若毛坯上没有预制孔，第一道工序便安排钻或两次钻。当孔的加工要求更高时，可在精镗后再安排浮动镗、金刚镗或珩磨等其他精密加工方法。

(3) 钻—拉。此方案多用于在大批大量生产中加工盘套类零件的圆孔、单键孔及花键孔。拉刀为定尺寸刀具，加工质量稳定，生产率高。加工要求较高时，拉削可分为粗拉和精拉。

(4) 粗镗—半精镗—粗磨—精磨。该方案主要用于中小型淬硬零件的孔加工。当孔的精度要求更高时，可再增加研磨或珩磨等精加工工序。

3. 平面的加工路线

平面加工一般采用铣削或刨削。要求较高的表面在铣或刨以后还须安排精加工。常用的平面精加工方法有以下几种。

(1) 磨削。磨削可以得到较高的加工精度和较小的表面粗糙度（IT6 级和 Ra 0.32 μm），且可以磨淬硬表面，因此广泛应用于中小零件的平面精加工。要求更高的零件可以在粗磨—精磨后再安排研磨或精密磨等加工。

（2）刮研。刮研是获得精密平面的传统加工方法。这种方法由于劳动量大、生产率低，在大批量生产中已逐步被磨削取代，但在单件小批生产和修配工作中仍有广泛的应用。

（3）高速精铣或宽刀精刨。高速精铣不仅能获得高的加工精度和小的表面粗糙度，而且生产率高，多用于不淬硬的中小型零件平面的精加工；宽刀精刨多用于大型零件特别是狭长平面的精加工。

任务 5.3　划分加工阶段

工件上每一个表面的加工，总是先粗后精。粗加工去掉大部分余量，要求生产率高；精加工保证工件的精度要求。对于加工精度要求较高的零件，应当将整个工艺过程划分成粗加工、半精加工、精加工和精密加工（光整加工）等几个阶段，在各个加工阶段之间安排热处理工序。划分加工阶段有如下优点。

1. 有利于保证加工质量

粗加工时，由于切去的余量较大，切削力和所需的夹紧力也较大，因而工艺系统受力变形和热变形都比较严重。另外，由于在毛坯制造过程中冷却速度不均，工件内部存在着内应力，因而粗加工从表面切去一层金属，致使内应力重新分布也会引起变形。这就使得粗加工不仅不能得到较高的精度和较小的表面粗糙度，还可能影响其他已经精加工过的表面。粗、精加工分阶段进行，就可以避免上述因素对精加工表面的影响，有利于保证加工质量。

2. 合理地使用设备

粗加工采用功率大、刚度大、精度不太高的机床；精加工应在精度高的机床上进行，有利于长期保持机床的精度。

3. 有利于及早发现毛坯的缺陷（如铸件的砂眼、气孔等）

粗加工安排在前，若发现了毛坯缺陷，及时予以报废，以免继续加工造成工时的浪费。

4. 避免损伤已加工表面

将精加工安排在最后，可以保护精加工表面在加工过程中少受损伤或不受损伤。

5. 便于安排必要的热处理工序

划分阶段后，在适当的时机在机械加工过程中插入热处理工序，可使冷、热工序配合得更好，避免因热处理带来的变形。

值得指出的是，加工阶段的划分不是绝对的。例如，对那些加工质量不高、刚性较好、毛坯精度较高、加工余量小的工件，也可不划分或少划分加工阶段；对于一些刚性好的重型零件，由于装夹、运输费时，也常在一次装夹中完成粗、精加工，但是为了弥补不划分加工阶段引起的缺陷，可在粗加工之后松开工件，让工件的变形得到恢复，然后用较小的夹紧力重新夹紧工件进行精加工。

综上所述，工艺过程应当尽量划分成阶段进行。至于究竟应当划分为两个阶段、三个阶段还是更多的阶段，必须根据工件的加工精度要求和工件的刚性来决定。一般来说，工件精度要求越高、刚性越差，划分阶段应越细。

另外，粗、精加工分开，使机床台数和工序数增加，当生产批量较小时，机床负荷率低、不经济。所以，当工件批量小、精度要求不太高、工件刚性较好时，也可以不分或少分阶段。

任务 5.4　加工顺序的安排

复杂零件的机械加工要经过切削加工、热处理和辅助工序,在拟订工艺路线时必须将三者统筹考虑,合理安排顺序。

一、切削加工工序顺序的安排原则

切削加工工序安排的总原则是:前期工序必须为后续工序创造条件,做好基准准备。安排切削加工工序顺序的具体原则如下。

(1) 基准先行。零件加工一开始,总是先加工精基准,然后再用精基准定位加工其他表面。例如:对于箱体零件,一般是以主要孔为粗基准加工平面,再以平面为精基准加工孔系;对于轴类零件,一般是以外圆为粗基准加工中心孔,再以中心孔为精基准加工外圆、端面等其他表面。如果有几个精基准,则应该按照基准转换的顺序和逐步提高加工精度的原则来安排基面和主要表面的加工。

(2) 先主后次。零件的主要表面一般都是加工精度或表面质量要求比较高的表面,它们的加工质量对整个零件的质量影响很大,且加工工序往往也比较多,因此应先安排主要表面的加工,再将其他表面的加工适当安排在它们中间穿插进行。通常将装配基面、工作表面等视为主要表面,而将键槽、紧固用的光孔和螺孔等视为次要表面。

(3) 先粗后精。一个零件通常由多个表面组成,各表面的加工一般都需要分阶段进行。在安排加工顺序时,应先集中安排各表面的粗加工,中间根据需要依次安排半精加工,最后安排精加工和光整加工。对于精度要求较高的工件,为了减少因粗加工引起的变形对精加工的影响,通常粗、精加工不应连续进行,而应分阶段、间隔适当时间进行。

(4) 先面后孔。对于箱体、支架和连杆等工件,应先加工平面后加工孔。因为平面的轮廓平整、面积大,先加工平面再以平面定位加工孔,既能保证加工时孔有稳定可靠的定位基准,又有利于保证孔与平面间的位置精度要求。

二、热处理工序的安排

热处理工序在工艺路线中的安排,主要取决于零件的材料和热处理的目的。根据热处理的目的,热处理一般可分为以下几种。

(1) 预备热处理。预备热处理的目的是:消除毛坯制造过程中产生的内应力,改善金属材料的切削加工性能,为最终热处理做准备。预备热处理包括调质、退火、正火等,一般安排在粗加工前、后。安排在粗加工前,可改善材料的切削加工性能;安排在粗加工后,有利于消除残余内应力。

(2) 最终热处理。最终热处理的目的是提高金属材料的力学性能,如提高零件的硬度和耐磨性等。最终热处理包括淬火-回火、渗碳淬火-回火、渗氮等。对于仅仅要求改善力学性能的工件,有时正火、调质等也作为最终热处理。最终热处理一般应安排在粗加工、半精加工之后,精加工的前、后。变形较大的热处理,如渗碳淬火、调质等,应安排在精加工前进行,以便在精加工时纠正热处理的变形;变形较小的热处理,如渗氮等,可安排在精加工之后进行。

(3) 时效处理。时效处理的目的是:消除内应力,减少工件变形。时效处理分自然时效、人工时效和冰冷处理三大类。自然时效是指将工件露天放置几个月或几年;人工时效是指将工件以 50~100 ℃/h 的速度加热到 500~550 ℃,保温几个小时或更久,然后以 20~50

℃/h 的速度使工件随炉冷却;冰冷处理是指将零件置于 −80～0 ℃之间的某种气体中停留 1～2 小时。自然时效和人工时效一般安排在粗加工之后、精加工之前。对于精度要求较高的零件,可在半精加工之后再安排一次自然时效或人工时效。冰冷处理一般安排在回火处理之后、精加工之后或者工艺过程的最后。

(4) 表面处理。为了使表面具有防腐性能或装饰表面,有时需要对表面进行涂镀或发蓝等处理。涂镀是指在金属、非金属基体上沉积一层所需的金属或合金的过程。发蓝处理是一种钢铁的氰化处理,是指将零件放入一定温度的碱性溶液中,使零件表面生成 0.6～0.8 μm 厚致密而牢固的 Fe_3O_4 氧化膜的过程。依处理条件的不同,该氧化膜呈亮蓝色直至亮黑色,所以发蓝处理又称为煮黑处理。这种表面处理通常安排在工艺过程的最后。

三、辅助工序的安排

辅助工序包括工件的检验、去毛刺、清洗、去磁和防锈等。辅助工序也是机械加工的必要工序,安排不当或遗漏,会给后续工序和装配带来困难,影响产品质量甚至机器的使用性能。例如:未去毛刺的零件装配到产品中会影响装配精度或危及工人安全,机器运行一段时间后,毛刺变成碎屑后混入润滑油中,将影响机器的使用寿命;如果对用磁力夹紧过的零件不安排去磁,则可能将微细切屑带入产品中,也必然会严重影响机器的使用寿命,甚至还可能造成不必要的事故。因此,必须十分重视辅助工序的安排。

检验是最主要的辅助工序之一,对保证产品质量有重要的作用。检验工序应安排在:
(1) 粗加工阶段结束后;
(2) 转换车间的前后,特别是进入热处理工序的前后;
(3) 重要工序之前或加工工时较长的工序的前后;
(4) 特种性能检验,如磁力探伤、密封性检验等之前;
(5) 全部加工工序结束之后。

任务 5.5　确定工序数量

拟订工艺路线时,选定了各表面的加工工序和划分加工阶段之后,就可以将同一阶段中的各加工表面组合成若干工序。确定工序数目或工序内容有工序集中和工序分散两种原则,且和设备类型的选择密切相关。

一、工序集中与工序分散的概念

工序集中就是将工件的加工集中在少数几道工序内完成,每道工序的加工内容较多。工序集中又可分为:采用技术措施集中的机械集中,如采用多刀、多刃、多轴或数控机床加工等;采用人为组织措施集中的组织集中,如普通车床的顺序加工。

工序分散是将工件的加工分散在较多的工序内完成,每道工序的加工内容很少,有时甚至每道工序只有一个工步。

二、工序集中与工序分散的特点

1. 工序集中的特点

(1) 采用高效率的专用设备和工艺装备,生产效率高。
(2) 减少了装夹次数,易于保证各表面间的相互位置精度,且能缩短辅助时间。
(3) 工序数目少,机床数量、操作工人数量和生产面积都可减少,节省人力、物力,还可简化生产计划和组织工作。

（4）通常需要采用专用设备和工艺装备，投资大，设备和工艺装备的调整、维修较为困难，生产准备工作量大，转换新产品较麻烦。

2. 工艺分散的特点

（1）设备和工艺装备简单、调整方便，工人便于掌握，容易适应产品的变换。

（2）可以采用最合理的切削用量，减少基本时间。

（3）对操作工人技术水平的要求较低。

（4）设备和工艺装备数量多，操作工人多，生产占地面积大。

三、工序集中与工序分散的选择

工序集中与工序分散各有利弊，如何选择，应根据企业的生产规模、产品的生产类型、现有的生产条件、零件的结构特点和技术要求、各工序的生产节拍，进行综合分析后选定。

一般来说，单件小批生产采用组织集中，以便简化生产组织工作；大批大量生产可采用较复杂的机械集中；对于结构简单的产品，可采用工序分散的原则；批量生产应尽可能采用高效机床，使工序适当集中。对于重型零件，为了减少装卸运输工作量，工序应适当集中；而对于刚性较差且精度高的精密工件，工序应适当分散。随着科学技术的进步、先进制造技术的发展，目前生产的发展倾向于工序集中。

任务 6　工序内容的设计

零件的加工工艺路线拟订以后，下一步应该进行工序内容的设计。工序内容的设计包括为每一道工序选择机床和工艺装备，划分工步，确定加工余量、工序（工步）尺寸和公差，确定切削用量和工时定额，确定工序要求的检测方法等。

任务 6.1　机床与工艺装备的选择

一、选择机床

在拟订工艺路线时，已经同时确定了各工序所用机床的类型、是否需要设计专用机床等。在具体确定机床型号时，还必须考虑以下基本原则。

（1）机床的加工规格范围应与零件的外形、尺寸相适应。

（2）机床的精度应与工序要求的加工精度相适应。

（3）机床的生产率应与工件的生产类型相适应。一般单件小批生产宜选用通用机床，大批大量生产宜选用生产率高的专用机床、组合机床或自动机床。

（4）考虑采用数控机床加工的可能性。在中小批量生产中，对于一些精度要求较高、工步内容较多的复杂工序，应尽量考虑采用数控机床加工。

（5）机床的选择应考虑与现有生产条件相适应。选择机床时应当尽量考虑到现有的生产条件，除了新厂投产以外，原则上应尽量发挥原有设备的作用，并尽量使设备负荷平衡。

各种机床的规格和技术性能可查阅有关的手册或机床说明书。

二、选择工艺装备

工艺装备主要包括夹具、刀具和量具，具体选择原则如下。

1. 选择夹具

在单件小批生产中,应尽量选用通用夹具或组合夹具;在大批大量生产中,应根据加工要求设计制造专用夹具。

2. 选用刀具

合理地选用刀具,是保证产品质量和提高切削效率的重要条件。在选择刀具形式和结构时,应考虑以下主要因素。

（1）生产类型和生产率。单件小批生产时,一般尽量选用标准刀具;大批大量生产时,广泛采用专用刀具、复合刀具等,以提高生产率。

（2）工艺方案和机床类型。不同的工艺方案,必然要选用不同类型的刀具。例如孔的加工,可以采用钻—扩—铰,也可以采用钻—粗镗—精镗等,显然所选用的刀具类型是不同的。机床的类型、结构和性能,对刀具的选择也有重要的影响。例如,采用立式铣床加工平面时,一般选用立铣刀或面铣刀,而不会选用圆柱铣刀等。

（3）工件的材料、形状、尺寸和加工要求。刀具的类型确定以后,根据工件的材料和加工性质确定刀具的材料。工件的形状和尺寸有时将影响刀具的结构及尺寸。例如,一些特殊表面（如T形槽）的加工,就必须选用特殊的刀具（如T形槽铣刀）。此外,所选的刀具类型、结构及精度等级必须与工件的加工要求相适应,如粗铣时应选用粗齿铣刀,而精铣时则选用细齿铣刀等。

三、选择量具

在选择量具前,首先要确定各工序的加工要求及如何进行检测。工件的几何精度要求一般是依靠机床和夹具的精度而直接获得的,操作工人通常只检测工件的尺寸精度和部分几何精度,而表面粗糙度一般是在该表面的最终加工工序后用目测方法来检验。但在专门安排的检验工序中,必须根据检验卡片的规定,借助量仪和其他的检测手段全面检测工件的各项加工要求。

选择量具时应使量具的精度与工件的加工精度相适应,量具的量程与工件的被测尺寸大小相适应,量具的类型与被测要素的性质（孔或外圆的尺寸值或几何误差值）和生产类型相适应。一般来说,单件小批生产时广泛采用游标卡尺、千分尺等通用量具,大批大量生产时采用极限量规和高效专用量仪等。

各种通用量具的使用范围和用途,可查阅有关的专业书籍或技术资料,并以此作为选择量具时的参考依据。

当需要设计专用设备或专用工艺装备时,应依据工艺要求制订出专用设备或专用工装备的设计任务书。设计任务书是一种指示性文件,应包括与加工工序内容有关的参数、所要求的生产率、保证产品质量的技术条件等内容,以此作为设计专用设备或专用工艺装备的依据。

任务6.2　加工余量和工序尺寸的确定

零件上的一个要求较高的加工表面,往往要经过一系列工序的加工,逐渐提高加工精度,最后才能达到设计要求。例如,一个精度为IT6级、表面粗糙度为 $Ra\ 0.8\ \mu m$ 的外圆表面,需要经过粗车—半精车—热处理—磨削。每道工序达到一定的精度,前工序的加工为后工序做准备,留适当的加工余量由后工序切除。显然,加工余量过大,不仅增加了机械加工量,降低了生产率,增加了材料、工具和电力的消耗,提高了加工成本,而且对于某些精加工来说,会影响加工质量;而加工余量过小,又不能消除工件表面残留的各种缺陷和误差,容易造成废品。因此,合理确定加工余量,对提高加工质量和降低生产成本有着十分重要的意义。

一、加工余量的概念

加工余量是指加工过程中从加工表面所切除的多余金属层的厚度。它有工序余量和加工总余量之分。

1. 工序余量

工序余量是指某一工序所切除的金属层的厚度,即相邻两工序的工序尺寸之差。工序余量的基本尺寸(基本余量或公称尺寸)可按以下公式计算。

(1) 平面等非回转表面(见图 1-19(a)、(b))。

被包容面: $$Z_b = a - b$$
包容面: $$Z_b = b - a$$

(2) 回转表面(见图 1-19(c)、(d))。

被包容面(轴): $$Z_b = a - b, \quad 单边余量 Z_D = \frac{Z_b}{2}$$

包容面(孔): $$Z_b = b - a, \quad 单边余量 Z_D = \frac{Z_b}{2}$$

式中:Z_b——工序余量的基本尺寸;
a——上道工序的基本尺寸;
b——本道工序的基本尺寸。

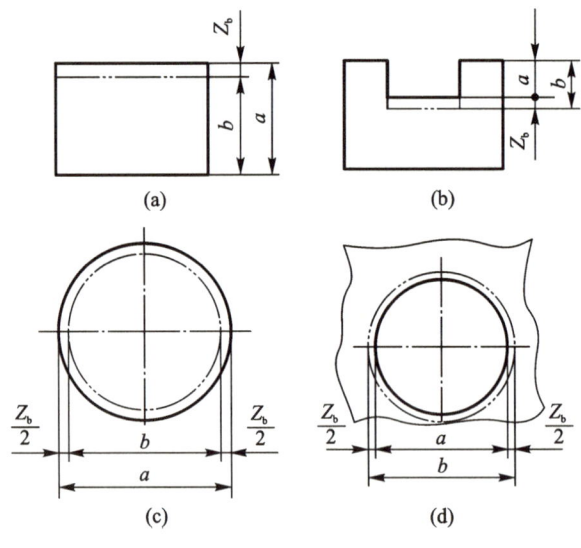

图 1-19 工序余量

2. 加工总余量

加工总余量是指某加工表面上切除的金属层的总厚度,即毛坯尺寸与零件图设计尺寸之差。同一加工平面的加工总余量与各工序余量的关系为

$$Z_0 = \sum_{i=1}^{n} Z_i \tag{1-2}$$

式中：Z_0——加工总余量（毛坯余量）；

Z_i——各工序余量；

n——工序数。

3. 工序最大余量、最小余量和余量公差的计算公式

根据图 1-20 可得工序最大余量、最小余量和余量公差的计算公式如下。

最大余量：
$$\begin{cases} Z_{\max} = a_{\max} - b_{\min} & \text{（被包容尺寸）} \\ Z_{\max} = b_{\max} - a_{\min} & \text{（包容尺寸）} \end{cases}$$

最小余量：
$$\begin{cases} Z_{\min} = a_{\min} - b_{\max} & \text{（被包容尺寸）} \\ Z_{\min} = b_{\min} - a_{\max} & \text{（包容尺寸）} \end{cases}$$

平均余量：
$$\begin{cases} Z_m = a_m - b_m & \text{（被包容尺寸）} \\ Z_m = b_m - a_m & \text{（包容尺寸）} \end{cases}$$

余量公差：
$$T_Z = Z_{\max} - Z_{\min} = T_a + T_b$$

式中：$Z_{\min}$——最小余量；

$Z_{\max}$——最大余量；

Z_m——平均余量；

$a_{\max}$、$a_{\min}$——前工序上、下极限尺寸；

$b_{\max}$、$b_{\min}$——本工序上、下极限尺寸；

a_m——前工序平均尺寸；

b_m——本工序平均尺寸；

T_a——前工序尺寸的公差；

T_b——本工序尺寸的公差；

T_Z——工序余量公差。

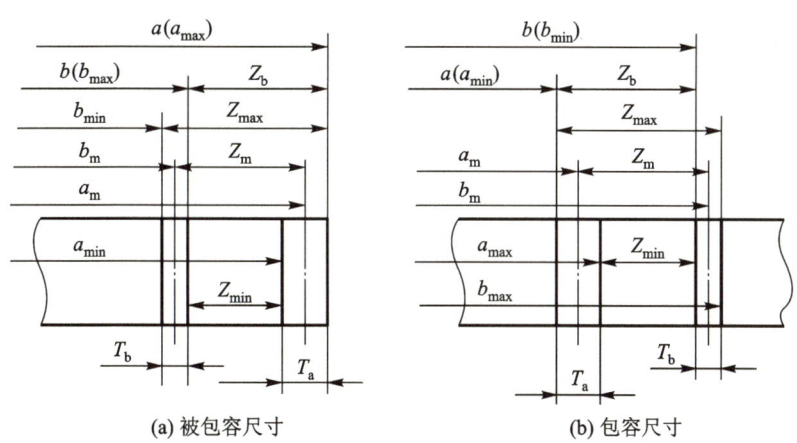

图 1-20 工序余量与工序尺寸的关系

二、加工余量的确定

加工余量的大小对工件的加工质量和生产率有较大的影响。确定加工余量的基本原则是：在保证加工质量的前提下，尽可能地减小加工余量。

1. 影响加工余量的因素

(1) 上道工序的表面粗糙度 Ra 和表面缺陷层（塑性变形层）D_a。

为了保证加工质量，本道工序必须将上道工序留下的 Ra 和 D_a 全部切除，如图 1-21 所示。

(2) 上道工序尺寸的公差 T_a。

本道工序的加工余量必须包括上道工序尺寸的公差 T_a。

(3) 工件各表面相互位置的空间偏差 ρ_a。

工件上的有些形状和位置偏差不包括在尺寸公差范围内，但在本道工序的加工中纠正，本道工序的加工余量必须包括它。例如图 1-22 所示的轴类零件，由于上道工序有直线度误差 ω，因此本道工序的加工余量必须增加 2ω。属于这类误差的有直线度、位置度、同轴度、平行度及轴线与端面的垂直度等。

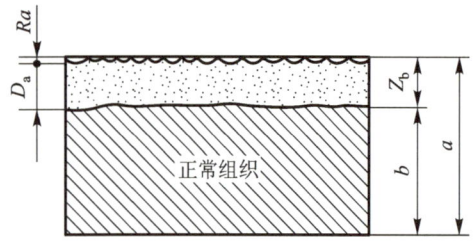

图 1-21　表面粗糙度及缺陷层图

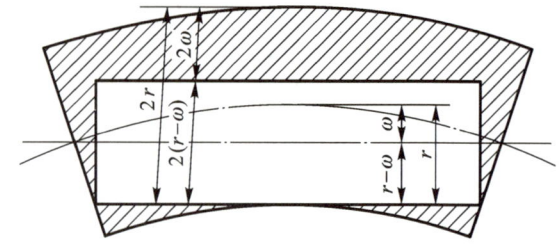

图 1-22　工件轴心线弯曲对加工余量的影响

(4) 本道工序的装夹误差 ε_b。

如果本道工序有装夹误差（包括定位误差、夹紧变形误差、夹具本身的误差等），工件的加工位置会发生偏移，本道工序必须考虑这些因素的影响。

通过以上分析，可得到加工余量的计算公式如下。

单边余量：
$$Z_b = T_a + Ra + D_a + |\vec{\rho}_a + \vec{\varepsilon}_b| \tag{1-3}$$

双边余量：
$$Z_b = T_a + 2(Ra + D_a) + 2|\vec{\rho}_a + \vec{\varepsilon}_b| \tag{1-4}$$

式中：$\vec{\rho}_a$、$\vec{\varepsilon}_b$ 是有方向的，它们的合成应该是向量和，然后再取绝对值；T_a、Ra、D_a 的值可查有关工艺手册。

2. 加工余量的确定方法

(1) 经验估算法。

工艺人员根据生产的技术水平，靠经验来确定加工余量。为了防止加工余量不足而产生废品，通常所取的加工余量都偏大。此法一般用于单件小批量生产。

(2) 查表修正法。

根据各工厂长期的生产实践与试验研究所积累的有关加工余量资料，制成各种表格并汇编成手册，如《机械加工工艺手册》《机械加工工艺师手册》《机械加工工艺设计手册》等。确定加工余量时，查阅这些手册，再根据本厂的实际情况进行适当的修正后确定。目前，这种方法运用较为普遍。

(3) 分析计算法。

根据一定的试验资料和计算公式，对影响加工余量的各种因素进行综合分析和计算来确定加工余量。运用这种方法确定的加工余量最经济合理，但必须有全面和可靠的试验资料。目前,只在材料十分贵重,以及军工生产或少数大批大量生产时采用分析计算法。

应该指出的是,在确定加工余量时,要分别确定加工总余量和工序余量,加工总余量与毛坯制造有关。用查表修正法确定工序余量时,粗加工的工序余量不能用查表修正法得到,而是由加工总余量减去其他各工序余量之和得到。

任务6.3 工序尺寸及其公差的确定

工件上的设计尺寸一般都要经过几道工序的加工才能得到,每道工序所应保证的尺寸称为工序尺寸。编制工艺规程的一个重要工作就是要确定每道工序的工序尺寸及其公差。在确定工序尺寸及其公差时,存在工序基准与设计基准重合和不重合两种情况。

一、基准重合时工序尺寸及其公差的计算

当工序基准、定位基准或测量基准与设计基准重合,表面多次加工时,工序尺寸及其公差的计算相对来说比较简单。具体计算方法是:先确定各工序的加工方法,然后确定该加工方法所要求的加工余量及其所能达到的精度,最后由最后一道工序逐个向前推算,即由零件图上的设计尺寸开始,一直推算到毛坯图上的尺寸。工序尺寸的公差都按各工序的经济精度确定,并按"入体原则"确定上、下极限偏差。

【例1-1】 某主轴箱体主轴孔的设计要求为 $\phi 100H7,Ra=0.8\ \mu m$,加工工艺路线为毛坯孔—粗镗—半精镗—精镗—浮动镗,试确定各工序尺寸及其公差。

解:从机械工艺手册查得各工序的加工余量和所能达到的精度,具体数值见表1-8中的第二、三列,计算结果见表1-8中的第四、五列。

表1-8 某主轴箱体主轴孔工序尺寸及其公差的计算

工序名称	工序余量	工序的经济精度	工序基本尺寸	工序尺寸及公差
浮动镗	0.1	IT7($^{+0.035}_{0}$)	100	$\phi 100^{+0.035}_{0}, Ra=0.8\ \mu m$
精镗	0.5	IT9($^{+0.087}_{0}$)	100−0.1=99.9	$\phi 99.9^{+0.087}_{0}, Ra=1.6\ \mu m$
半精镗	2.4	IT11($^{+0.22}_{0}$)	99.9−0.5=99.4	$\phi 99.4^{+0.22}_{0}, Ra=6.3\ \mu m$
粗镗	5	IT13($^{+0.54}_{0}$)	99.4−2.4=97	$\phi 97^{+0.54}_{0}, Ra=12.5\ \mu m$
毛坯孔	8	±1.2	97−5=92	$\phi 92\pm 1.2$

二、基准不重合时工序尺寸及其公差的计算

加工过程中,工件的尺寸是不断变化的,由毛坯尺寸到工序尺寸,最后达到满足零件性能要求的设计尺寸。一方面,由于加工的需要,在工序图以及工艺卡片上要标注一些专供加工用的工艺尺寸,工艺尺寸往往不是直接采用零件图上的尺寸,而是需要另行计算;另一方面,当零件加工时,有时需要多次转换基准,因而引起工序基准、定位基准或测量基准与设计基准不重合。这时,需要利用工艺尺寸链原理来进行工序尺寸及其公差的计算。

1. 工艺尺寸链概述

(1) 定义。

图1-23(a)所示为铣台阶工序图,面A、B已加工,A_1已保证,现用调整法加工面C,要求保证尺寸A_0。若以工序基准面B作为定位基准,定位和夹紧都不方便;若以面A作为定位基准,直接保证的是对刀尺寸A_2,尺寸A_0将由本道工序尺寸A_2和上道工序尺寸A_1来间接

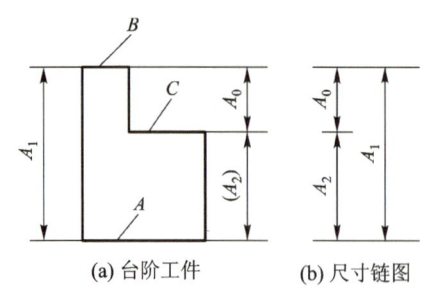

图 1-23 工件加工过程中的尺寸链

保证，A_1 和 A_2 确定之后，A_0 随之确定。像这样一组相互关联的尺寸组成封闭的形式，如同链条一样环环相扣，形象地称为尺寸链。尺寸链可用尺寸链图来表示，如图 1-23(b)所示。

(2) 组成。

组成尺寸链的各个尺寸称为环，而环又有封闭环和组成环之分。

① 封闭环。

在尺寸链中，凡是最后间接获得的尺寸都称为封闭环。封闭环一般以下脚标"0"表示。在工艺尺寸链和装配尺寸链中，封闭环就是加工和装配过程中最后形成的环；在零件尺寸链中，封闭环就是工序图中未标注的尺寸。例如，图 1-23 中的 A_0 就是封闭环。

应该特别指出，在计算尺寸链时，区分封闭环是至关重要的，一旦封闭环搞错了，那么一切计算结果都是错误的。在工艺尺寸链中，封闭环随着加工顺序的改变或测量基准的改变而改变，区分封闭环的关键在于要抓住"间接获得"或"最后形成"这一判断标准。

② 组成环。

在加工过程中直接形成的尺寸或对封闭环有影响的全部尺寸，称为组成环。

任一组成环的变动，必然引起封闭环的变动。根据对封闭环影响的不同，组成环可分为增环和减环。

a. 增环。若该环尺寸增大时封闭环尺寸随着增大或该环尺寸减小时封闭环尺寸随着减小，则该环称为增环，以 $\vec{A}_i$ 表示。

b. 减环。若该环尺寸增大时封闭环尺寸随着减小或该环尺寸减小时封闭环尺寸随着增大，则该环称为减环，以 $\overleftarrow{A}_j$ 表示。

当尺寸链中的组成环较多时，根据定义来区别增、减环比较麻烦，可用简易的方法来判断：在尺寸链简图中，先在封闭环上任定一方向画一箭头，然后沿着此方向绕尺寸链回路依次在每一组成环上画出一箭头，凡是所画箭头方向与封闭环箭头方向相同的组成环均为减环，相反的组成环均为增环。

在一个尺寸链中，只有一个封闭环。组成环和封闭环的概念是针对一定尺寸链而言的，是一个相对的概念。同一尺寸，在一个尺寸链中是组成环，在另一尺寸链中有可能是封闭环。

(3) 特性。

通过上述分析可知，工艺尺寸链的主要特性是封闭性和关联性。

所谓封闭性，是指尺寸链中各尺寸的排列呈封闭形式，不封闭就构不成尺寸链。

所谓关联性，是指尺寸链中任何一个直接获得的尺寸及其变化，都将影响间接获得或间接保证的那个尺寸及其精度的变化。

2. 工艺尺寸链的基本计算公式

工艺尺寸链的计算方法有两种，即极值法和概率法。

极值法是从最坏情况出发来考虑问题的，即当所有增环均为上(下)极限尺寸而减环恰好都为下(上)极限尺寸时，计算封闭环的极限尺寸和公差。极值法在中、小批量生产和可靠性要求较高的场合使用。

概率法是应用概率理论,考虑各组成环在公差范围内的各种实际尺寸出现的概率和它们相遇的概率来计算封闭环的极限尺寸和公差。采用概率法,在保证封闭环同样公差的情况下,各组成环的公差可以大很多,因此概率法比较经济合理。但概率法计算比较麻烦,且只有在一定的生产条件下才能使用,在工艺尺寸链中应用有限,主要用于装配尺寸链中。

(1) 极值法的基本公式。

①封闭环的公称尺寸 A_0 为

$$A_0 = \sum_{i=1}^{m} \vec{A}_i - \sum_{j=1}^{n} \overleftarrow{A}_j \tag{1-5}$$

式中:m——增环数;

n——减环数。

可见,封闭环的公称尺寸等于所有增环公称尺寸之和减去所有减环公称尺寸之和。

②封闭环的上极限尺寸 $A_{0\max}$ 为

$$A_{0\max} = \sum_{i=1}^{m} \vec{A}_{i\max} - \sum_{j=1}^{n} \overleftarrow{A}_{j\min} \tag{1-6}$$

可见,封闭环的上极限尺寸等于所有增环上极限尺寸之和减去所有减环下极限尺寸之和。

③封闭环的下极限尺寸 $A_{0\min}$ 为

$$A_{0\min} = \sum_{i=1}^{m} \vec{A}_{i\min} - \sum_{j=1}^{n} \overleftarrow{A}_{j\max} \tag{1-7}$$

可见,封闭环的下极限尺寸等于所有增环下极限尺寸之和减去所有减环上极限尺寸之和。

④封闭环的上极限偏差 $ES(A_0)$ 为

$$ES(A_0) = A_{0\max} - A_0$$

即

$$ES(A_0) = \sum_{i=1}^{m} ES(\vec{A}_i) - \sum_{j=1}^{n} EI(\overleftarrow{A}_j) \tag{1-8}$$

可见,封闭环的上极限偏差等于所有增环上极限偏差之和减去所有减环下极限偏差之和。

⑤封闭环的下极限偏差 $EI(A_0)$ 为

$$EI(A_0) = A_{0\min} - A_0$$

即

$$EI(A_0) = \sum_{i=1}^{m} EI(\vec{A}_i) - \sum_{j=1}^{n} ES(\overleftarrow{A}_j) \tag{1-9}$$

可见,封闭环的下极限偏差等于所有增环下极限偏差之和减去所有减环上极限偏差之和。

⑥封闭环的公差 T_0 为

$$T_0 = ES(A_0) - EI(A_0) = \sum_{i=1}^{m} T_i + \sum_{j=1}^{n} T_j \tag{1-10}$$

可见,封闭环的公差等于所有组成环公差之和。

⑦各组成环的平均公差 T_{av} 为

$$T_{av} = \frac{T_0}{m+n} \tag{1-11}$$

可见,组成环的平均公差等于封闭环公差除以组成环数。

⑧封闭环的中间偏差 Δ_0 为

$$\Delta_0 = \sum_{i=1}^{m} \Delta(\vec{A}_i) - \sum_{j=1}^{n} \Delta(\overset{\leftarrow}{A}_j) \tag{1-12}$$

可见,封闭环的中间偏差等于所有增环中间偏差之和减去所有减环中间偏差之和。组成环的中间偏差等于各组成环上、下极限偏差之和的一半。

⑨封闭环的平均尺寸 A_{0av} 为

$$A_{0av} = \sum_{i=1}^{m} \vec{A}_{iav} - \sum_{j=1}^{n} \overset{\leftarrow}{A}_{jav} \tag{1-13}$$

可见,封闭环的平均尺寸等于所有增环平均尺寸之和减去所有减环平均尺寸之和。

组成环的平均尺寸等于各组成环上、下极限尺寸之和的一半。

显然,在极值法计算中,封闭环的公差大于任一组成环的公差。当封闭环公差一定时,若组成环的数目较多,各组成环的公差就会过小,造成工序加工困难。因此,在分析尺寸链时,应使尺寸链组成环数最少,即遵循尺寸链最短原则。若封闭环公差小、组成环多,可采用概率法计算。

(2) 概率法的基本公式。

①封闭环的公差 T_0 为

$$T_0 = \sqrt{\sum_{i=1}^{m} T_i^2 + \sum_{j=1}^{n} T_j^2} \tag{1-14}$$

②各组成环的平均公差 T_{av} 为

$$T_{av} = \frac{T_0}{\sqrt{m+n}} \tag{1-15}$$

可见,概率法计算的各组成环的平均公差比极值法放大了 $\sqrt{m+n}$ 倍,这样,加工变得更容易了,加工成本也随之降低了。

3. 工艺尺寸链的应用

在机械加工过程中,每一道工序的加工结果都以一定的尺寸值表示出来。尺寸链反映了相互关联的一组尺寸之间的关系,也就反映了这些尺寸所对应的加工工序之间的相互关系。

从一定意义上讲,尺寸链的构成反映了加工工艺的构成,特别是加工表面之间位置尺寸的标注方式,在一定程度上决定了表面加工的顺序。

通常在工艺尺寸链中,组成环是各工序的工序尺寸,即各工序直接得到并保证的尺寸;封闭环是间接得到的设计尺寸或工序加工余量,有时封闭环也可能是中间工序尺寸。

用公式法求解尺寸链的三种情况如下。

(1) 已知全部组成环的极限尺寸,求封闭环的极限尺寸。

公式法一般用于验算及校核原工艺设计的正确性,属于正运算,计算结果是唯一的。

(2) 已知封闭环的极限尺寸,求各组成环的极限尺寸。

公式法一般用于装配工艺过程设计时确定各工序的工序尺寸的设计计算。由于组成环一般较多,计算结果一般不是唯一的,需要通过公差分配法来设计。

公差分配有以下三种方法。

①等公差法。

等公差法是指按照加工的难易程度在平均公差的基础上将公差分配给各个组成环。

②等精度法。在满足下式的前提下,根据具体尺寸的大小进行公差分配。

$$T_0 \geqslant \sum_{i=1}^{m} T_i + \sum_{j=1}^{n} T_j \qquad (1\text{-}16)$$

③组成环主次分类法。在封闭环公差较小而组成环又较多时,可首先把组成环按重要性进行主次分类,再根据相应的加工方法的加工经济精度,合理地确定各组成环的公差等级,并使各组成环的公差符合下式的要求。

$$T_0 = \sqrt{\sum_{i=1}^{m} T_i^2 + \sum_{j=1}^{n} T_j^2} \qquad (1\text{-}17)$$

在装配工艺尺寸设计中,这种方法应用较多。

对复杂零件的加工,加工工艺往往包含多个尺寸链,并且这些尺寸链之间是相互交错的,在分配公差时还必须对尺寸链之间的相互影响进行综合考虑。

(3) 已知封闭环和部分组成环的尺寸,求其他组成环的尺寸。

在制订零件工艺过程中遇到的尺寸链多数是这种类型。

4. 工艺尺寸链计算实例

(1) 基准不重合时工艺尺寸链的计算。

①定位基准与设计基准不重合。

零件加工中,当定位基准与设计基准不重合时,要保证设计尺寸,必须求出工序尺寸,从而间接保证设计尺寸。此时要进行工序尺寸的换算。

【例 1-2】 在图 1-24(a)所示的零件中,孔 D 的设计尺寸是 (100 ± 0.15) mm,设计基准是孔 C 的轴线。在加工孔 D 前,面 A、孔 B、孔 C 已加工。为了使工件装夹方便,加工孔 D 时以面 A 定位,按工序尺寸 A_3 加工,试求 A_3 的公称尺寸及偏差。

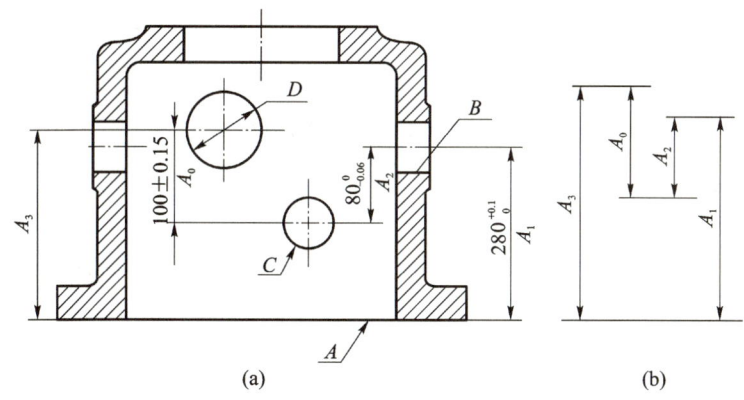

图 1-24 定位基准与设计基准不重合

解:计算步骤如下。

①画出尺寸链图,如图 1-24(b)所示。

②确定封闭环。孔 D 的定位基准与设计基准不重合,设计尺寸 A_0 是间接得到的,因而 A_0 是封闭环。

③确定增环、减环。A_2、A_3 是增环,A_1 是减环。

④利用基本计算公式进行计算。

由 $A_0 = \sum_{i=1}^{m} \vec{A}_i - \sum_{j=1}^{n} \overleftarrow{A}_j$ 得

$$A_0 = A_2 + A_3 - A_1 \Rightarrow 100 \text{ mm} = 80 \text{ mm} + A_3 - 280 \text{ mm} \Rightarrow A_3 = 300 \text{ mm}$$

由 $ES(A_0) = \sum_{i=1}^{m} ES(\vec{A}_i) - \sum_{j=1}^{n} EI(\overleftarrow{A}_j)$ 得

$$+0.15 \text{ mm} = 0 \text{ mm} + ES(A_3) - 0 \text{ mm} \Rightarrow ES(A_3) = +0.15 \text{ mm}$$

由 $EI(A_0) = \sum_{i=1}^{m} EI(\vec{A}_i) - \sum_{j=1}^{n} ES(\overleftarrow{A}_j)$ 得

$$-0.15 \text{ mm} = -0.06 \text{ mm} + EI(A_3) - 0.1 \text{ mm} \Rightarrow EI(A_3) = +0.01 \text{ mm}$$

所以工序尺寸 A_3 为 $300^{+0.15}_{+0.01}$ mm。

② 设计基准与测量基准不重合。

测量时,由于测量基准和设计基准不重合,需测量的尺寸不能直接测量,只能由其他测量尺寸来间接保证。此时也需要进行工序尺寸的换算。

【例 1-3】 如图 1-25 所示,加工时尺寸 $10^{0}_{-0.36}$ mm 不便测量,改用深度游标尺测量孔深 A_2,通过孔深 A_2、总长 $50^{0}_{-0.17}$ mm(A_1)来间接保证设计尺寸 $10^{0}_{-0.36}$ mm(A_0),求孔深 A_2。

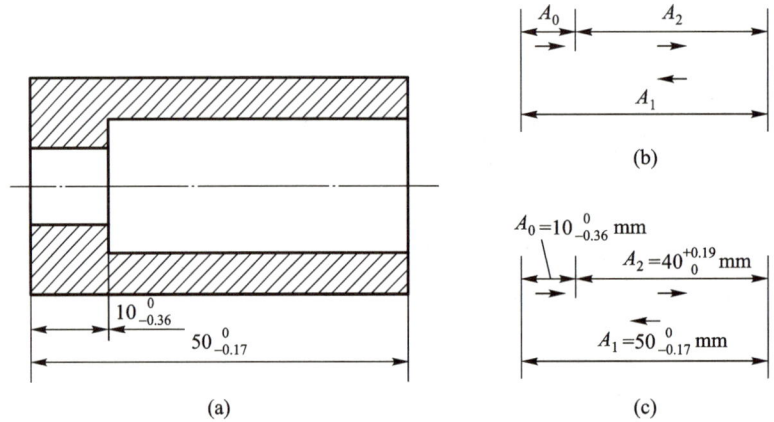

图 1-25 设计基准与测量基准不重合

解:计算步骤如下。

① 画出尺寸链图,如图 1-25(b)所示。

② 确定封闭环。这时孔深 A_2 的测量基准与设计基准不重合,设计尺寸 A_0 是通过 A_2 间接得到的,因而 A_0 是封闭环。

③ 确定增环、减环。A_1 是增环,A_2 是减环。

④ 利用基本计算公式进行计算。

由 $A_0 = \sum_{i=1}^{m} \vec{A}_i - \sum_{j=1}^{n} \overleftarrow{A}_j$ 得

$$A_0 = A_1 - A_2 \Rightarrow 10 \text{ mm} = 50 \text{ mm} - A_2 \Rightarrow A_2 = 40 \text{ mm}$$

由 $ES(A_0) = \sum_{i=1}^{m} ES(\vec{A}_i) - \sum_{j=1}^{n} EI(\overleftarrow{A}_j)$ 得

$$0 \text{ mm} = 0 \text{ mm} - EI(A_2) \Rightarrow EI(A_2) = 0 \text{ mm}$$

由 $EI(A_0) = \sum_{i=1}^{m} EI(\vec{A}_i) - \sum_{j=1}^{n} ES(\overleftarrow{A}_j)$ 得

$$-0.36 \text{ mm} = -0.17 \text{ mm} - ES(A_2) \Rightarrow ES(A_2) = +0.19 \text{ mm}$$

所以孔深 A_2 为 $40^{+0.19}_{0}$ mm。完整的尺寸链如图 1-25(c)所示。

(2) 工序尺寸的基准有加工余量时工艺尺寸链的计算。

零件图上有时存在几个尺寸从同一基准面进行标注,当该基准面的精度和表面粗糙度要求较高时,该基准面往往是在工艺过程的精加工阶段进行最后加工。这样,在进行该基准面的最终一次加工时,要同时保证几个设计尺寸,其中只有一个设计尺寸可以直接保证,其他设计尺寸只能间接获得。此时也需要进行工序尺寸的换算。

【例 1-4】 图 1-26(a)所示为齿轮内孔和键槽简图,内孔和键槽的加工顺序为:①半精镗孔至 $\phi 84.8^{+0.1}_{0}$ mm;②插键槽至尺寸 A;③淬火;④磨内孔至尺寸 $\phi 85^{+0.035}_{0}$ mm,同时保证键槽深度 $90.4^{+0.20}_{0}$ mm。求插键槽深度 A。

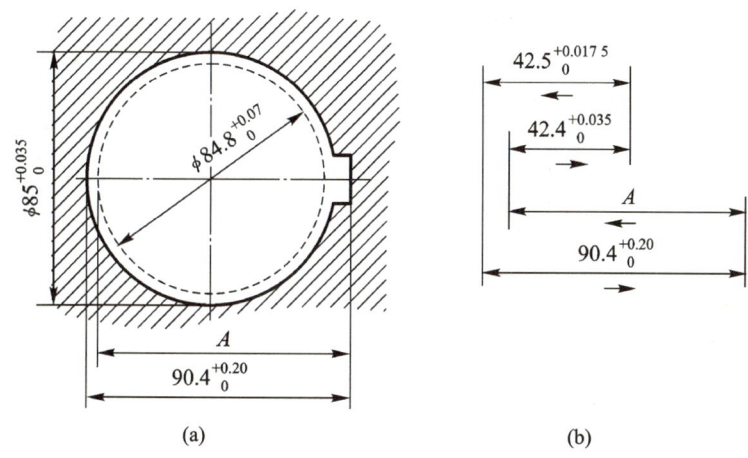

图 1-26 齿轮内孔和键槽的简图和加工尺寸链

解:计算步骤如下。
① 画出尺寸链图。注意,直径的基准是轴线,尺寸链图如图 1-26(b)所示。
② 确定封闭环。$90.4^{+0.20}_{0}$ mm 是间接得到的,因而 $90.4^{+0.20}_{0}$ mm 是封闭环。
③ 确定增环、减环。A 和 $42.5^{+0.0175}_{0}$ mm 是增环,$42.4^{+0.035}_{0}$ mm 是减环。
④ 利用基本计算公式进行计算。

由 $A_0 = \sum_{i=1}^{m} \vec{A}_i - \sum_{j=1}^{n} \overleftarrow{A}_j$ 得

$$90.4 \text{ mm} = A + 42.5 \text{ mm} - 42.4 \text{ mm} \Rightarrow A = 90.3 \text{ mm}$$

由 $ES(A_0) = \sum_{i=1}^{m} ES(\vec{A}_i) - \sum_{j=1}^{n} EI(\overleftarrow{A}_j)$ 得

$$0.20 \text{ mm} = ES(A) + 0.0175 \text{ mm} - 0 \text{ mm} \Rightarrow ES(A) = +0.1825 \text{ mm}$$

由 $EI(A_0) = \sum_{i=1}^{m} EI(\vec{A}_i) - \sum_{j=1}^{n} ES(\overleftarrow{A}_j)$ 得

$$0 \text{ mm} = EI(A) + 0 \text{ mm} - 0.035 \text{ mm} \Rightarrow EI(A) = +0.035 \text{ mm}$$

所以 A 的尺寸为 $90.3^{+0.183}_{+0.035}$ mm。

(3) 表面处理工序尺寸链的计算。

表面热处理一般分为两类:一类是渗入类,如渗碳、渗氮等;另一类是镀层类,如镀金、镀铬、镀锌、镀铜等。渗入类的工艺尺寸计算解决的问题是:渗入是在表面终加工之前进行,需求渗入深度,而表面终加工后,要自动获得图纸设计要求的渗层深度。显然,设计要求的渗层深度为封闭环。镀层类的情况恰好相反,电镀后一般不加工,电镀时直接保证镀层深度,而电镀后工件的尺寸是间接保证的,因此,需求电镀前工件的工序尺寸。显然,电镀后要保证的工件的设计尺寸是封闭环。

【例 1-5】 对于图 1-27(a)所示的轴,外圆的加工顺序为:首先精车到尺寸 $\phi 40.4_{-0.1}^{0}$ mm;然后做渗碳处理,渗层深度为 A_2;最后精磨外圆到尺寸 $\phi 40_{-0.016}^{0}$ mm,同时保证渗层深度 0.5~0.8 mm。试求渗碳时的渗层深度 A。

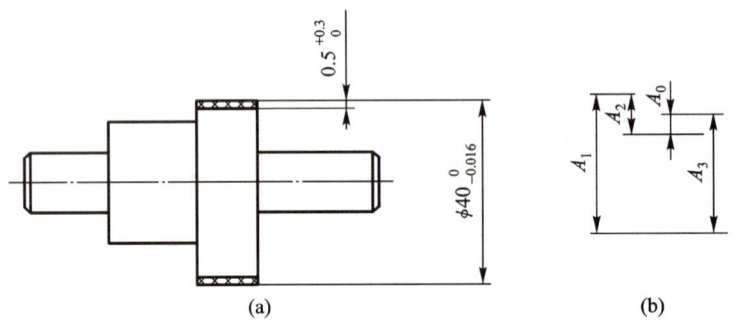

图 1-27 保证渗层深度的工艺尺寸链

解:计算步骤如下。
① 画出尺寸链图。注意,直径的基准是轴线,尺寸链图如图 1-27(b)所示。
② 确定封闭环。A_0(0.5~0.8 mm)是间接得到的,因而 A_0 是封闭环。
③ 确定增环、减环。A_2、A_3 是增环,A_1 是减环。
④ 利用基本计算公式进行计算。
计算结果为:$A_2 = 0.7_{+0.008}^{+0.250}$ mm。

【例 1-6】 图 1-28(a)所示为阶梯轴零件图,图 1-28(b)、(c)所示为加工工序图,加工顺序为①精车各端面,保持工序尺寸 L_1 和 L_2;②靠火花磨削 B 面,保证设计尺寸。求精车时的工序尺寸 L_1 和 L_2。

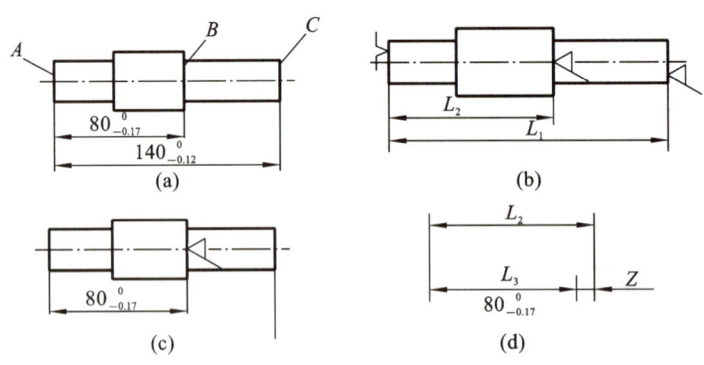

图 1-28 靠火花磨削的尺寸设计

解:计算步骤如下。
① 精车 A、C 时,工序尺寸直接保证设计尺寸,所以 $L_1 = 140_{-0.12}^{0}$ mm。
② 画出尺寸链图。工序尺寸 L_2 与设计尺寸 $80_{-0.17}^{0}$ mm 只相差一个磨削余量 Z,尺寸链图如图 1-28(d)所示。

③ 确定封闭环。靠火花磨削是定量磨削,所以磨削余量 Z 直接保证,磨削余量按经验数值确定为 $Z=(0.1\pm0.02)$ mm。设计尺寸 $80_{-0.17}^{0}$ mm 是间接得到的,因而 L_3 是封闭环。

④ 确定增环、减环。L_2 是增环,Z 是减环。

⑤ 利用基本计算公式进行计算。

$$L_3 = 80_{-0.17}^{0} \text{ mm} = (79.915\pm0.085) \text{ mm}$$

$L_2 = (79.915+0.1)$ mm ± 0.065 mm $= (80.015\pm0.065)$ mm $= 80.08_{-0.13}^{0}$ mm

所以,$L_1 = 140_{-0.12}^{0}$ mm,$L_2 = 80.08_{-0.13}^{0}$ mm。

从上述各例可以看出,工艺尺寸链对合理制订加工工艺、提高生产率、保证加工精度具有重要意义。在实际应用中,工艺尺寸链的计算多数是为了保证间接获得的设计尺寸而求解工序尺寸,这属于尺寸链的第三种应用。根据工艺过程正确分析尺寸链、正确确定各环的性质是工艺尺寸链计算的前提。

任务 6.4 切削用量的确定

切削用量的确定是确定切削加工中机床的具体操作参数的环节。选择合理的切削用量,必须考虑合理的刀具寿命。合理确定切削用量,能够充分发挥刀具的切削性能和机床的性能,对确保加工质量、提高生产率和获得良好的经济效益都有着十分重要的意义。

一、刀具寿命(刀具耐用度)的选择原则

切削用量与刀具寿命有密切关系。在确定切削用量时,应首先选择合理的刀具寿命,而合理的刀具寿命应根据优化的目标而定。刀具寿命一般分最高生产率刀具寿命和最低成本刀具寿命两种,前者根据单件工时最少的目标确定,后者根据工序成本最低的目标确定。

最高生产率刀具寿命 T_p 的计算公式为

$$T_p = \left(\frac{1-m}{m}\right) t_c$$

最低成本刀具寿命 T_c 的计算公式为

$$T_c = \frac{1-m}{m}\left(t_c + \frac{C_t}{M}\right)$$

式中:m——v_c 对 T 的影响程度指数;

t_c——一次换刀所需时间(min/次);

M——全厂每分钟开支分摊到本零件的加工费用,包括工作人员开支和机床损耗等;

C_t——刀具有关费用,主要包括刃磨等费用。

比较最高生产率刀具寿命 T_p 与最低成本刀具寿命 T_c 可知,$T_c > T_p$。生产中常根据最低成本来确定刀具寿命,但有时在需完成紧急任务或提高生产率且对成本影响不大的情况下,也选用最高生产率刀具寿命。刀具寿命的具体数值,可参考有关资料或手册选用。

二、选择刀具寿命时要考虑的事项

(1) 根据刀具复杂程度、制造和磨刀成本来选择刀具寿命。复杂和精度高的刀具寿命应选得比单刃刀具高些。

(2) 对于机夹可转位刀具,由于换刀时间短,为了充分发挥刀具的切削性能、提高生产率,刀具寿命可选得低些,一般取 15~30 min。

(3) 对于装刀、换刀和调刀比较复杂的多刀机床、组合机床与自动化加工刀具,刀具寿

命应选得高些,尤其应保证刀具的可靠性。

(4)当车间内某一工序的生产率限制了整个车间生产率的提高时,该工序刀具的寿命要选得低些;当某一工序单位时间内所分担到的全厂开支较大时,该工序刀具的寿命也应选得低些。

(5)大件精加工时,为保证至少完成一次走刀,避免切削时中途换刀,刀具寿命应按零件精度和表面粗糙度来确定。

三、切削用量对加工的影响

1. 切削用量与生产率紧密相关

生产率和切削用量呈正比例关系,在确保刀具寿命合理的前提下,切削用量三要素的乘积取最大值,以获得最高生产率。

2. 切削用量影响被加工表面的质量

在切削用量三要素中,背吃刀量 a_p 对表面质量影响较小,但过大的背吃刀量将影响到表面粗糙度。进给量 f 增大,表面粗糙度将相应增大。切削速度 v_c 为中速时对表面质量影响较大。

3. 切削用量决定了刀具寿命

在切削用量三要素中,背吃刀量 a_p 对刀具寿命影响最小,其次是进给量 f,对刀具寿命影响最大的是切削速度 v_c。所以,在选择切削用量时,在工艺系统刚度允许的条件下,首先选择尽可能大的背吃刀量,其次选择在加工条件或加工要求条件下允许的进给量,最后按刀具寿命要求确定一个合适的切削速度。

4. 切削用量的选用

(1)背吃刀量 a_p 的选用。

背吃刀量 a_p 根据加工余量确定。

粗加工时,一般是在保留半精加工和精加工余量的前提下,尽可能用一次进给切除全部加工余量,以使走刀次数最少。

半精加工时,通常取 $a_p=0.5\sim 2$ mm。精加工时,背吃刀量不宜过小,通常取 $a_p=0.1\sim 0.4$ mm。

(2)进给量 f 的选用。

粗加工时,进给量 f 的选用主要受切削力的限制。在工艺系统刚性和机床进给机构强度允许的情况下,合理的进给量应是它们所能承受的最大进给量。

半精加工和精加工时,进给量 f 的选用主要受表面粗糙度和加工精度要求的限制。因此,进给量 f 一般选得较小。

(3)切削速度 v_c 的选用。

①用公式计算切削速度。

$$v_c = \frac{C_v}{T^m a_p^{x_v} \cdot f^{y_v}} \cdot K_v$$

式中:C_v——与耐用度实验条件有关的系数;

m、x_v、y_v——分别表示对 T(刀具寿命)、a_p 和 f 影响程度的指数;

K_v——切削条件与实验条件不同的修正系数。

上述系数 C_v 和指数 m、x_v 和 y_v 可参考有关手册资料。

②用查表法确定切削速度。

在确定切削速度时,还应考虑以下几点。

①精加工时,应尽量避开产生积屑瘤的速度区。

②断续切削时,应适当降低切削速度。

③在易产生振动的情况下,机床主轴转速应位于能进行稳定切削的转速区。

④加工大件、细长件、薄皮件及带铸、锻外皮的工件时,应选较低的切削速度。

任务 6.5 工时定额的确定

一、工时定额的定义

工时定额是指在一定的生产条件下,规定生产一件产品或完成一道工序所消耗的时间。工时定额不仅是衡量劳动生产率的指标,而且是安排生产计划、计算生产成本的重要依据,还是新建或扩建工厂(或车间)时计算设备和工人数量的依据。

确定工时定额应根据本企业的生产技术条件,使大多数工人都能达到,部分先进工人可以超过,少数工人经过努力可以达到或接近工时定额的平均水平。合理的工时定额能调动工人的积极性,促进工人技术水平的提高,从而不断提高劳动生产率。随着企业生产技术条件的不断改善,工时定额应定期修订,以保持工时定额的平均水平。

二、工时定额的组成

为了正确确定工时定额,单件计算时间 T_c 包括单件时间 T_p、准备和终结时间 T_e。通常把工序消耗的单件时间 T_p 分为基本时间 T_b、辅助时间 T_a、布置工作地时间 T_s、休息与生理需要时间 T_r 等。

1. 基本时间 T_b

基本时间是直接改变生产对象的尺寸、形状、相对位置、表面状态或材料性质等的工艺过程所消耗的时间。对于机械加工而言,基本时间应是直接切除工序余量所消耗的时间(包括刀具的切入和切出时间)。

2. 辅助时间 T_a

辅助时间是为实现工艺过程所必须完成的各种辅助动作所消耗的时间,包括装卸工件、开停机床、进退刀具、改变切削用量、试切和测量工件等所消耗的时间。

基本时间和辅助时间的总和称为作业时间 T_B。它是直接用于制造产品或零部件所消耗的时间。

3. 布置工作地时间 T_s

布置工作地时间是为使加工正常进行,工人照管工作地(如调整和更换刀具、修整砂轮、润滑和擦拭机床、清理切屑等)所消耗的时间。T_s 不是直接消耗在每个工件上的时间,而是由消耗在一个工作班内的时间,折算到每个工件上的时间。它一般按作业时间的 2%~7% 计算。

4. 休息与生理需要时间 T_r

休息与生理需要时间是工人在工作班内为恢复体力和满足生理上的需要所消耗的时间。T_r 也是以一个工作班为计算单位,折算到每个工件上的时间。它一般按作业时间的 2%~4% 计算。

以上四部分时间的总和称为单件时间 T_p，即

$$T_p = T_b + T_a + T_s + T_r = T_B + T_s + T_r \tag{1-18}$$

5. 准备和终结时间 T_e

准备和终结时间简称准终时间，是工人为了生产一批产品或零部件，进行准备和结束工作所消耗的时间。例如：在单件或成批生产中，每当开始加工一批工件时，工人熟悉工艺文件、领取毛坯、材料、工艺装备、安装刀具和夹具、调整机床和其他工艺装备等所消耗的时间；加工一批工件结束后，拆下和归还工艺装备、送交成品等消耗的时间。T_e 既不是直接消耗在每个工件上的时间，也不是消耗在一个工作班内的时间，而是消耗在一批工件上的时间，因而分摊到每个工件上的时间为 T_e/n，其中 n 为批量。

因此，单件和成批生产的单件计算时间 T_c 应为

$$T_c = T_p + \frac{T_e}{n} = T_b + T_a + T_s + T_r + \frac{T_e}{n} \tag{1-19}$$

三、提高机械加工劳动生产率的工艺措施

提高机械加工劳动生产率不单纯是一个工艺技术问题，而是一个综合性问题，涉及产品设计、制造工艺和生产组织管理等方面。这里仅介绍通过缩短单件计算时间来提高机械加工劳动生产率的工艺途径。

1. 缩短基本时间

大批大量生产中，基本时间在单件时间中占有较大的比重。以外圆车削为例，有

$$T_b = \frac{\pi DLZ}{1\,000 v_c f a_p}$$

式中：D——切削直径，mm；

L——切削行程长度，包括加工表面长度、刀具切入和切出长度，mm；

Z——工序余量，mm。

缩短基本时间的主要途径有以下几种。

(1) 提高切削用量。

增大切削速度、进给量和背吃刀量都可缩短基本时间。但切削用量的增大，受到刀具耐用度和机床刚度的制约。随着新型材料刀具的出现，切削速度得到了迅速的提高。目前硬质合金刀具的切削速度可达 200 m/min；近年来出现的聚晶人造金刚石和聚晶立方氮化硼等新型材料刀具，切削速度可达 900 m/min。

采用高速磨削和强力磨削可大大提高磨削生产率。目前，国内生产的高速磨削磨床和砂轮的磨削速度已达 60 m/s，国外生产的高速磨削磨床和砂轮的磨削速度已达 90~120 m/s。强力磨削的切入深度可达 6~12 mm，最高可达 37 mm。国外已有用磨削来直接取代铣削或刨削进行粗加工的先例。

(2) 缩短工作行程长度。

采用多刀加工可成倍地缩短工作行程长度，从而大大缩短基本时间。图 1-29 所示为多刀加工，每把车刀的实际切削长度只有工件长度的三分之一；图 1-30 所示为用几把铣刀对同一工件上的不同表面同时进行垂直进给加工的方法，它可使切削行程重合且最短。

(3) 多件加工。

这种方法通过减少刀具的切入、切出时间或使基本时间重合，来缩短每个零件加工的基本时间，从而提高机械加工生产率。多件加工如图 1-31 所示。其中，图 1-31(a)所示为多件

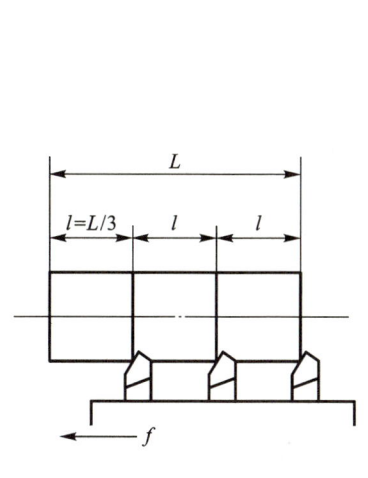

图 1-29 多刀加工

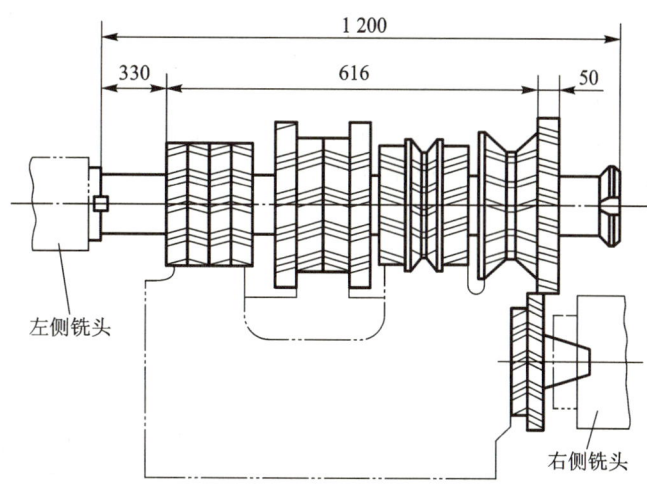

图 1-30 用几把铣刀对同一工件上的不同表面同时进行垂直进给加工的方法

顺序加工,图 1-31(b)所示为多件平行加工,图 1-31(c)所示为平行顺序加工。

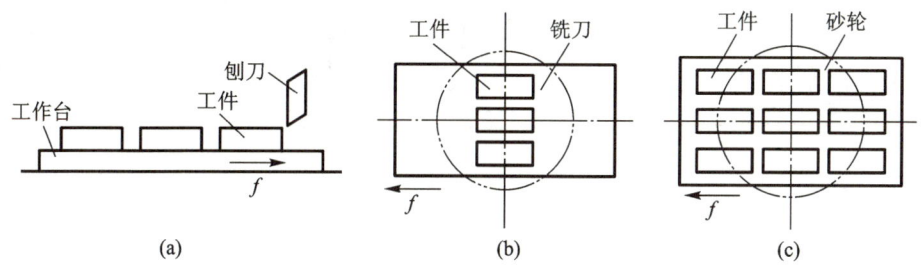

图 1-31 多件加工

2. 缩减辅助时间

辅助时间在单件时间中也占有较大的比重,尤其是在大幅度增大切削用量之后,基本时间显著减少,辅助时间所占比重就更高了。此时,采取措施缩减辅助时间就成为提高机械加工劳动生产率的重要方向。缩减辅助时间有两种不同途径:一是使辅助动作实现机械化和自动化,从而直接缩减辅助时间;二是使辅助时间与基本时间重合。

(1) 直接缩减辅助时间。

采用专用夹具装夹工件,工件在装夹中不需要找正,可缩短装卸工件的时间。大批大量生产中,广泛采用高效的气动、液动夹具来缩短装卸工件的时间;单件小批生产中,由于受专用夹具制造成本的限制,为缩短装卸工件的时间,可采用组合夹具及可调夹具。

为减少加工中停机测量的辅助时间,可采用主动检测装置或数字显示装置在加工过程中进行实时测量。主动检测装置能在加工过程中测量工件的实际尺寸,并能由测量结果操作或自动控制机床的进给运动。在各类机床上配置的数字显示装置,以光栅、感应同步器为检测元件,可以连续显示出刀具或工件在加工过程中的位移量,操作者能直接看出加工过程中工件尺寸的变化情况,大大地节省了停机测量的时间。

(2) 使辅助时间与基本时间重合。

为了使辅助时间与基本时间重合,可采用多位夹具和连续加工的方法。

图 1-32 所示为在立式铣床上采用双工位夹具工作的实例。加工工件 1 时,工人在工作台的另一端装夹工件 2,工件 1 加工完后,工作台快速退回原处,工人将夹具回转 180°便可加工工件 2。

图 1-33 所示为连续加工工件两侧面的鼓轮铣。在加工工件的同时,工人在装卸区内装卸工件,使装卸工件的时间与加工的基本时间完全重合,因而大大地提高了机械加工劳动生产率。

图 1-34 为连续磨削加工的实例。机床有两个主轴,依次进行粗磨与精磨,且装卸工件时机床不停机,使辅助时间与基本时间完全重合。

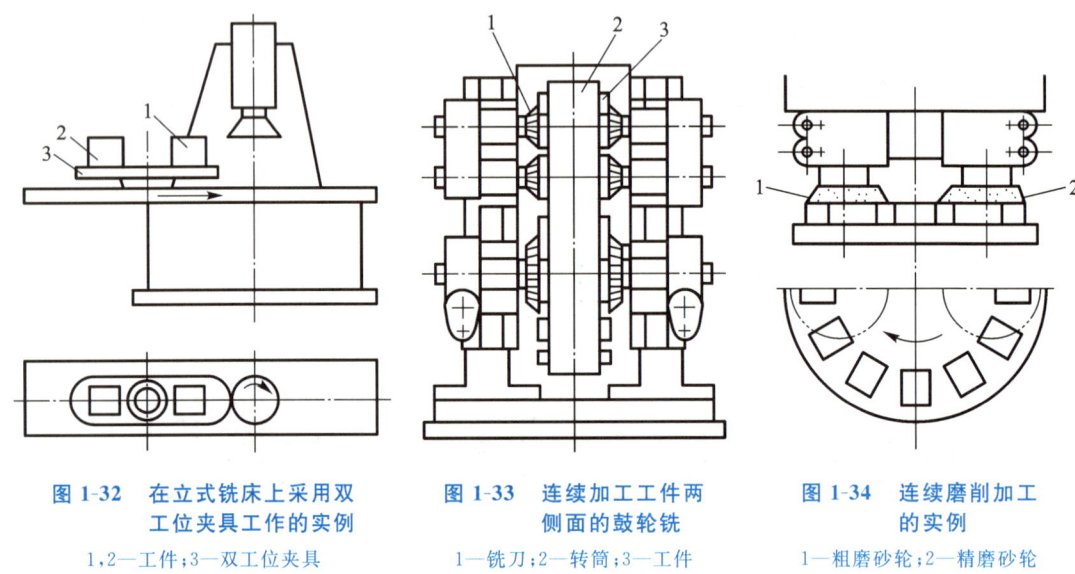

图 1-32　在立式铣床上采用双工位夹具工作的实例
1,2—工件;3—双工位夹具

图 1-33　连续加工工件两侧面的鼓轮铣
1—铣刀;2—转筒;3—工件

图 1-34　连续磨削加工的实例
1—粗磨砂轮;2—精磨砂轮

3. 缩减布置工作地时间

布置工作地时间大部分消耗在更换刀具(包括调整刀具)的工作上,因此必须减少换刀次数,并缩减每次换刀所需时间。提高刀具或砂轮的耐用度可减少换刀次数,而换刀时间的减少,则主要通过改进刀具的安装方法和采用装刀夹具来实现。例如,采用各种快换刀夹、刀具微调机构、专用对刀样板、对刀样件以及自动换刀装置等,以减少刀具的装卸和对刀所需时间。又例如,在车床和铣床上采用硬质合金可转位刀片刀具,既可减少换刀次数,又可减少刀具装卸、对刀和刃磨的时间。

4. 缩减准备和终结时间

缩减准备和终结时间的主要方法如下。

(1) 扩大零件的生产批量。

中小批量生产中,产品经常更换,准备和终结时间在单件计算时间中占有较大的比重,因此,应尽量设法使零件标准化、通用化,或采用成组技术,以增加零件的加工批量,这样,分摊到每个零件上的准备和终结时间就可大大减少。

(2) 减少调整机床、刀具和夹具的时间。

减少调整机床、刀具和夹具的时间的主要措施有:采用易于调整的机床,如液压仿形机床、数控机床等先进设备;充分利用夹具与机床连接用的定位元件,减少夹具在机床上的找正装夹时间;采用机外对刀的可换刀架或刀夹,以减少调整刀具时间。

提高机械加工劳动生产率的工艺途径还有很多,如在大批大量生产中广泛采用组合机床和组合机床自动生产线,在单件小批生产中广泛采用各种数控和柔性制造系统及推广成组技术等,都可以缩短单件计算时间,有效地提高机械加工劳动生产率。

任务6.6 工艺过程的技术经济分析

制订某一零件的机械加工工艺规程时,在同样能满足工件的各项技术要求的条件下,一般可以拟订出几种不同的加工方案。其中:有些方案具有很高的生产率,但设备和工装方面的投资大;另一些方案可能节省投资,但生产率低。可见,不同的工艺方案有不同的经济效果。为选取在给定的生产条件下最经济合理的方案,必须对不同的工艺方案进行技术经济分析和比较。

所谓技术经济分析,就是通过比较不同工艺方案的生产成本,选出最经济的工艺方案。生产成本是指制造一个零件或产品必需的一切费用的总和。生产成本包括两大类费用:第一类是与工艺过程直接有关的费用,称为工艺成本,占生产总成本的70%~75%;第二类是与工艺过程无关的费用,如行政人员工资、厂房折旧费用、照明费用、取暖费用等。由于在同一生产条件下与工艺过程无关的费用基本上是相等的,因此对零件工艺方案进行技术经济分析时,只要分析与工艺过程直接有关的工艺成本即可。

一、工艺成本的组成

工艺成本由可变费用 V 与不变费用 C 两部分组成。可变费用与零件(或产品)的年产量有关,包括材料费或毛坯费、操作工人的工资、机床的维护费、万能机床和万能夹具及一般刀具的折旧费用。不变费用与零件(或产品)的年产量无关,是指专用机床和专用夹具、专用刀具的折旧费用。因为专用机床、专用夹具及专用刀具是专为加工某零件所用,不能用来加工其他零件,而工艺装备及设备的折旧年限是一定的,所以专用机床、专用夹具及专用刀具的费用与零件(或产品)的年产量无直接关系,即当年产量在一定范围内变化时,这种费用基本上保持不变。

一种零件(或一道工序)的全年工艺成本 E(单位:元/件)可用下式计算:

$$E = VN + C \tag{1-20}$$

式中:V——每个零件的可变费用,元/件;

N——零件的年产量,件;

C——全年的不变费用,元。

单件工艺(或工序)成本 E_d(单位:元/件)的计算公式为

$$E_d = V + \frac{C}{N} \tag{1-21}$$

图 1-35 及图 1-36 分别表示全年工艺成本及单件工艺成本与零件年产量之间的关系。由图 1-35 可知,全年工艺成本与零件年产量 N 呈直线关系。这说明全年工艺成本的变化量 ΔE 与零件年产量的变化量 ΔN 成正比。由图 1-36 可知,单件工艺成本 E_d 与零件年产量 N 呈双曲线关系,曲线的 A 区相当于单件小批生产时设备负荷很低的情况,此时若 N 略有变化,E_d 就会有很大的变化。在曲线的 B 区,即使 N 变化很大,E_d 的变化也不大。曲线的 B 区相当于大批大量生产的情况,此时不变费用对 E_d 影响很小。A、B 之间相当于成批生产情况。

二、工艺方案的技术经济分析

工艺方案的技术经济分析方法有两种:一是对不同工艺方案进行工艺成本的分析和评

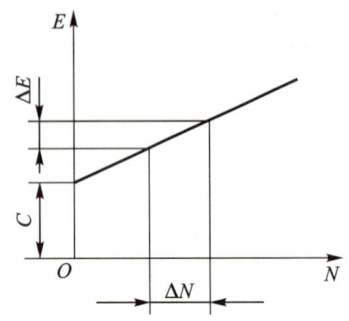

图 1-35　全年工艺成本与零件年产量之间的关系

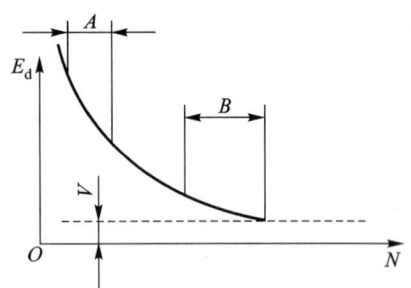

图 1-36　单件工艺成本与零件年产量之间的关系

比;二是按某种相对技术经济指标进行宏观比较。

1. 工艺成本的分析和评比

对不同的工艺方案进行工艺成本的分析和评比时,有以下两种情况。

(1) 工艺方案的基本投资相近或都采用现有设备时的情况。这时,工艺成本即可作为衡量各工艺方案经济性的依据。比较方法如下。

① 当两工艺方案中少数工序不同、多数工序相同时,可通过计算少数不同工序的单件工序成本进行比较,即

$$E_{d1} = V_1 + \frac{C_1}{N}, \quad E_{d2} = V_2 + \frac{C_2}{N}$$

当 N 一定时,可根据上面两式直接算出 E_{d1} 和 E_{d2}。若 $E_{d1} > E_{d2}$,则第二种工艺方案的经济性好。

当 N 为变量时,可根据上面两式作出曲线进行比较,如图 1-37 所示。图中 N_k 为两条曲线的交点,称为临界产量。当 $N < N_k$ 时,$E_{d1} > E_{d2}$,所以第二种工艺方案为可取方案;当 $N > N_k$ 时,第一种工艺方案为可取方案。

② 两工艺方案中多数工序不同、少数工序相同时,以该零件全年工艺成本进行比较,两工艺方案全年工艺成本分别为

$$E_1 = V_1 N + C_1, \quad E_2 = V_2 N + C_2$$

同样,当 N 一定时,可根据上面两式直接算出 E_1 及 E_2。若 $E_1 > E_2$,则第二种工艺方案经济性好,为可取方案。

当 N 为变量时,可根据上面两式作图进行比较,如图 1-38 所示。由图可知,各工艺方案的优劣与零件的年产量有密切关系:当 $N < N_k$ 时,宜采用第一种工艺方案;当 $N > N_k$ 时,宜采用第二种工艺方案。图中 N_k 为临界产量,当 $N = N_k$ 时,$E_1 = E_2$,于是有

$$V_1 N_k + C_1 = V_2 N_k + C_2$$

所以

$$N_k = \frac{C_2 - C_1}{V_1 - V_2} \tag{1-22}$$

(2) 工艺方案的基本投资差额较大的情况。这时,在考虑工艺成本的同时还要考虑基本投资差额的回收期限。

设工艺方案 1 采用了价格较高的高生产率机床及工艺装备,基本投资 K_1 大,但工艺成本 E_1 较低;工艺方案 2 采用了价格较便宜的生产率较低的一般机床及工艺装备,基本投资

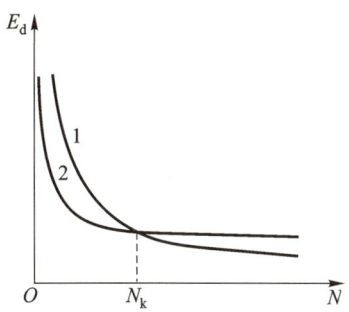
图 1-37 两种工艺方案单件工艺成本的比较

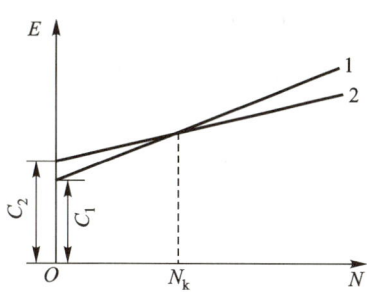
图 1-38 两种工艺方案全年工艺成本的比较

K_2 小,但工艺成本 E_2 较高。这时只比较工艺成本难以全面评定工艺方案的经济性,应同时考虑两种工艺方案基本投资差额的回收期限,也就是应考虑工艺方案 1 比工艺方案 2 多花的投资需要多长时间才能收回。回收期限的计算公式为

$$\tau = \frac{K_1 - K_2}{E_1 - E_2} = \frac{\Delta K}{\Delta E} \tag{1-23}$$

式中：τ——回收期限,年;

ΔK——基本投资差额,元;

ΔE——全年生产成本节约额,元/年。

回收期愈短,则经济效益愈好。回收期限一般应满足以下要求。

①回收期限应小于所购买设备的使用年限。

②回收期限应小于该产品的生产年限。

③回收期限应小于国家所规定的标准回收期限。新机床的标准回收期限通常为 4~6 年。

2. 相对技术经济指标的评比

当对工艺过程的不同方案进行宏观比较时,常用相对技术经济指标进行评比。

技术经济指标反映工艺过程中劳动的消耗、设备的特征和利用程度、工艺装备的需要量以及各种材料和电力的消耗等情况。

常用的技术经济指标有每个工人的平均年产量(件/(人·年))、每台机床的平均年产量(件/(台·年))、每平方米生产面积的平均年产量(件/(平方米·年))以及设备利用率、材料利用率和工艺装备系数等。

任务 7　夹 具 设 计

前文中提到了在单件小批生产中,应尽量选用通用夹具或组合夹具;在大批大量生产中,应根据加工要求设计和制造专用夹具。我们将在这一节着重介绍夹具设计方面的知识。

任务 7.1　夹具基础知识

在机械制造过程中,为了保证加工质量、提高生产率、降低生产成本、实现生产过程自动化,除了金属切削机床外,还需使用各种工艺装备(简称工装),包括夹具、刀具、量检具及其

他辅助工具等。

固定工件,使工件相对于机床或刀具占有确定的位置,以完成工件的加工和检验,这一过程是由夹具完成的。夹具广泛应用于机械加工、装配、检验、焊接、热处理和铸造等工艺中。金属切削机床上使用的夹具称为机床夹具,在装配中使用的夹具称为装配夹具。另外,还有检验夹具、焊接夹具等。工件在机床夹具中的位置精度直接影响工件的加工精度。机床夹具在机械加工中占有十分重要的地位。

一、装夹的概念

为了达到图纸规定的加工要求,在加工前必须将工件装好夹牢,这一过程称为工件的装夹。

把工件装好称为定位。加工时,为使工件的被加工表面获得规定的尺寸和位置精度,必须使工件在机床上或夹具中占有正确的位置,这个过程称为定位。位置正确与否,要用能否满足加工要求来衡量。能满足加工要求的位置为正确位置,不能满足加工要求的位置为不正确位置。

把工件夹牢,将工件定位后的位置固定,称为夹紧。在加工过程中,工件在各种力的作用下应当能够保持正确位置始终不变,这是夹紧的任务。

至于定位与夹紧的先后顺序,一般是先定位再夹紧,也有定位和夹紧同时完成的。

工件的装夹是指工件的定位和夹紧。工件的装夹过程就是工件在机床上或夹具中定位和夹紧的过程。工件在机床上装夹好以后,才能加工。工件的装夹是否正确、稳固、迅速和方便,对加工质量、生产率和经济性均有较大的影响。

二、装夹的方法

在生产中,常用的两种装夹方法是找正装夹和专用夹具装夹。

1. 找正装夹

找正装夹又可分为直接找正装夹和划线找正装夹。

(1)直接找正装夹。

工件定位时,用百分表、划针或通过目测直接在机床上找正工件上的某一表面,使工件处于正确的位置,称为直接找正装夹。图 1-39 所示为套筒零件。为了保证磨孔时的加工余量均匀,先将套筒预夹在四爪单动卡盘中,用百分表找正内孔表面,如图 1-40 所示,使内孔轴线与机床主轴回转中心同轴,然后夹紧套筒。

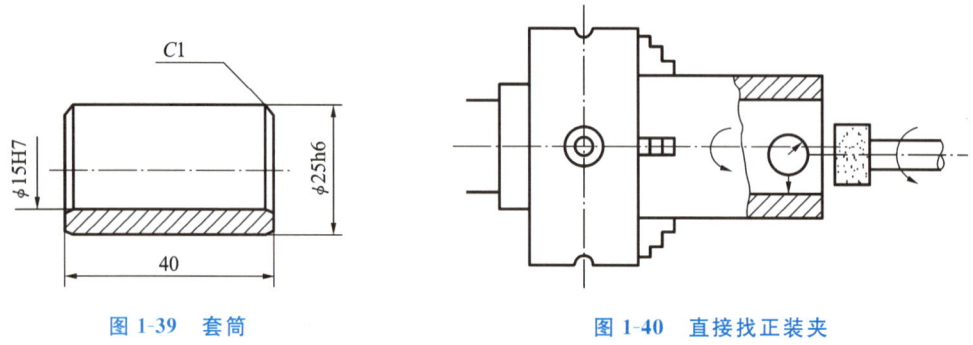

图 1-39 套筒　　　　　　　　图 1-40 直接找正装夹

直接找正装夹的定位精度与所用量具的精度和操作者的技术水平有关,找正所需的时间长,结果也不稳定,故直接找正装夹只适用于单件小批生产。但是当工件加工要求特别高,又没有专门的高精度设备时,可以采用这种装夹方法,此时必须由技术熟练的操作者使用高精度的量具仔细地操作。

(2) 划线找正装夹。

划线找正装夹是指先按加工表面的要求在工件上划出中心线、对称线或各待加工表面的加工线,加工时在机床上按线找正,以获得工件的正确位置。图 1-41 所示为在牛头刨床上按划线找正装夹工件。具体操作方法是:首先将划针针尖对准工件某处的加工线,然后沿工件四周移动划针,查看划针针尖偏离加工线的情况,在工件底面垫上适当厚度的纸片或铜片进行调整,直到加工线各处均对准针尖为止。对于较重的工件,

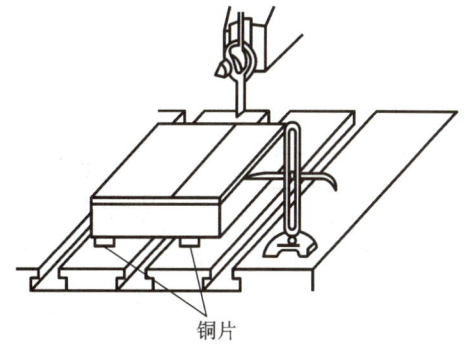

图 1-41 在牛头刨床上按划线找正装夹工件

也可将工件支承在四个千斤顶上,调整千斤顶的高度以获得工件正确的位置。

图 1-42(a)所示为过渡套钻孔工序图。先划好所钻孔的位置线,然后按线找正并将过渡套装夹在平口钳上,如图 1-42(b)所示,使麻花钻的轴线对准加工线。

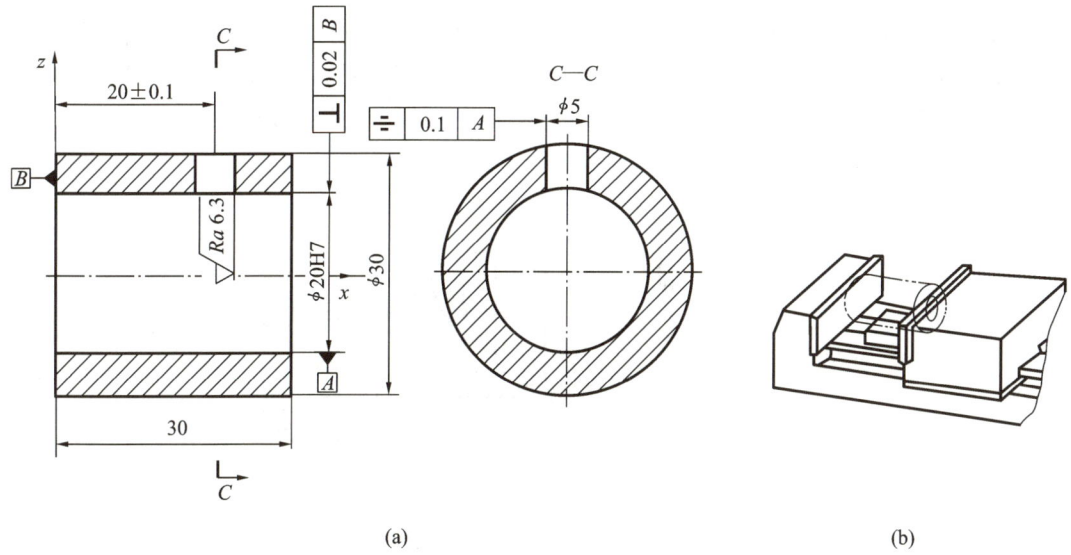

图 1-42 在平口钳上按划线找正装夹工件

划线找正装夹不需要专用设备,但受划线精度的限制,定位精度比较低,生产率低,劳动强度大,对操作者的技术水平要求高,且需增加划线工序,因此多用于小批量、毛坯精度较低及大型零件的粗加工中。

2. 专用夹具装夹

当零件生产批量大时,若采用找正装夹,则效率低,强度大,精度不高,这显然是行不通的,此时必须用专用夹具装夹工件。

图 1-43 所示为图 1-42(a)所示过渡套在钻孔时使用的钻床专用夹具。从图中可以看出:工件以内孔和左端面与定位轴 2 和支承板 7 保持接触进行定位,从而确定了工件在夹具中的正确位置;夹具用螺母 6 和开口垫圈 5 夹紧工件;钻头由固定钻套 4 引导,在工件上钻

孔。固定钻套 4 的轴线到支承板 7 的间距是根据工件上孔中心到左端面的距离来确定的,这样保证了由固定钻套 4 引导的钻头在工件上有一个正确的加工位置,并且在加工中又能防止钻头的轴线引偏。

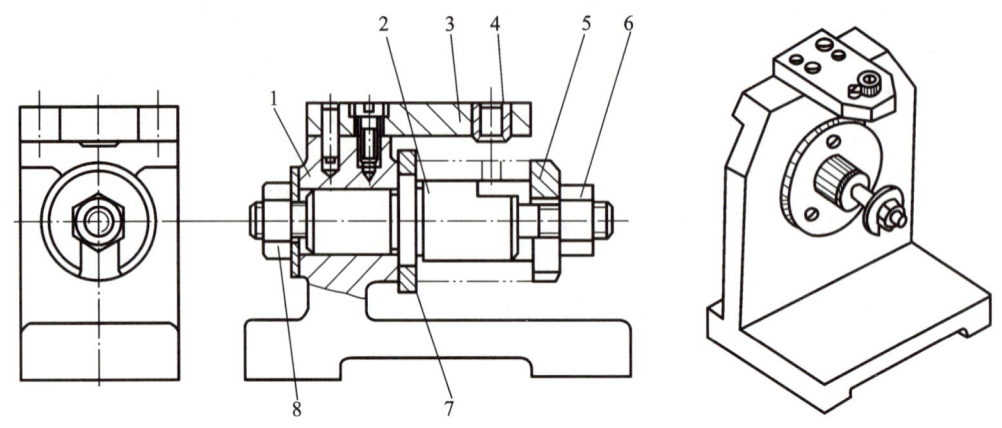

图 1-43 过渡套钻孔专用夹具
1—夹具体;2—定位轴;3—钻模板;4—固定钻套;5—开口垫圈;6—螺母;7—支承板;8—锁紧螺母

图 1-44 所示为轴端铣槽的铣床专用夹具。从图中可以看出:工件以外圆和底面与 V 形块 1 和支承套 7 保持接触进行定位,从而确定了工件在夹具中的正确位置;夹具用 V 形块 2 和偏心轮 3 夹紧工件;对刀块 4 确定了刀具相对于工件的正确位置;两个定位键 6 确定了整副夹具相对于机床的正确位置。

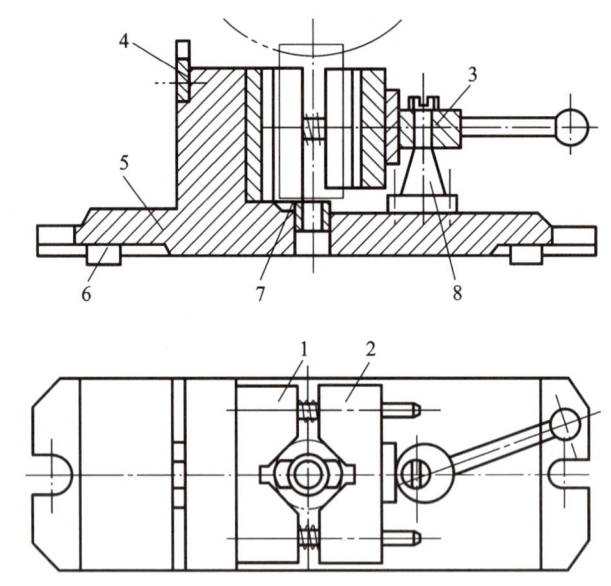

图 1-44 轴端铣槽铣床夹具
1,2—V 形块;3—偏心轮;4—对刀块;5—夹具体;6—定位键;7—支承套;8—支架

使用夹具装夹工件时,工件在夹具中迅速而正确地定位与夹紧,不需要找正就能保证工件与刀具间的正确位置。专用夹具装夹生产率高、定位精度好,广泛用于成批以上的生产中。

三、机床夹具的组成

1. 基本组成部分

（1）定位元件。

定位元件的作用是使工件在夹具中占据正确的位置。

图 1-43 所示的钻床专用夹具中的定位轴 2 和支承板 7，图 1-44 所示的铣床专用夹具中的 V 形块 1 和支承套 7，都是定位元件，通过它们使工件在夹具中占据正确的位置。

（2）夹紧装置。

夹紧装置的作用是将工件压紧夹牢，保证工件在加工过程中受各种力作用时不离开已经占据的正确位置。

图 1-43 所示的钻床专用夹具中的螺母 6 和开口垫圈 5，图 1-44 所示的铣床专用夹具中的 V 形块 2 和偏心轮 3，都是夹紧元件，它们构成了夹紧装置。

（3）夹具体。

夹具体是机床夹具的基础件，通过它将夹具的所有元件连接成一个整体。

2. 其他组成部分

（1）对刀或导向装置。

对刀或导向装置用于确定刀具相对于定位元件的正确位置，使刀具对准定位元件。

图 1-43 所示的钻床专用夹具中的固定钻套 4 和钻模板 3 组成导向装置，确定了钻头轴线相对定位元件的正确位置。图 1-44 所示的铣床专用夹具中的对刀块 4 和塞尺组成对刀装置，用以确定铣刀相对于定位元件的正确位置。

（2）连接元件。

连接元件是确定整副夹具在机床上的正确位置的元件，主要用于使夹具对准机床。

图 1-43 所示的钻床专用夹具中的夹具体 1 的底面为安装基面，保证了固定钻套 4 的轴线垂直于钻床工作台以及定位轴 2 的轴线平行于钻床工作台。因此，夹具体可兼作连接元件。

在图 1-44 所示的铣床专用夹具中，除了夹具体 5 的底面作为安装基面外，还有两个定位键 6 可确定夹具在铣床工作台上的正确位置。此时，夹具体 5 和定位键 6 均为连接元件。

此外，车床夹具上的过渡盘等也是连接元件。

（3）其他装置或元件。

其他装置或元件是指夹具因特殊需要而设置的装置或元件。例如：需加工按一定规律分布的多个表面时，常设置分度装置；为了能方便、准确地定位，常设置预定位装置；对于大型夹具，常设置吊装元件等。

图 1-45 所示为机械加工工艺系统关联图。可以看出，夹具是整个工艺系统联系的纽带，它将工艺系统中的其他各要素，如机床、刀具、工件连成一体。

四、机床夹具的作用

1. 保证加工精度

夹具装夹工件，工件相对于刀具、机床的位置由夹具来保证，基本不受操作者技术水平的影响，因而能较容易、较稳定地保证工件的加工精度。图 1-46(a)所示的零件的斜孔加工，就是用图 1-46(b)所示的钻斜孔专用夹具装夹完成的。

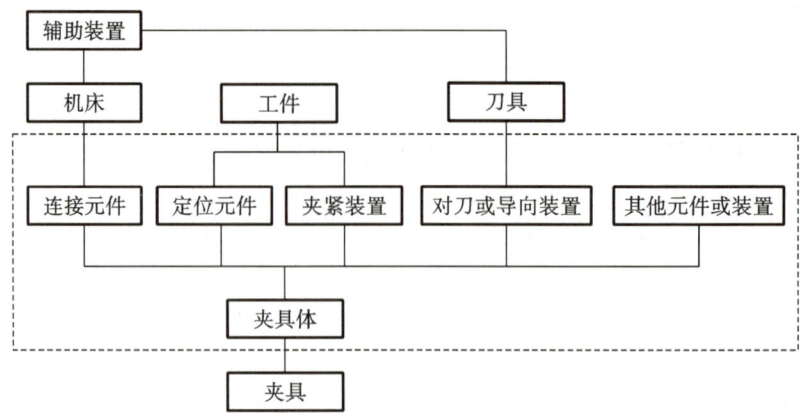

图 1-45　机械加工工艺系统关联图

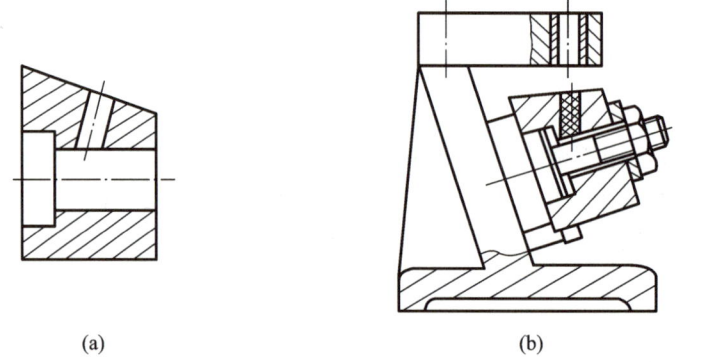

图 1-46　带斜孔的零件及钻斜孔专用夹具

2. 提高劳动生产率

采用夹具后,工件不需要划线找正,且装夹方便、迅速,显著地减少了辅助时间,提高了劳动生产率。例如,采用图 1-46(b)所示的钻斜孔专用夹具,省去了在工件加工位置划十字中心线、在交点处打冲眼的时间,也省去了按工件角度要求找正冲眼位置的时间。

3. 扩大机床的使用范围

使用专用夹具可以改变机床的用途和扩大机床的使用范围,实现一机多能。例如,在车床安装镗床夹具后,就可对箱体孔系进行镗削加工。

4. 改善劳动条件,保证生产安全

使用专用夹具可减轻工人的劳动强度,改善劳动条件,降低对工人操作技术水平的要求,保证生产安全。

五、机床夹具的分类

机床夹具的种类很多,可以从不同的角度对机床夹具进行分类。机床夹具常用的分类方法有以下三种。

1. 按机床夹具的使用特点分类

(1) 通用夹具。已经标准化的、可加工一定范围内不同工件的夹具,称为通用夹具,如三爪自定心卡盘、机用平口钳、万能分度头、磁力工作台等。这些夹具已作为机床附件由专门工厂制造供应,只需选购即可使用。

(2) 专用夹具。专为某一工件的某道工序加工设计、制造的夹具,称为专用夹具。专用夹具一般在批量生产中使用,常采用调整法来加工工件。设计专用夹具是本书的主要内容之一。

(3) 可调夹具。某些元件可调整或可更换,以适应多种工件加工的夹具,称为可调夹具。它还分为通用可调夹具和成组夹具两类。

(4) 组合夹具。采用标准的组合夹具元件、部件,专为某一工件的某道工序组装的夹具,称为组合夹具。

(5) 拼装夹具。用标准化、系列化的拼装夹具零部件拼装而成的夹具,称为拼装夹具。它具有组合夹具的优点,但比组合夹具精度高、效率高、结构紧凑。它的基础板和夹紧部件中常带有小型液压缸。拼装夹具更适合在数控机床上使用。

2. 按使用机床分类

机床夹具按使用机床可分为车床夹具(简称车夹具)、铣床夹具(简称铣夹具)、钻床夹具(简称钻夹具或钻模)、镗床夹具(简称镗夹具或镗模)、齿轮机床夹具、数控机床夹具、自动机床夹具、自动线随行夹具以及其他机床夹具等。

3. 按夹紧的动力源分类

机床夹具按夹紧的动力源可分为手动夹具、气动夹具、液压夹具、气液增力夹具、电磁夹具以及真空夹具等。

任务7.2 夹具的定位

一、定位基准

定位基准保证了同一批工件在夹具或机床上占有相同的正确位置。定位基准是被加工工件上的几何要素。例如:采用直接找正装夹方法装夹工件,找正面就是定位基准;采用划线找正装夹方法装夹工件,所划线就是定位基准。用夹具装夹工件,工件与定位元件相接触的面是定位基准面,简称定位基面或定位面。这个定位面是否是定位基准,要做以下具体分析。

(1) 定位基准是接触要素。

接触要素是指相接触的轮廓要素(面、线、点)。它是可见要素。

在图1-47(a)中,工件与定位元件的接触面 A、B 为定位基准,以分别保证工序尺寸 H、h;在图1-47(b)中,工件以圆柱面的素线 C 为定位基准进行定位,以保证加工尺寸 h。

(2) 定位基准是中心要素。

中心要素是指相接触表面的中心要素,如几何中心、球心、中心线、轴线、中心对称平面等。它是不可见要素。

在图1-47(c)中,工件的定位接触线为圆柱素线 D、E,而定位基准却是看不见、摸不着的轴线 O。又例如,车削时,用三爪卡盘装夹工件外圆,外圆表面为定位面,而定位基准为工件轴线。这种定位基准是中心要素的定位称为中心定位。

注意,在分析工件的定位基准时,应区别定位基准和支承要素。只有与工序尺寸有对应关系的才是定位基准,否则为支承要素。图1-48所示为工件装夹在平口钳中铣削时的几种情形。

在图1-48(a)中,侧面 N 与工序尺寸 A 相对应,所以侧面 N 是定位基准,而底面 M 是支

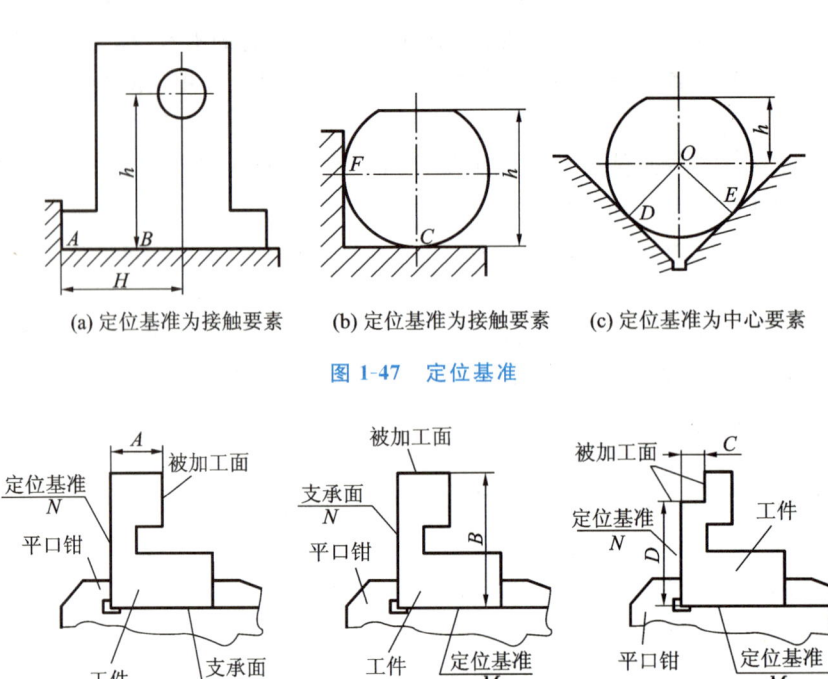

(a) 定位基准为接触要素　　(b) 定位基准为接触要素　　(c) 定位基准为中心要素

图 1-47　定位基准

图 1-48　工件装夹在平口钳中铣削时的几种情形

承要素；在图 1-48(b)中，底面 M 与工序尺寸 B 相对应，所以底面 M 是定位基准，而侧面 N 是支承要素；在图 1-48(c)中，侧面 N 和底面 M 分别对应着工序尺寸 C 和 D，所以两者都是定位基准。同样，在图 1-47(b)中，圆柱面的素线 C 与工序尺寸 h 相对应，所以素线 C 是定位基准，而素线 F 则为支承要素。

二、定位副

当工件以回转面（如圆柱面、圆锥面等）与定位元件接触（或配合）时，工件上的回转面称为定位面，相应的轴线称为定位基准。如图 1-49(a)所示，工件以圆孔在圆柱心轴上定位，工件的圆孔表面称为定位面，它的轴线称为定位基准。与此对应，定位元件圆柱心轴的圆柱表面称为限位面，圆柱心轴的轴线称为限位基准。当工件以平面与定位元件接触时，如图 1-49(b)所示，工件上那个实际存在的面是定位面，它的理想状态（平面度误差为零）是定位基准。如果工件上的这个平面是精加工过的，形状误差很小，则可认为定位面就是定位基准。同样，定位元件以平面限位时，如果这个面的形状误差很小，则也可认为限位面就是限位基准。

所以，限位面和限位基准是夹具中定位元件上的几何要素。理论上，工件在夹具上定位时，定位基准与限位基准重合，定位面与限位面接触。

工件上的定位面和与之相接触（或配合）的定位元件的限位面合称为定位副。在图 1-49(a)中，工件的内孔表面与定位元件圆柱心轴的圆柱表面就是一对定位副。常见的定位副见表 1-9。

三、定位符号和夹紧符号的标注

在选定了定位面及确定了夹紧力的方向和作用点后，应在工序图上标注定位符号和夹紧符号。定位符号和夹紧符号由标准 JB/T 5061—2006 规定了画法和使用要求。定位符号

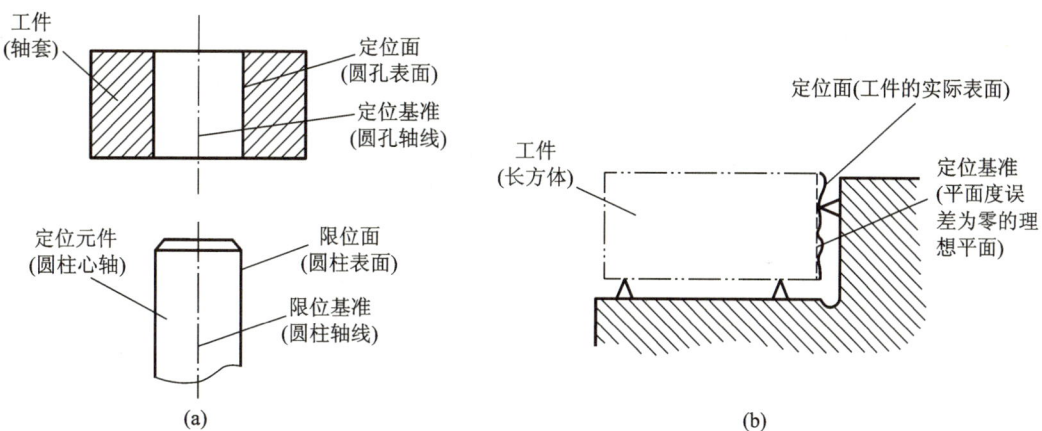

图 1-49 定位基准与限位基准

和夹紧符号如表 1-10 所示。

表 1-9 常见的定位副

接触类型	工件		定位元件	
	定位面	定位基准	限位面	限位基准
圆柱表面接触	工件圆柱表面	工件圆柱轴线	定位元件圆柱表面	定位元件圆柱轴线
平面接触	工件平面		定位元件平面	

表 1-10 定位符号和夹紧符号 (JB/T 5061—2006)

分类		独立		联合	
		标注位置			
		标注在视图轮廓线上	标注在视图正面	标注在视图轮廓线上	标注在视图正面
主要定位点	固定式	∧	⊙	∧∧	⊙—⊙
	活动式	∧⌇	⊙⌇	∧⌇∧⌇	⊙⌇—⊙⌇
辅助定位点		∧⌇	⊙⌇	∧⌇∧⌇	⊙⌇—⊙⌇
手动夹紧		↓	⌐↓	↓↓	⌐↓↓

续表

分类	独立		联合	
	标注位置			
	标注在视图轮廓线上	标注在视图正面	标注在视图轮廓线上	标注在视图正面
液压夹紧	Y↓	Y↓	Y↓↓	Y↓↓
气动夹紧	Q↓	Q↓	Q↓↓	Q↓↓
电磁夹紧	D↓	D↓	D↓↓	D↓↓

图1-50所示为典型零件定位符号和夹紧符号的标注。定位符号 ∧ 后面的数字表示该定位面限制的自由度数量。若定位面限制的自由度数量为1,则省略不写。

四、定位基本原理

1. 自由度的概念

由刚体运动学可知,一个自由刚体,在空间有且仅有六个自由度。图1-51所示的工件在空间的位置是任意的,即它既能沿 Ox、Oy、Oz 三个坐标轴移动,相应的自由度称为移动自由度,分别表示为 $\vec{x}$、$\vec{y}$、$\vec{z}$;又能绕 Ox、Oy、Oz 三个坐标轴转动,相应的自由度称为转动自由度,分别表示为 $\hat{x}$、$\hat{y}$、$\hat{z}$。

工件定位的实质就是限制对加工有不良影响的自由度,使工件在夹具中占有某个确定的正确加工位置,也就是说要对以上六个自由度施加必要的约束条件。

2. 定位模型

在夹具中,工件自由度的限制是由固定的定位支承点(简称支承点)来实现的,工件必须与支承点保持接触。图1-52(a)所示是一个定位分析模型。在图1-52(a)中,工件以三个不同方向的平面 A、B、C 为定位基准,分别布置了数量不同的支承点,面 A 上布置了三个不共线的支承点 1、2、3,它们可以限制 $\hat{x}$、$\hat{y}$、$\vec{z}$ 三个自由度;面 B 上布置了两个支承点 4、5,它们可以限制 $\vec{y}$、$\hat{z}$ 两个自由度;面 C 上布置了一个支承点 6,它可以限制 $\vec{x}$ 一个自由度。这样,工件的六个自由度就被限制了。用空间合理分布的六个支承点限制工件六个自由度的规则,称为六点定则。六点定则是工件定位的基本原则。

从六点定则可以看出,一个支承点限制一个自由度,工件被限制自由度的数量最多为六个。

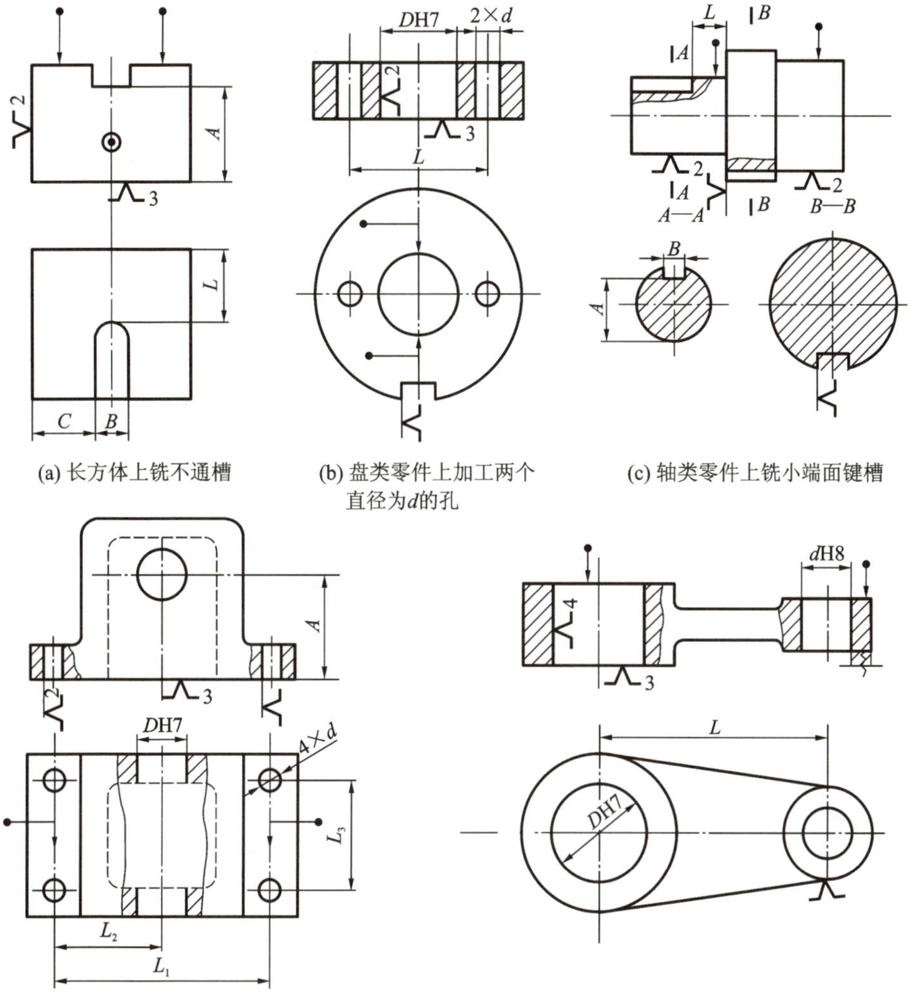

(a) 长方体上铣不通槽

(b) 盘类零件上加工两个直径为d的孔

(c) 轴类零件上铣小端面键槽

(d) 箱体类零件镗直径为$DH7$的孔

(e) 杠杆类零件钻小端直径为$dH8$的孔

图 1-50 典型零件定位符号和夹紧符号的标注

在实际生产中,支承点表现为连续的几何体,即定位元件,如图 1-52(b)、(c)所示。在图 1-52(b)中,一个支承点等效成一个实际定位支承钉。在图 1-52(c)中,根据几何分析,基于两点共线、三点共面,点4、5 可以等效成一狭长平面,定位时,该狭长平面与面 B 保持线接触;点 1、2、3 可以等效成一大平面,定位时,该大平面与工件面 A 保持面接触。

注意理解"一个支承点限制一个自由度"的"平均"意义。从以上分析可以看出,大平面定位提供了三个支承点 1、2、3,限制工件的三个自由度 $\vec{x}$、$\vec{y}$、$\vec{z}$,这指的是综合结果,一个支承点平均限制工件的一个自由度,而不必明确支承点与自由度的一一对应关系。线接触提供了两个支承点,限制了工件的两个自由度,也是同样的道理。

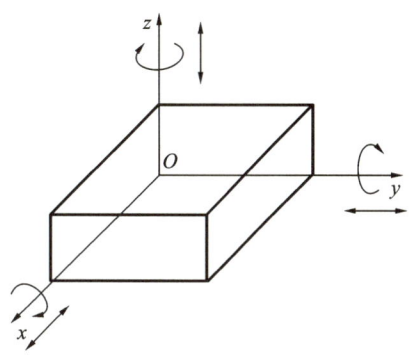

图 1-51 处于自由状态的工件在空间坐标系中的六个自由度

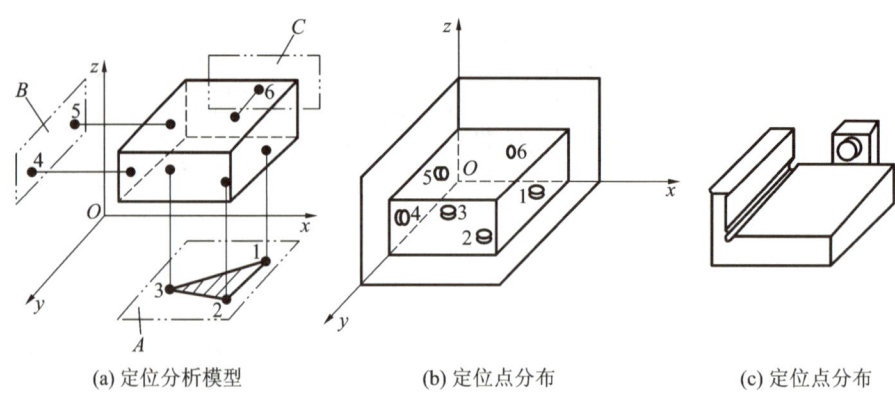

(a) 定位分析模型　　　　　(b) 定位点分布　　　　　(c) 定位点分布

图 1-52　长方体工件的定位

在分析工件在夹具中的定位时,容易产生两种错误的理解。一是认为工件定位后,仍具有沿定位支承相反方向移动的自由度。工件的定位以工件的定位面与定位元件相接触为前提条件,如果工件离开了定位元件就无法实现定位,也就谈不上限制工件的自由度了。至于工件在外力的作用下,有可能离开定位元件,是需要由夹紧来解决的问题。二是认为工件在夹具中被夹紧了,也就没有自由度可言,因此,工件也就定了位。这种把定位和夹紧混为一谈的理解犯了概念上的错误。我们所说的工件的定位,是指所有加工工件在夹紧前要在夹具中按加工要求占有一致的正确位置(不考虑定位误差的影响);而夹紧在工件处于任何位置时均可实现,不能保证各个工件在夹具中处于同一位置。

3. 支承点的分布规律

无论工件的形状和结构怎么不同,它们的六个自由度都可以用六个支承点来限制,只是六个支承点在空间的分布不同罢了。支承点的分布必须合理,否则六个支承点就限制不了六个自由度,或不能有效地限制六个自由度。以下是几种典型工件合理分布支承点的方法。

(1) 长方体工件的定位。

如图 1-52 所示,工件有平面 A、B、C 三个定位基准,其中底面 A 的面积最大,为主要定位基准。工件底面 A 上的三个支承点 1、2、3 呈三角形分布,限制了三个自由度 $\vec{z}$、$\hat{x}$、$\hat{y}$。它们所形成的三角形面积越大,定位越稳。工件侧面 B 较狭长,面积中等,为第二定位基准,在沿平行于面 A 方向设置两个支承点 4、5,它们限制了两个自由度 $\vec{y}$、$\hat{z}$。注意,这两个支承点不能垂直放置,否则,工件绕 z 轴的转动自由度 $\hat{z}$ 就无法限制了。定位基准 C 的面积最小,为第三定位基准,余下的一个自由度由平面 C 上布置的支承点 6 限制。

(2) 圆柱体工件的定位。

如图 1-53 所示,工件的定位基准为长圆柱的轴线、端平面和键槽侧面。因为长圆柱表面的面积最大,所以将它用作主要定位面,而主要定位基准为长圆柱表面的轴线。该圆柱体工件采用中心定位,长圆柱表面与 V 形块呈两直线接触(支承点 1、2,直线 1—2;支承点 3、4,直线 3—4),共限制工件的四个自由度 $\vec{x}$、$\vec{z}$ 和 $\hat{x}$、$\hat{z}$;端平面的支承点 5 限制工件的一个自由度 $\vec{y}$;键槽侧面的支承点 6 限制工件的一个自由度 $\hat{y}$。这样,工件的六个自由度均被限制。

上述长圆柱表面的四点配合另一个限制圆周方向的支承点的定位,是轴类、套类零件典型的定位形式。

(3) 轮盘工件的定位。

轮盘的特点是:圆柱表面较短,圆柱表面的定位功能较弱;端平面较大,可用作主要定位基准。

如图 1-54 所示,在主要定位面上设置三个支承点 1、2、3,限制了工件的三个自由度 $\vec{z}$、$\widehat{x}$、$\widehat{y}$;在短圆柱表面上用短 V 形块的两个支承点 4、5 限制工件的两个自由度 $\vec{x}$、$\vec{y}$;用圆柱销的支承点 6 限制工件的一个自由度 $\widehat{z}$。

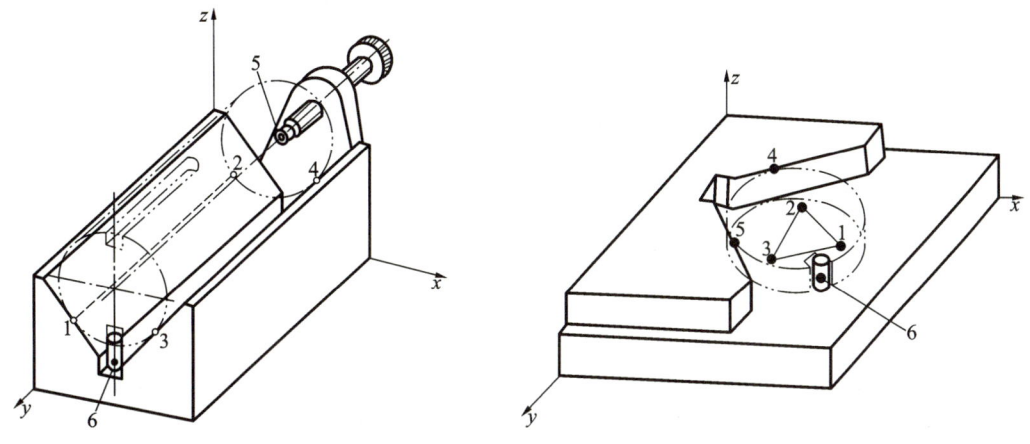

图 1-53　圆柱体工件的定位　　　　　图 1-54　圆盘工件的定位

常见的典型的单一定位基准的定位接触形态所限制的自由度数量、类别及定位特点见表 1-11。

表 1-11　常见的典型的单一定位基准的定位接触形态所限制的自由度数量、类别及定位特点

定位接触形态	限制的自由度数量	自由度类别	定位特点
长圆锥表面接触	5	三个坐标轴方向的自由度 两个坐标轴圆周方向的自由度	可作为主要定位基准
长圆柱表面接触	4	两个坐标轴方向的自由度 两个坐标轴圆周方向的自由度	
大平面接触	3	一个坐标轴方向的自由度 两个坐标轴圆周方向的自由度	
短圆柱表面接触	2	两个坐标轴方向的自由度	不可作为主要定位基准,只能作为第二定位基准或第三定位基准
线接触	2	一个坐标轴方向的自由度 一个坐标轴圆周方向的自由度	
点接触	1	一个坐标轴方向的自由度 一个坐标轴圆周方向的自由度	

4. 定位形式

正确的定位形式有完全定位和不完全定位两种。这两种定位形式都能满足工件的加工精度要求。不正确的定位形式有欠定位和过定位两种。在设计定位时,应注意防止欠定位和过定位,避免对加工精度产生不良影响。

(1) 完全定位和不完全定位。

工件的六个自由度都被限制的定位称为完全定位。完全定位是很常见的定位形式,采用完全定位的工件加工要求较高,且定位基准也较多,定位设计较复杂。完全定位适用于较

复杂工件的加工。

工件被限制的自由度少于六个,但能保证加工要求的定位称为不完全定位。设计定位时,切忌生搬硬套六点定则,认为所有工件加工时六个自由度都要被限制才行。实际上,工件加工时并非一定要求限制六个自由度,才能确定工件的正确位置,而应根据不同工件的具体加工要求,限制某几个或全部自由度。

图 1-55(a)所示为通孔加工。为了保证工件直径 D,只需限制工件的 4 个自由度 $\vec{x}$、$\vec{z}$、$\hat{x}$、$\hat{z}$。图 1-55(b)所示为加工长方体工件的顶面。为了保证工件的高度尺寸 H,只需限制工件的 3 个自由度 $\vec{z}$、$\hat{x}$、$\hat{y}$。这两种情况都能满足工件的加工要求。

在定位工件时,以下几种情况允许采用不完全定位。

① 加工通孔或通槽时,沿贯通轴的移动自由度可以不限制。

② 若毛坯呈轴对称,绕对称轴的转动自由度可以不限制。

③ 加工贯通平面时,除可不限制沿两个贯通轴的移动自由度外,还可不限制绕垂直加工面轴的转动自由度。

不完全定位的特点是:工件为部分定位,定位设计较完全定位简单,且支承点与加工尺寸间的对应关系更为明显。不完全定位也是常见的定位形式。

需要注意的是,采用不完全定位时,限制工件的自由度数量不能少于 3 个,否则无法实现稳定定位。

(2) 欠定位和过定位。

根据工件加工的技术要求,应该限制的自由度没有被限制的定位称为欠定位。欠定位必然不能保证工件的加工技术要求,是不被允许的。如图 1-56 所示,在工件上钻孔时,若在 x 方向上未设置定位挡销,则孔到端面的距离就无法保证。

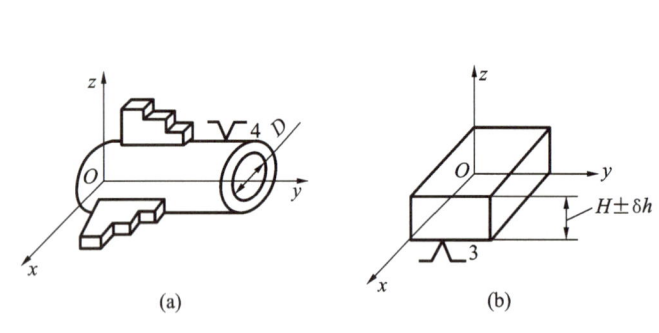

图 1-55 工件的不完全定位

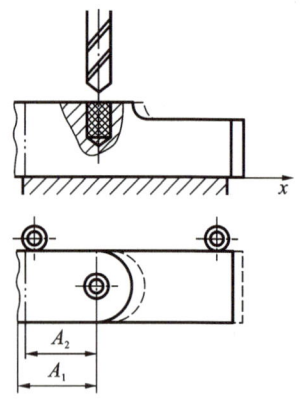

图 1-56 工件的欠定位

工件的同一自由度被两个以上不同的定位元件重复限制的定位称为过定位或重复定位。图 1-57 所示为插齿机上插齿时工件的定位。工件 4 以内孔在心轴 1 上定位,被限制了 $\vec{x}$、$\vec{y}$、$\hat{x}$、$\hat{y}$ 四个自由度;又以端面在凸台 3 上定位,被限制了 $\vec{z}$、$\hat{x}$、$\hat{y}$ 三个自由度。其中,$\hat{x}$、$\hat{y}$ 被心轴和凸台重复限制。由于工件内孔和心轴的间隙很小,当工件的内孔与端面的垂直度误差较大时,工件端面与凸台实际上呈点接触,如图 1-58(a)所示,造成定位不稳定。更为严重的是,工件一旦被压紧,在夹紧力的作用下,势必会引起心轴或工件的变形,如图 1-58(b)所示,这样就会影响工件的装卸和加工精度。因此,这种过定位是不被允许的。

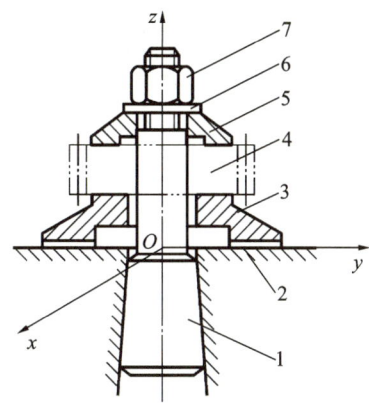

图 1-57 工件的过定位

1—心轴；2—通用底盘；3—定位凸台；4—工件；5—压块；6—垫圈；7—螺母

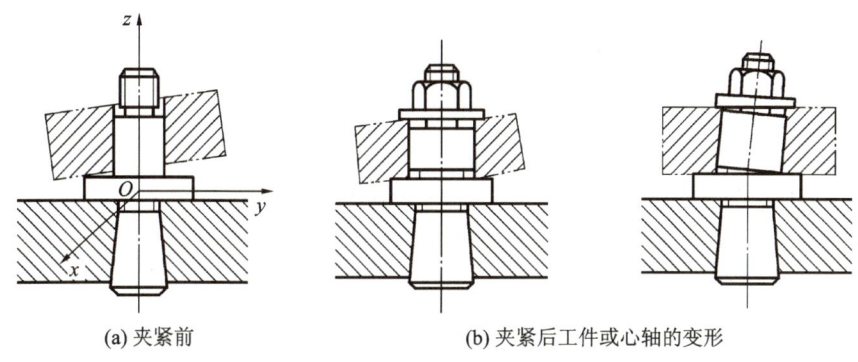

(a) 夹紧前　　　　　　　　　(b) 夹紧后工件或心轴的变形

图 1-58 过定位对工件装夹的影响

在有些情况下,形式上的过定位是被允许的。如图 1-57 所示,工件的内孔和定位端面是在一次装夹中加工出来的,具有良好的垂直度,而夹具的心轴和凸台也具有较好的垂直度,即使两者仍然有很小的垂直度误差,但可由心轴和内孔之间的配合间隙来补偿。因此,尽管心轴和凸台重复限制了自由度 $\vec{x}$、$\vec{y}$,属于过定位,但不会引起相互干涉和冲突,在夹紧力的作用下,工件和心轴不会变形。这种定位具有定位精度高、夹具的受力状态好的优点,在实际生产中应用广泛。

为了满足加工要求而必须限制的自由度见表 1-12。

表 1-12 为了满足加工要求而必须限制的自由度

工序简图	加工要求	必须限制的自由度
(加工面平面，尺寸 A)	(1) 尺寸 A； (2) 加工面与底面的平行度	$\vec{z}$ $\widehat{x}$、$\widehat{y}$

续表

工序简图	加工要求	必须限制的自由度	
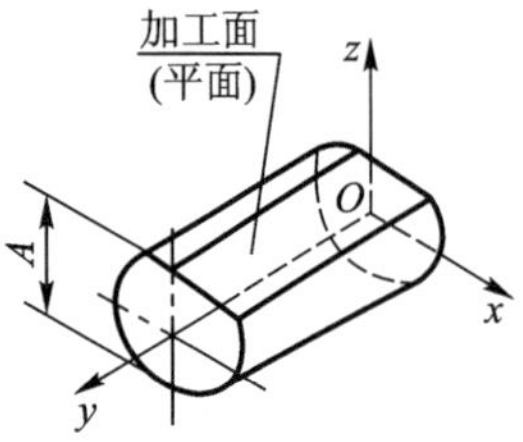 加工面（平面）图示	(1) 尺寸 A； (2) 加工面与下母线的平行度	$\vec{z}$ $\hat{x}$	
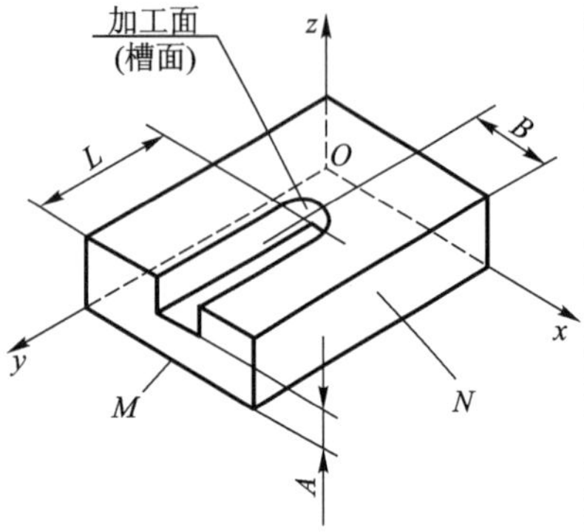 加工面（槽面）图示	(1) 尺寸 A； (2) 尺寸 B； (3) 尺寸 L； (4) 槽侧面与面 N 的平行度； (5) 槽底面与面 M 的平行度	$\vec{x}$、$\vec{y}$、$\vec{z}$ $\hat{x}$、$\hat{y}$、$\hat{z}$	
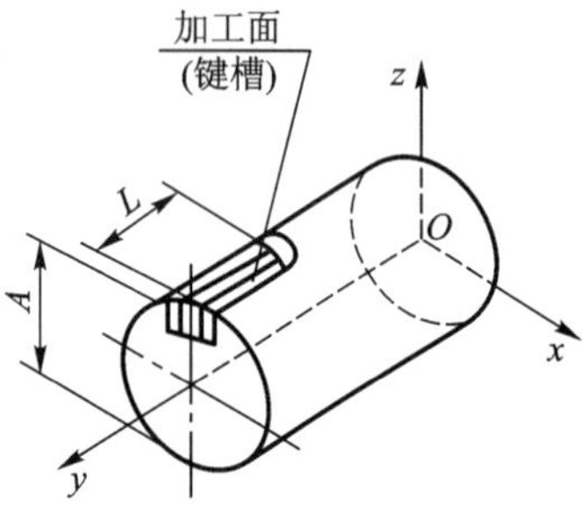 加工面（键槽）图示	(1) 尺寸 A； (2) 尺寸 L； (3) 槽与圆柱轴线平行并对称	$\vec{x}$、$\vec{y}$、$\vec{z}$ $\hat{x}$、$\hat{z}$	
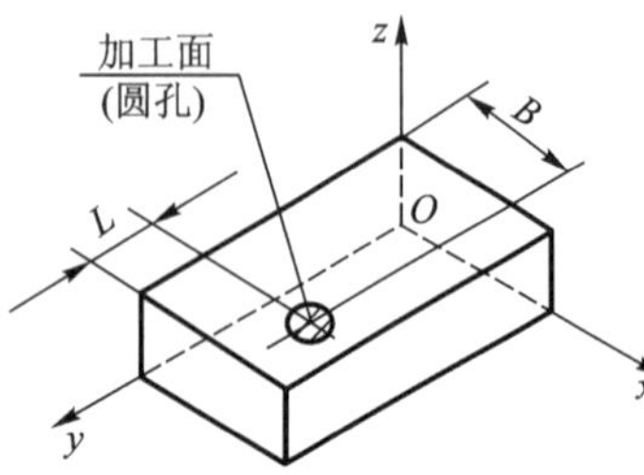 加工面（圆孔）图示	(1) 尺寸 B； (2) 尺寸 L； (3) 孔轴线与底面的垂直度	通孔	$\vec{x}$、$\vec{y}$ $\hat{x}$、$\hat{y}$、$\hat{z}$
		不通孔	$\vec{x}$、$\vec{y}$、$\vec{z}$ $\hat{x}$、$\hat{y}$、$\hat{z}$

续表

工序简图	加工要求		必须限制的自由度
加工面(圆孔) 圆盘图	(1) 孔与外圆柱面的同轴度； (2) 孔轴线与底面的垂直度	通孔	$\vec{x}$、$\vec{y}$ $\hat{x}$、$\hat{y}$
		不通孔	$\vec{x}$、$\vec{y}$、$\vec{z}$ $\hat{x}$、$\hat{y}$
加工面(两圆孔) 圆盘图	(1) 尺寸 R； (2) 以圆柱轴线为对称轴，两孔对称； (3) 两孔轴线垂直于底面	通孔	$\vec{x}$、$\vec{y}$ $\hat{x}$、$\hat{y}$
		不通孔	$\vec{x}$、$\vec{y}$、$\vec{z}$ $\hat{x}$、$\hat{y}$

【例 1-7】 图 1-59(a)所示为在长方体工件上铣键槽，槽宽 W 由刀具的宽度保证，试问需要限制工件的几个自由度？

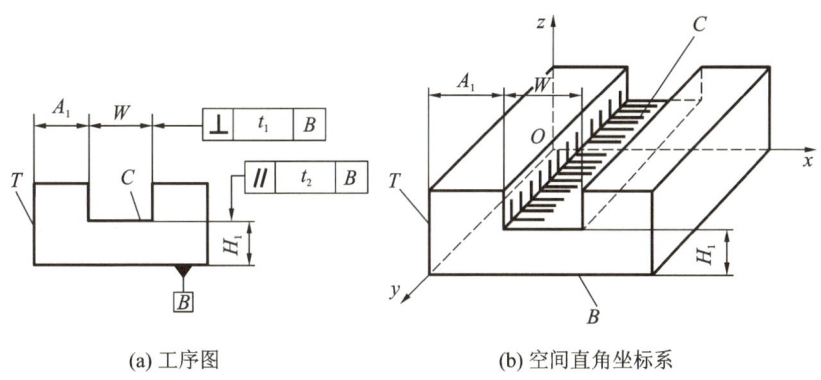

(a) 工序图　　　　　　　(b) 空间直角坐标系

图 1-59　在长方体上铣键槽工序图及其自由度的限制示意图

解：(1) 找出该工序所有的第一种自由度。

①明确加工要求与相应的工序基准：工序尺寸 A_1 的工序基准为 T 面；工序尺寸 H_1 的工序基准为 B 面；槽两侧面的垂直度、槽底面的平行度的工序基准也为 B 面。

②建立空间直角坐标系：以 B 面为 xOy 平面，以 T 面为 yOz 平面，如图 1-59(b)所示。

③分析第一种自由度：影响工序尺寸 A_1 的自由度为 $\vec{x}$、$\hat{y}$、$\hat{z}$；影响工序尺寸 H_1 的自由度为 $\vec{z}$、$\hat{x}$、$\hat{y}$；影响槽两侧面垂直度的自由度为 $\hat{y}$；影响槽底面平行度的自由度为 $\hat{x}$、$\hat{y}$。综合起来，应该限制的第一种自由度应为 $\vec{x}$、$\hat{x}$、$\hat{y}$、$\hat{z}$、$\vec{z}$。

（2）找出该工序所有的第二种自由度：$\vec{y}$。

（3）判断第二种自由度是否需要限制：为了便于控制切削行程，应使一批工件沿 y 轴方向的位置一致，故需限制自由度 $\vec{y}$。同时，工件的一个端面靠在夹具的支承元件上，有利于工件承受 y 轴方向的铣削分力，并有利于减小夹具的夹紧力。特别需要指出的是，如果不考虑切削行程的控制、工件承受的铣削力和夹具的夹紧力，单从影响加工精度方面考虑，自由度 $\vec{y}$ 可以不限制。

（4）将所有的第一种自由度与需要限制的第二种自由度综合起来：在本工序中，六个自由度都要限制。

五、常用的定位元件及其选用

工件在夹具中要想获得正确定位，首先应正确选择定位基准，其次是选择合适的定位元件。工件定位时，工件的定位基准和夹具的定位元件接触形成定位副，以实现工件的六点定位。

1. 对定位元件的基本要求

（1）限位基面应有足够的精度。定位元件具有足够的精度，才能保证工件的定位精度。

（2）限位基面应有较好的耐磨性。定位元件的工作表面经常与工件接触和摩擦，容易磨损，为此，要求定位元件限位基面的耐磨性要好，以保证夹具的使用寿命和定位精度。

（3）定位元件应有足够的强度和刚度。定位元件在加工过程中，受工件重力、夹紧力和切削力的作用，因此要求定位元件应有足够的刚度和强度，避免在使用中变形和损坏。

（4）定位元件应有较好的工艺性。定位元件应力求结构简单、合理，便于制造、装配和更换。

（5）定位元件应便于清除切屑。定位元件的结构和工作表面形状应有利于清除切屑，以防切屑嵌入夹具内，从而影响加工和定位精度。

2. 常用定位元件所能限制的自由度

常用定位元件可按工件典型定位基准面分为以下几类。

（1）用于平面定位的定位元件，包括固定支承（支承钉和支承板）、自位支承、可调支承和辅助支承。

（2）用于外圆柱面定位的定位元件，包括 V 形架、定位套和半圆定位座等。

（3）用于孔定位的定位元件，包括定位销（圆柱定位销和圆锥定位销）、圆柱心轴和小锥度心轴。

常用定位元件所能限制的工件自由度见表 1-13。

3. 常用定位元件的选用

定位元件应按工件定位基准面和定位元件的结构特点选用。

（1）以平面定位的定位元件。

工件以平面作为定位面是最常见的定位方式之一。箱体、床身、机座、支架等工件的加工较多地采用了平面定位。以平面定位的定位元件有以下几种。

①主要支承。

主要支承用来限制工件的自由度，起定位作用。

a. 固定支承。固定支承有支承钉和支承板两种形式，如图 1-60 所示。在使用过程中，它们都是固定的。

表 1-13　常用定位元件能限制的工件自由度

工件定位面	定位元件	定位方式简图	定位元件的特点	限制的自由度
平面 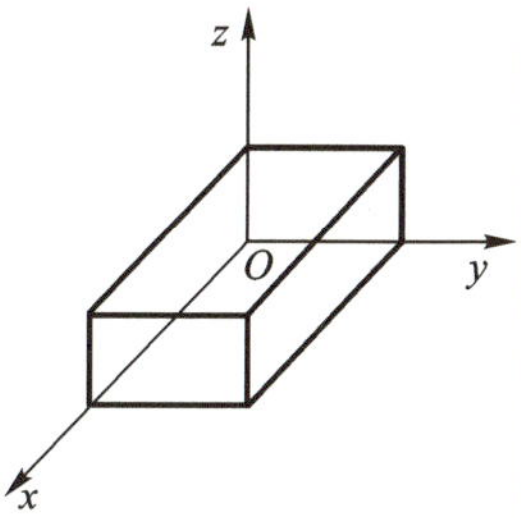	支承钉	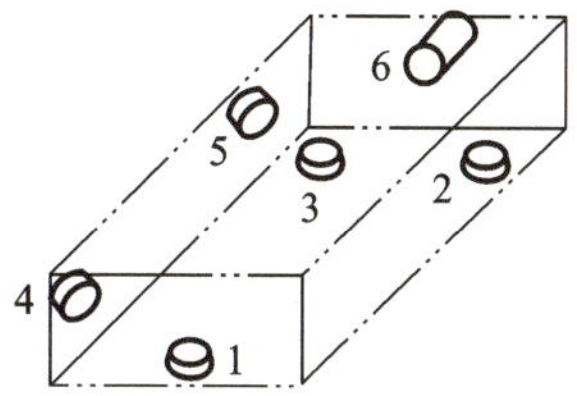	—	$1、2、3—\vec{z}、\hat{x}、\hat{y}$；$4、5—\vec{y}、\hat{z}$；$6—\vec{x}$
	支承板	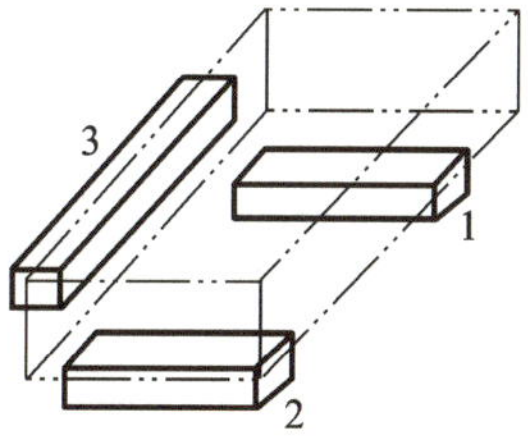	每个支承板也可设计成两个或两个以上的小支承板	$1、2—\vec{z}、\hat{x}、\hat{y}$；$3—\vec{y}、\hat{z}$
	固定支承与浮动支承	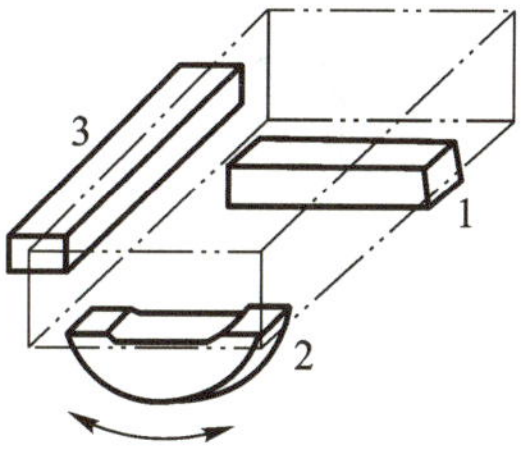	1、3—固定支承；2—浮动支承	$1、2—\vec{z}、\hat{x}、\hat{y}$；$3—\vec{y}、\hat{z}$
	固定支承与辅助支承	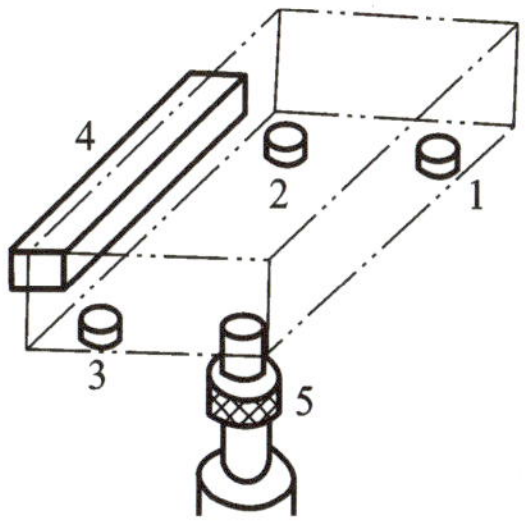	1、2、3、4—固定支承；5—辅助支承	$1、2、3—\vec{z}、\hat{x}、\hat{y}$；$4—\vec{y}、\hat{z}$；5—增强刚性，不起定位作用

续表

工件定位面	定位元件	定位方式简图	定位元件的特点	限制的自由度
圆孔 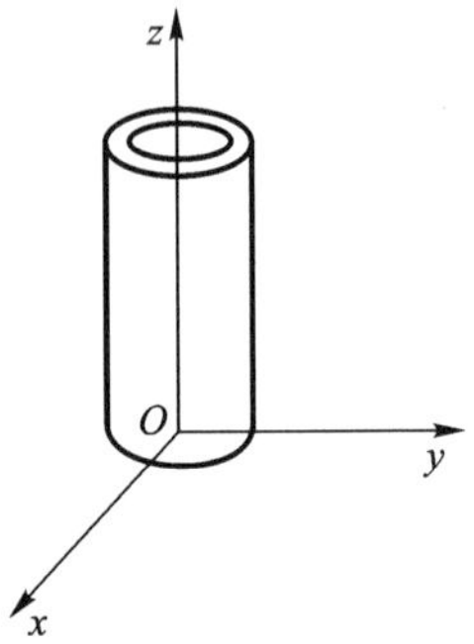	定位销（心轴）	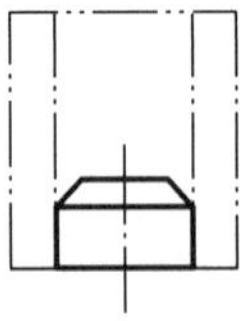	短销（短心轴）	$\vec{x}、\vec{y}$
		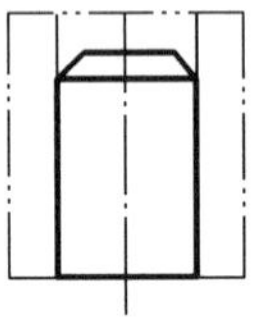	长销（长心轴）	$\vec{x}、\vec{y}$ $\hat{x}、\hat{y}$
	圆锥销	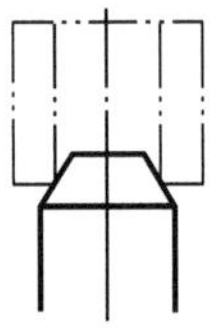	单锥销	$\vec{x}、\vec{y}、\vec{z}$
		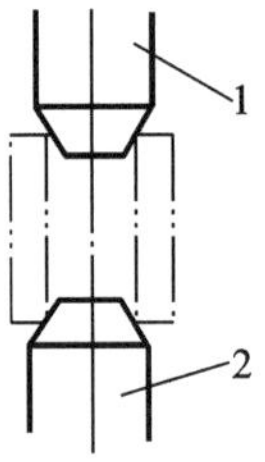	1—固定销；2—活动销	1—$\vec{x}、\vec{y}、\vec{z}$；2—$\hat{x}、\hat{y}$
外圆柱面 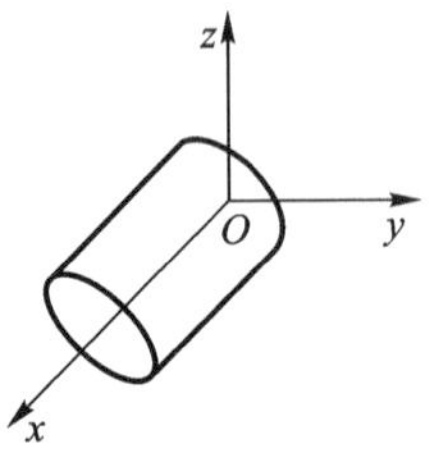	支承板或支承钉	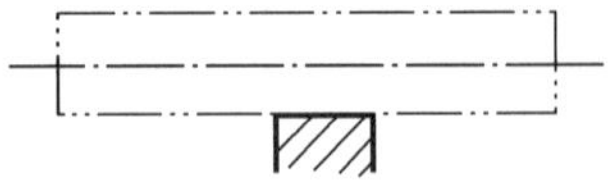	短支承板或支承钉	$\vec{z}$
		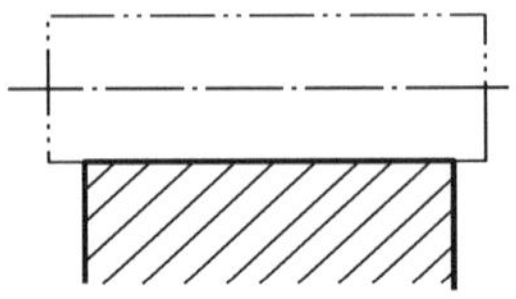	长支承板或两个支承钉	$\vec{z}、\hat{y}$

续表

工件定位面	定位元件	定位方式简图	定位元件的特点	限制的自由度
外圆柱面 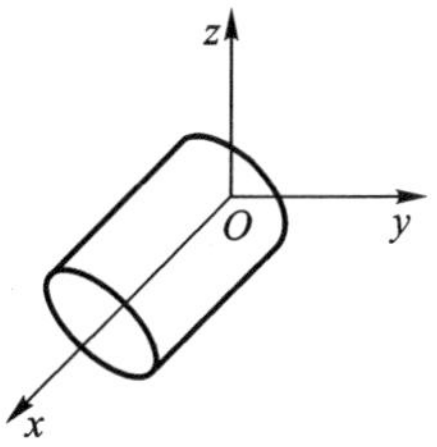	V形块	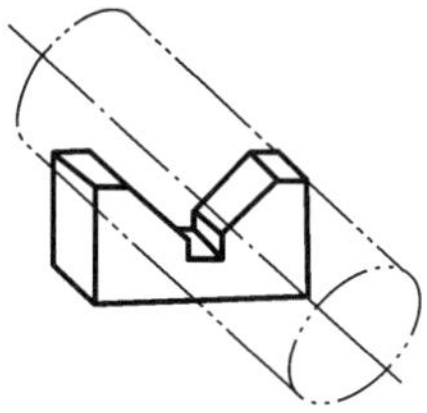	窄V形块	$\vec{y}$、$\vec{z}$
		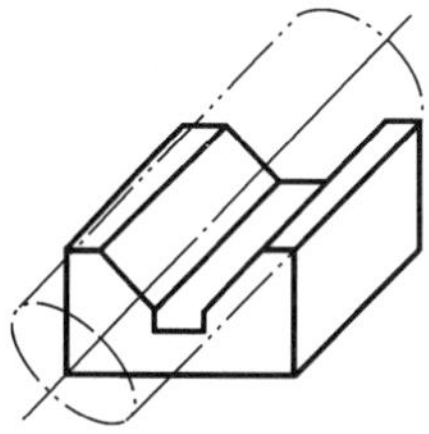	宽V形块或两个窄V形块	$\vec{y}$、$\vec{z}$、$\hat{y}$、$\hat{z}$
	定位套	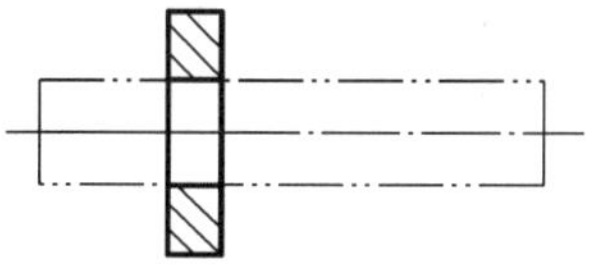	短套	$\vec{y}$、$\vec{z}$
		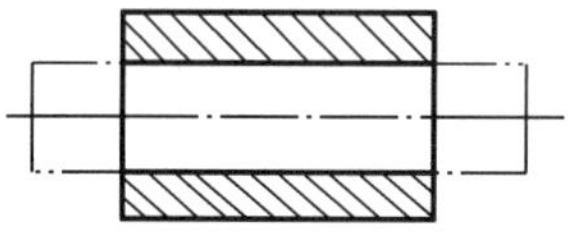	长套	$\vec{y}$、$\vec{z}$、$\hat{y}$、$\hat{z}$
	半圆套	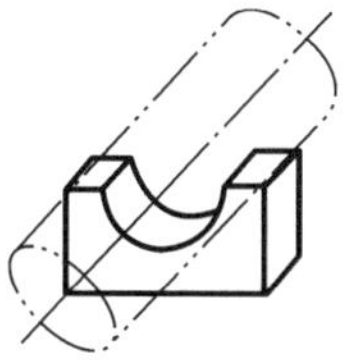	短半圆套	$\vec{y}$、$\vec{z}$
			长半圆套	$\vec{y}$、$\vec{z}$、$\hat{y}$、$\hat{z}$
	圆锥套	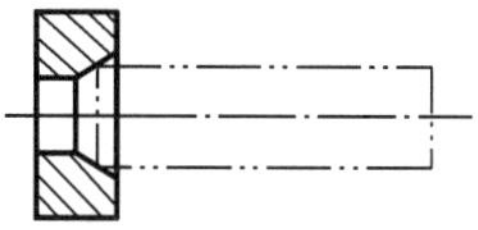	单锥套	$\vec{x}$、$\vec{y}$、$\vec{z}$
		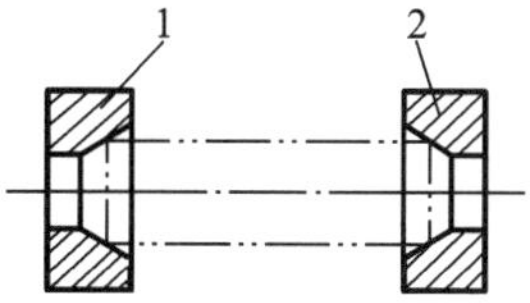	1—固定锥套；2—活动锥套	1—$\vec{x}$、$\vec{y}$、$\vec{z}$；2—$\hat{y}$、$\hat{z}$

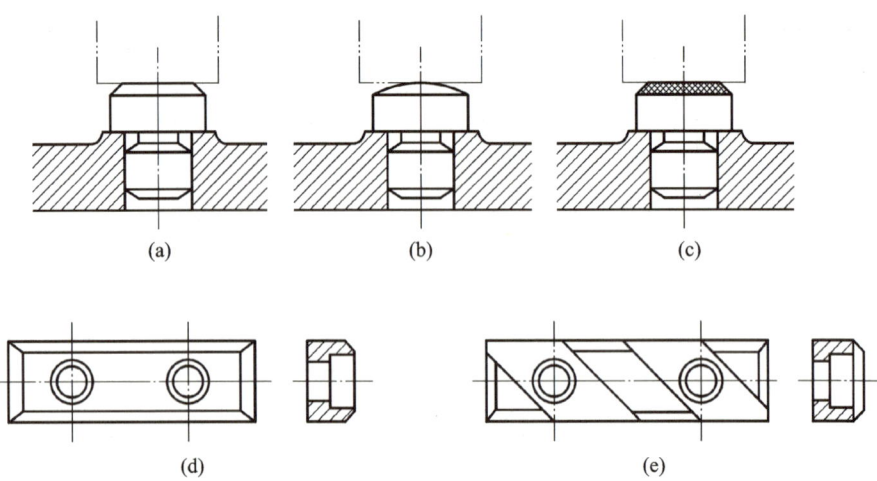

图 1-60 支承钉和支承板

当工件以粗糙平面定位时,采用球头支承钉(见图 1-60(b));齿纹头支承钉(见图 1-60(c))用在工件的侧面,它能增大摩擦系数,防止工件滑动;当工件以加工过的平面定位时,可采用平头支承钉(见图 1-60(a))或支承板;图 1-60(d)所示的支承板结构简单、制造方便,但孔边切屑不易清除干净,故适用于定位侧面和顶面;图 1-60(e)所示的支承板便于清除切屑,适用于定位底面。

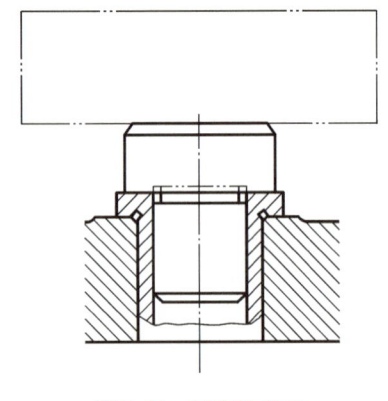

图 1-61 衬套的应用

为保证各固定支承的工作表面严格共面,装配后需将这些工作表面一次磨平。支承钉与夹具体孔的配合采用 H7/r6 或 H7/n6。当支承钉需要经常更换时,应加衬套,如图 1-61 所示。衬套外径与夹具体孔的配合一般用 H7/n6 或 H7/r6,衬套内孔与支承钉的配合选用 H7/js6。

b. 可调支承。可调支承是指高度可以调节的支承钉。图 1-62 所示为几种常用的可调支承。调整可调支承时,要先松后调,调好后用防松螺母锁紧。

可调支承主要用于粗定位面,形状复杂的定位面(如成形面、台阶面等),以及各批毛坯的尺寸、形状变化较大时的情况。如图 1-63(a)所示,毛坯为砂型铸件,先以 A 面定位铣 B 面,再以 B 面定位镗双孔。铣 B 面时,若采用固定支承,由于定位面 A 的尺寸和形状误差较大,铣完后,B 面与两毛坯孔(图中小孔)的距离尺寸 H_1、H_2 差别也较大,致使镗孔时余量很不均匀,甚至余量不够。因此,将固定支承改为可调支承,再根据每批毛坯的实际误差大小调整可调支承的高度,这样就避免了上述情况。图 1-63(b)所示为利用可调支承加工不同尺寸的相似工件。

可调支承仅在一批工件加工前调整一次,在同一批工件加工中,它的作用与固定支承相同。

c. 自位支承(浮动支承)。在工件定位过程中,能自动调整位置的支承称为自位支承。图 1-64 所示为夹具中常见的几种自位支承。其中,图 1-64(a)、(b)所示是两点式自位支承,图 1-64(c)所示为三点式自位支承。自位支承的特点是:接触点的位置能随着工件定位面的

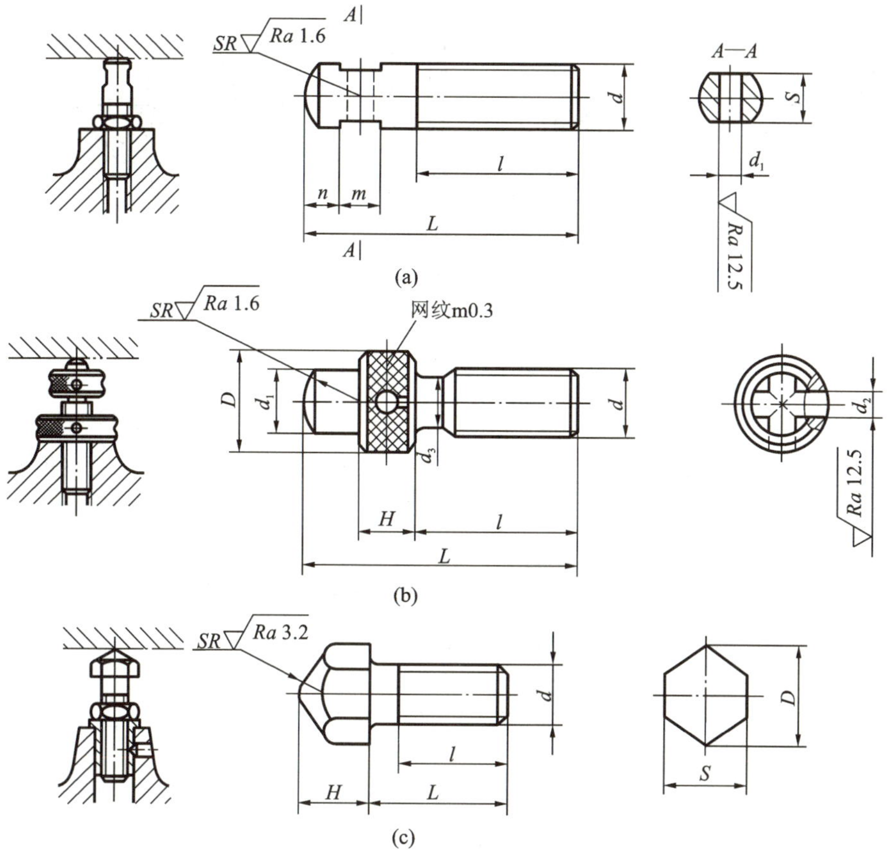

图 1-62 几种常用的可调支承

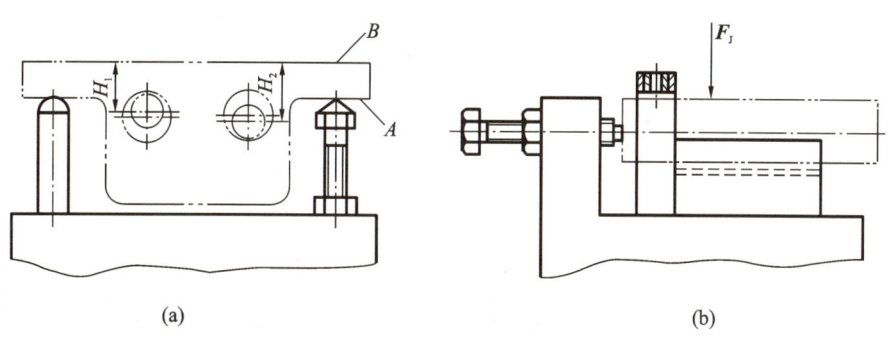

(a)　　　　　　　　　(b)

图 1-63 可调支承的应用

不同而自动调节,定位面压下其中一点,其余点便上升,直至各点都与工件接触。接触点数的增加,提高了工件的装夹刚度和稳定性,但自位支承的作用仍相当于一个固定支承,只限制工件的一个自由度。

② 辅助支承。

辅助支承不起定位作用,主要用来提高工件的装夹刚度和稳定性。另外,辅助支承还可起预定位的作用。

辅助支承的使用方法是:待工件定位和夹紧以后,再调整辅助支承的高度,使辅助支承与工件的有关表面接触后锁紧。每安装一个工件,就需要调整一次辅助支承。

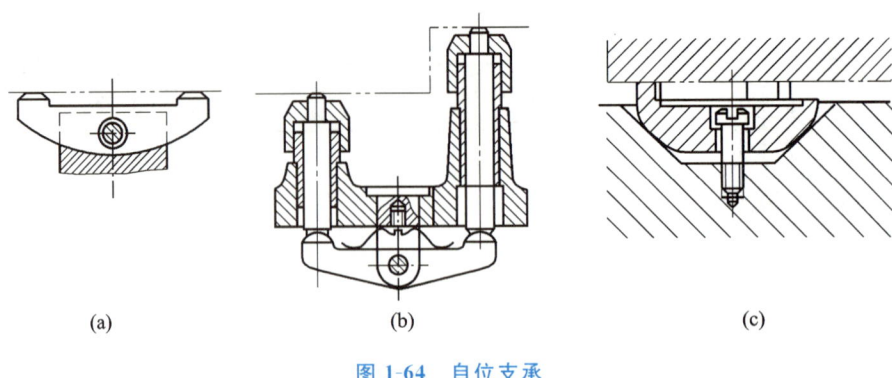

图 1-64 自位支承

如图 1-65 所示，工件以内孔及端面定位，钻右端小孔。由于右端为悬臂，钻孔时工件的刚性差。若在 A 处设置固定支承，则属于过定位，有可能破坏左端的定位。这时可在 A 处设置一个辅助支承，用以承受钻削力，这样既不破坏定位，又增加了工件的刚性。

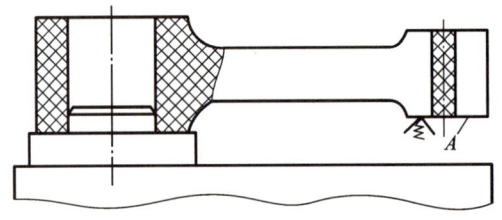

图 1-65 辅助支承的应用

图 1-66 所示为夹具中常见的三种辅助支承。图 1-66（a）所示为螺旋式辅助支承；图 1-66（b）所示为自位式辅助支承，滑柱 1 在弹簧 2 的作用下与工件接触，转动手柄使顶柱 3 将滑柱 1 锁紧；图 1-66（c）所示为推引式辅助支承，工件夹紧后转动手轮 4，使斜楔 5 左移，从而使滑销 6 与工件接触，继续转动手轮 4 可使斜楔 5 的开槽部分胀开而锁紧。

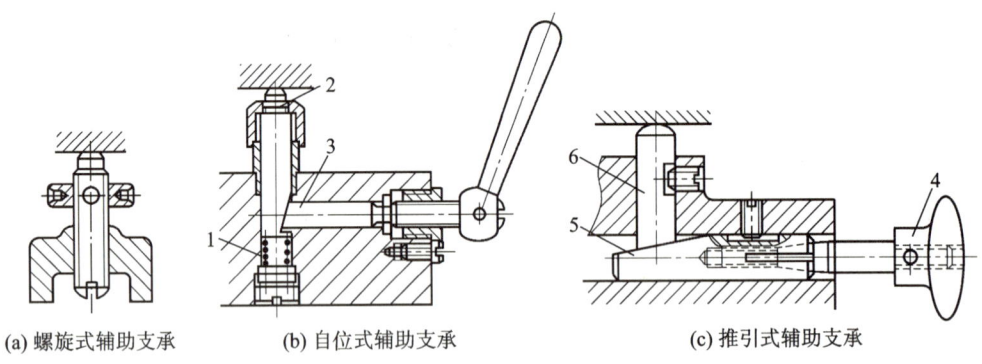

图 1-66 辅助支承
1—弹簧；2—滑柱；3—顶柱；4—手轮；5—斜楔；6—滑销

（2）以圆孔定位的定位元件。

工件以圆孔表面作为定位面时，常采用以下定位元件。

①定位销（圆柱销）。

图 1-67 所示为常用定位销的结构。当工件孔径较小（$D=\phi 3 \sim \phi 10$）时，为了增加定位销

的刚度,避免定位销因受撞击而折断,或热处理时淬裂,通常把定位销的根部倒成圆角。这时夹具体上应有沉孔,以使定位销的圆角部分沉入孔内而不妨碍定位。大批量生产时,为了便于更换定位销,可采用图 1-67(d)所示的带衬套的定位销。为了使工件能够顺利装入,定位销的头部应有 15°的倒角。

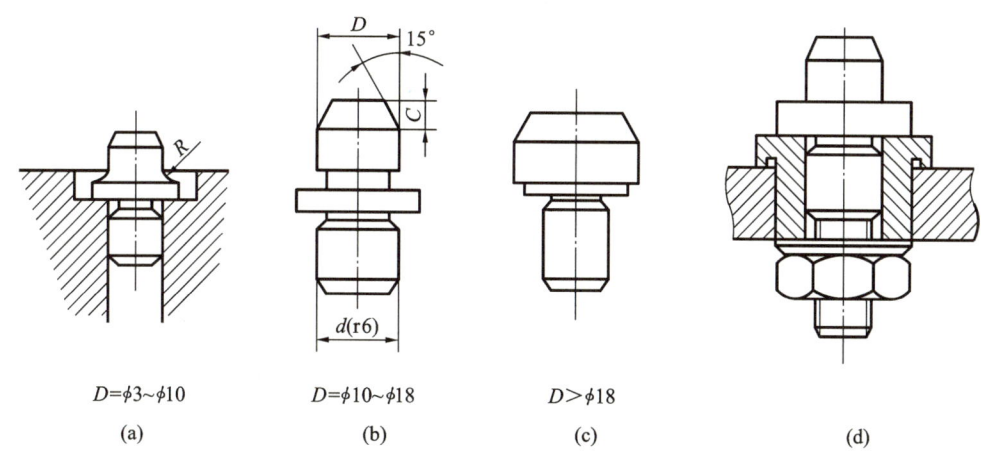

图 1-67　定位销

定位销工作部分的直径可按 g5、g6、f6、f7 制造,定位销与夹具体的配合采用 H7/r6 或 H7/n6,衬套外径与夹具体孔的配合采用 H7/n6,衬套内径与定位销的配合采用 H7/h6 或 H7/h5。

对于不便装卸的工件,在以被加工孔表面为定位面的定位中通常采用定位插销,如图 1-68 所示。A 型定位插销可限制工件的两个自由度,B 型(菱形)定位插销可限制工件的一个自由度。定位插销的主要规格为 $\phi 3 \sim \phi 78$。

②定位轴。

定位轴通常为专用结构,它的主要定位面可限制工件的四个自由度。若再设置防转支承,则可实现完全定位。图 1-69 所示为钻模所用的定位轴。在图 1-69 中,定位轴上的定心部分 2 通常所需的最小间隙为 0.005 mm;引导部分 3 的倒角为 15°;与夹具体连接部分 1 有多种结构,如图 1-70 所示。

③圆柱心轴。

图 1-71 所示为常用的几种圆柱心轴。

图 1-71(a)所示为间隙配合心轴。间隙配合心轴定位部分的直径按 h6、g6 或 f7 制造,装卸工件方便,但定心精度不高。为了减小因配合间隙而造成的工件倾斜,工件常以孔和端面联合定位,因而要求工件定位孔与定位端面有较高的垂直度,最好能在一次装夹中加工出来。

使用开口垫圈可实现快速装卸工件,开口垫圈的两端面应互相平行。当工件内孔与端面的垂直度误差较大时,应采用球面垫圈。

图 1-71(b)所示为过盈配合心轴。它由导向部分 1、工作部分 2 及传动部分 3 组成。导向部分的作用是使工件迅速而准确地套入心轴,其直径 d_3 按 e8 制造(d_3 的公称尺寸等于定位孔的下极限尺寸),其长度约为定位孔长度的一半;工作部分的直径按 r6 制造,其公称尺寸等于孔的上极限尺寸。当定位孔的长径比 $L/d \leqslant 1$ 时,心轴工作部分的直径 $d_1 = d_2$。当

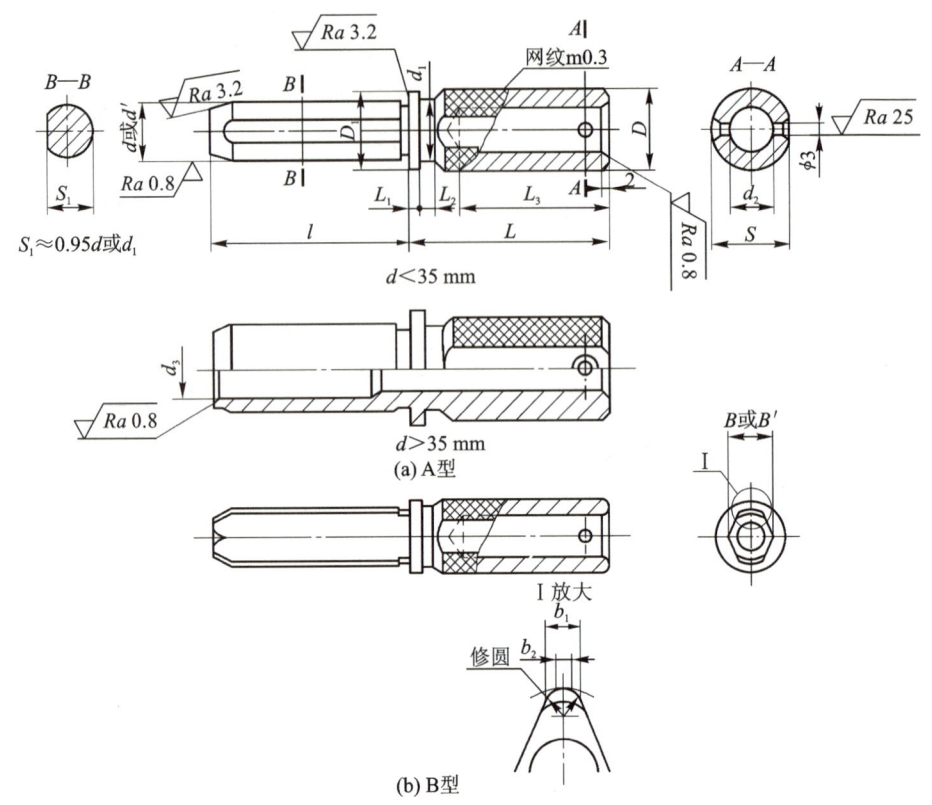

图 1-68　定位插销

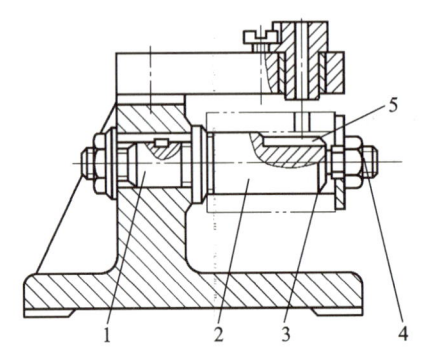

图 1-69　钻模所使用的定位轴

1—与夹具体连接部分；2—定心部分；
3—引导部分；4—夹紧部分；5—排屑槽

定位孔的长径比 $L/d>1$ 时，心轴的工作部分应稍带锥度。这时 d_1 按 r6 制造，其公称尺寸等于孔的上极限尺寸；d_2 按 r6 制造，其公称尺寸等于孔的下极限尺寸。心轴两边的凹槽是供车削工件端面时退刀用的。这种心轴制造简单，定心准确，不用另设夹紧装置，但装卸工件不便，易损伤工件的定位孔，因此多用于定心精度要求高的精加工。

图 1-71(c)所示是花键心轴。它主要用于定位以花键孔定位的工件。设计花键心轴时，应根据工件的不同定位方式来确定心轴的结构。花键芯轴尺寸的公差配合可参考上述两种心轴。

圆柱心轴在机床上的安装方式如图 1-72 所示。

④圆锥销。

图 1-73 所示为圆锥销定位工件内孔的示意图。图中，圆锥销限制了工件的 $\vec{x}、\vec{y}、\vec{z}$ 三个自由度。图 1-73(a)所示的圆锥销用于粗定位面，图 1-73(b)所示的圆锥销用于精定位面。

工件采用单个圆锥销定位时容易倾斜，为此，圆锥销一般与其他定位元件组合定位，如图 1-74 所示。图 1-74(a)所示为工件采用双圆锥销定位；图 1-74(b)所示为圆锥-圆柱组合心轴，它的锥度部分使工件准确定心，圆柱部分可减小工件倾斜；在图 1-74(c)中，以工件底面

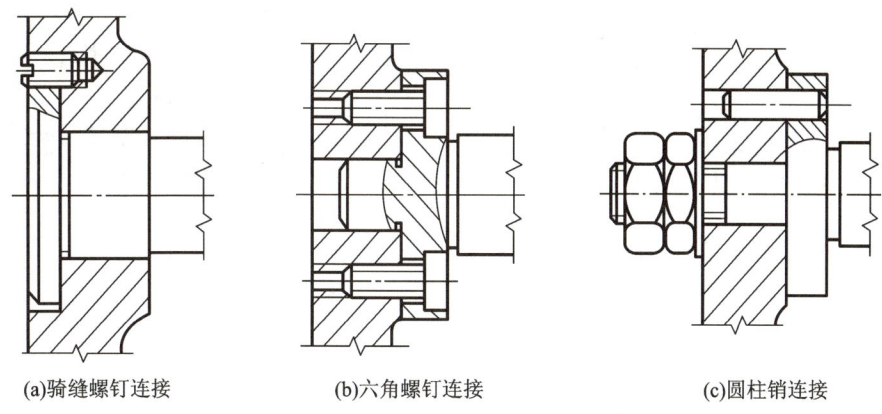

(a) 骑缝螺钉连接　　(b) 六角螺钉连接　　(c) 圆柱销连接

图 1-70　定位轴与夹具体连接部分的结构

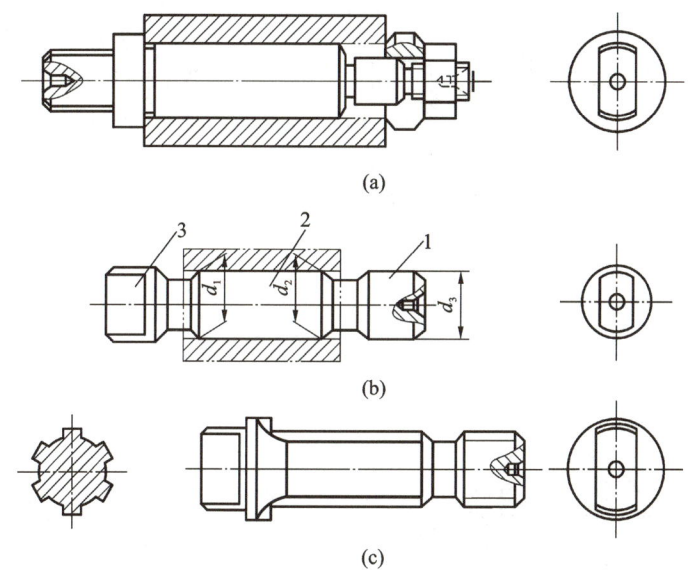

图 1-71　圆柱心轴

1—导向部分；2—工作部分；3—传动部分

作为主要定位面，圆锥销是活动的，即使工件的孔径变化较大，也能实现准确定位。以上三种定位方式均限制了工件的五个自由度。

⑤圆锥心轴（小锥度心轴）。

如图 1-75 所示，工件采用圆锥心轴定位时，靠自身的定位孔与心轴的弹性变形夹紧。圆锥心轴的锥度见表 1-14，一般取 $K=1/8\ 000\sim1/1\ 000$。

圆锥心轴的定心精度较高，不用另设夹紧装置，但工件的轴向位移误差较大，传递的扭矩较小，故圆锥心轴适用于工件定位孔精度不低于 IT7 级的精车和磨削加工，不能用于加工端面。

圆锥心轴的结构尺寸按表 1-15 计算。为保证圆锥心轴与工件有足够的接触刚度，圆锥心轴的长径比 $L/d>8$ 时，应将工件按定位孔的公差范围分成 2～3 组，每组设计一根圆锥心轴。

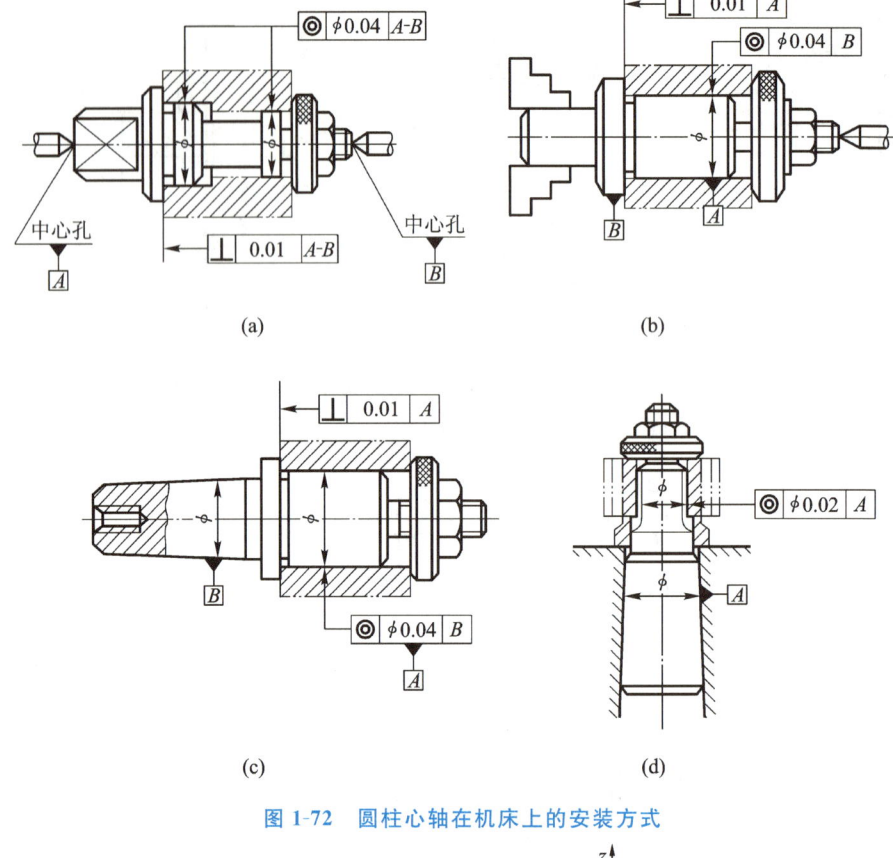

图 1-72 圆柱心轴在机床上的安装方式

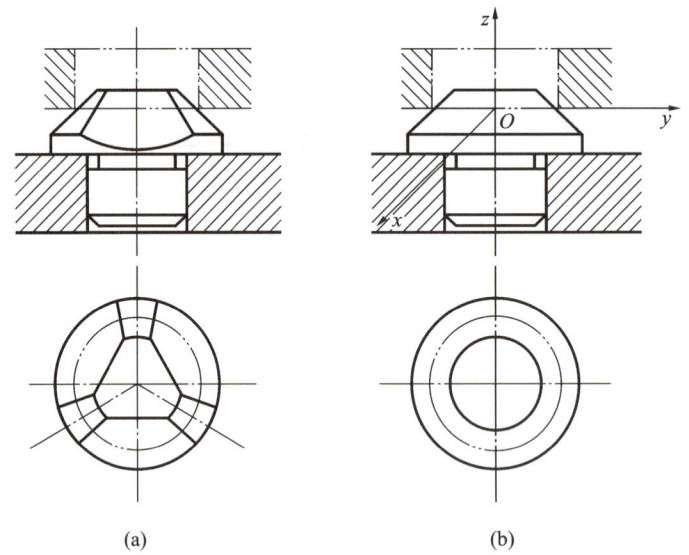

图 1-73 圆锥销定位工件内孔的示意图

表 1-14 高精度圆锥心轴的锥度推荐值

工件定位孔直径 D/mm	8~25	25~50	50~70	70~80	80~100	>100
锥度 K	$\dfrac{0.01}{2.5D}$	$\dfrac{0.01}{2D}$	$\dfrac{0.01}{1.5D}$	$\dfrac{0.01}{1.25D}$	$\dfrac{0.01}{D}$	$\dfrac{0.01}{100}$

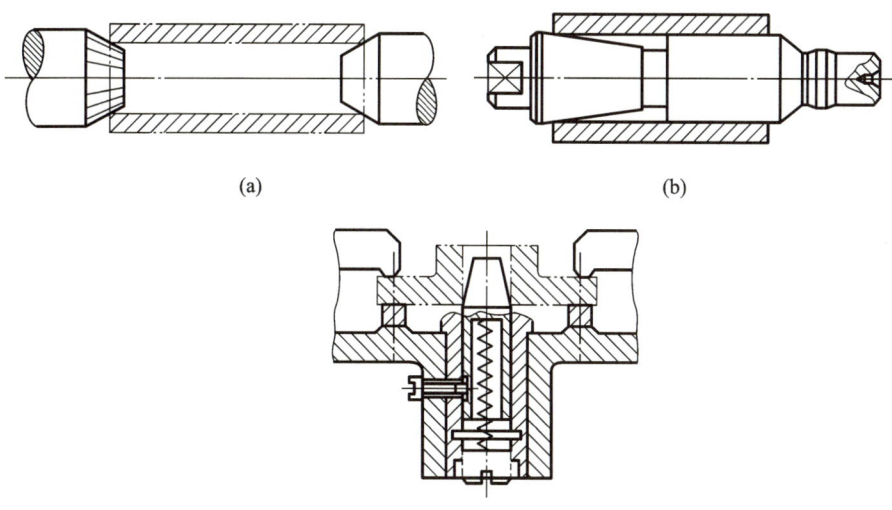

图 1-74 圆锥销与其他定位元件组合定位

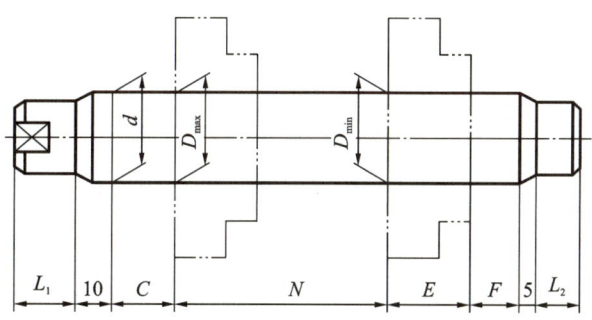

图 1-75 圆锥心轴

表 1-15 圆锥心轴的结构尺寸

计算项目	计算公式及数据	说明
圆锥心轴大端直径	$d = D_{max} + 0.25\delta_D \approx D_{max} + (0.01 \sim 0.02)$	D——工件定位孔的公称尺寸； D_{max}——工件定位孔的上极限尺寸； D_{min}——工件定位孔的下极限尺寸； δ_D——工件定位孔的公差； E——工件定位孔的长度。 注意：要对所设计的尺寸进行校核；当 $L/d > 8$ 时，应分组设计
圆锥心轴大端公差	$\delta_d = 0.01 \sim 0.05$	
保险锥面长度	$C = \dfrac{d - D_{max}}{K}$	
导向锥面长度	$F = (0.3 \sim 0.5)D$	
左端圆柱长度	$L_1 = 20 \sim 40$	
右端圆柱长度	$L_2 = 10 \sim 15$	
工件轴向位置的变动范围	$N = \dfrac{D_{max} - D_{min}}{K}$	
圆锥心轴总长度	$L = C + F + L_1 + L_2 + N + E + 15$	

(3) 以外圆柱表面定位的定位元件。

工件以外圆柱表面定位时,常用以下定位元件。

①V形块。

V形块的结构尺寸如图 1-76 所示。其中:D 为 V 形块的设计心轴直径,为定位外圆直径的平均值,它的轴线是 V 形块的限位基准;α 为 V 形块两工作平面间的夹角,有 60°、90°、120°三种,其中以 90°应用最广;H 为 V 形块高度;T 为 V 形块的定位高度,即 V 形块的限位基准至底面的距离;N 为 V 形块的开口尺寸,也是 V 形块的规格尺寸。

V形块已经标准化,H、N 等参数可从有关手册中查得,但 T 必须计算。

由图 1-76 可知

$$T = H + OC = H + (OE - CE)$$

而 $OE = \dfrac{d}{2\sin(\alpha/2)}$,$CE = \dfrac{N}{2\tan(\alpha/2)}$,所以

$$T = H + \frac{1}{2}\left(\frac{d}{\sin(\alpha/2)} - \frac{N}{\tan(\alpha/2)}\right) \tag{1-24}$$

当 $\alpha = 90°$ 时,$T = H + 0.707d - 0.5N$。

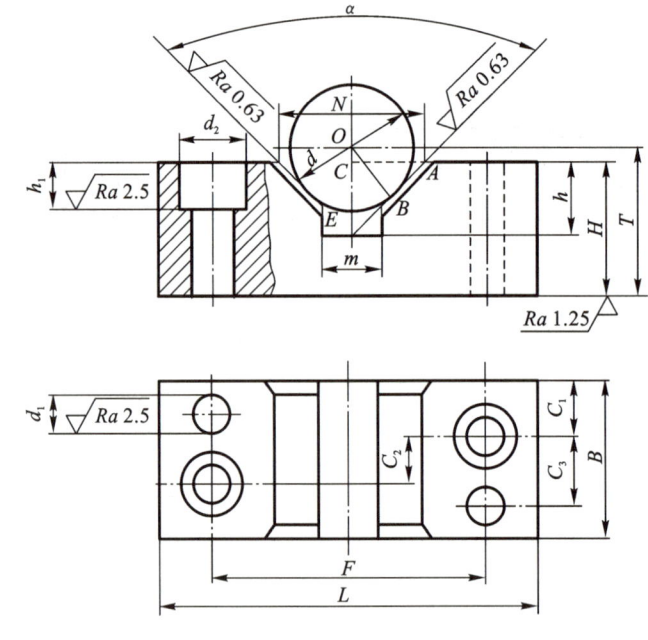

图 1-76 V 形块的结构尺寸

图 1-77 所示为常用 V 形块的结构。其中:图 1-77(a)所示的 V 形块用于较短的精定位面;图 1-77(b)所示的 V 形块用于粗定位面和阶梯定位面;图 1-77(c)所示的 V 形块用于较长的精定位面和相距较远的两个定位面。V 形块不一定采用整体结构的钢件,可在铸铁底座上镶淬硬垫板,如图 1-77(d)所示。

V形块有固定式和活动式之分。固定式 V 形块在夹具体上装配,一般用 2 个定位销和 2~4 个螺钉连接(见图 1-76 中的 d_1、d_2);活动式 V 形块的应用如图 1-78 所示。图 1-78(a)所示为加工轴承座孔时的定位方式,活动式 V 形块(长 V 形块)除限制工件的一个移动自由

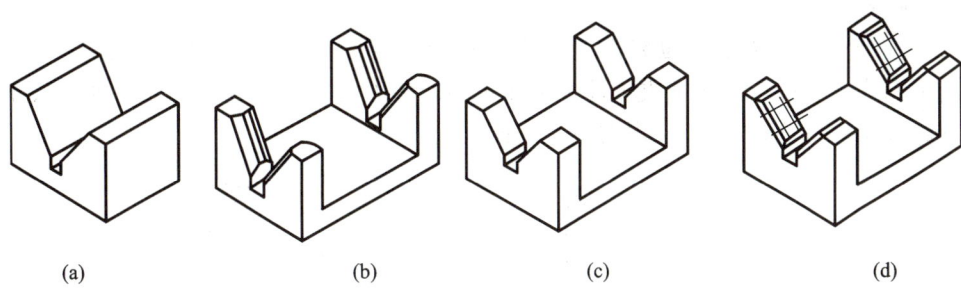

图 1-77　V 形块的结构类型

度和一个转动自由度外,还兼有夹紧作用。图 1-78(b)所示为加工连杆孔时的定位方式,活动式 V 形块除限制工件的一个转动自由度外,也兼有夹紧作用。

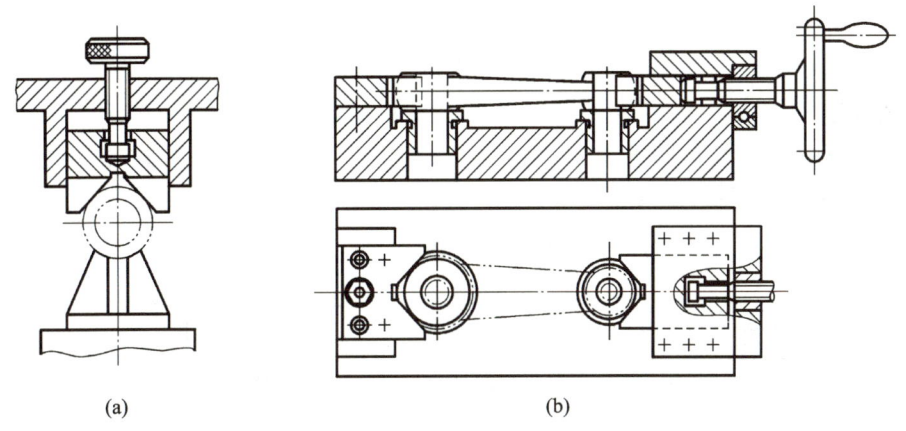

图 1-78　活动式 V 形块的应用

②定位套。

图 1-79 所示为常用的定位套。为了限制工件沿轴向移动的自由度,定位套常与端面联合定位。用端面作为主要定位面时,应控制定位套的长度,以免夹紧时工件产生不允许的变形。

定位套结构简单,容易制造,但定心精度不高,一般适用于精定位面。

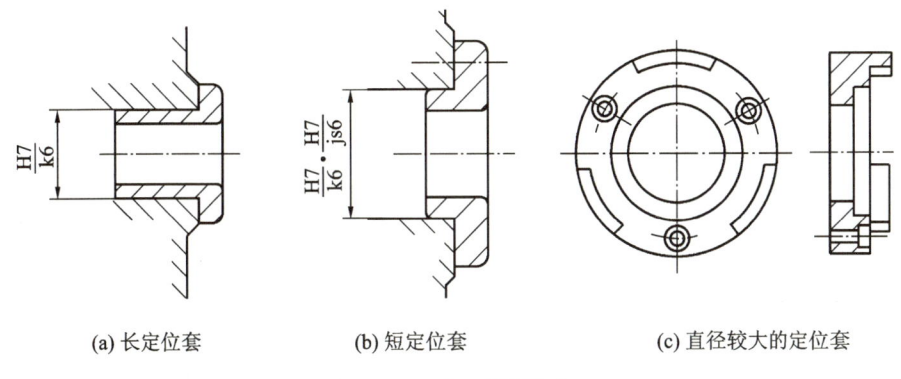

(a) 长定位套　　　　(b) 短定位套　　　　(c) 直径较大的定位套

图 1-79　常用的定位套

③半圆套。

图 1-80 所示为半圆套定位装置,下面的半圆套是定位元件,上面的半圆套起夹紧作用。这种定位方式主要用于大型轴类工件及不便于轴向装夹的工件。定位面的精度不低于 IT8 级,半圆的最小内径取工件定位面的最大直径。

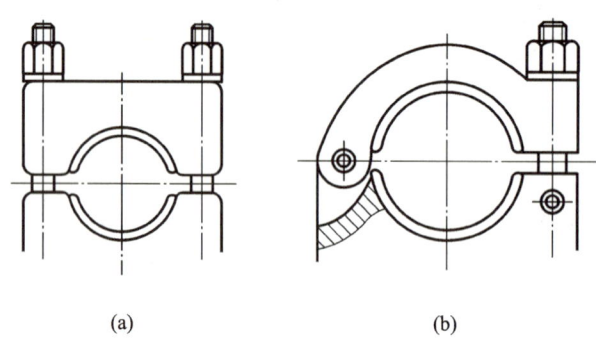

图 1-80　半圆套定位装置

④圆锥套。

图 1-81 所示为通用的圆锥套(又称反顶尖)。工件以圆柱面的端部在圆锥套 3 的锥孔中定位,锥孔表面有齿纹,以便于带动工件旋转。

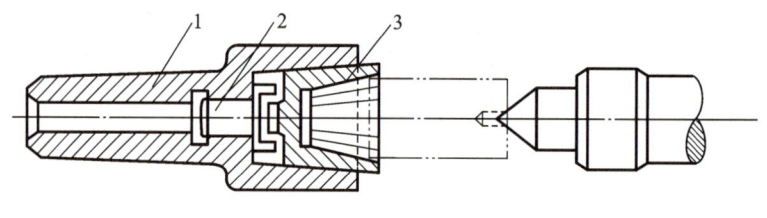

图 1-81　圆锥套定位

1—顶尖体;2—螺钉;3—圆锥套

任务 7.3　夹具的夹紧

在机械加工过程中,工件会受到切削力、离心力、惯性力等的作用。为了保证在这些外力的作用下,工件仍能在夹具中保持已由定位元件所确定的加工位置,而不致发生振动和位移,在夹具结构中必须设置一定的夹紧装置,将工件可靠地夹牢。

一、夹紧装置的组成

工件定位后,将工件固定并使工件在加工过程中保持定位位置不变的装置,称为夹紧装置。

夹紧装置主要由以下三个部分组成。

(1) 动力源装置。它是产生夹紧力的装置。夹紧分为手动夹紧和机动夹紧两种。手动夹紧的力来自人力,手动夹紧比较费时费力。为了改善劳动条件和提高生产率,目前在大批量生产中均采用机动夹紧。机动夹紧的力来自气动、液压、气-液联动、电磁、真空等动力夹紧装置。图 1-82 所示夹具的动力源装置由液压缸 4、活塞 5、活塞杆 3 组成。

(2) 传力机构。它是介于动力源装置和夹紧元件之间传递动力的机构。传力机构的作用是:改变作用力的方向;改变作用力的大小;具有一定的自锁性能,以便在夹紧力消失后,

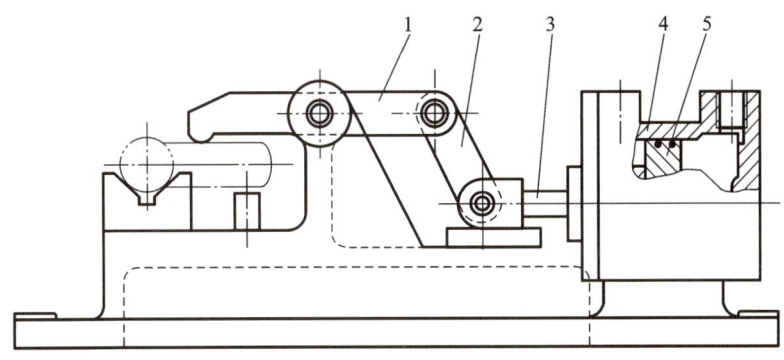

图 1-82 液压夹紧铣床夹具
1—压板；2—铰链臂；3—活塞杆；4—液压缸；5—活塞

仍能保证整个夹紧系统处于可靠的夹紧状态,这一点在手动夹紧时尤为重要。图 1-82 中的铰链臂 2 就是传力机构。

(3) 夹紧元件。它是直接与工件接触完成夹紧作用的最终执行元件。图 1-82 中的压板 1 就是夹紧元件。

二、对夹紧装置的基本要求

夹紧装置设计不仅关系到工件的加工质量,而且对提高生产率、降低成本以及创造良好的工作条件等各方面都有很大的影响。所设计的夹紧装置一般应满足以下基本要求。

(1) 在夹紧过程中,不改变工件定位后占据的正确位置。

(2) 夹紧力的大小适当,一批工件的夹紧力要稳定。既要保证工件在整个加工过程中的位置稳定不变,振动小,又要使工件不产生过大的夹紧变形。

(3) 夹紧装置的自动化和复杂程度应与工件的生产纲领相适应。生产批量大,允许设计复杂、效率高的夹紧装置。

(4) 工艺性好,使用性好。夹紧装置的结构应力求简单,便于制造和维修。夹紧装置的操作应当方便、安全、省力。

三、确定夹紧力的基本原则

设计夹紧装置时,夹紧力的确定涉及夹紧力的方向、作用点和大小三个要素。

1. 夹紧力的方向

夹紧力的方向与工件定位的基本配置情况,以及工件所受外力的作用方向等有关。确定夹紧力的方向时必须遵守以下准则。

(1) 夹紧力的方向应有助于定位稳定,且主夹紧力应朝向主要定位基面。

图 1-83(a)所示为直角支座镗孔,要求孔与 A 面垂直,所以应以 A 面为主要定位基面,且夹紧力的方向与之垂直,这样较容易保证质量。如图 1-83(b)所示,夹紧力朝向主要限位面——V 形块的工作面,可使工件的装夹稳定、可靠。如果夹紧力改为朝向 V 形块的右端面 B,则考虑到工件圆柱表面与端面的垂直度误差,夹紧时,工件的圆柱表面可能离开 V 形块的工作面。这样不仅破坏了定位,影响加工,而且加工时工件容易振动。

对工件施加几个方向不同的夹紧力时,朝向主要限位面的夹紧力应是主夹紧力。

(2) 夹紧力的方向应有利于减小夹紧力。

图 1-84 所示为工件采用夹具装夹加工时常见的几种受力情况。

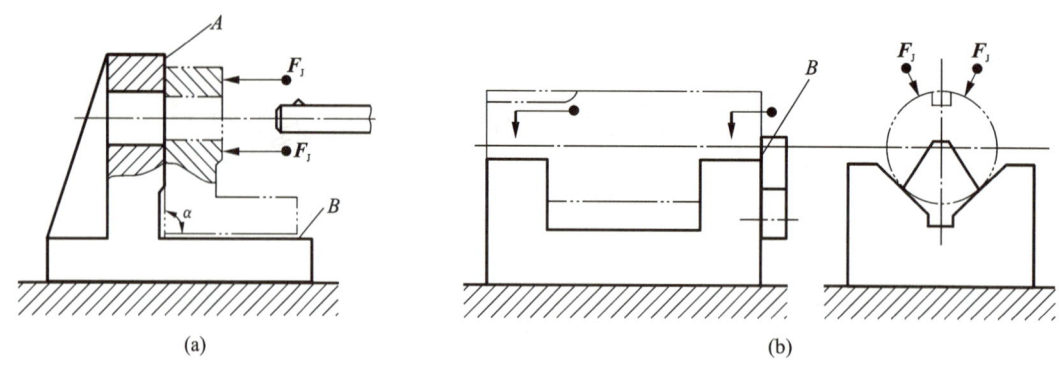

图 1-83 夹紧力朝向主要限位面

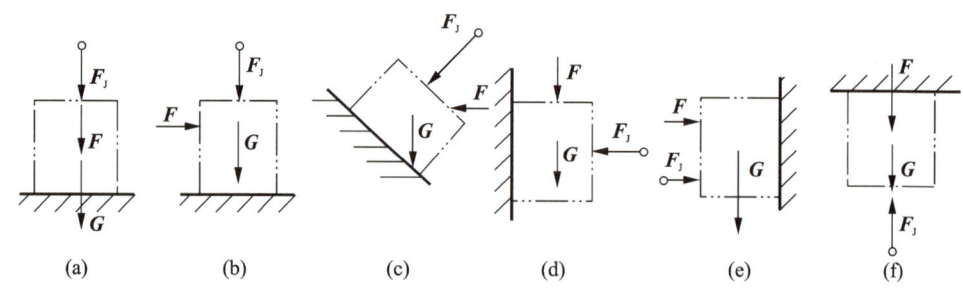

图 1-84 工件采用夹具装夹加工时常见的几种受力情况

如图 1-84(a)所示,夹紧力 F_J、切削力 F 和重力 G 同向时,所需的夹紧力最小;在图 1-84(d)中,因为需要由夹紧力产生摩擦力,从而克服切削力和重力的作用,所以需要的夹紧力最大。

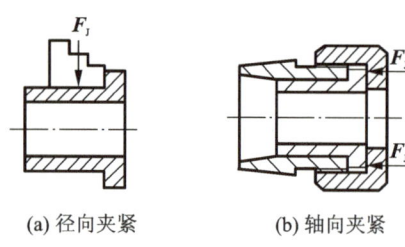

图 1-85 确定薄壁套工件的夹紧力方向

实际生产中,满足 F_J、F 及 G 同向的夹紧机构并不多,故在设计机床夹具时要根据各种因素综合分析和处理。

(3) 夹紧力的方向应是工件刚度较高的方向。

如图 1-85 所示,薄壁套工件的轴向刚性比径向刚性好,所以用卡爪径向夹紧时,工件的变形大;若沿轴向施加夹紧力,工件的变形就会小得多。

2. 夹紧力的作用点

夹紧力的方向确定以后,应根据下列原则确定夹紧力作用点的位置。

(1) 夹紧力的作用点应落在定位元件的支承范围内(正对支承元件或位于支承元件所形成的支承面)。

如图 1-86 所示,夹紧力的作用点落到了定位元件的支承范围之外,夹紧时将破坏工件的定位,因而是错误的。

(2) 夹紧力的作用点应落在工件刚性较好的部位。

这一原则对于刚性差的工件来说特别重要。对于图 1-87(a)所示的薄壁箱体工件,夹紧力的作用点不应落在箱体的顶面,而应落在刚性好的凸边上。当箱体没有凸边时,如图 1-87

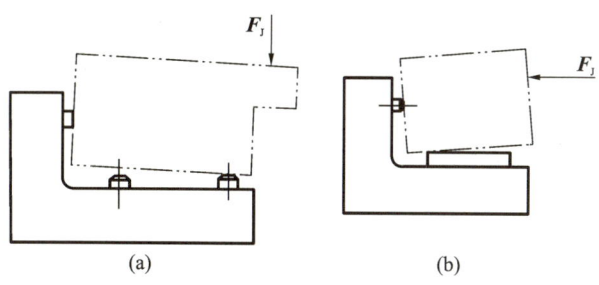

图 1-86　夹紧力作用点的位置不正确

(b)所示,将单点夹紧改为三点夹紧,使夹紧力的作用点落在刚性较好的箱壁支承范围内,以减小工件的夹紧变形。

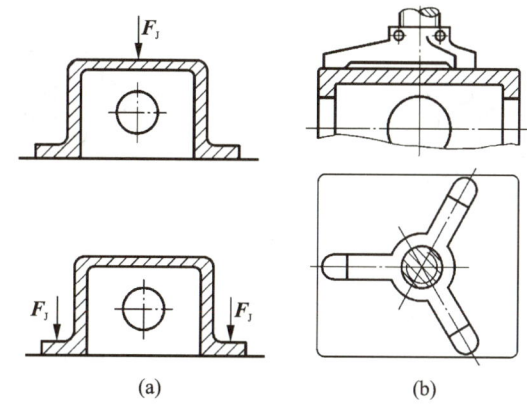

图 1-87　夹紧力的作用点与夹紧变形的关系

（3）夹紧力的作用点应靠近工件的加工表面。

夹紧力的作用点应靠近工件的加工表面,这样可减小切削力对该点的力矩并减小振动。如图 1-88 所示,因 $M_1 < M_2$,故在切削力大小相同的条件下,图 1-88(a)和图 1-88(c)所用的夹紧力较小。

图 1-89 所示为在拨叉上铣槽。当夹紧力的作用点只能远离加工表面,造成工件的装夹刚度较差时,应在加工表面附近设置辅助支承并施加辅助夹紧力 F_J',这样不仅可以提高工件的装夹刚性,还可减少加工时工件的振动。

3. 夹紧力的大小

夹紧力的大小,与保证定位稳定、夹紧可靠和确定夹紧装置的结构尺寸,都有着密切的关系。夹紧力的大小要适当。夹紧力过小会导致夹紧不牢靠,使得在加工过程中工件可能发生位移而破坏定位,轻则影响加工质量,重则造成工件报废甚至发生安全事故。夹紧力过大会使工件变形,也会对加工质量不利。

理论上,夹紧力的大小应与作用在工件上的其他力(力矩)相平衡;而实际上,夹紧力的大小还与工艺系统的刚度、夹紧机构的传递效率等因素有关,计算是很复杂的。因此,实际设计中常采用估算法、类比法和试验法确定所需的夹紧力。

当采用估算法确定夹紧力的大小时,为简化计算,通常将夹具和工件看成一个刚性系统。根据工件所受切削力、夹紧力(大型工件应考虑重力、惯性力等)的作用情况,找出在加

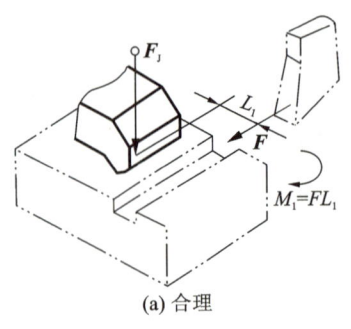
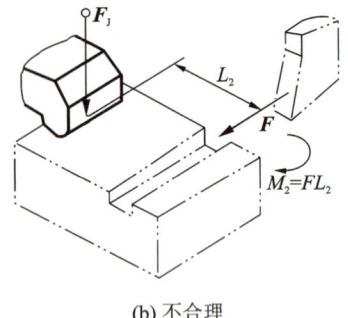

(a) 合理　　　　　　　　　　(b) 不合理

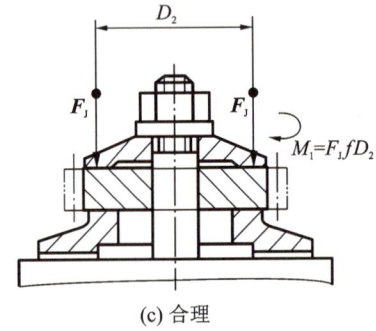
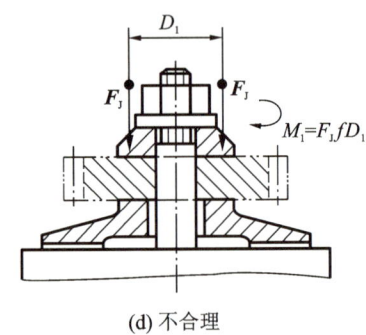

(c) 合理　　　　　　　　　　(d) 不合理

图 1-88　夹紧力的作用点与工件加工表面的相对位置

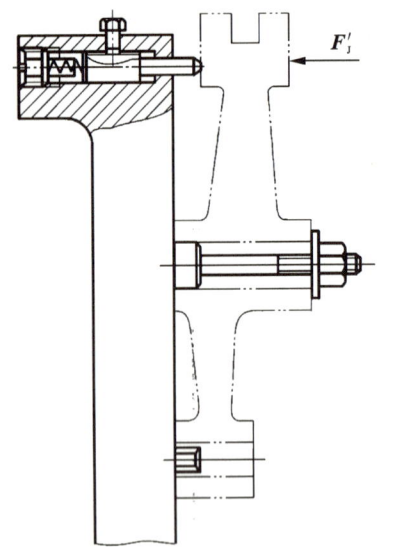

图 1-89　增设辅助支承和辅助夹紧力

工过程中对夹紧最不利的状态，按静力平衡原理计算出理论夹紧力，最后再乘以安全系数作为实际所需夹紧力，即

$$F_{J实际} = K F_{J理论} \tag{1-25}$$

式中：$F_{J实际}$——实际所需夹紧力，单位为 N；

$F_{J理论}$——在一定条件下，由静力平衡算出的理论夹紧力，单位为 N；

K——安全系数，粗略计算时，粗加工取 $K=2.5\sim3$，精加工取 $K=1.5\sim2$。

夹紧力三要素的确定，实际上是一个综合性问题。必须全面考虑工件的结构特点、工艺方法、定位元件的结构和布置等多种因素，才能最后确定并具体设计出较为理想的夹紧装置。

四、常用的夹紧机构及其选用

夹紧机构是夹紧装置的主要组成部分，种类很多，结构多种多样，但大都由尖劈、螺旋、杠杆等简单元件和相应的一些中间传力机构组成。

1. 斜楔夹紧机构

图 1-90 所示为几种常用的斜楔夹紧机构。图 1-90(a)所示是在工件上钻互相垂直的 φ8 和 φ5 两组孔。工件装入后，锤击斜楔大头，夹紧工件；加工完毕后，锤击斜楔小头，松开工件。由于用斜楔直接夹紧工件的夹紧力较小，且操作费时，因此斜楔在实际生产中应用不

多,多数情况下是将斜楔与其他机构联合起来使用。图1-90(b)所示是将斜楔与滑柱组合成一种夹紧机构,一般用气压或液压驱动。图1-90(c)所示是由端面斜楔与压板组合成的夹紧机构。

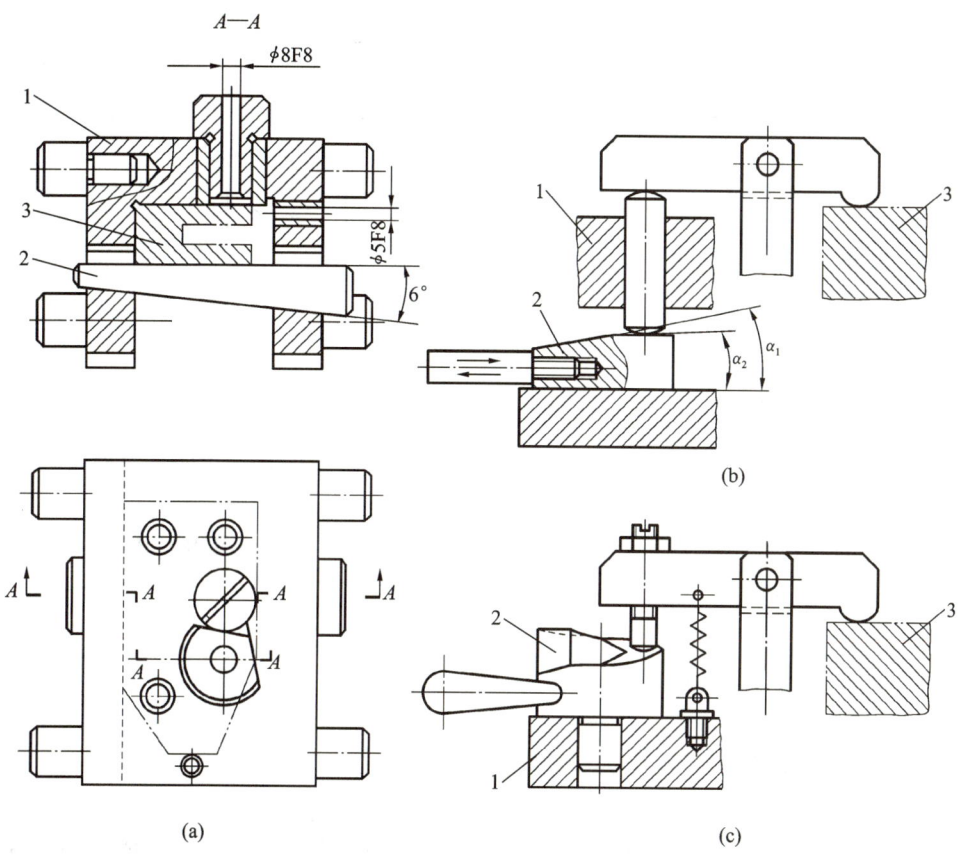

图 1-90　斜楔夹紧机构
1—夹具体；2—斜楔；3—工件

(1) 斜楔的夹紧力。

图1-91(a)所示是在外力 F_Q 的作用下斜楔的受力情况。建立静平衡方程,即

$$F_1 + F_{RX} = F_Q$$

而 $F_1 = F_J \tan\varphi_1$，$F_{RX} = F_J \tan(\alpha + \varphi_2)$，所以

$$F_J = \frac{F_Q}{\tan\varphi_1 + \tan(\alpha + \varphi_2)} \tag{1-26}$$

式中：F_J——斜楔对工件的夹紧力，N；
　　　α——斜楔升角，°；
　　　F_Q——加在斜楔上的作用力，N；
　　　φ_1——斜楔与工件间的摩擦角，°；
　　　φ_2——斜楔与夹具体间的摩擦角，°。

设 $\varphi_1 = \varphi_2 = \varphi$，当 α 很小（$\alpha \leqslant 10°$）时，可用下式做近似计算：

$$F_J = \frac{F_Q}{\tan(\alpha + 2\varphi)} \tag{1-27}$$

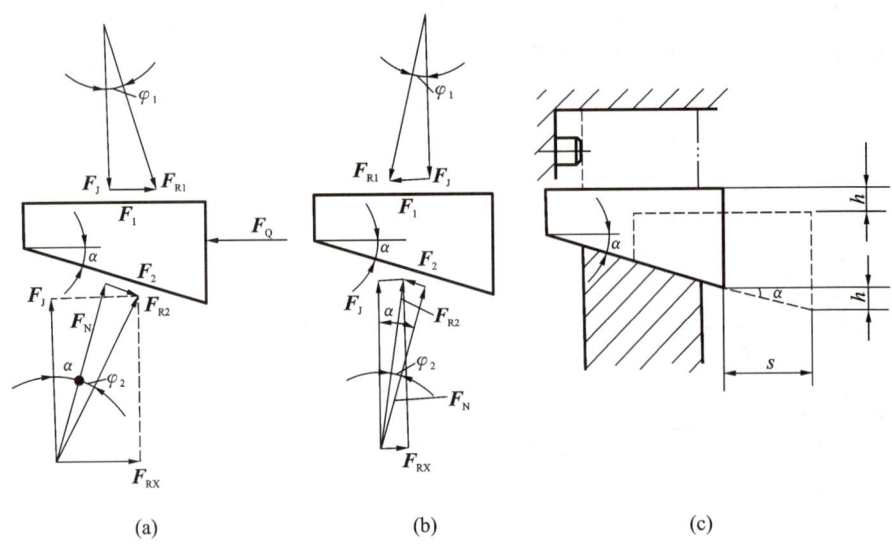

图 1-91 斜楔受力分析及行程

(2) 斜楔自锁条件。

图 1-91(b)所示是作用力 F_Q 撤去后斜楔的受力情况。从图中可以看出,要实现斜楔自锁,必须满足

$$F_1 > F_{RX}$$

因 $F_1 = F_J \tan\varphi_1$,$F_{RX} = F_J \tan(\alpha - \varphi_2)$,故

$$F_J \tan\varphi_1 > F_J \tan(\alpha - \varphi_2), \quad \tan\varphi_1 > \tan(\alpha - \varphi_2)$$

由于 φ_1、φ_2、α 都很小,因此上式可简化为

$$\varphi_1 > \alpha - \varphi_2 \quad 或 \quad \alpha < \varphi_1 + \varphi_2 \tag{1-28}$$

因此,斜楔的自锁条件是:斜楔的升角小于斜楔与工件、斜楔与夹具体之间的摩擦角之和。

为保证自锁可靠,采用手动夹紧机构的斜楔一般取 $\alpha = 6°\sim 8°$;采用气压或液压装置驱动的斜楔不需要自锁,可取 $\alpha = 15°\sim 30°$。

(3) 斜楔的扩力比与夹紧行程。

夹紧力与作用力之比称为扩力比或增力系数,用 i 表示。i 的大小为夹紧机构在传递力的过程中扩大作用力的倍数。

因此,斜楔的扩力比为

$$i = \frac{F_J}{F_Q} = \frac{1}{\tan\varphi_1 + \tan(\alpha + \varphi_2)} \tag{1-29}$$

在图 1-91(c)中,h 是斜楔的夹紧行程,s 是斜楔夹紧过程中移动的距离,于是有

$$h = s\tan\alpha \tag{1-30}$$

由于 s 受到斜楔长度的限制,要增大夹紧行程,就得增大斜角 α,而斜角 α 太大,斜楔便不能自锁。当要求机构既能自锁,又有较大的夹紧行程时,可采用双斜面斜楔,如图 1-90(b)所示,双斜面斜楔上大斜角的一段使滑柱迅速上升,小斜角的一段确保自锁。

2. 螺旋夹紧机构

由螺钉、螺母、垫圈、压板等元件组成的夹紧机构,称为螺旋夹紧机构,如图 1-92 所示。

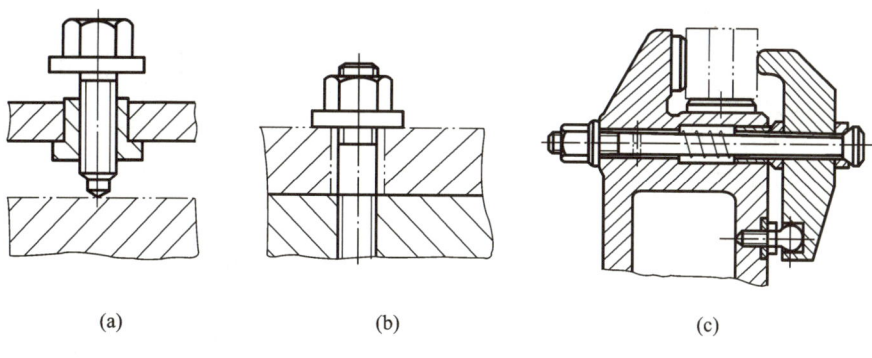

图 1-92　螺旋夹紧机构

螺旋夹紧机构不仅结构简单、容易制造，而且由于缠绕在螺钉表面的螺旋线很长，升角又小，因而自锁性能好，夹紧力和夹紧行程都较大，是手动夹紧中用得最多的一种夹紧机构。

(1) 单个螺旋夹紧机构。

图 1-92(a)、(b)所示是直接用螺钉或螺母夹紧工件的机构，称为单个螺旋夹紧机构。该机构有两个缺点。一是损伤工件表面，或带动工件旋转。在图 1-92(a)中，螺钉头部直接与工件表面接触。螺钉转动时，可能损伤工件表面或带动工件旋转。克服这一缺点的办法是在螺钉头部装上如图 1-93 所示的摆动压块。摆动压块与工件接触后，由于摆动压块与工件间的摩擦力矩大于摆动压块与螺钉间的摩擦力矩，摆动压块不会随螺钉一起转动。如图 1-93(a)、(b)所示，A 型摆动压块的端面是光滑的，用于夹紧已加工表面；B 型摆动压块的端面有齿纹，用于夹紧毛坯面。当要求螺钉只移动不转动时，可采用图 1-93(c)所示的结构。

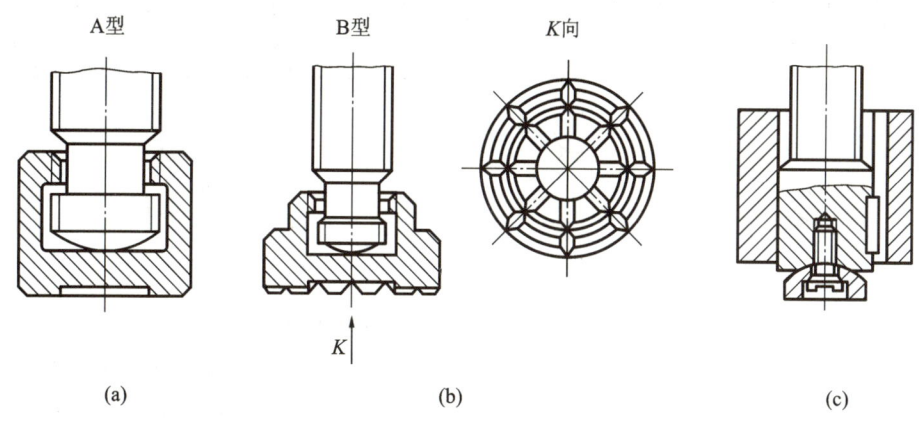

图 1-93　摆动压块

二是夹紧动作慢、工件装卸费时。如图 1-92(b)所示，装卸工件时，要将螺母拧上拧下，费时费力。克服这一缺点的办法有很多，图 1-94 所示是常见的几种快速螺旋夹紧机构。图 1-94(a)中使用了开口垫圈；图 1-94(b)中采用了快卸螺母；在图 1-94(c)中，夹紧轴 1 上的直槽连着螺旋槽，先推动手柄 2，使摆动压块迅速靠近工件，继而转动手柄 2，夹紧工件并实现自锁；图 1-94(d)中的手柄 4 带动螺母旋转时，因受手柄 5 的限制，故螺母不能右移，致使螺杆带着摆动压块 3 往左移动，从而夹紧工件，松开时只要反转手柄 4，稍微松开后，即可转动手柄 5，为手柄 4 的快速右移让出空间。

由于螺旋可以看作是绕在圆柱体上的斜楔，因此，螺钉(或螺母)夹紧力的计算与斜楔相

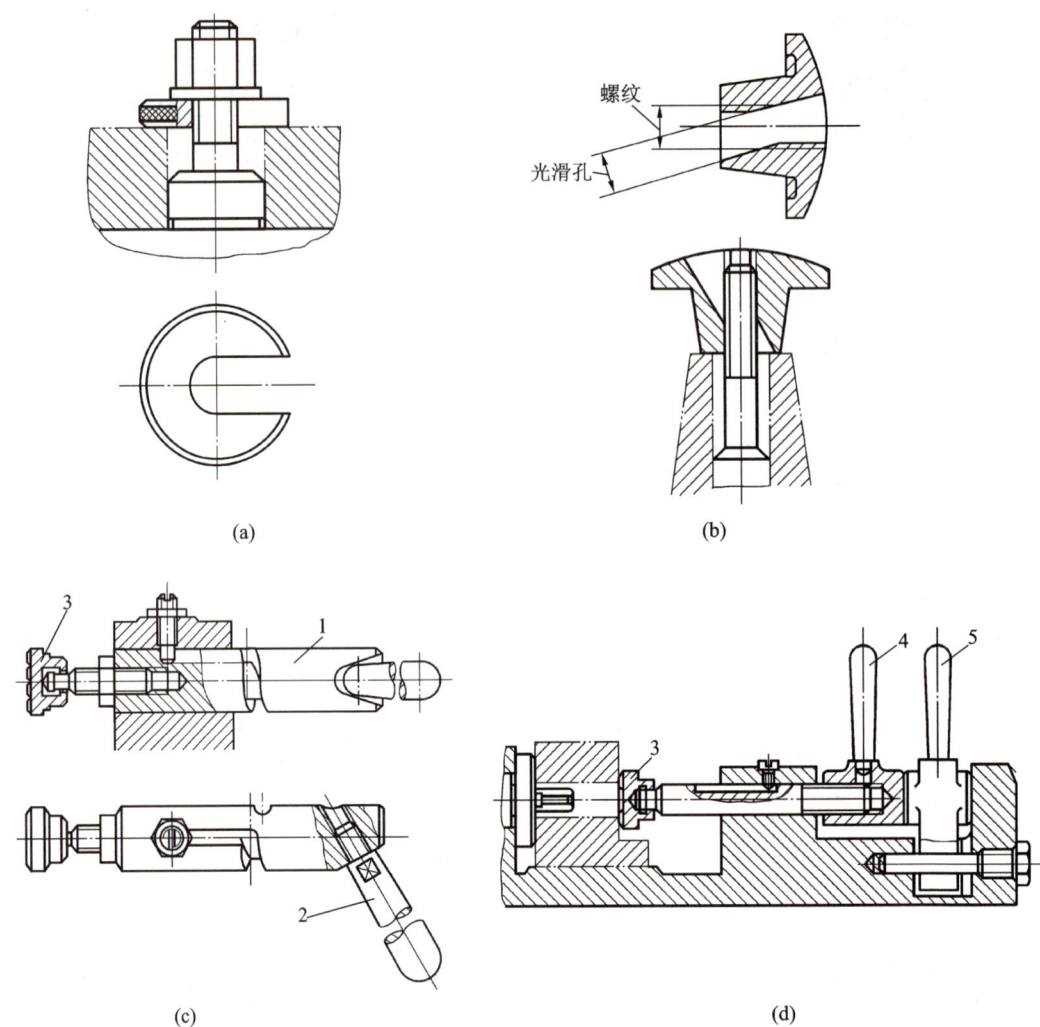

图 1-94 常见的几种快速螺旋夹紧机构

1—夹紧轴；2,4,5—手柄；3—摆动压块

似。图 1-95 所示是夹紧状态下螺杆的受力情况。施加在手柄上的原始力矩 $M=F_Q L$，工件对螺杆产生反作用力 F_J'（其值等于夹紧力）和摩擦力 F_2。F_2 分布在整个接触面上，计算时可视为集中在半径为 r' 的圆周上。r' 称为当量摩擦半径，它与端面接触形式有关。螺母对螺杆的反作用力有垂直于螺旋面的正压力 F_N 和螺旋上的摩擦力 F_1，二者的合力为 F_{R1}，分布在整个螺旋接触面上，计算时可视为集中在螺纹中径 d_0 处。为了便于计算，将 F_{R1} 分解为水平方向分力 F_{Rr} 和垂直方向分力 F_J（其值与 F_J' 相等）。

根据力矩平衡条件得

$$F_Q L = F_2 r' + F_{Rr} \frac{d_0}{2}$$

因 $F_2 = F_J \tan\varphi_2$，$F_{Rr} = F_J \tan(\alpha+\varphi_1)$，代入上式得

$$F_J = \frac{F_Q L}{\dfrac{d_0}{2}\tan(\alpha+\varphi_1) + r'\tan\varphi_2} \tag{1-31}$$

式中：F_J——夹紧力，N；
   L——作用力臂，mm；
   F_Q——作用力，N；
   d_0——螺纹中径，mm；
   α——螺纹升角，°；
   φ_1——螺纹处的摩擦角，°；
   φ_2——螺杆端部与工件间的摩擦角，°；
   r'——螺杆端部与工件间的当量摩擦半径，mm。

当量摩擦半径的计算方法如图 1-96 所示。

（2）螺旋压板夹紧机构。

夹紧机构中，结构形式变化最多的是螺旋压板夹紧机构。图 1-97 所示是常用的螺旋压板夹紧机构的五种典型结构。图 1-97（a）、(b) 所示的两种螺旋压板夹紧机构的施力螺钉位置不同。图 1-97（a）所示的螺旋压板夹紧机构的夹紧力 F_J 小于作用力 F_Q，它主要用于夹紧行程较大的场合；图 1-97（b）所示的螺旋压板夹紧机构可通过调整压板的杠杆比 l/L，来实现增大夹紧力或夹紧行程的目的；图 1-97（c）所示的螺旋压板夹紧机构是铰链压板夹紧机构，它主要用于增大夹紧力的场合；图 1-97（d）所示的螺旋压板夹紧机

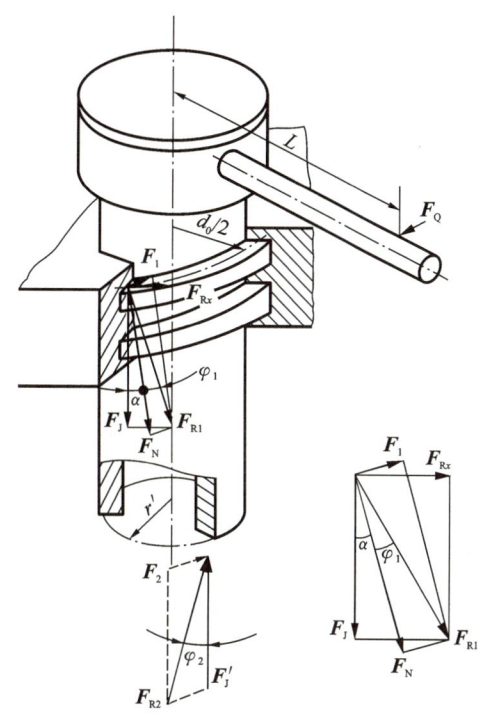

图 1-95　夹紧状态下螺杆的受力情况

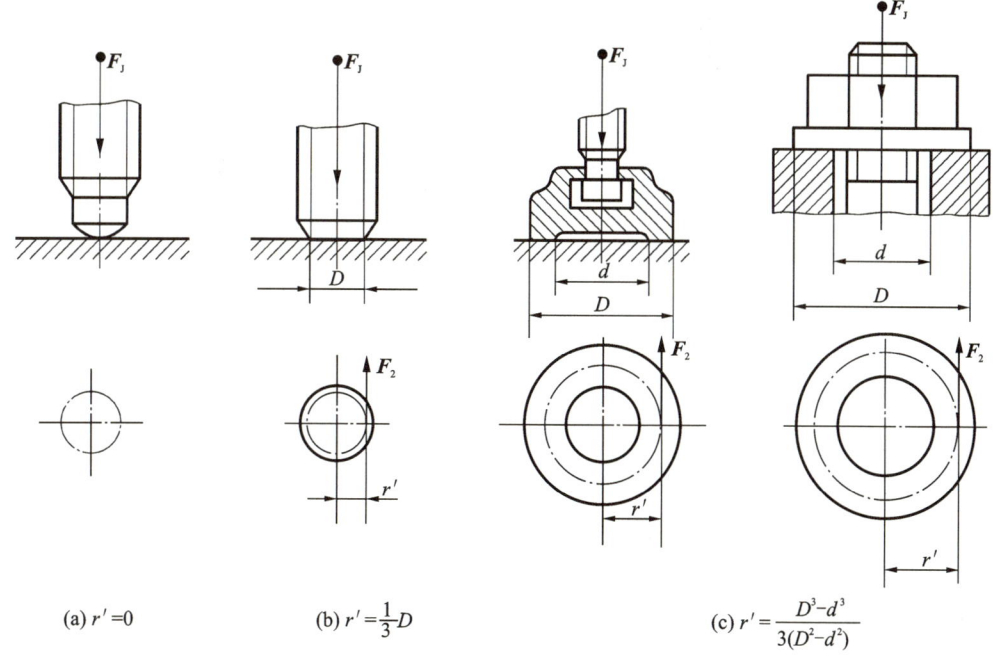

(a) $r'=0$　　(b) $r'=\dfrac{1}{3}D$　　(c) $r'=\dfrac{D^3-d^3}{3(D^2-d^2)}$

图 1-96　当量摩擦半径

构是螺旋钩形压板夹紧机构,结构紧凑,使用方便,主要用于安装夹紧机构的空间受限的场合;图 1-97(e)所示的螺旋压板夹紧机构采用自调式压板,能适应工件高度在 0～100 mm 范围内变化而无须进行调节,且结构简单、使用方便。

上述各种螺旋压板夹紧机构的结构尺寸均已标准化,可参考有关国家标准和夹具设计手册进行设计。

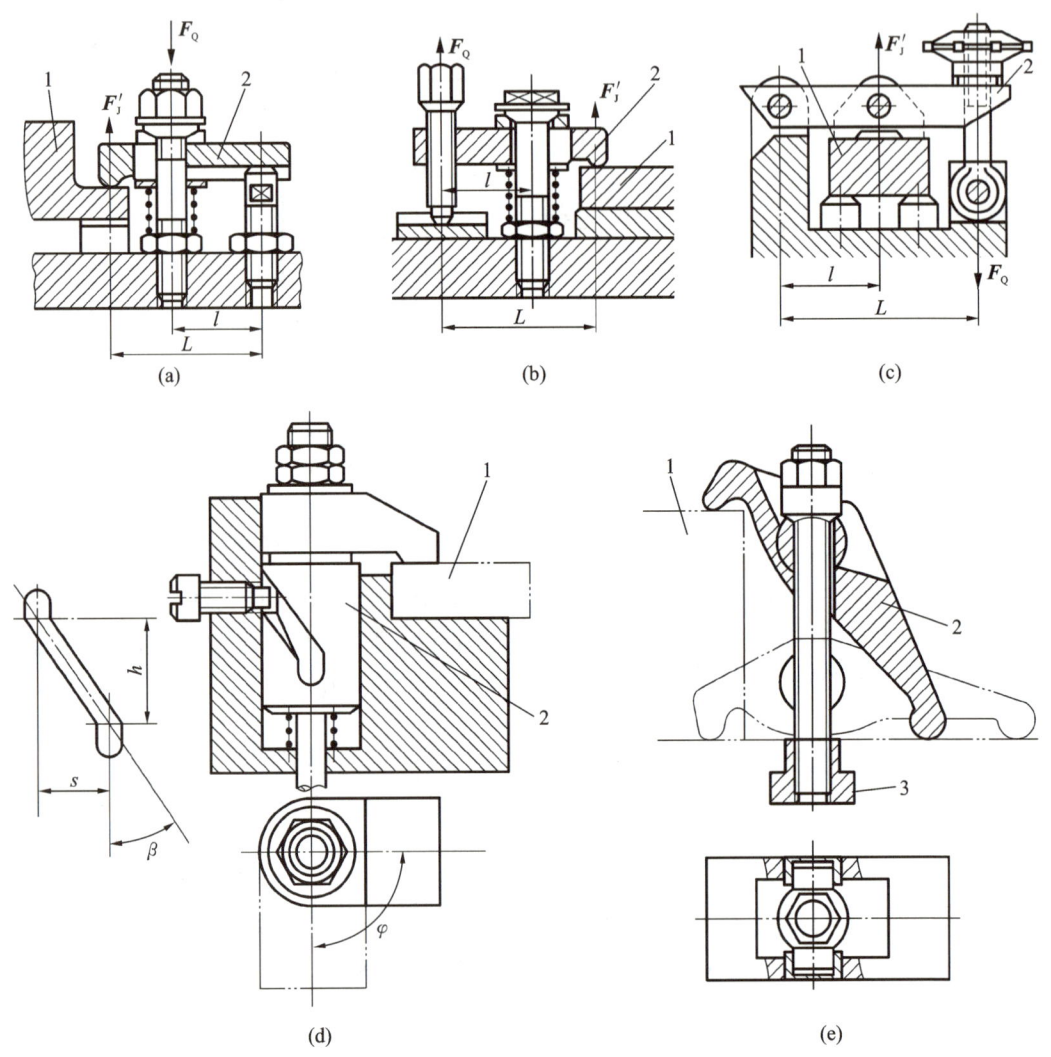

图 1-97　常用的螺旋压板夹紧机构的五种典型结构

1—工件;2—压板;3—T 形螺母

3. 偏心夹紧机构

用偏心件直接或间接夹紧工件的机构,称为偏心夹紧机构,如图 1-98 所示。偏心件有圆偏心和曲线偏心两种类型。其中,圆偏心件因结构简单、制造容易而得到广泛的应用。图 1-98(a)、(b)中用的是圆偏心轮,图 1-98(c)中用的是偏心轴,图 1-98(d)中用的是偏心叉。

偏心夹紧机构操作方便、夹紧迅速,但夹紧力和夹紧行程都较小,一般用于切削力不大、振动小、没有离心力影响的加工场合。

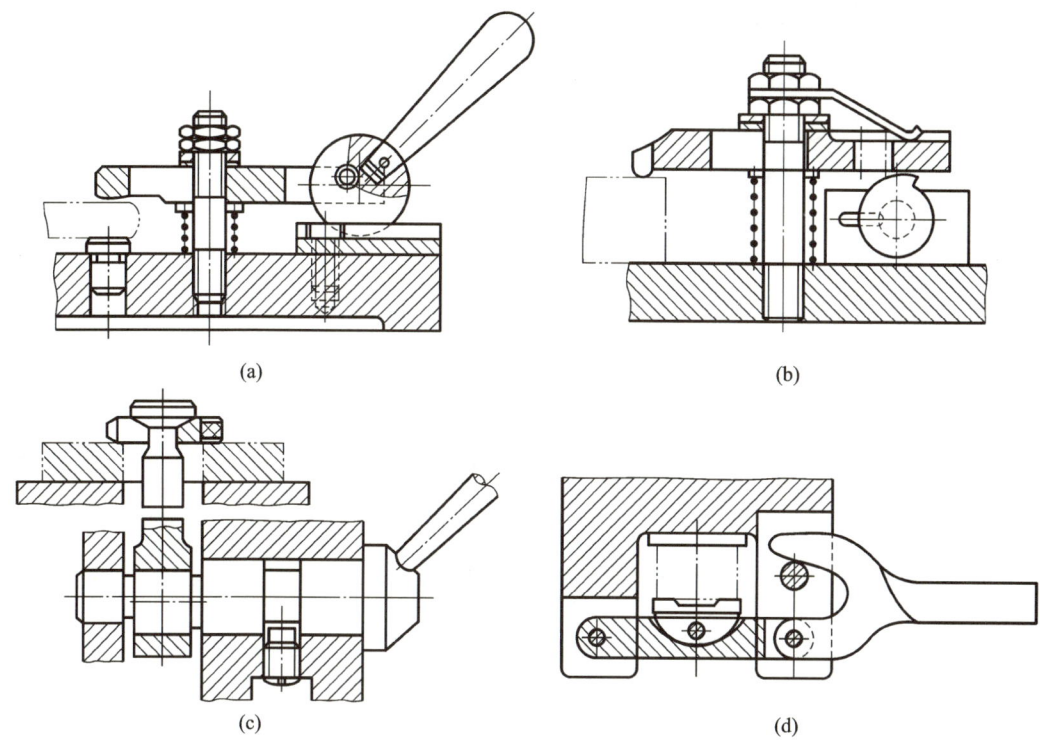

图 1-98 偏心夹紧机构

(1) 圆偏心轮的工作原理。

图 1-99 所示是圆偏心轮直接夹紧工件的原理图。图中，O_1 是圆偏心轮的几何中心，R 是圆偏心轮的几何半径，O_2 是圆偏心轮的回转中心，O_1O_2 是偏心距 e。

若以 O_2 为圆心，r 为半径画圆（点画线圆），便把圆偏心轮分成了三个部分。其中，点画线部分是个"基圆盘"，半径 $r=R-e$；另外两个部分是两个相同的弧形楔。当圆偏心轮绕回转中心 O_2 顺时针转动时，相当于一个弧形楔（阴影部分）逐渐楔入"基圆盘"与工件之间，从而夹紧工件。

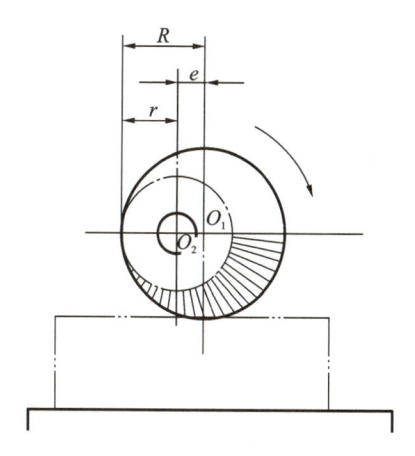

图 1-99 圆偏心轮直接夹紧工件的原理图

(2) 圆偏心轮的夹紧行程及工作段。

如图 1-100(a)所示，当圆偏心轮绕回转中心 O_2 转动时，设轮周上任意点 x 的回转角为 θ_x，即工件夹压表面的法线与 O_1O_2 连线间的夹角为 θ_x，回转半径为 r_x。以 θ_x、r_x 为坐标轴建立直角坐标系，再将轮周上各点的回转角与回转半径一一对应地标入此坐标系中，便得到了圆偏心轮上弧形楔的展开图，如图 1-100(b)所示。

从图 1-100 可以看出，当圆偏心轮从 0°转到 180°时，夹紧行程为 $2e$，轮周上各点的升角是不等的，$\theta_x=90°$ 时升角 α_P 最大（$\alpha_{\max}$）。升角 α_x 为工件夹压表面的法线与回转半径的夹角。在三角形 $\triangle O_2Mx$ 中，$\tan\alpha_x=\dfrac{O_2M}{Mx}$，而 $O_2M=e\sin\theta_x$，$Mx=H=\dfrac{D}{2}-e\cos\theta_x$，其中 H

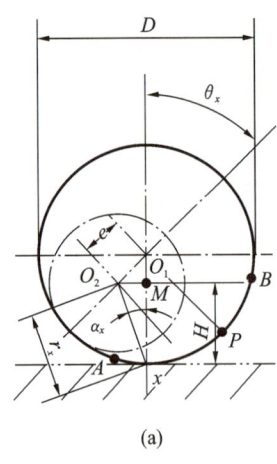 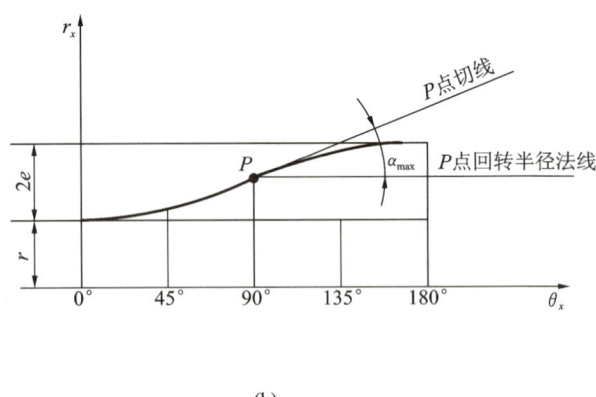

图 1-100 圆偏心轮的回转角 θ_x、升角 α_x 及弧形楔展开图

为夹紧高度,所以

$$\tan\alpha_x = \frac{e\sin\theta_x}{D/2 - e\cos\theta_x} \tag{1-32}$$

当 $\theta_x = 0°$ 或 $180°$ 时,$\sin\theta_x = 0$,$\alpha_x = \alpha_{\min} = 0$。

当 $\theta_x = 90°$ 时,$\cos\theta_x = 0$,$\sin\theta_x = 1$,$\alpha_x = \alpha_P = \alpha_{\max}$,故 $\tan\alpha_{\max} = \dfrac{2e}{D}$ 或 $\alpha_{\max} = \arctan\dfrac{2e}{D}$。

圆偏心轮的工作转角一般小于 90°,因为转角太大,不仅操作费时,也不安全。工作转角范围内的那段轮周称为圆偏心轮的工作段。圆偏心轮常用的工作段是 $\theta_x = 45°\sim 135°$ 或 $\theta_x = 90°\sim 180°$。

在 $\theta_x = 45°\sim 135°$ 范围内,升角大,升角变化小,夹紧力较小而稳定,并且夹紧行程大($h \approx 1.4e$);在 $\theta_x = 90°\sim 180°$ 范围内,升角由大到小,夹紧力逐渐增大,但夹紧行程较小($h = e$)。

(3) 圆偏心轮偏心距 e 的确定。

如图 1-100 所示,设圆偏心轮工作段为 AB,在 A 点的夹紧高度 $H_A = D/2 - e\cos\theta_A$,在 B 点的夹紧高度 $H_B = D/2 - e\cos\theta_B$,夹紧行程 $h_{AB} = H_B - H_A = e(\cos\theta_A - \cos\theta_B)$,所以

$$e = \frac{h_{AB}}{\cos\theta_A - \cos\theta_B}$$

$$h_{AB} = s_1 + s_2 + s_3 + \delta$$

式中:s_1——装卸工件所需的间隙,一般取大于或等于 0.3 mm;

s_2——夹紧装置的弹性变形量,一般取 0.05~0.15 mm;

s_3——夹紧行程储备量,一般取 0.1~0.3 mm;

δ——工件夹压表面至定位表面的尺寸公差。

(4) 圆偏心轮的自锁条件。

由于圆偏心轮夹紧工件的实质是斜楔夹紧工件,因此,圆偏心轮的自锁条件应与斜楔的自锁条件相同,即

$$\alpha_{\max} \leqslant \varphi_1 + \varphi_2$$

式中:$\alpha_{\max}$——圆偏心轮的最大升角;

φ_1——圆偏心轮与工件间的摩擦角;

φ_2——圆偏心轮与回转销之间的摩擦角。

回转销的直径较小，圆偏心轮与回转销之间的摩擦力矩不大，为了使自锁可靠，将该摩擦力矩忽略不计，上式可化为

$$\alpha_{\max} \leqslant \varphi_1 \quad 或 \quad \tan\alpha_{\max} \leqslant \tan\varphi_1$$

$\tan\varphi_1 = f$，代入上式，得

$$\tan\alpha_{\max} \leqslant f$$

而 $\tan\alpha_{\max} = \dfrac{2e}{D}$，所以，圆偏心轮的自锁条件是

$$\frac{2e}{D} \leqslant f \tag{1-33}$$

当 $f=0.1$ 时，$D \geqslant 20e$；当 $f=0.15$ 时，$D \geqslant 14e$。

（5）圆偏心轮的夹紧力。

由于圆偏心轮轮周上各点的升角不同，因此，各点的夹紧力也不相等。图 1-101 所示为以任意点 x 夹紧工件时圆偏心轮的受力情况。

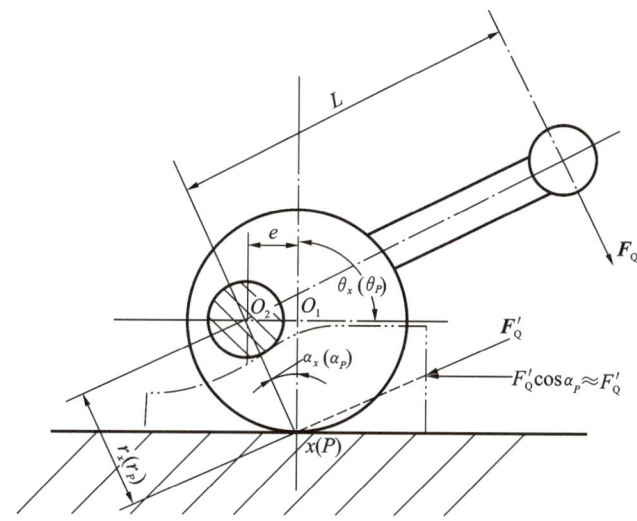

图 1-101　以任意点 x 夹紧工件时圆偏心轮的受力情况

设作用力为 F_Q，F_Q 的作用点至回转中心 O_2 的距离为 L，回转半径为 r_x，偏心距 $e = O_1O_2$。

圆偏心轮夹紧工件时，受到的力矩为 $F_Q L$，可把圆偏心轮看成是作用在工件与转轴之间的弧形楔。可将力矩 $F_Q L$ 转化为力矩 $F_Q L = F'_Q r_x$，所以 $F'_Q = F_Q L / r_x$。弧形楔上的作用力 $F'_Q \cos\alpha_P \approx F'_Q$。因此，与斜楔夹紧力公式相似，夹紧力为

$$F_J = \frac{F'_Q}{\tan\varphi_1 + \tan(\alpha_x + \varphi_2)} = \frac{F_Q L}{r_x [\tan\varphi_1 + \tan(\alpha_x + \varphi_2)]}$$

当 $\theta_x = \theta_P = 90°$ 时，$r_x = r_P = R/\cos\alpha_P$，则

$$F_J = \frac{F_Q L \cos\alpha_P}{R[\tan\varphi_1 + \tan(\alpha_P + \varphi_2)]} \tag{1-34}$$

一般情况下，回转角 $\theta_x = \theta_P = 90°$ 时，$\alpha_P = \alpha_{\max}$，F_J 最小。只要计算出此时的夹紧力，若能满足要求，则偏心轮其他各点的夹紧力就都能满足要求。

4. 铰链夹紧机构

铰链夹紧机构是由铰链杠杆组合而成的一种增力机构，结构简单，增力倍数较大，但无

自锁性能。它常与动力装置（气缸、液压缸等）联用，在气动铣床夹具中应用较广，也用于其他机床夹具。常见的铰链夹紧机构有如图 1-102 所示的五种基本类型。

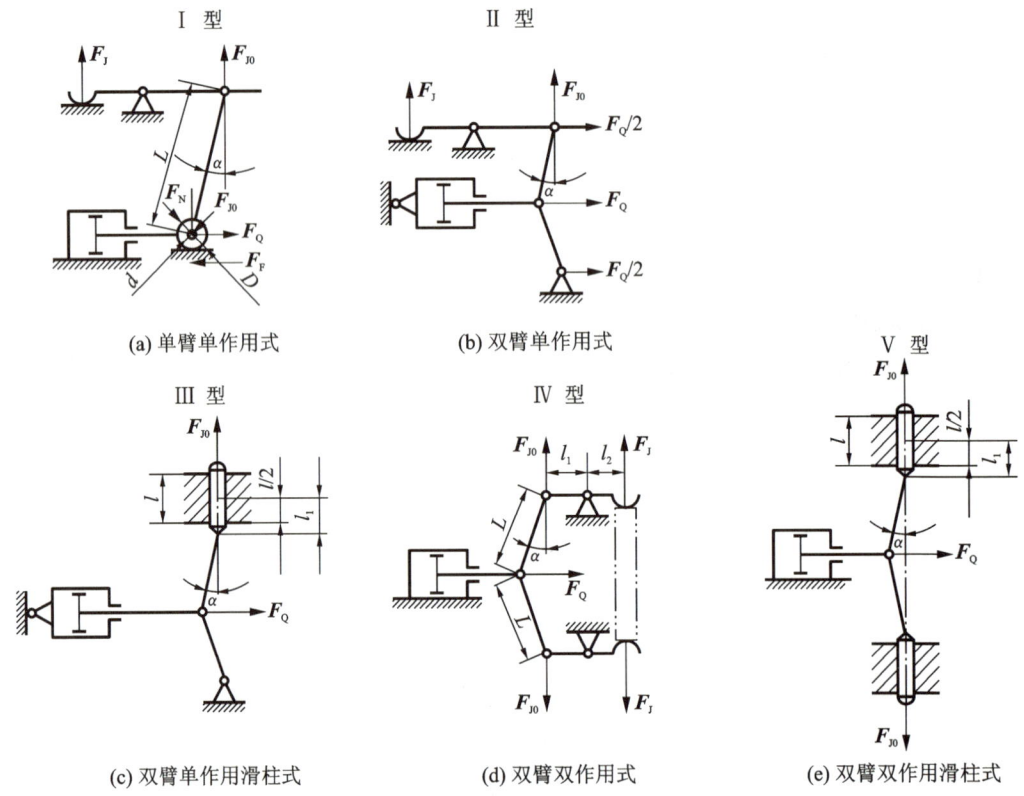

图 1-102　铰链夹紧机构的基本类型

例如，如图 1-103 所示，当在连杆右端铣槽时，工件以 $\phi52$ 外圆表面、侧面及右端底面分别在 V 形块、可调支承和支承座上定位，采用气压驱动的双臂单作用铰链夹紧机构夹紧工件。

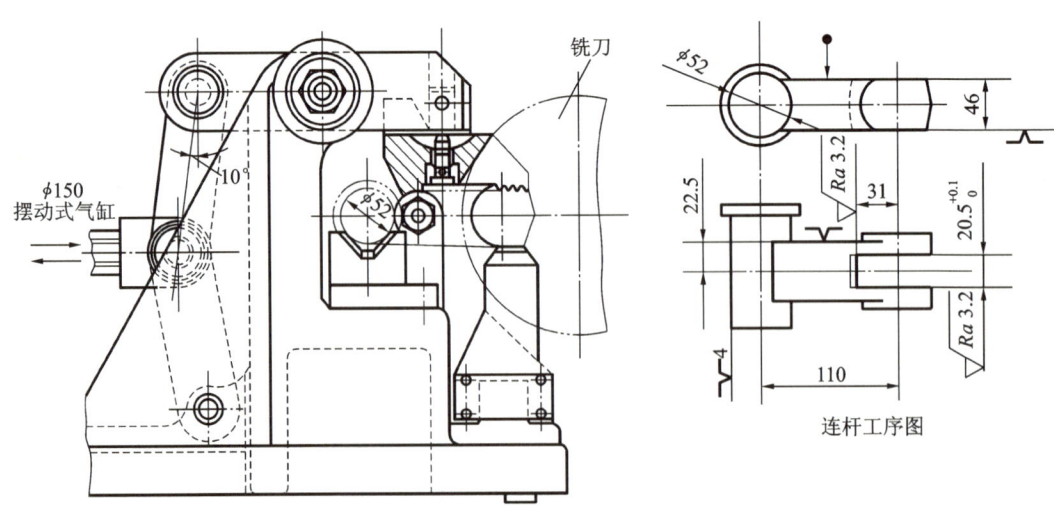

图 1-103　双臂单作用铰链夹紧的铣床夹具

5. 定心夹紧机构

当工件被加工表面以中心要素（轴线、中心对称平面等）为工序基准时，为使基准重合，以减小定位误差，需采用定心夹紧机构。

定心夹紧机构具有定心和夹紧两种功能，如最常用的卧式车床的三爪自定心卡盘即为定心夹紧机构的典型实例。

定心夹紧机构按其定心作用原理分为两种类型：一种依靠传动机构使定心夹紧元件等速移动，从而实现定心夹紧，如螺旋式定心夹紧机构、杠杆式定心夹紧机构、楔式定心夹紧机构等；另一种利用薄壁弹性元件受力后产生均匀的弹性变形（收缩或扩张），实现定心夹紧，如弹簧筒夹式定心夹紧机构、膜片卡盘式定心夹紧机构、波纹套式定心夹紧机构、液性塑料式定心夹紧机构等。

以下是常见的几种定心夹紧结构。

(1) 螺旋式定心夹紧机构。

螺旋式定心夹紧机构如图 1-104 所示。双向螺杆 4 两端的螺纹旋向相反，螺距相同。当双向螺杆 4 旋转时，两个 V 形钳口 1、2 对向等速移动，从而实现对工件的定心夹紧或松开。V 形钳口可按工件不同形状进行更换。

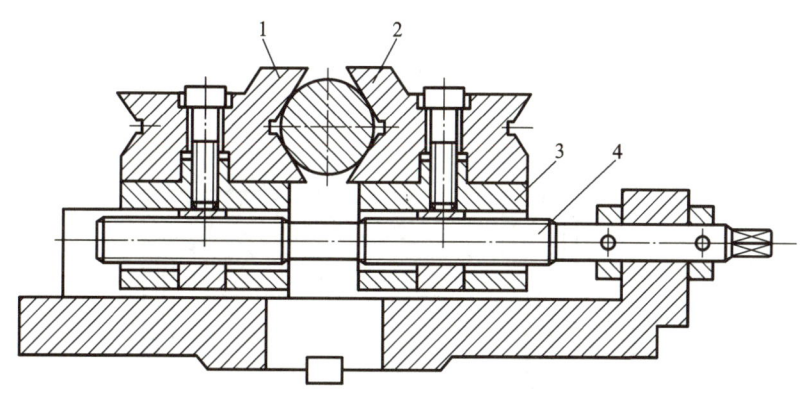

图 1-104　螺旋式定心夹紧机构
1,2—V 形钳口；3—滑块；4—双向螺杆

这种定心夹紧机构结构简单、工作行程大、通用性好，但定心精度不高（一般为 0.05～0.1 mm），主要适用于粗加工或半精加工中需要行程大而定心精度要求不高的场合。

(2) 杠杆式定心夹紧机构。

图 1-105 所示为杠杆式三爪自定心卡盘。滑套 1 轴向移动时，圆周均布的三个钩形杠杆 2 便绕轴销 3 转动，拨动三个滑块 4 沿径向移动，从而带动卡爪（图中未示出）将工件定心并夹紧或松开。

这种定心夹紧机构刚性大、动作快、增力倍数大，工作行程也比较大（随结构尺寸不同，行程为 3～12 mm），但定心精度较低（一般为 $\phi0.1$ 左右），主要用于工件的粗加工。由于杠杆机构不能自锁，所以这种机构的自锁要靠气压机构或其他机构，其中气压机构应用较广泛。

(3) 楔式定心夹紧机构。

图 1-106 所示为机动的楔式夹爪自动定心机构。当工件 5 以内孔及左端面在夹具上定位后，气缸通过拉杆 4 使六个夹爪 1 左移，由于本体 2 上斜面的作用，夹爪 1 在左移的同时

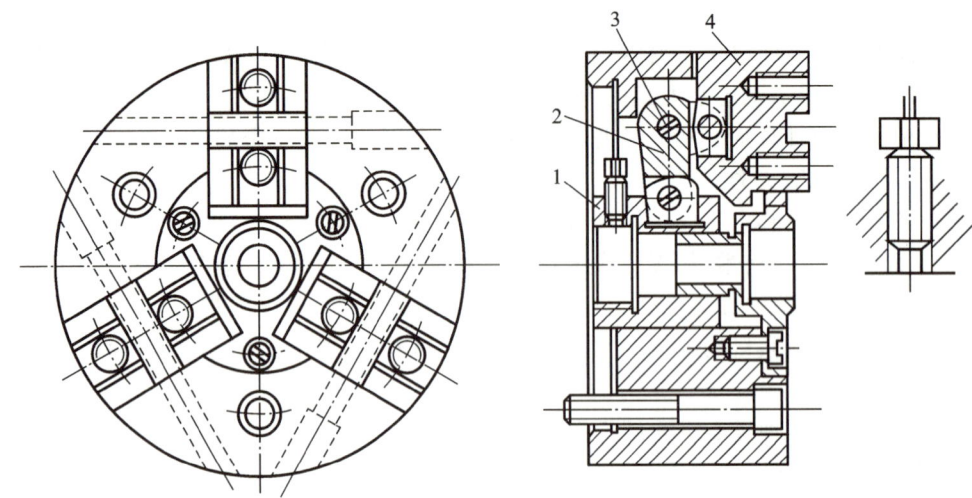

图 1-105 杠杆式三爪自定心卡盘
1—滑套;2—钩形杠杆;3—轴销;4—滑块

向外胀开,将工件 5 定心并夹紧;反之,夹爪 1 右移时,在弹簧卡圈 3 的作用下,夹爪 1 收拢,将工件 5 松开。

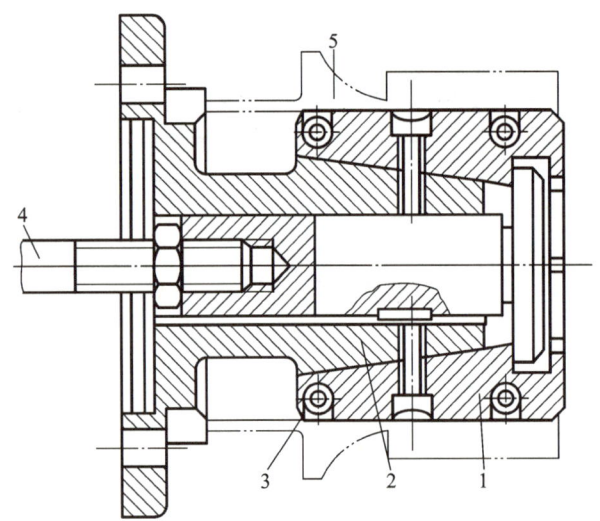

图 1-106 机动的楔式夹爪自动定心机构
1—夹爪;2—本体;3—弹簧卡圈;4—拉杆;5—工件

这种定心夹紧机构结构紧凑,定心精度一般可达 $\phi 0.02 \sim \phi 0.07$,比较适用于工件以内孔定位的半精加工工序。

(4) 弹簧筒夹式定心夹紧机构。

弹簧筒夹式定心夹紧机构如图 1-107 所示。这种定心夹紧机构常用于轴套类工件。图 1-107(a)所示为用于装夹以外圆柱表面为定位面的工件的弹簧夹头。旋转螺母 4 时,弹性筒夹 2 左移,此时锥套 3 的内锥面迫使弹性筒夹 2 上的簧瓣向心收缩,从而将工件定心并夹紧。图 1-107(b)所示是用于装夹以内孔表面为定位面的工件的弹簧心轴。因工件的长径比 $L/d \gg 1$,故弹性筒夹 2 的两端各有簧瓣。旋转螺母 4 时,锥套 3 被推动,同时弹性筒夹 2 左移,锥套 3 和夹具体 1 的外锥面同时迫使弹性筒夹 2 的两端簧瓣向外均匀扩张,从而将工件定心并夹紧。反向转动螺母 4,带动锥套 3,便可卸下工件。

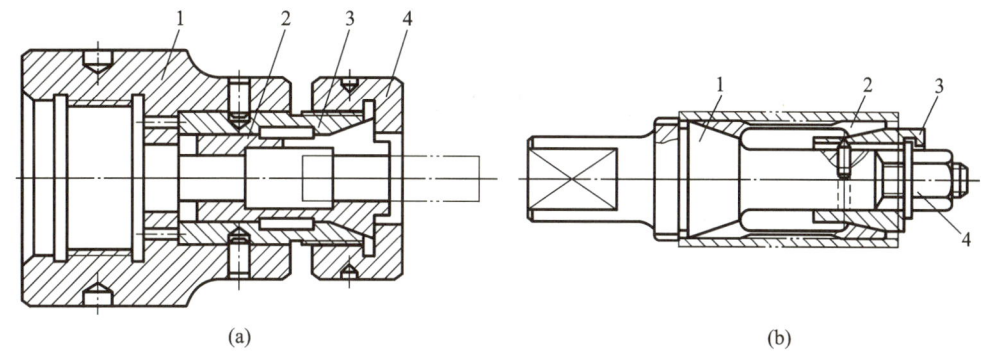

图 1-107　弹簧夹头和弹簧心轴
1—夹具体；2—弹性筒夹；3—锥套；4—螺母

弹簧筒夹式定心夹紧机构结构简单、体积小、操作方便迅速,因而应用十分广泛。弹簧筒夹式定心夹紧机构定心精度可稳定在 $\phi 0.04 \sim \phi 0.10$ 范围内,一般适用于精加工或半精加工场合。

(5) 膜片卡盘式定心夹紧机构。

图 1-108 为膜片卡盘式定心夹紧机构。膜片(弹性盘)4 为定心夹紧弹性施力元件,用螺钉 2 和螺母 3 紧固在夹具体 1 上。弹性盘上有 6~16 个卡爪,爪上装有可调螺钉 5,用于对工件定心和夹紧。可调螺钉 5 位置调好后用螺母锁紧,然后采用就地加工法磨可调螺钉 5 的头部及顶杆 7 的端面,以确保对主轴回转轴心线的同轴度及垂直度。磨时使卡爪有一定的预胀量,确保可调螺钉 5 头部所在圆与工件 6 的外径一致。装夹工件 6 时,外力 F_Q 通过推杆 8 使弹性盘 4 弹性变形,卡爪张开。

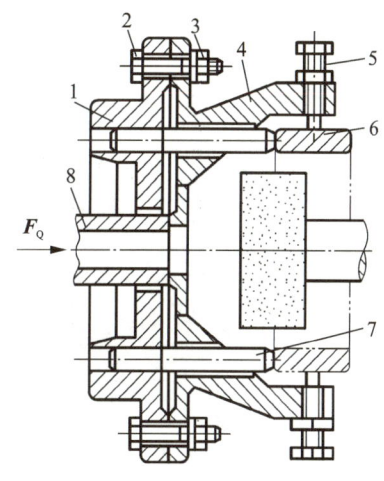

图 1-108　膜片卡盘式定心夹紧机构
1—夹具体；2—螺钉；3—螺母；4—弹性盘；
5—可调螺钉；6—工件；7—顶杆；8—推杆

膜片卡盘式定心夹紧机构刚性、工艺性、通用性均好,定心精度高(可达 $\phi 0.005 \sim \phi 0.01$),操作方便迅速,但夹紧行程较小,适用于精加工。

(6) 波纹套式定心夹紧机构。

图 1-109 所示为波纹套定心心轴。旋紧螺母 5 时,轴向压力使两波纹套 3 径向均匀胀大,将工件 4 定心并胀紧。波纹套 3 及支承圈 2 可以更换,以适应孔径不同的工件,扩大心轴的通用性。

这种定心夹紧机构结构简单、安装方便、使用寿命长,定心精度可达 $\phi 0.005 \sim \phi 0.01$,适用于定位基准孔 $D > 20$ mm,且公差等级不低于 IT8 级的工件,在齿轮、套筒类工件的精加工工序中应用较多。

(7) 液性塑料式定心夹紧机构。

图 1-110 所示为液性塑料式定心夹紧机构的两种结构。其中,图 1-110(a)所示是工件以内孔表面为定位面,图 1-110(b)所示是工件以外圆表面为定位面。虽然两者的定位面不

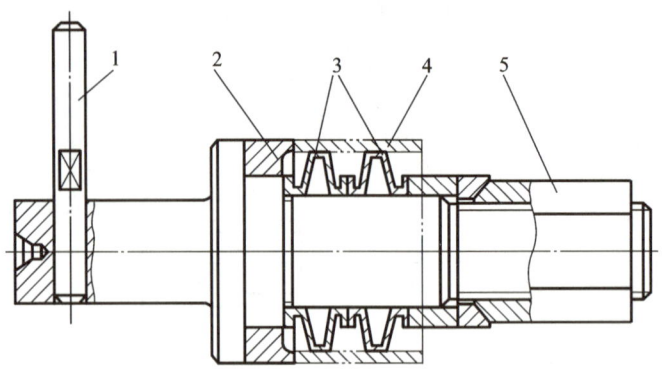

图 1-109 波纹套定心心轴
1—拨杆；2—支承圈；3—波纹套；4—工件；5—螺母

同，但基本结构与工作原理是相同的。起直接夹紧作用的薄壁套筒 2 压配在夹具体 1 上，在所构成的环槽中注满了液性塑料 3。当旋转螺钉 5 通过柱塞 4 向腔内加压时，液性塑料 3 便向各个方向传递压力，在压力作用下薄壁套筒 2 产生径向均匀的弹性变形，从而将工件定心并夹紧。图 1-110(a)中的限位螺钉 6 用于限制加压螺钉的行程，防止薄壁套筒 2 因超负荷而产生塑性变形。

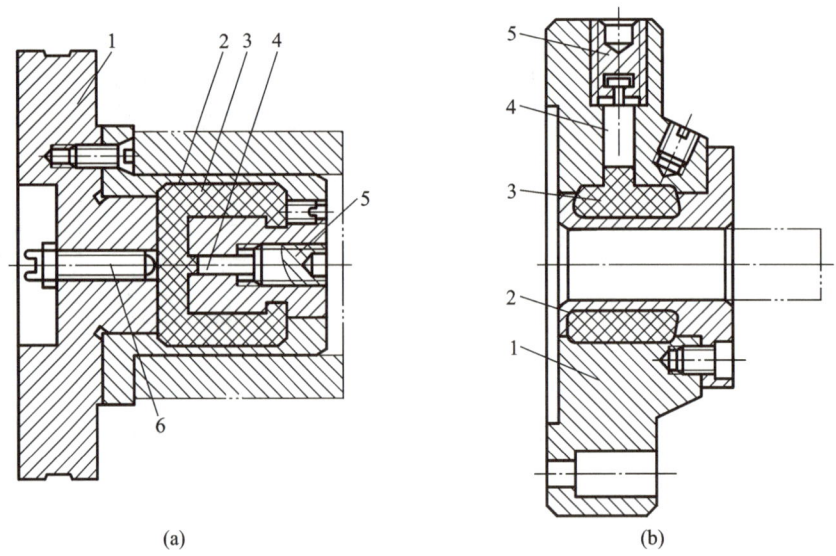

图 1-110 液性塑料式定心夹紧机构
1—夹具体；2—薄壁套筒；3—液性塑料；4—柱塞；5—螺钉；6—限位螺钉

这种定心夹紧机构结构紧凑，操作方便，定心精度高（可达 $\phi 0.005 \sim \phi 0.01$），主要用于定位面孔径 $D > 18$ mm 或外径 $d > 18$ mm，尺寸公差为 IT7～IT8 级工件的精加工或半精加工。

6. 联动夹紧机构

在夹紧机构的设计中，有时需要几个点同时夹紧一个工件，有时需要同时夹紧几个工件。这种一次夹紧操作就能同时多点夹紧一个工件或同时夹紧几个工件的机构，称为联动夹紧机构。联动夹紧机构可以简化操作，简化夹具结构，节省装夹时间。

联动夹紧机构可分为单件联动夹紧机构和多件联动夹紧机构。前者对一个工件进行多点夹紧，后者能同时夹紧几个工件。

(1) 单件联动夹紧机构。

最简单的单件联动夹紧机构是浮动压头，如图 1-111 所示，它采用的是单件两点夹紧方式。图 1-112 所示为单件三点联动夹紧机构，拉杆 3 带动浮动盘 2，使三个钩形压板 1 同时夹紧工件。由于采用了能够自动回转的钩形压板，因此采用这种联动夹紧机构装卸工件很方便。

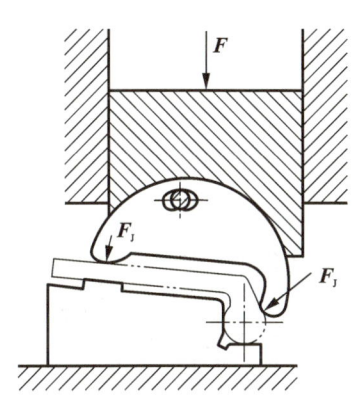

图 1-111　单件两点联动夹紧机构

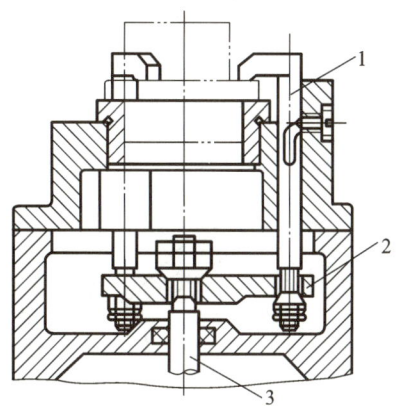

图 1-112　单件三点联动夹紧机构

1—钩形压板；2—浮动盘；3—拉杆

图 1-113 所示为单件四点联动夹紧铣床夹具。夹紧时，转动手柄 1 使偏心轮 2 推动柱塞 10，由液性塑料将压力传到四个滑柱 6 上，迫使滑柱 6 向外推动压板 4 和 5，将工件夹紧。当反转偏心轮 2 时，拉簧 8 将压板 4 和 5 松开，压回四个滑柱 6，以卸下工件。图 1-114 所示为铰链压板式四点联动夹紧机构。只要拧紧螺母，通过三个浮动压块的浮动，可使工件在两个方向四个点上得以夹紧，各方向夹紧力的大小可通过改变杠杆臂长调节。

(2) 多件联动夹紧机构。

多件联动夹紧机构多用于小型工件，在铣床夹具中的应用尤为广泛。根据夹紧方式和夹紧方向的不同，多件联动夹紧机构的夹紧方式可分为平行夹紧、顺序夹紧、对向夹紧和复合夹紧四种。

① 平行夹紧。图 1-115 所示为多件平行联动夹紧机构。在一次装夹多个工件时，若采用刚性压板（见图 1-115(a)），则因工件的直径不相等及 V 形块有误差，各工件所受的力不相等或有些工件夹不到。采用图 1-115(b) 所示的三个浮动压板，可同时夹紧所有工件，且各工件所受的夹紧力理论上相等，即

$$F_{J1} = F_{J2} = F_{J3} = \cdots = F_{Jn} = \frac{F_J}{n}$$

式中：F_J——夹紧装置的总夹紧力；

n——被夹紧工件的件数。

② 顺序夹紧。图 1-116 所示是同时铣削四个工件的顺序联动夹紧铣床夹具。当压缩空气推动活塞 1 向下移动时，活塞杆 2 上的斜面推动滚轮 3，使推杆 4 向右移动，通过杠杆 5 使顶杆 6 顶紧 V 形块 7，通过中间三个浮动 V 形块 8 及固定 V 形块 9，连续夹紧四个工件。理

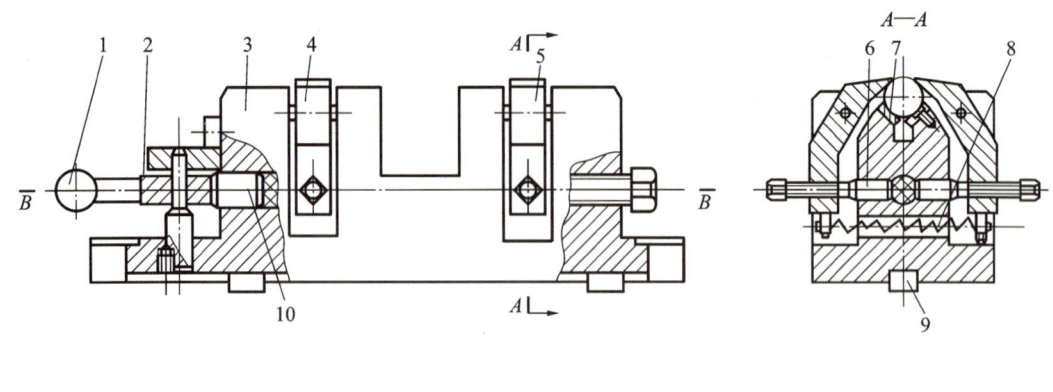

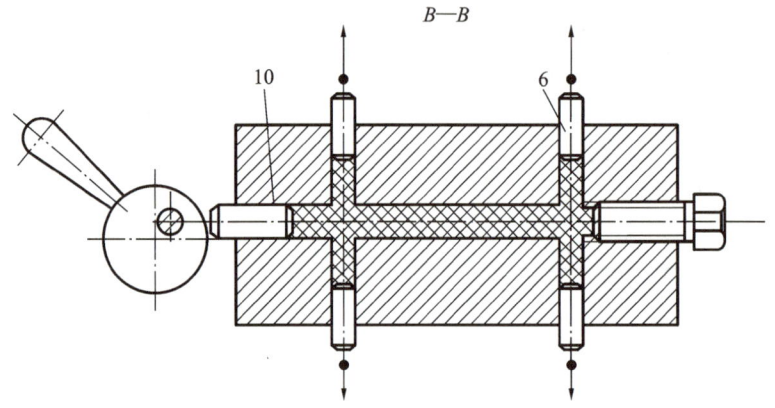

图 1-113 单件四点联动夹紧铣床夹具

1—手柄；2—偏心轮；3—夹具体；4,5—压板；6—滑柱；
7—钢制垫片；8—拉簧；9—定向键；10—柱塞

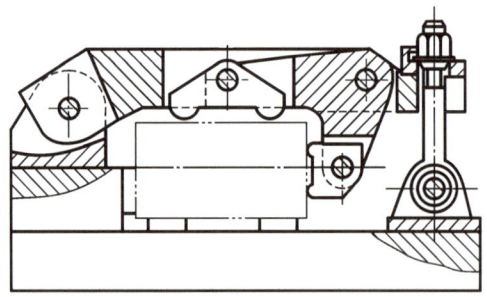

图 1-114 铰链压板式四点联动夹紧机构

论上每个工件所受的夹紧力等于总夹紧力。加工完毕后，活塞1作反向运动，推杆4在弹簧的作用下退回原位，V形块松开，卸下工件。

采用顺序夹紧方式时，工件的误差、夹紧元件的误差依次传递、逐个积累，因此这种夹紧方式只适用于在夹紧方向上没有加工要求的工件。

③对向夹紧。如图 1-117 所示，两对向压板 1、4 利用球面垫圈及间隙构成浮动环节。当转动偏心轮 6 时，压板 4 夹紧右边的工件，同时拉杆 5 右移，使压板 1 将左边的工件夹紧。这类夹紧机构可以减小原始作用力，但增加了夹紧行程。

④复合夹紧。将以上几种多件联动夹紧方式合理组合而构成的机构称为复合式多件联

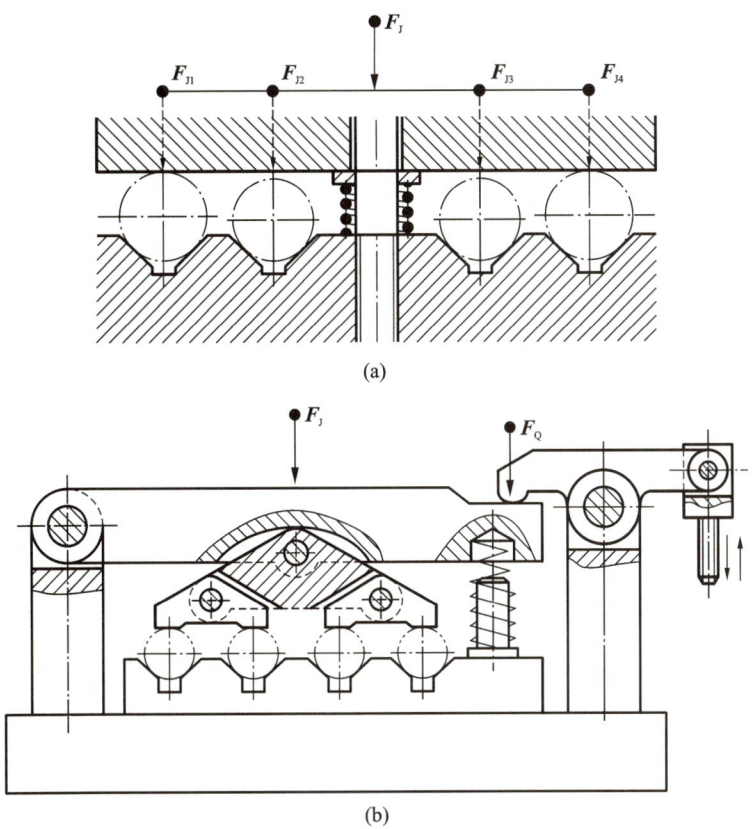

图 1-115 多件平行联动夹紧机构

动夹紧机构。图 1-118 所示为平行夹紧方式和对向夹紧方式组合构成的复合式多件联动夹紧机构。

任务 7.4　分度装置与夹具体

一、分度装置概述

在机械加工中经常会遇到一些工件上有一组按一定角度或一定距离分布的形状和尺寸都相同的加工表面,如工件上的等分孔或等分槽等,如图 1-119 所示。

为了保证加工表面间的位置精度,减少装夹次数,通常多采用分度加工的方法。分度加工是指一次装夹之后,先完成一个表面的加工,再依次使工件随同夹具的可动部分转过一定的角度或移动一定的距离,对下一个表面进行加工,直到完成全部加工内容。具备这种功能的装置称为分度装置。

分度装置能使工件加工的工序集中,广泛用于车、钻、铣和镗削加工中。

图 1-120 所示为带有回转分度装置的钻模。它用于加工扇形工件 1 上的 3 个径向孔,孔间夹角均为 $20°±10'$。工件 1 以端面和内孔在定位轴 2 上定位,由螺母 10 和开口垫圈 9 夹紧。安装在夹具体 13 上的对定销 5 在弹簧的作用下插入分度盘 11 的定位套 4 中,以确定工件 1 的加工位置。分度盘 11 的定位套数与工件的孔数相等,也是 3 个。转动手柄 7,将转体(包括定位轴、分度盘等一起转动的元件)锁紧。

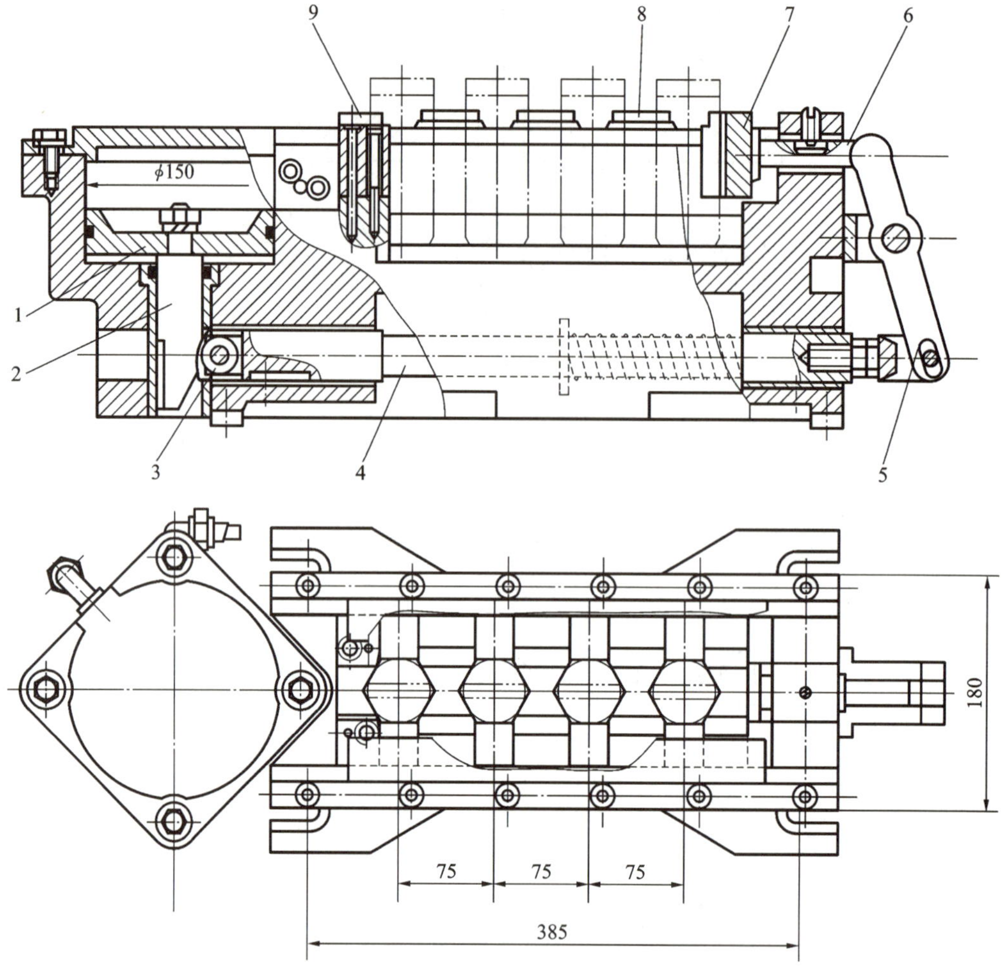

图 1-116 同时铣削四个工件的顺序联动夹紧铣床夹具

1—活塞；2—活塞杆；3—滚轮；4—推杆；5—杠杆；6—顶杆；
7—V 形块；8—浮动 V 形块；9—固定 V 形块

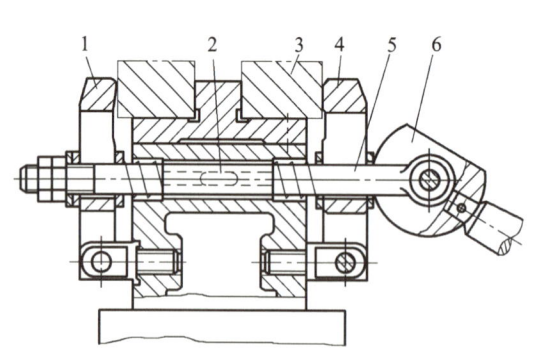

图 1-117 对向式多件联动夹紧机构

1,4—压板；2—键；3—工件；
5—拉杆；6—偏心轮

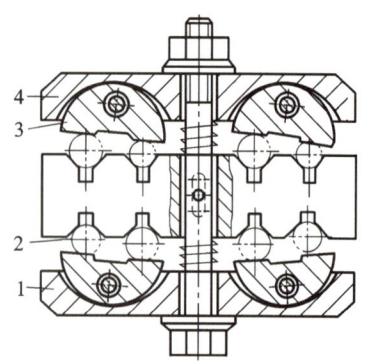

图 1-118 复合式多件联动夹紧机构

1,4—压板；2—工件；3—摆动压块

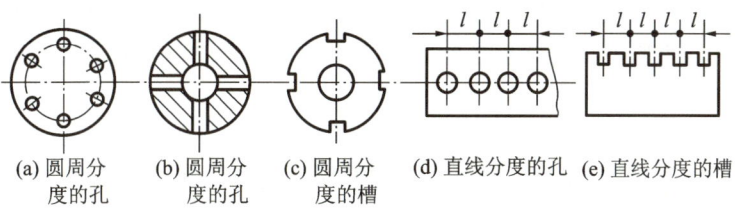

(a) 圆周分度的孔　(b) 圆周分度的孔　(c) 圆周分度的槽　(d) 直线分度的孔　(e) 直线分度的槽

图 1-119　常见的等分表面

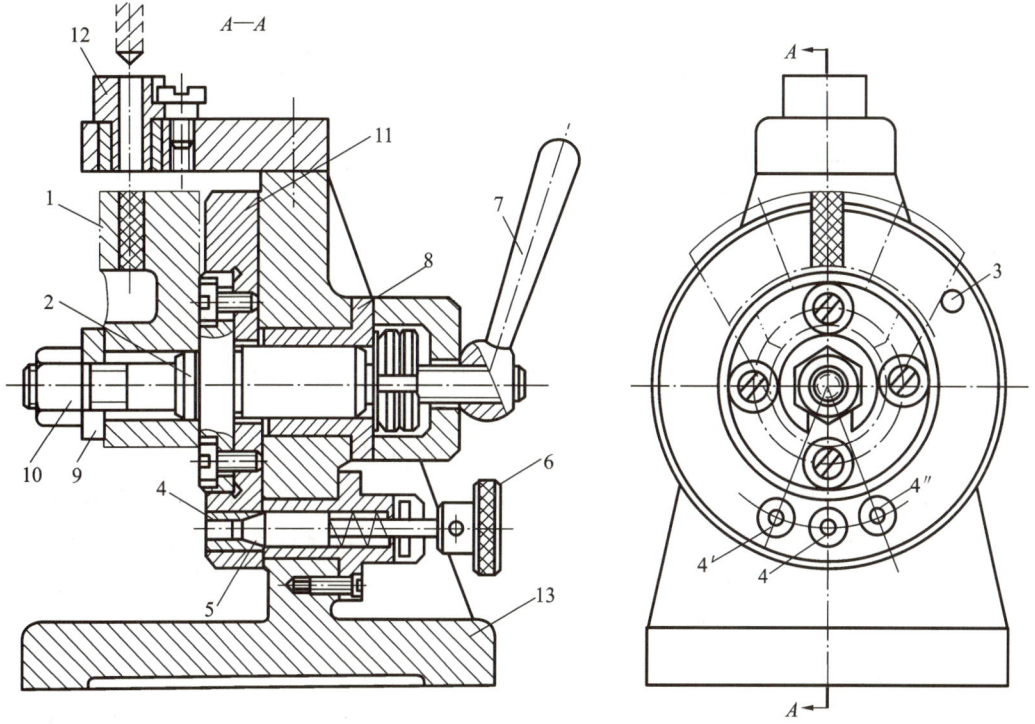

图 1-120　带有回转分度装置的钻模

1—工件；2—定位轴；3—挡销；4—定位套；5—对定销；6—把手；7—手柄；
8—衬套；9—开口垫圈；10—螺母；11—分度盘；12—钻套；13—夹具体

分度时，首先反向转动手柄 7 将转体松开，使转体在衬套 8 的孔中能转动灵活，用手向外拉把手 6，将对定销 5 从分度盘 11 中退出；其次将转体转动约 20°，对定销 5 又在弹簧的作用下插入分度盘 11 的下一个定位套中，从而完成一次分度；最后转动手柄 7 锁紧转体，使定位稳定、可靠。

二、分度装置的类型

1. 分度装置的分类

常见的分度装置有以下两类。

（1）回转分度装置：一种对圆周角分度的装置，又称圆分度装置，用于工件表面圆周分度孔或槽的加工。

（2）直线分度装置：对直线方向上的尺寸进行分度的装置，分度原理与回转分度装置相同。

由于回转分度装置在机械加工中应用广泛,而且直线分度装置的工作原理和设计方法又与回转分度装置相似,因此,这里主要以回转分度装置来说明一般分度装置的设计方法。

2. 回转分度装置

回转分度装置有以下两种分类方法。

(1) 按分度盘和对定销相对位置的不同,回转分度装置可分为轴向分度和径向分度两类,如图 1-121 所示。

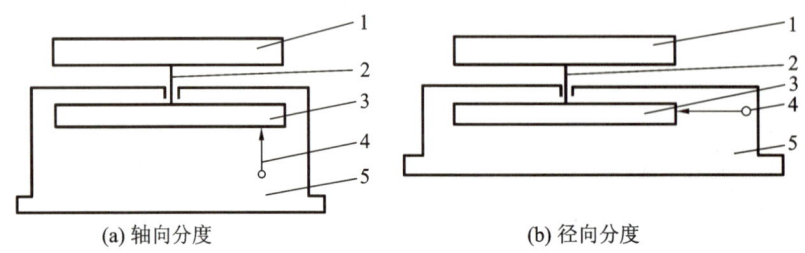

图 1-121　回转分度装置按分度盘和对定销相对位置不同分类
1—回转工作台;2—转轴;3—分度盘;4—对定销;5—夹具体

对于轴向分度,对定销 4 的运动方向与分度盘 3 的回转轴线平行,结构较紧凑;对于径向分度,对定销 4 的运动方向与分度盘 3 的回转轴线垂直,分度盘的回转直径较大,故能使分度误差相应减小。径向分度常用于分度精度较高的场合。

(2) 按分度装置的使用特性,回转分度装置可分为通用和专用两大类。

在单件生产中,使用通用分度装置有利于缩短生产的准备用期,降低生产成本,如铣床通用夹具回转工作台和万能分度头。通用分度装置的分度精度较低,如 FW80 型万能分度头,采用速比为 1∶40 的蜗杆蜗轮副,分度精度为 ±1′,故只能满足一般需要。在成批生产中,广泛使用专用分度装置,以获得较高的分度精度和生产率。

三、分度装置的结构

回转分度装置主要由固定部分、转动部分、分度对定机构及操纵机构和抬起锁紧机构等组成。

(1) 固定部分:分度装置的基体,功能相当于夹具体,常与夹具体做成一体,如图 1-120 中的夹具体 13、衬套 8 等。

(2) 转动部分:包括回转盘和转轴等,用于实现工件的转位,如图 1-120 中的分度盘 11、定位轴 2 等。

(3) 分度对定机构及操纵机构:由分度盘和对定销组成,作用是在转盘转位后,使转盘相对于固定部分定位,保证工件正确的分度位置,如图 1-120 中的分度盘 11、对定销 5 等。分度盘有时与转盘做成一体。

(4) 抬起锁紧机构:分度对定后,应将转动部分与固定部分锁紧,以增强分度装置工作时的刚度,如图 1-120 中的手柄 7 及其套筒垫等。大型分度装置还需设置抬起机构。

四、分度装置的设计

1. 分度对定机构及操纵机构

(1) 分度对定机构。

分度对定机构的结构形式较多,如图 1-122 所示。回转式分度盘上开有与对定销相适应的孔或槽。轴向分度盘沿轴向开孔（圆孔或锥孔），径向分度盘沿径向开槽（直、斜槽或型面）。

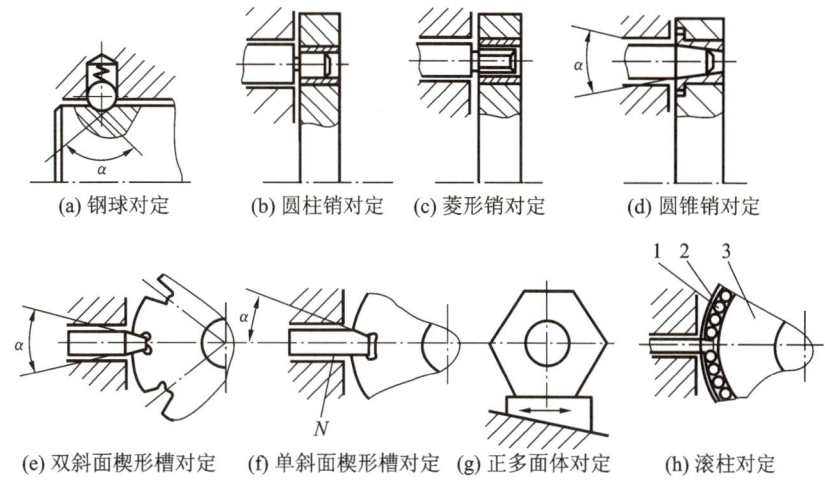

图 1-122　分度对定机构
1—精密滚柱；2—套环；3—圆盘

①钢球对定。钢球对定如图 1-122(a)所示。它依靠弹簧的弹力将钢球压入分度盘锥孔中实现分度定位，结构简单，在轴向、径向分度中均有应用。钢球对定常用于切削负荷小且分度精度低的场合，也可以作为分度装置的预分度定位。

②圆柱销对定。圆柱销对定如图 1-122(b)所示。它主要用于轴向分度。圆柱销对定结构简单，制造方便，但分度精度低（一般为±1′～±10′）。

③菱形销对定。菱形销对定如图 1-122(c)所示。由于菱形销能补偿分度盘分度孔的中心距误差，故菱形销对定结构工艺性良好。菱形销对定的应用特性与圆柱销对定相同。

④圆锥销对定。圆锥销对定如图 1-122(d)所示。它主要用于轴向分度。圆锥销的圆锥角一般为 10°。圆锥销对定因圆锥面能自动定心，故分度精度较高，但对防尘要求较高。

⑤双斜面楔形槽对定。双斜面楔形槽对定如图 1-122(e)所示。双斜面楔形槽对定的优点是斜面能自动消除间隙，有较高的分度精度；缺点是分度盘的制造复杂。

⑥单斜面楔形槽对定。单斜面楔形槽对定如图 1-122(f)所示，斜面产生的分力使分度盘始终反靠在平面上。图中面 N 为分度对定的基准，只要它的位置固定不变，就能获得很高的分度精度。单斜面楔形槽对定常用于高精度的径向分度，分度精度可达到±10″左右。

⑦正多面体对定。正多面体对定如图 1-122(g)所示。正多面体是具有精确角度的基准器件。图 1-122(g)所示为正六面体对定，能作 2、3、6 等分。正多面体对定的特点是制造容易，刚度好，分度精度高，但分度数不宜多。

⑧滚柱对定。滚柱对定如图 1-122(h)所示。这种结构由圆盘 3、套环 2 和精密滚柱 1 构成，相间排列的滚柱构成分度槽。为了提高分度盘的刚度，在精密滚柱与圆盘、套环之间应填充环氧树脂。对定销端部制成 10°锥角，此时分度精度较高。

（2）操纵机构。

操纵机构的主要作用是使对定销从分度盘相应的孔或槽中拔出或插入。操纵机构的结构如图 1-123 所示。

图1-123(a)所示为手拉式定位器。将捏手5向外拉，即可将对定销1从孔中拔出。横销4脱离槽B后，可将捏手5转过90°，将横销4搁在导套3的端面A上，即可转位分度。此机构结构简单、工作可靠，主要参数d为8 mm、10 mm、12 mm或15 mm。

图1-123(b)所示为枪柱式定位器。转动手柄7，利用对定销6上的螺旋槽E，可移动对定销6。此机构操纵方便，主要参数d为12 mm、15 mm或18 mm。

图1-123(c)所示为齿轮齿条式操纵机构。转动小齿轮9，即可移动对定销8进行分度。此机构操作方便、工作可靠。

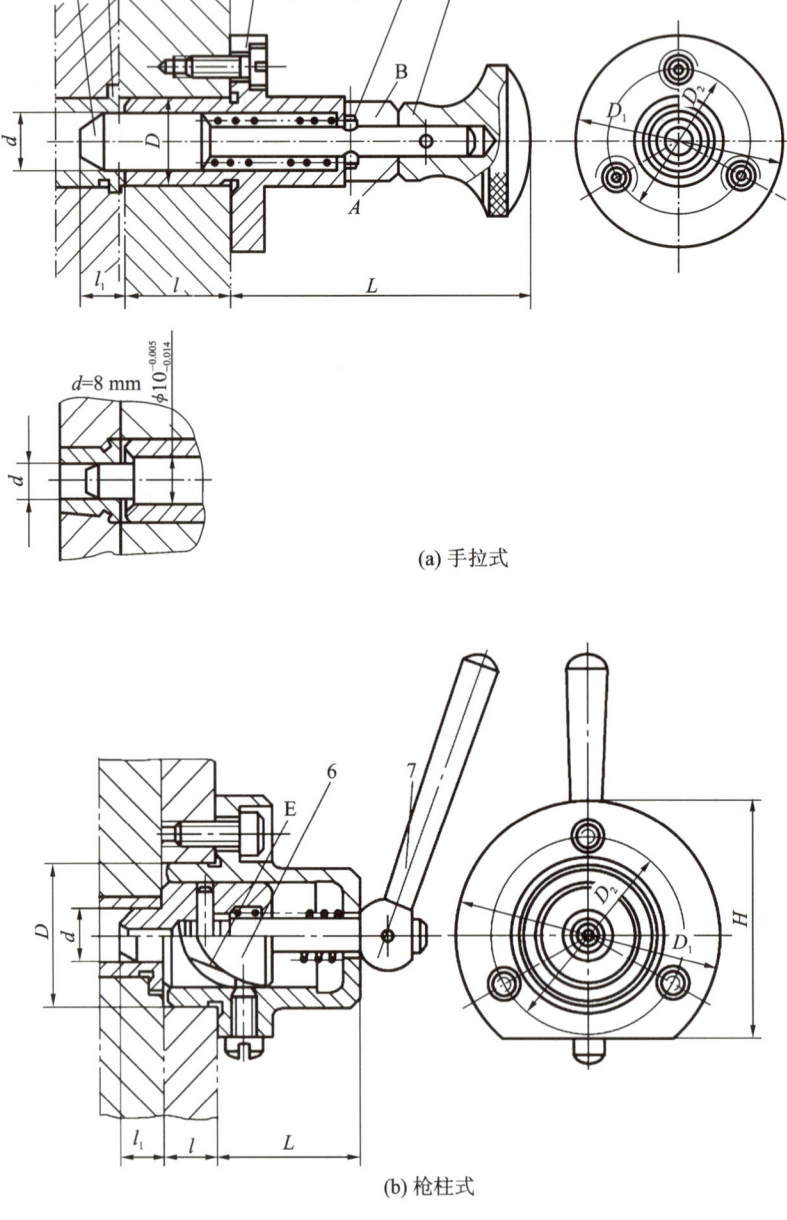

(a) 手拉式

(b) 枪柱式

图1-123 分度对定的操纵机构

1,6,8—对定销；2—衬套；3—导套；4—横销；5—捏手；7—手柄；9—小齿轮

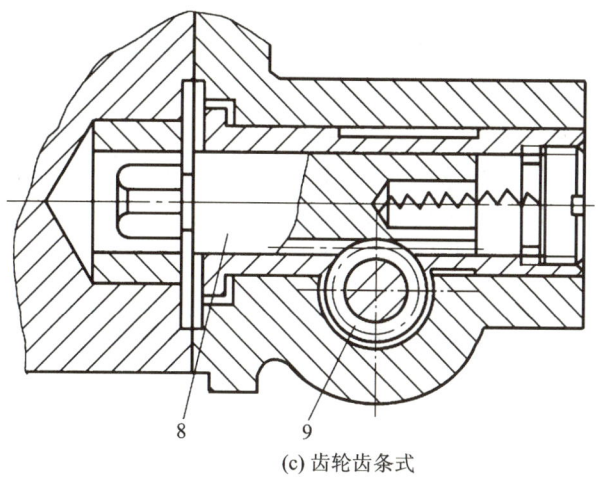

(c) 齿轮齿条式

续图 1-123

2. 抬起锁紧机构

对于大型分度装置,在分度转位之前,为了使转盘转动灵活,需将转盘稍微抬起;在分度结束后,应将转盘锁紧,以增强分度装置的刚度和稳定性。为此,设置抬起锁紧机构,如图1-124所示。

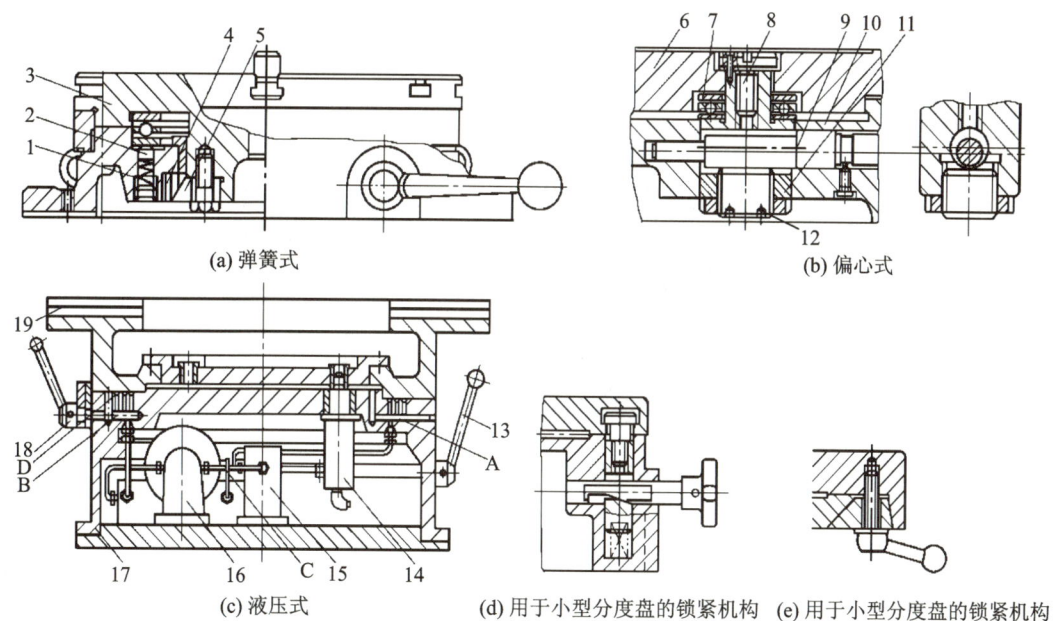

(a) 弹簧式 (b) 偏心式

(c) 液压式 (d) 用于小型分度盘的锁紧机构 (e) 用于小型分度盘的锁紧机构

图 1-124 抬起锁紧机构

1—弹簧;2—顶柱;3,19—转盘;4—锁紧圈;5—锥形圈;6—回转盘;7—轴承;8—螺纹轴;
9—圆偏心轴;10,17—转台;11—滑动套;12—螺钉;13—手柄;14—液压缸;
15—回油系统;16—油路系统;18—锁紧装置

图 1-124(a)所示为弹簧式抬起锁紧机构。顶柱 2 通过弹簧 1 把转盘 3 抬起,转盘 3 转位后可用锁紧圈 4 和锥形圈 5 锁紧。

图 1-124(b)所示是偏心式抬起锁紧机构。转动圆偏心轴 9,经滑动套 11,轴承 7 把回转

盘 6 抬起。反向转动圆偏心轴 9，经螺钉 12、滑动套 11 和螺纹轴 8，即可将回转盘 6 锁紧。

图 1-124(c)所示为液压式抬起锁紧机构。最大型分度转盘用液体静压抬起。压力油经油口 C、油路系统 16、油孔 B，在静压槽 D 处产生静压，抬起转盘 19；回油经油口 A 和回油系统 15 排出。静压使转盘抬起 0.1 mm。转盘 19 由锁紧装置 18 锁紧。

图 1-124(d)和图 1-124(e)所示为用于小型分度盘的锁紧机构。

除常见的螺杆、螺母锁紧机构外，锁紧机构还有其他多种结构形式，如图 1-125 所示。其中：图 1-125(a)所示为偏心锁紧机构，转动手柄 3，偏心轮 2 通过支板 1 将回转台 5 压紧在底座 4 上；图 1-125(b)所示为楔式锁紧机构，通过带斜面的梯形压紧钉 9 将回转台 6 压紧在底座上；图 1-125(c)所示为切向锁紧机构，转动手柄 11，使锁紧螺杆 13 与锁紧套 12 相对运动，将转轴 10 锁紧。

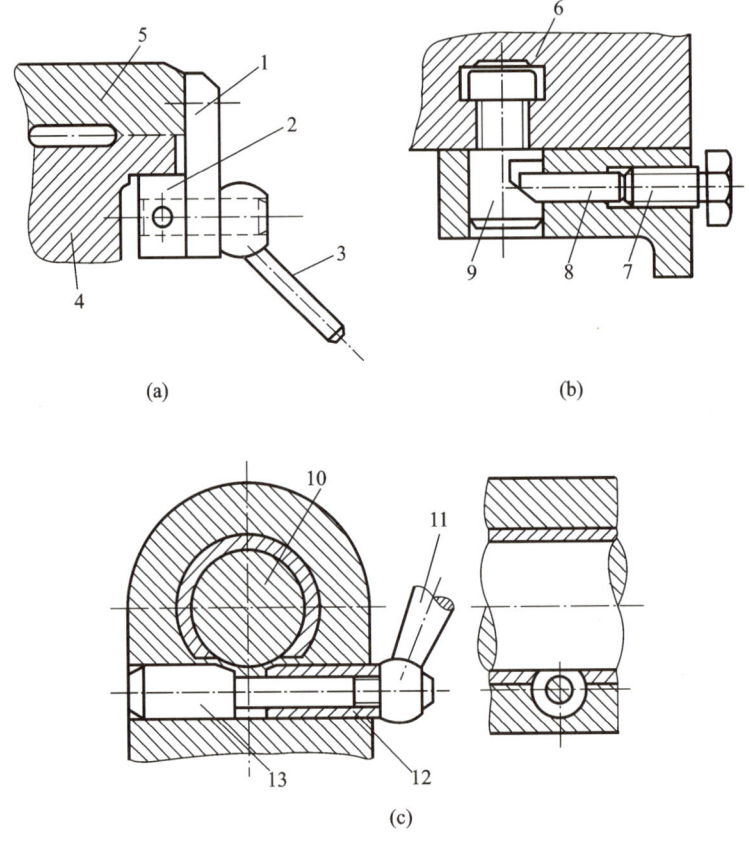

图 1-125 锁紧机构

1—支板；2—偏心轮；3,11—手柄；4—底座；5,6—回转台；7—螺钉；
8—滑柱；9—梯形压紧钉；10—转轴；12—锁紧套；13—锁紧螺杆

3. 回转工作台

有些回转分度装置已设计成通用独立部件，称为回转工作台或回转台。在回转台工作表面上设有中心圆孔和 T 形槽，供安装夹具用。在设计专用夹具时，可以根据工件的加工要求和结构，仅设计夹具的其他部分，与通用回转台联合使用；也可以重新设计分度装置，使之与专用夹具成为一个整体。

图 1-126 所示为立轴式通用回转台。转盘 2 和轴套 3 由螺钉固定在一起，可在转台体 1

的衬套 4 中转动。分度销 13 的下端有齿条,齿条与齿轮套 11 相啮合。逆时针转动手柄 9,由于螺纹的作用,手柄轴 10 向后移,松开锁紧圈 7,挡销 8 带动齿轮套 11 旋转,使分度销 13 从转盘的分度套 14 中退出,此时转盘 2 即可自由分度。分度完成后,将手柄 9 顺时针转动,分度销 13 在弹簧 12 的作用下插入新的定位孔中。与此同时,手柄轴 10 向前移动,将弹性开口锁紧圈 7 顶紧,锁紧圈 7 的锥面迫使锥形圈 5 下降,使转盘 2 压紧在转台体 1 上,达到锁紧的目的。调整螺钉 6 可以调节锁紧的松紧程度。

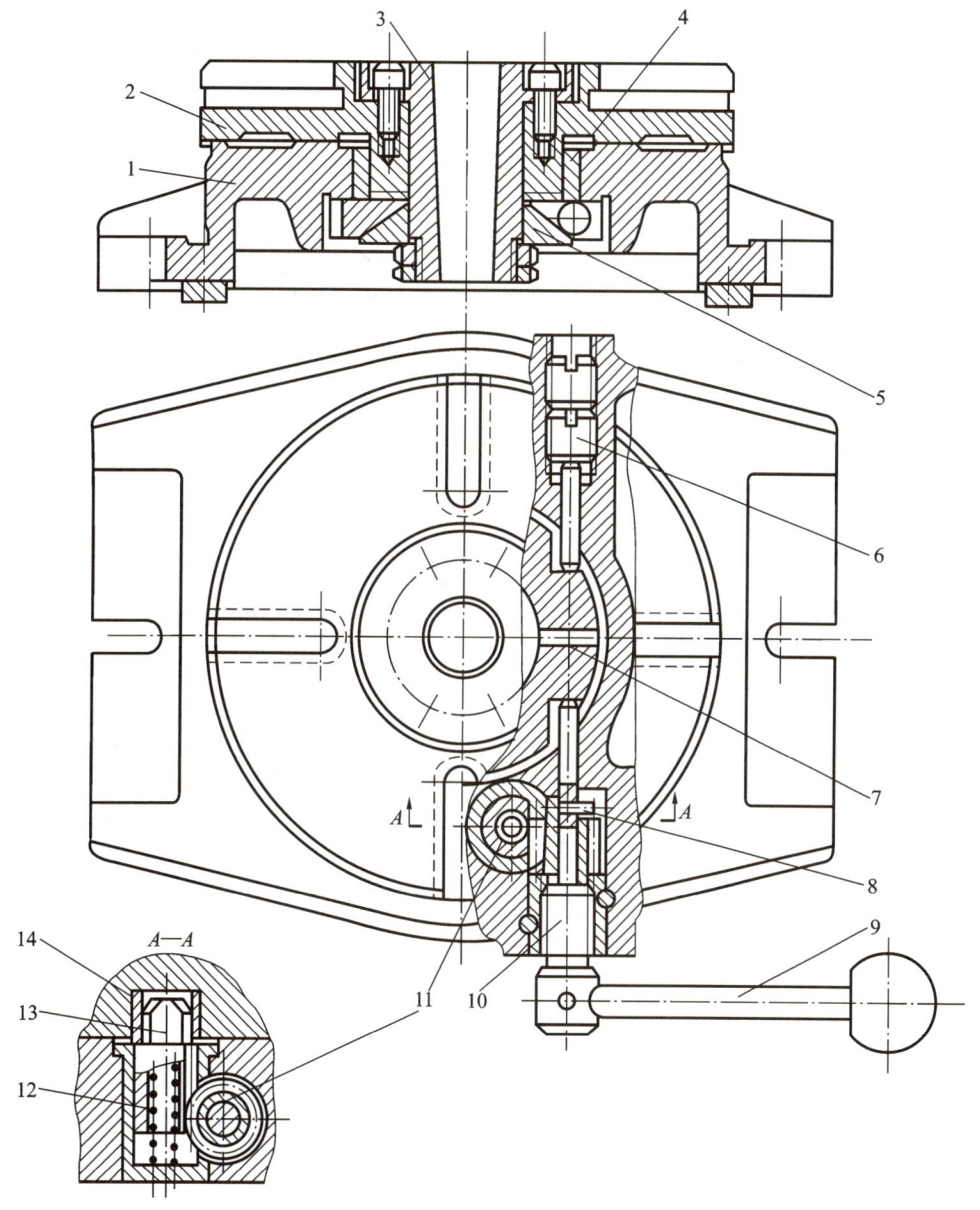

图 1-126　立轴式通用回转台

1—转台体;2—转盘;3—轴套;4—衬套;5—锥形圈;6—螺钉;7—锁紧圈;
8—挡销;9—手柄;10—手柄轴;11—齿轮套;12—弹簧;13—分度销;14—分度套

从以上分析可以看出,分度回转台主要由以下几部分组成。

(1) 转动部分:转盘 2。
(2) 固定部分:转台体 1。
(3) 对定机构:分度销 13 和分度套 14 等。
(4) 锁紧机构:手柄 9、手柄轴 10 及锁紧圈 7 等。

4. 分度误差

分度装置的实际分度值与理论分度值之差称为分度误差。

以回转分度中圆柱销对定分度为例进行分析计算。

在回转分度中,分度销在分度盘相邻两个分度套中对定位的情况如图 1-127 所示。设回转分度误差为 Δ_α。

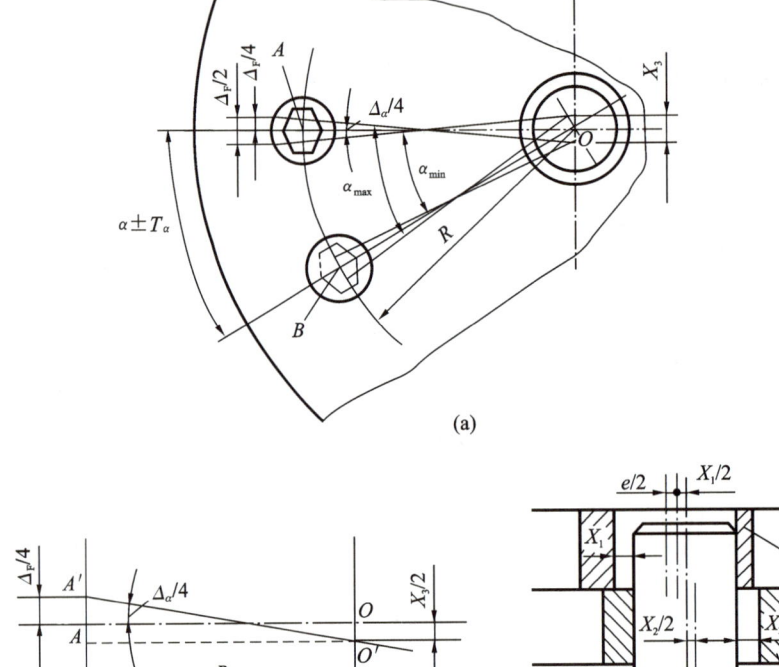

图 1-127 分度销在分度盘相邻两个分度套中对定位的情况
1—分度销;2—固定套;3—分度套

根据图 1-127 中几何关系可求出

$$\Delta_\alpha = \alpha_{\max} - \alpha_{\min}$$

由于 $\dfrac{\Delta_\alpha}{4} = \arctan\dfrac{\Delta_F/4 + X_3/2}{R}$,所以

$$\Delta_\alpha = 4\arctan\dfrac{\Delta_F + 2X_3}{4R}$$

式中:Δ_α——回转分度误差;

Δ_F——分度销在分度套中的对定位误差;

X_3——分度盘回转轴与轴承间的最大间隙;

R——回转中心到分度套中心的距离。

从图 1-127(c)可以看出,在对定位 A 孔时,分度孔中心相对固定套中心的最大偏移量为 $\pm(X_1+X_2+e)/2$;同理,在对定位 B 孔时,分度孔中心相对固定套中心的最大偏移量也为 $\pm(X_1+X_2+e)/2$,同时分度盘 A、B 两孔间还存在孔距公差$\pm\delta$。因此,则分度销在分度套中的对定位误差为上述各项之和。用概率法计算,可得

$$\Delta_F = \pm \sqrt{\delta^2 + X_1^2 + X_2^2 + e^2}$$

式中: X_1——分度销与分度套的最大间隙;

X_2——分度销与固定套的最大间隙;

δ——分度盘相邻两孔角度公差所对应的弧长;

e——分度套内外圆的同轴度误差。

五、夹具体

夹具上的各种装置和元件通过夹具体连接成一个整体。因此,夹具体的形状及尺寸取决于夹具上各种装置和元件的布置及夹具与机床的连接。

1. 对夹具体的要求

(1) 有适当的精度和尺寸稳定性。

夹具上的重要表面,如安装定位元件的表面、安装对刀元件或导向元件的表面以及夹具的安装基面(与机床相连接的表面)等,应有适当的尺寸和形状精度,且它们之间应有适当的位置精度。为使夹具尺寸稳定,铸造夹具体要进行时效处理,焊接和锻造夹具体要进行退火处理。

(2) 有足够的强度和刚度。

加工过程中,夹具体要承受较大的切削力和夹紧力。为保证夹具不产生不允许的变形和振动,夹具体应有足够的强度和刚度。因此,夹具体需有一定的壁厚,铸造和焊接夹具体常设置加强筋,或在不影响工件装卸的情况下采用框架式夹具体。

(3) 结构工艺性好。

夹具体应便于制造、装配和检验。铸造夹具体上安装各种元件的表面应铸出凸台,以减小加工面积。夹具体毛面与工件之间应留有足够的间隙,一般为 4~15 mm;夹具体的结构形式应便于工件的装卸,如图 1-128 所示。

(4) 排屑方便。

切屑多时,夹具体上应考虑排屑结构。图 1-129(a)所示为在夹具上开排屑槽;图 1-129(b)

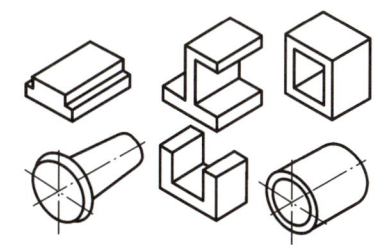

(a) 开式结构 (b) 半开式结构 (c) 框架式结构

图 1-128 夹具体的结构形式

所示为在夹具体下部设置排屑斜面,斜角 α 可取 30°~50°。

(5) 在机床上安装稳定、可靠。

夹具在机床上的安装都是通过夹具上的安装基面与机床上相应表面相接触或配合实现的。当夹具在机床工作台上安装时,夹具的重心应尽量低,夹具的重心越高,支承面应越大;夹具底面四边应凸出,使夹具的安装基面与机床的工作台台面接触良好。夹具安装基面的形式如图 1-130 所示。接触边或支脚的宽度应大于机床工作台梯形槽的宽度,且接触边或支脚应一次加工出来,并保证一定的平面精度。当夹具在机床主轴上安装时,夹具安装基面

与主轴相应表面应有较高的配合精度,以保证夹具安装稳定、可靠。

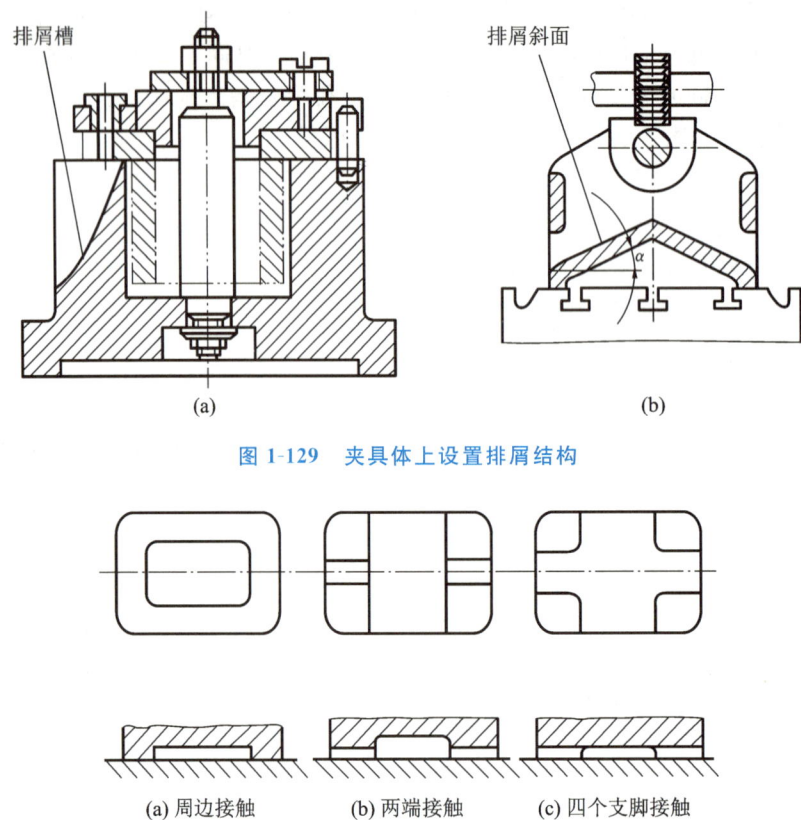

图 1-129　夹具体上设置排屑结构

(a) 周边接触　　(b) 两端接触　　(c) 四个支脚接触

图 1-130　夹具体安装基面的形式

2. 夹具体毛坯的类型

(1) 铸造夹具体。

铸造夹具体如图 1-131(a)所示。它的工艺性好,可铸出各种复杂形状,具有较好的抗压强度、刚度和抗振性,但生产周期长,需进行时效处理,以消除内应力。铸造夹具体常用材料为灰铸铁(如 HT200),要求强度高时用铸钢(如 ZG270-500),要求重量轻时用铸铝(如 ZL104)。目前铸造夹具体应用较多。

(2) 焊接夹具体。

焊接夹具体如图 1-131(b)所示。它由钢板、型材焊接而成。这种夹具体制造方便,生产周期短,成本低,重量轻(壁厚比铸造夹具体薄),但热应力较大,易变形,需经退火处理,以保证尺寸的稳定性。

(3) 锻造夹具体。

锻造夹具体如图 1-131(c)所示。它适用于形状简单、尺寸不大、要求强度和刚度大的场合。锻造夹具体也需经退火处理。此类夹具体应用较少。

(4) 型材夹具体。

小型夹具体可以直接用板料、棒料、管料等型材加工装配而成。这类夹具体取材方便,生产周期短,成本低,重量轻,如各种心轴类夹具的夹具体。

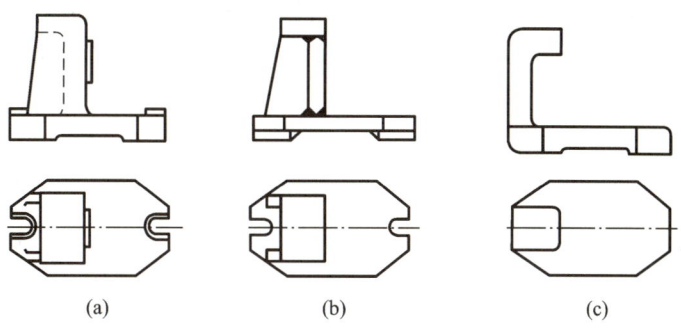

图 1-131 夹具体毛坯的类型

（5）装配夹具体。

装配夹具体如图 1-132 所示。它由标准零部件及个别非标准零部件通过螺钉、销钉连接、组装而成。标准零部件由专业厂生产。此类夹具体有制造成本低、周期短、精度稳定等优点，有利于夹具标准化、系列化，也便于计算机辅助设计。

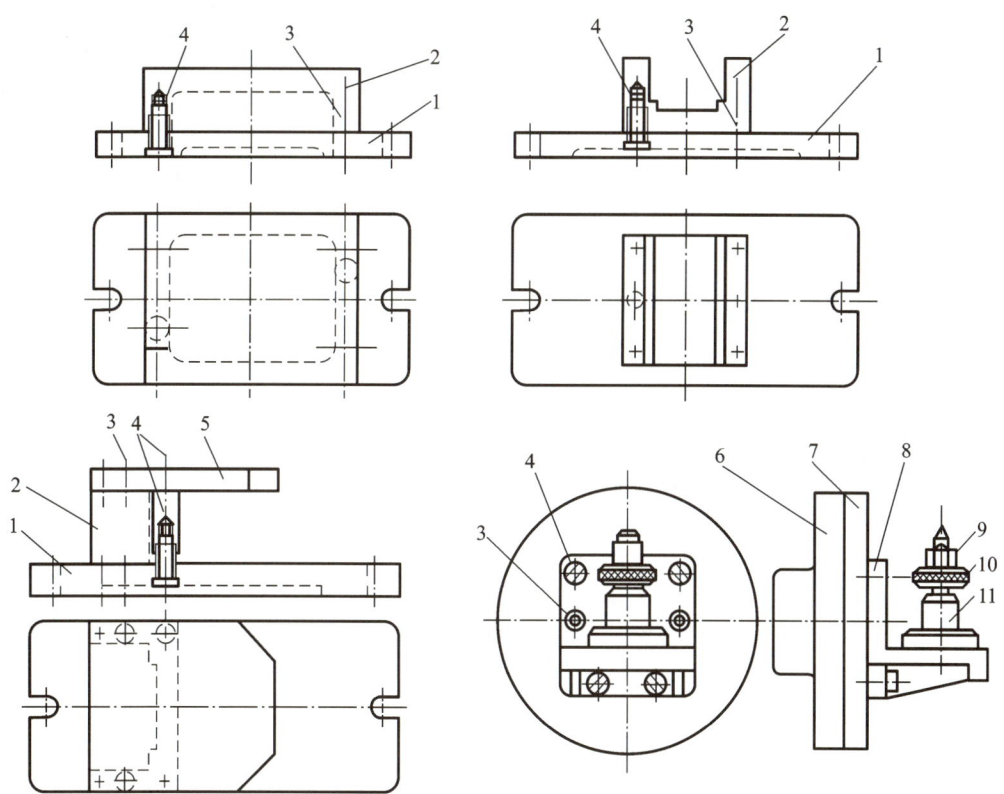

图 1-132 装配夹具体

1—底座；2—支承；3—销钉；4—螺钉；5—钻模板；6—过渡盘；
7—花盘；8—角铁；9—螺母；10—开口垫圈；11—定位心轴

任务 7.5 专用夹具设计方法

夹具设计一般是在零件的机械加工工艺过程制订之后按照某一工序的具体要求进行

的。制订工艺过程,应充分考虑夹具实现的可能性;而设计夹具时,如确有必要,也可以对工艺过程提出修改意见。设计质量好的夹具,能稳定地保证工件的加工质量,生产率高,成本低,排屑方便,操作安全、省力、制造、维护容易。

一、专用夹具设计的基本要求

一个优良的机床夹具必须满足下列基本要求。

(1) 保证工件的加工精度。保证工件加工精度的关键,首先在于正确地选定定位基准、定位方法和定位元件,必要时还需进行定位误差分析,并注意夹具中其他零部件的结构对加工精度的影响,确保夹具能满足工件的加工精度要求。

(2) 提高生产率。专用夹具的复杂程度应与生产纲领相适应,应尽量采用各种快速高效的装夹机构,以保证操作方便,缩短辅助时间,提高生产率。

(3) 工艺性能好。专用夹具的结构应力求简单、合理,便于制造、装配、调整、检验、维修等。专用夹具的制造属于单件生产,当最终精度由调整或修配保证时,夹具上应设置调整和修配结构。

(4) 使用性能好。专用夹具的操作应简便、省力、安全可靠。在客观条件允许且又经济适用的前提下,应尽可能采用气动、液压等机械化夹紧装置,以减轻操作者的劳动强度。专用夹具还应排屑方便。必要时,可设置排屑结构,防止切屑破坏工件的定位和损坏刀具,防止切屑的积聚带来大量的热量而引起工艺系统变形。

(5) 经济性好。专用夹具应尽可能采用标准元件和标准结构,力求结构简单、制造容易,以降低夹具的制造成本。因此,设计时应根据生产纲领对夹具方案进行必要的技术经济分析,以提高夹具在生产中的经济效益。

二、专用夹具设计的规范化程序

1. 夹具设计规范化的意义

夹具设计规范化程序的主要目的如下。

(1) 保证设计质量,提高设计效率。

夹具设计质量主要表现在以下方面。

①设计方案与生产纲领的适应性。

②高位设计与定位副设置的相容性。

③夹紧设计技术经济指标的先进性。

④精度控制项目的完备性以及各控制项目公差数值规定的合理性。

⑤夹具结构设计的工艺性。

⑥夹具制造成本的经济性。

有了规范的设计程序,可以指导设计人员有步骤、有计划、有条理地开展工作,提高设计效率,缩短设计周期。

(2) 有利于计算机辅助设计。

有了规范的设计程序,就可以利用计算机进行辅助设计,实现优化设计,减轻设计人员的负担。利用计算机进行辅助设计,除了可以进行精度设计之外,还可以寻找最佳夹紧状态,利用有限元法对零件的强度、刚度进行设计计算,实现包括绘图在内的设计过程的全部计算机控制。

(3) 有利于初学者尽快掌握夹具设计的方法。

近年来,关于夹具设计的理论研究和实践经验总结已日渐完备,在此基础上总结出来的夹具规范设计程序,将初级夹具设计人员的设计工作提高到了一个新的科学化水平。

2. 夹具精度的设计原则

要保证设计的夹具制造成本低,规定零件的精度要求时应遵循以下原则。

(1) 一般精度的夹具。

①应使主要组成零件具有采用相应终加工方法获得的平均经济精度。

②应按获得夹具精度的工艺方法所达到的平均经济精度,规定基础件夹具体加工孔的几何公差。

对于一般精度或精度要求低的夹具,组成零件的加工精度按此规定,既可实现制造成本低,又使夹具具有较大的精度裕度,能使设计的夹具获得最佳的经济效果。

(2) 精密夹具。

除遵循一般精度夹具的两项精度设计原则外,对于某个关键零件,还应规定与偶件配作或配研等,以达到无间隙滑动等。

3. 夹具设计的规范程序

工艺人员在编制零件的工艺规程时,便会提出相应的夹具设计任务书,夹具设计任务书经有关负责人批准后下达给夹具设计人员。夹具设计人员根据夹具设计任务书提出的任务进行夹具结构设计。现将夹具结构设计的规范程序具体分述如下。

(1) 明确设计要求,认真调查研究,收集设计资料。

①仔细研究零件工作图、毛坯图及其技术条件。

②了解零件的生产纲领、投产批量以及生产组织等有关信息。

③了解工件的工艺规程和本道工序的具体技术要求,了解工件的定位、夹紧方案,了解本道工序加工余量和切削用量的选择。

④了解所使用量具的精度等级及刀具和辅助工具等的型号、规格。

⑤了解本企业制造和使用夹具的生产条件和技术现状。

⑥了解所使用机床的主要技术参数、性能、规格、精度以及与夹具连接部分结构的联系尺寸等。

⑦准备好设计夹具时用到的各种标准、工艺规定、典型夹具图册和有关夹具的设计指导资料等。

⑧收集国内外有关设计、制造同类型夹具的资料,吸取其中先进而又能结合本企业实际情况的合理部分。

(2) 确定夹具的结构方案。

在广泛收集和研究有关资料的基础上,着手拟订夹具的结构方案,具体如下。

①根据工艺的定位原理,确定工件的定位方式,选择定位元件。

②确定工件的夹紧方案和设计夹紧机构。

③确定夹具的其他组成部分,如分度装置、对刀元件或导向元件、微调机构等。

④协调各元件、装置的布局,确定夹具体的总体结构和尺寸。

在确定夹具结构方案的过程中,会有各种结构方案供选择,应从保证精度和降低成本的角度出发,选择一个与生产纲领相适应的最佳结构方案。

(3) 绘制夹具总图。

绘制夹具总图通常按以下步骤进行。

①遵循国家制图标准,绘图比例应尽可能选取1:1。工件较大或较小时,也可采用较大或较小的比例。通常主视图应取操作者实际工作时的位置,以便使所绘制的夹具总图具有良好的直观性;视图剖面应尽可能少,但必须能够清楚地表达夹具各部分的结构。

②用双点画线绘出工件的轮廓外形、定位基准和加工表面。将工件轮廓线视为"透明体",并用网纹线表示出加工余量。

③根据工件定位基准的类型和主次关系,选择合适的定位元件,合理布置定位点,以满足定位设计的相容性要求。

④根据定位对夹紧的要求,按照夹紧的原则选择最佳夹紧状态及技术经济合理的夹紧系统,画出夹紧工件的状态。对空行和较大的夹紧机构,还应用双点画线画出放松位置,以表示出和其他部分的关系。

⑤围绕工件的几个视图依次绘出对刀元件、导向元件以及定向键等。

⑥绘制出夹具体及连接元件,把夹具的各组成元件和装置连成一体。

⑦确定并标注有关尺寸。

夹具总图上应标注的尺寸有以下五类。

a. 夹具的轮廓尺寸:夹具的长、宽、高尺寸。若夹具上有可动部分,应包括可动部分极限位置所占的空间尺寸。

b. 工件与定位元件的联系尺寸:常指工件以孔在心轴或定位销上(或工件以外圆在内孔中)定位时,工件定位表面与夹具上定位元件间的配合尺寸。

c. 夹具与刀具的联系尺寸:用来确定夹具上对刀元件、导向元件位置的尺寸。对于铣、刨床夹具,夹具与刀具的联系尺寸是指对刀元件与定位元件的位置尺寸;对于钻、镗床夹具,夹具与刀具的联系尺寸是指钻(镗)套与定位元件间的位置尺寸、钻(镗)套之间的位置尺寸,以及钻(镗)套与刀具导向部分的配合尺寸等。

d. 夹具内部的配合尺寸:与工件、机床、刀具无关,主要是为了保证夹具装置后能满足规定的使用要求。

e. 夹具与机床的联系尺寸:用于确定夹具在机床上正确位置的尺寸。对于车、磨床夹具,夹具与机床的联系尺寸主要是指夹具与主轴端的配合尺寸;对于铣、刨床夹具,夹具与机床的联系尺寸是指夹具上的定向键与机床工作台上的T形槽的配合尺寸。标注该类尺寸时,常以夹具上的定位元件作为相互位置尺寸的基准。

上述尺寸公差的确定可分为两种情况:一是夹具上定位元件之间,对刀元件、导向元件之间的尺寸公差,直接对工件上相应的加工尺寸产生影响,因此可根据工件的加工尺寸公差确定,一般可取工件加工尺寸公差的1/3~1/5;二是定位元件与夹具体的配合尺寸公差、夹紧装置各组成零件间的配合尺寸公差等,应根据其功用和装配要求,按一般公差与配合原则决定。

⑧规定夹具总图上应控制的精度项目,标注相关的技术条件。夹具的安装基面、定向键侧面以及与其相垂直的平面(称为三基面体系)是夹具的安装基准,也是夹具的测量基准,因而应该以此作为夹具的精度控制基准来标注技术条件。在夹具总图上应标注的技术条件(位置精度要求)如下。

a. 定位元件之间或定位元件与夹具体底面间的位置要求(作用是保证工件加工面与工

件定位基准面间的位置精度)。

  b. 定位元件与连接元件(或找正基面)间的位置要求。

  c. 对刀元件与连接元件(或找正基面)间的位置要求。

  d. 定位元件与导向元件的位置要求。

  e. 夹具在机床上安装时的位置精度要求。

  上述技术条件是保证工件相应的加工要求所必需的,具体数值应取工件相应技术要求所规定数值的 1/3~1/5。当工件没注明要求时,夹具上主要元件间的位置公差,可以按经验取为 0.02 mm/100 mm~0.05 mm/100 mm,或在全长上不大于 0.03~0.05 mm。

  ⑨编制零件明细表。夹具总图上还应画出零件明细表和标题栏,写明夹具名称及零件明细表上所规定的内容。

  (4) 夹具精度校核。

  在夹具设计中,结构方案拟订之后,应该对夹具的结构方案进行精度分析和估算;夹具总图设计完成后,还应该根据夹具有关元件的配合性质及技术要求,再进行一次复核。这是确保产品加工质量而必须进行的校核。

  (5) 绘制夹具零件工作图。

  夹具总图绘制完毕后,对夹具上的非标准零件要绘制零件工作图,并规定相应的技术要求。零件工作图应严格遵照所规定的比例绘制,视图、投影应完整,尺寸标注应齐全,所标注的公差及技术条件应符合夹具总图要求,加工精度及表面粗糙度应合理。

  在夹具设计图纸全部完毕后,还有待精心制造和试用来验证设计的科学性。经试用后,有时还可能要对原设计做必要的修改。因此,要获得一项完善的、优秀的夹具设计,夹具设计人员通常应参与夹具制造、装配、鉴定和使用的全过程。

  (6) 设计质量评估。

  夹具设计质量评估,就是对夹具磨损公差的大小和过程误差的留量这两项指标进行考核,以确保夹具的加工质量和使用寿命。

任务1 工单册

一、理论习题

1. 什么叫生产过程、工艺过程、工艺规程？

2. 机床厂年产 CA6140 型卧式车床 2 000 台，已知机床主轴的备品率为 15%，机械加工废品率为 5%。试计算主轴的年生产纲领，并说明属于何种生产类型、工艺过程有何特点。若一年工作日为 280 天，试计算每月（按 22 天计算）的生产批量。

二、技能实践

工单册表 1-1　工艺基础知识作业表

项目名称	项目 1　机械制造工艺规程设计		
任务名称	任务 1　工艺基础知识		
分组信息	组号		
	组员姓名和学号		
	小组成员		
任务目标	知识目标	掌握工艺基础术语	
	能力目标	培养工艺术语的认知能力	
需要完成的任务内容	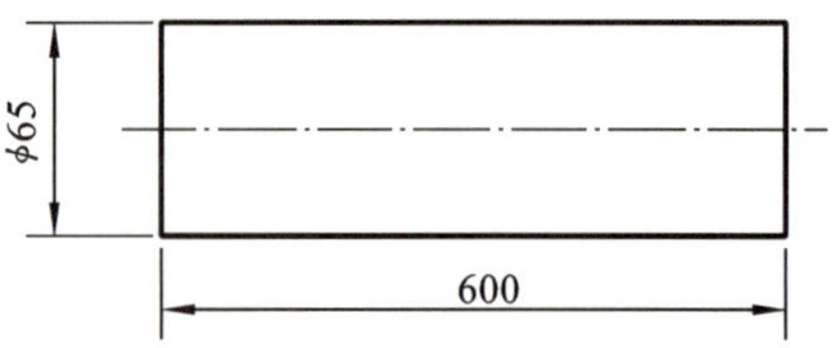 (a) 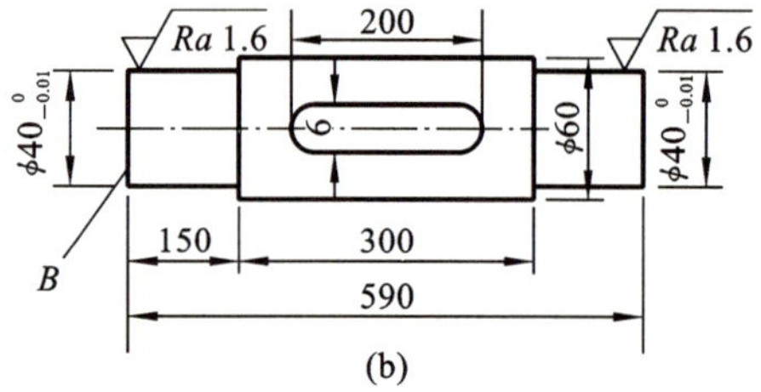 $\phi65$，长600 (b) $\phi40_{-0.01}^{0}$，$\phi60$，$\phi40_{-0.01}^{0}$，$Ra\ 1.6$，200，150，300，590，B 讨论确定上图所示零件的制造工艺过程,详细分析并确定其工序、工步、走刀、安装、工位。		
任务实施过程中遇到的问题及解决方法			
学习收获			
评价	个人评价(10 分)		
	小组评价(20 分)		
	贡献系数(20 分)		
	教师评价(50 分)		

任务 2 工单册

一、理论习题

1. 何谓工艺规程？它对组织生产有何作用？

2. 工艺规程设计包括哪些步骤？

3. 工艺规程设计应遵循哪些原则？

二、技能实践

工单册表 1-2　机械制造工艺规程格式作业表

项目名称	项目1　机械制造工艺规程设计		
任务名称	任务2　机械制造工艺规程格式		
分组信息	组号		
	组员姓名和学号		
	小组成员		
任务目标	知识目标	掌握工艺规程的作用、格式及设计步骤	
	能力目标	熟悉工艺规程设计的步骤及牵涉的内容	
需要完成的任务内容	讨论工艺规程的作用，收集工艺规程设计所使用的工艺规程格式，并画出工艺规程设计思维导图。		
任务实施过程中遇到的问题及解决方法			
学习收获			
评价	个人评价(10分)		
	小组评价(20分)		
	贡献系数(20分)		
	教师评价(50分)		

任务 3 工单册

一、理论习题

1. 零件图工艺审查的内容有哪些?

2. 零件图工艺审查的作用是什么?

二、技能实践

工单册表 1-3　零件图的研究和工艺分析作业表

项目名称	项目 1　机械制造工艺规程设计		
任务名称	任务 3　零件图的研究和工艺分析		
分组信息	组号		
	组员姓名和学号		
	小组成员		
任务目标	知识目标	掌握零件图的工艺审查	
	能力目标	会对需要加工的零件的零件图进行工艺审查	
需要完成的任务内容	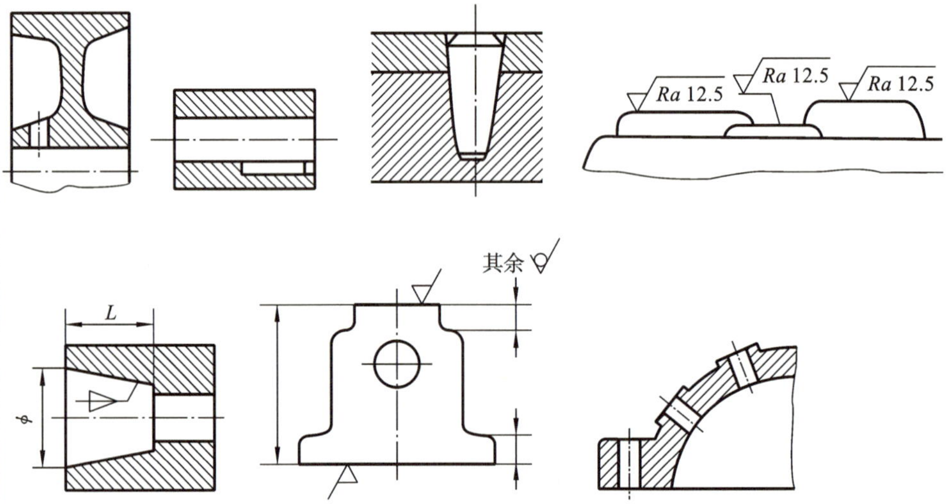 讨论以上零件的结构工艺性不合理之处，并提出改进意见。		
任务实施过程中遇到的问题及解决方法			
学习收获			
评价	个人评价(10 分)		
	小组评价(20 分)		
	贡献系数(20 分)		
	教师评价(50 分)		

任务 4 工单册

一、理论习题

1. 毛坯的种类有哪些?

2. 毛坯的选择需要考虑哪些因素?

二、技能实践

工单册表 1-4　毛坯的选择作业表

项目名称	项目 1　机械制造工艺规程设计		
任务名称	任务 4　毛坯的选择		
分组信息	组号		
	组员姓名和学号		
	小组成员		
任务目标	知识目标	掌握毛坯的种类及选择时需要考虑的因素	
	能力目标	会根据零件的结构及使用性能要求选择合适的毛坯种类	
需要完成的任务内容	讨论一般阶梯轴、机床主轴、小型齿轮、中型齿轮、大型齿轮、液压缸、减速器箱体的毛坯种类。		
任务实施过程中遇到的问题及解决方法			
学习收获			
评价	个人评价(10 分)		
	小组评价(20 分)		
	贡献系数(20 分)		
	教师评价(50 分)		

任务 5.1 工单册

一、理论习题

1. 基准如何分类?

2. 如何选择粗、精基准?

二、技能实践

工单册表 1-5　选择定位基准作业表

项目名称	项目 1　机械制造工艺规程设计		
任务名称	任务 5.1　选择定位基准		
分组信息	组号		
	组员姓名和学号		
	小组成员		
任务目标	知识目标	掌握基准的分类和定位基准中粗、精基准的选择原则	
	能力目标	会选择零件的定位基准	
需要完成的任务内容	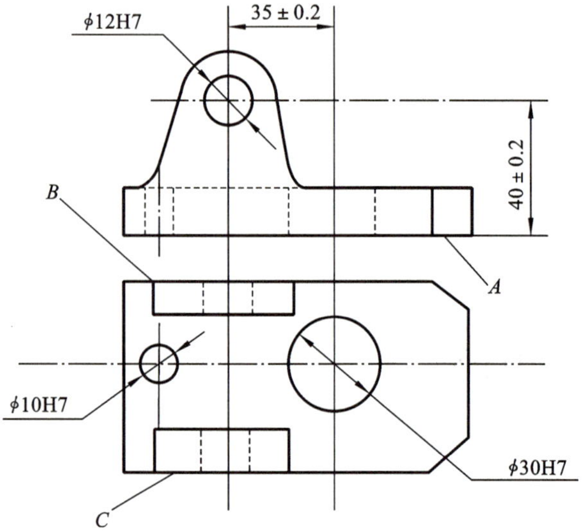 零件的 $\phi 10H7$ mm 孔及 $\phi 30H7$ mm 孔均已加工，试分析加工 $\phi 12H7$ mm 孔时，如何选择定位基准最合理？为什么？		
任务实施过程中遇到的问题及解决方法			
学习收获			
评价	个人评价(10 分)		
	小组评价(20 分)		
	贡献系数(20 分)		
	教师评价(50 分)		

任务 5.5 工单册

一、理论习题

1. 决定零件加工顺序时,应该考虑哪些因素?

2. 何谓工序分散、工序集中?二者各在什么情况下采用?

3. 退火、正火、时效处理、调质、淬火、渗碳淬火、渗氮、液体碳氮共渗等热处理工序各应安排在工艺过程哪个位置才恰当?

4. 零件的加工为什么一般要划分加工阶段?在什么情况下可以不划分或不严格划分加工阶段?

二、技能实践

工单册表 1-6　确定工序数量作业表

项目名称	项目 1　机械制造工艺规程设计	
任务名称	任务 5.5　确定工序数量	
分组信息	组号	
	组员姓名和学号	
	小组成员	
任务目标	知识目标	1. 掌握表面加工方法的选择； 2. 掌握加工阶段的划分； 3. 掌握加工顺序的安排； 4. 掌握工序数量的确定
	能力目标	会拟订零件主要表面的加工路线
需要完成的任务内容		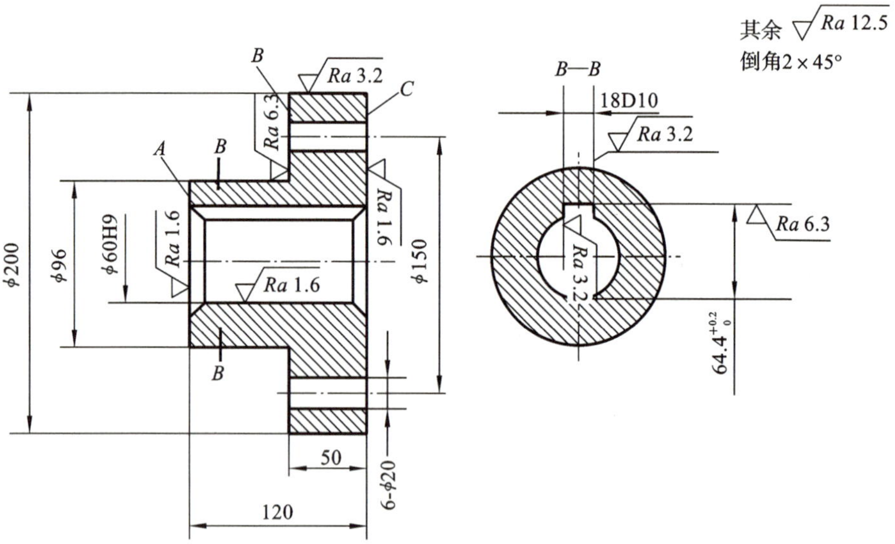 上图所示零件的材料为铸铁，生产类型为大批生产，请编制该零件的加工路线，写出工序号、工序名称、工序内容、定位基准、加工设备。
任务实施过程中遇到的问题及解决方法		
学习收获		
评价	个人评价(10 分)	
	小组评价(20 分)	
	贡献系数(20 分)	
	教师评价(50 分)	

任务 6.1 工单册

一、理论习题

1. 机床设备的选择原则有哪些？

2. 工装包括哪些？具体怎么选择确定？

3. 量具的选择依据是什么？

二、技能实践

工单册表 1-7　机床与工艺装备的选择作业表

项目名称	项目1　机械制造工艺规程设计	
任务名称	任务6.1　机床与工艺装备的选择	
分组信息	组号	
	组员姓名和学号	
	小组成员	
任务目标	知识目标	掌握机床、工艺装备和量具的选择
	能力目标	会拟订零件主要表面的加工工艺路线,会选择机床设备、工艺装备和量具
需要完成的任务内容	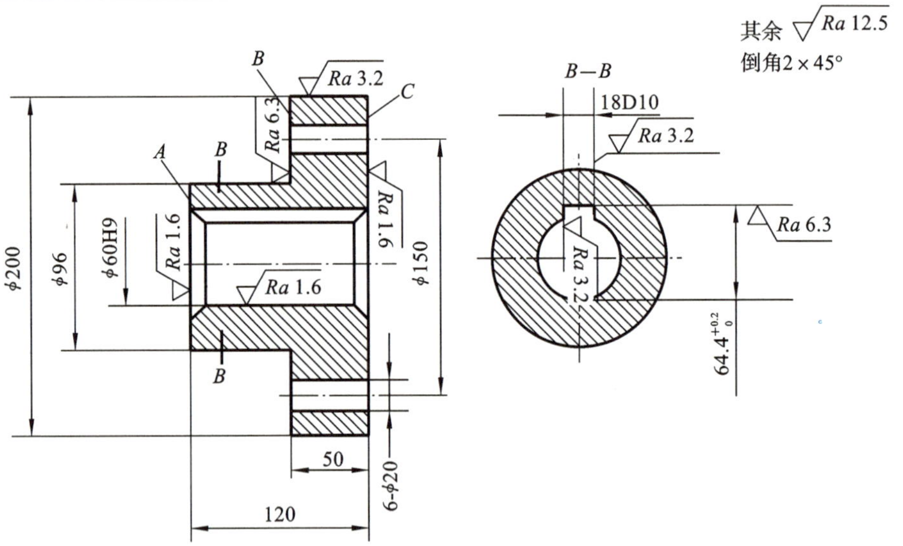 根据上图所示零件的加工工艺路线,确定每道工序采用的机床设备、工艺装备、量具。该零件的材料为铸铁,生产类型为大批生产。	
任务实施过程中遇到的问题及解决方法		
学习收获		
评价	个人评价(10分)	
	小组评价(20分)	
	贡献系数(20分)	
	教师评价(50分)	

任务 6.2、6.3 工单册

一、理论习题

1. 确定加工余量需要考虑的因素有哪些?

2. 试举例说明下列各个术语的概念、特点以及它们之间的区别:①零件尺寸链、工艺尺寸链、装配尺寸链;②封闭环、组成环、增环、减环。

3. 简述基准重合时工序尺寸的设计计算步骤。

4. 简述基准不重合时工序尺寸的设计计算步骤。

二、技能实践

工单册表 1-8　工序内容设计作业表（一）

项目名称	项目1　机械制造工艺规程设计			
任务名称	任务6.2　加工余量和工序尺寸的确定； 任务6.3　工序尺寸及其公差的确定			
分组信息	组号			
	组员姓名和学号			
	小组成员			
任务目标	知识目标	1.掌握加工余量的确定方法； 2.掌握基准重合时工序尺寸及其公差的确定； 3.掌握基准不重合时工序尺寸及其公差的确定		
	能力目标	会设计计算工序尺寸及其公差		
需要完成的任务内容	有一小轴，毛坯为热轧棒料，大量生产的工艺路线为粗车—精车—淬火—粗磨—精磨，外圆设计尺寸为 $\phi 30_{-0.013}^{0}$ mm，已知各工序的加工余量和经济精度（见下表），试确定各工序尺寸及其公差、毛坯尺寸及粗车余量，并填入下表。			
	工序名称	工序余量/mm	经济精度	工序尺寸及其公差/mm
	精磨	0.1	0.013 mm(IT6级)	
	粗磨	0.4	0.033 mm(IT8级)	
	精车	1.5	0.084 mm(IT10级)	
	粗车	6	0.021 mm(IT12级)	
	毛坯尺寸		±1.2 mm	
任务实施过程中遇到的问题及解决方法				
学习收获				
评价	个人评价(10分)			
	小组评价(20分)			
	贡献系数(20分)			
	教师评价(50分)			

工单册表 1-9　工序内容设计作业表(二)

项目名称	项目1　机械制造工艺规程设计	
任务名称	任务6.2　加工余量和工序尺寸的确定； 任务6.3　工序尺寸及其公差的确定	
分组信息	组号	
	组员姓名和学号	
	小组成员	
任务目标	知识目标	1.掌握加工余量的确定方法； 2.掌握基准重合时工序尺寸及其公差的确定； 3.掌握基准不重合时工序尺寸及其公差的确定
	能力目标	会设计计算工序尺寸及其公差
需要完成的任务内容	下图所示为活塞零件(图中只标注有关尺寸)，若活塞销孔 $\phi 54^{+0.018}_{0}$ mm 已加工好，现欲精车活塞顶面，在试切调刀时，须测量尺寸 A_2，试求工序尺寸 A_2 及其公差。 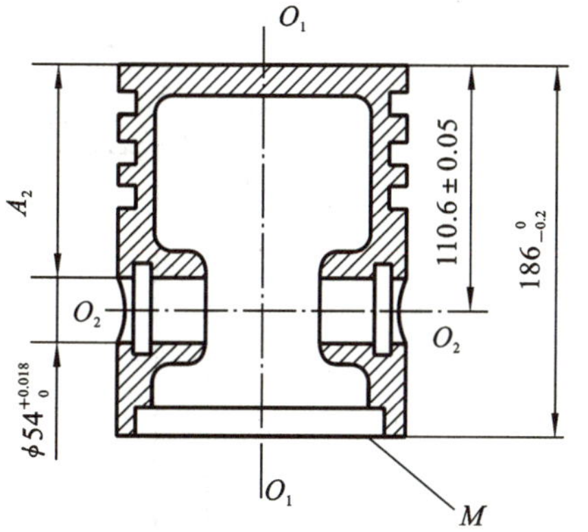	
任务实施过程中遇到的问题及解决方法		
学习收获		
评价	个人评价(10分)	
	小组评价(20分)	
	贡献系数(20分)	
	教师评价(50分)	

工单册表 1-10　工序内容设计作业表（三）

项目名称	项目1　机械制造工艺规程设计	
任务名称	任务6.2　加工余量和工序尺寸的确定； 任务6.3　工序尺寸及其公差的确定	
分组信息	组号	
	组员姓名和学号	
	小组成员	
任务目标	知识目标	1.掌握加工余量的确定方法； 2.掌握基准重合时工序尺寸及其公差的确定； 3.掌握基准不重合时工序尺寸及其公差的确定
	能力目标	会设计计算工序尺寸及其公差
需要完成的任务内容	下图所示为衬套，材料为20钢，$\phi 30^{+0.021}_{\ 0}$ mm 内孔表面要求磨削后保证渗碳层深度为 $0.8^{+0.3}_{\ 0}$ mm，试求：①磨削前精镗工序的工序尺寸及其公差；②精镗后热处理时渗碳层的深度尺寸及其公差。 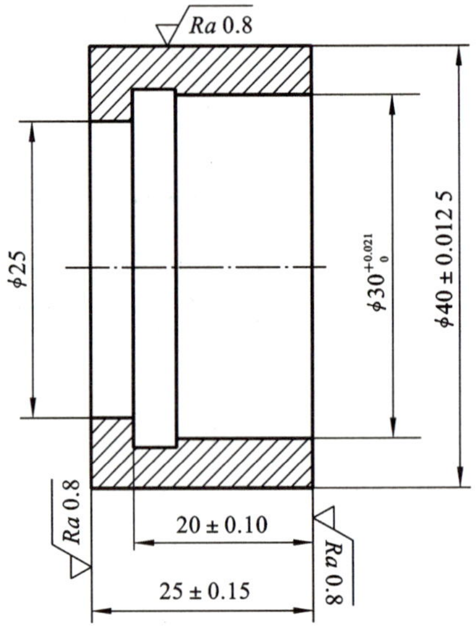	
任务实施过程中遇到的问题及解决方法		
学习收获		
评价	个人评价(10分)	
	小组评价(20分)	
	贡献系数(20分)	
	教师评价(50分)	

工单册表 1-11　工序内容设计作业表(四)

项目名称	项目 1　机械制造工艺规程设计		
任务名称	任务 6.2　加工余量和工序尺寸的确定； 任务 6.3　工序尺寸及其公差的确定		
分组信息	组号		
	组员姓名和学号		
	小组成员		
任务目标	知识目标	1.掌握加工余量的确定方法； 2.掌握基准重合时工序尺寸及其公差的确定； 3.掌握基准不重合时工序尺寸及其公差的确定	
	能力目标	会设计计算工序尺寸及其公差	
需要完成的任务内容	如下图所示，两孔 O_1、O_2 分别以 M 面为基准镗孔时，试标注两孔的工序尺寸。检验孔距时，因 (80 ± 0.08) mm 不便于直接测量，故选取测量尺寸为 A_1，试求工序尺寸 A_1 及其上、下极限偏差。 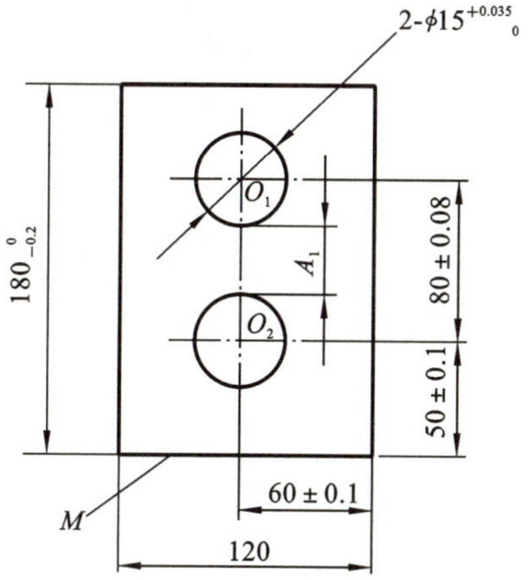		
任务实施过程中遇到的问题及解决方法			
学习收获			
评价	个人评价(10 分)		
	小组评价(20 分)		
	贡献系数(20 分)		
	教师评价(50 分)		

工单册表 1-12　工序内容设计作业表（五）

项目名称		项目1　机械制造工艺规程设计	
任务名称		任务6.2　加工余量和工序尺寸的确定； 任务6.3　工序尺寸及其公差的确定	
分组信息	组号		
	组员姓名和学号		
	小组成员		
任务目标	知识目标	1.掌握加工余量的确定方法； 2.掌握基准重合时工序尺寸及其公差的确定； 3.掌握基准不重合时工序尺寸及其公差的确定	
	能力目标	会设计计算工序尺寸及其公差	
需要完成的任务内容		下图所示的零件已加工完外圆、内孔及端面，现需在铣床上铣出右端缺口，求调整刀具时的测量尺寸 H、A 及其公差。 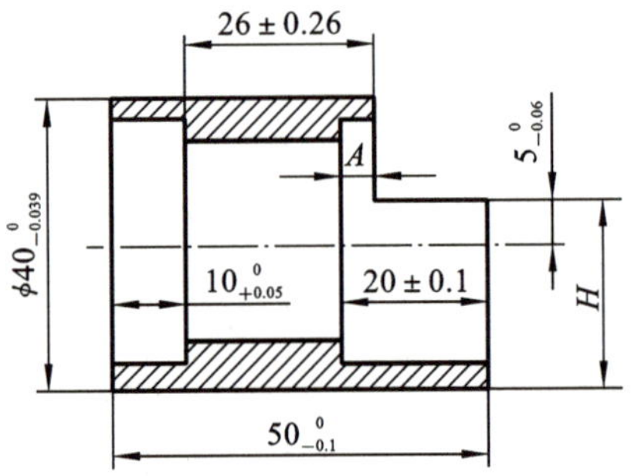 （图：零件示意图，标注尺寸 26 ± 0.26，$\phi40_{-0.039}^{0}$，$10_{+0.05}^{0}$，20 ± 0.1，$5_{-0.06}^{0}$，$50_{-0.1}^{0}$，A，H）	
任务实施过程中遇到的问题及解决方法			
学习收获			
评价	个人评价（10分）		
	小组评价（20分）		
	贡献系数（20分）		
	教师评价（50分）		

工单册表 1-13　工序内容设计作业表（六）

项目名称	项目 1　机械制造工艺规程设计		
任务名称	任务 6.2　加工余量和工序尺寸的确定； 任务 6.3　工序尺寸及其公差的确定		
分组信息	组号		
	组员姓名和学号		
	小组成员		
任务目标	知识目标	1. 掌握加工余量的确定方法； 2. 掌握基准重合时工序尺寸及其公差的确定； 3. 掌握基准不重合时工序尺寸及其公差的确定	
	能力目标	会设计计算工序尺寸及其公差	
需要完成的任务内容	下图所示的轴套零件已在车床上加工好外圆、内孔及各平面，现需在铣床上以端面 A 定位铣出表面 C，保证尺寸 $20_{-0.2}^{\ 0}$ mm，试计算铣此缺口时的工序尺寸及其公差。 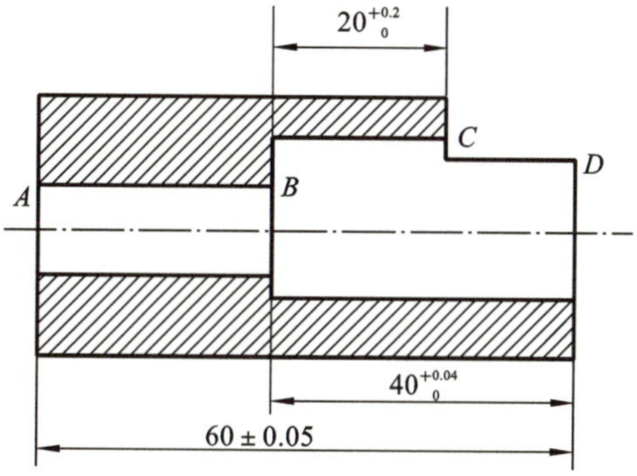 （图示：轴套零件，标注尺寸 $20_{\ 0}^{+0.2}$、$40_{\ 0}^{+0.04}$、60 ± 0.05，标记点 A、B、C、D）		
任务实施过程中遇到的问题及解决方法			
学习收获			
评价	个人评价(10 分)		
	小组评价(20 分)		
	贡献系数(20 分)		
	教师评价(50 分)		

任务 6.4 工单册

技能实践

工单册表 1-14　切削用量的确定作业表

项目名称		项目 1　机械制造工艺规程设计	
任务名称		任务 6.4　切削用量的确定	
分组信息	组号		
	组员姓名和学号		
	小组成员		
任务目标	知识目标	掌握切削用量三要素的确定方法	
	能力目标	会合理选择切削用量	
需要完成的任务内容	有一小轴,毛坯尺寸为 $\phi30$ mm;零件尺寸为 $\phi20$ mm;工件材料为 45 钢(正火);加工要求为 Ra 2.5~5 μm,IT6 级;所使用机床为 C620-1 型车床;所用刀具为机夹外圆车刀。与刀具相关的参数如下:刀片 YT15,刀杆尺寸 16 mm×25 mm,几何参数 $\gamma_o=15°$、$\alpha_o=6°$、$\kappa_r'=15°$、$\kappa_r=75°$、$\lambda_s=0°$、$r_\epsilon=0.5$ mm。试确定该轴的加工工序及每道工序的切削用量。		
任务实施过程中遇到的问题及解决方法			
学习收获			
评价	个人评价(10 分)		
	小组评价(20 分)		
	贡献系数(20 分)		
	教师评价(50 分)		

任务 6.5 工单册

一、理论习题

1. 何谓工时定额?它在生产中有何作用?什么是单件时间?如何计算?

2. 何谓劳动生产率?举例说明提高机械加工劳动生产率可以采取哪些工艺措施。

3. 举例说明缩短基本时间、辅助时间的工艺措施。

二、技能实践

工单册表 1-15　工时定额的确定作业表

项目名称	项目 1　机械制造工艺规程设计		
任务名称	任务 6.5　工时定额的确定		
分组信息	组号		
	组员姓名和学号		
	小组成员		
任务目标	知识目标	掌握工时定额的组成及计算	
	能力目标	会确定单件时间定额	
需要完成的任务内容	某工序为车削外圆,将尺寸由 $\phi 20$ mm 车削至 $\phi 18$ mm,单边工序余量为 1 mm。试确定该工序的工时定额。		
任务实施过程中遇到的问题及解决方法			
学习收获			
评价	个人评价(10 分)		
	小组评价(20 分)		
	贡献系数(20 分)		
	教师评价(50 分)		

任务 6.6 工单册

理论习题

1. 什么是生产成本、工艺成本？什么是可变费用？什么是不变费用？什么是全年工艺成本、单件工艺成本？

2. 怎样比较不同工艺方案的经济性？

任务 7.1 工单册

一、理论习题

1. 常用的工件装夹方法有哪些？

2. 机床夹具由哪些部分组成？各有何作用？

3. 为什么说机床夹具是整个机械加工工艺系统联系的纽带？

4. 简述夹具能够保证工件加工精度的原因。

5. 简述通用夹具和专用夹具的特点和使用范围。

二、技能实践

工单册表 1-16　夹具基础知识作业表

项目名称	项目1　机械制造工艺规程设计	
任务名称	任务7.1　夹具基础知识	
分组信息	组号	
	组员姓名和学号	
	小组成员	
任务目标	知识目标	1.掌握夹具的组成； 2.掌握夹具的作用； 3.掌握夹具的分类
	能力目标	会判断夹具的组成
需要完成的任务内容	试分析图1-46(b)所示的钻斜孔专用夹具的组成部分。	
任务实施过程中遇到的问题及解决方法		
学习收获		
评价	个人评价(10分)	
	小组评价(20分)	
	贡献系数(20分)	
	教师评价(50分)	

任务 7.2 工单册

一、理论习题

1. 什么是定位基准？它与定位面有何关系？

2. 常见的定位方式、定位元件有哪些？

3. 什么叫六点定则？

4. 什么叫完全定位、不完全定位、欠定位和过定位？为什么不能采用欠定位？试举例说明。

5. 工件在夹具中装夹，凡不超过六个定位支承点，就不会出现过定位。这种说法对吗？为什么？

二、技能实践

工单册表 1-17 夹具的定位作业表(一)

项目名称	项目 1 机械制造工艺规程设计		
任务名称	任务 7.2 夹具的定位		
分组信息	组号		
	组员姓名和学号		
	小组成员		
任务目标	知识目标	1.掌握夹具的定位原理; 2.掌握常用定位元件的选用	
	能力目标	会判断夹具的组成	
需要完成的任务内容	下两图所示分别为在工件上钻一个 ϕd 孔、在工件上钻 2 个 ϕd 孔,问分别需要限制工件的几个自由度? 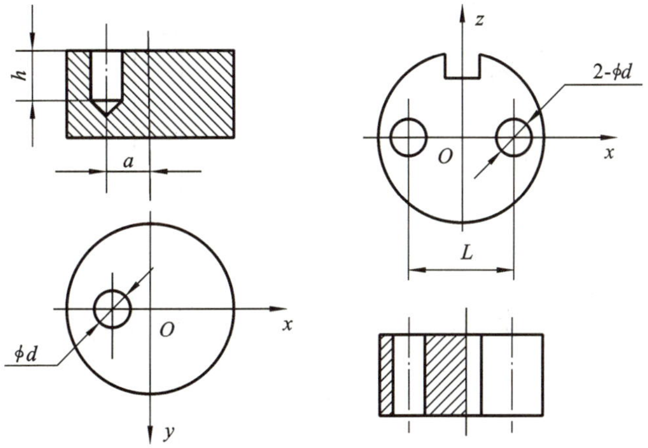 (a) (b)		
任务实施过程中遇到的问题及解决方法			
学习收获			
评价	个人评价(10 分)		
	小组评价(20 分)		
	贡献系数(20 分)		
	教师评价(50 分)		

工单册表 1-18 夹具的定位作业表(二)

项目名称	项目1 机械制造工艺规程设计	
任务名称	任务7.2 夹具的定位	
分组信息	组号	
	组员姓名和学号	
	小组成员	
任务目标	知识目标	1.掌握夹具的定位原理； 2.掌握常用定位元件的选用
	能力目标	会判断夹具的组成
需要完成的任务内容	试分析下图所示各定位方案中各定位元件限制的自由度,判断有无过定位,并对不合理的定位方案提出改进意见。 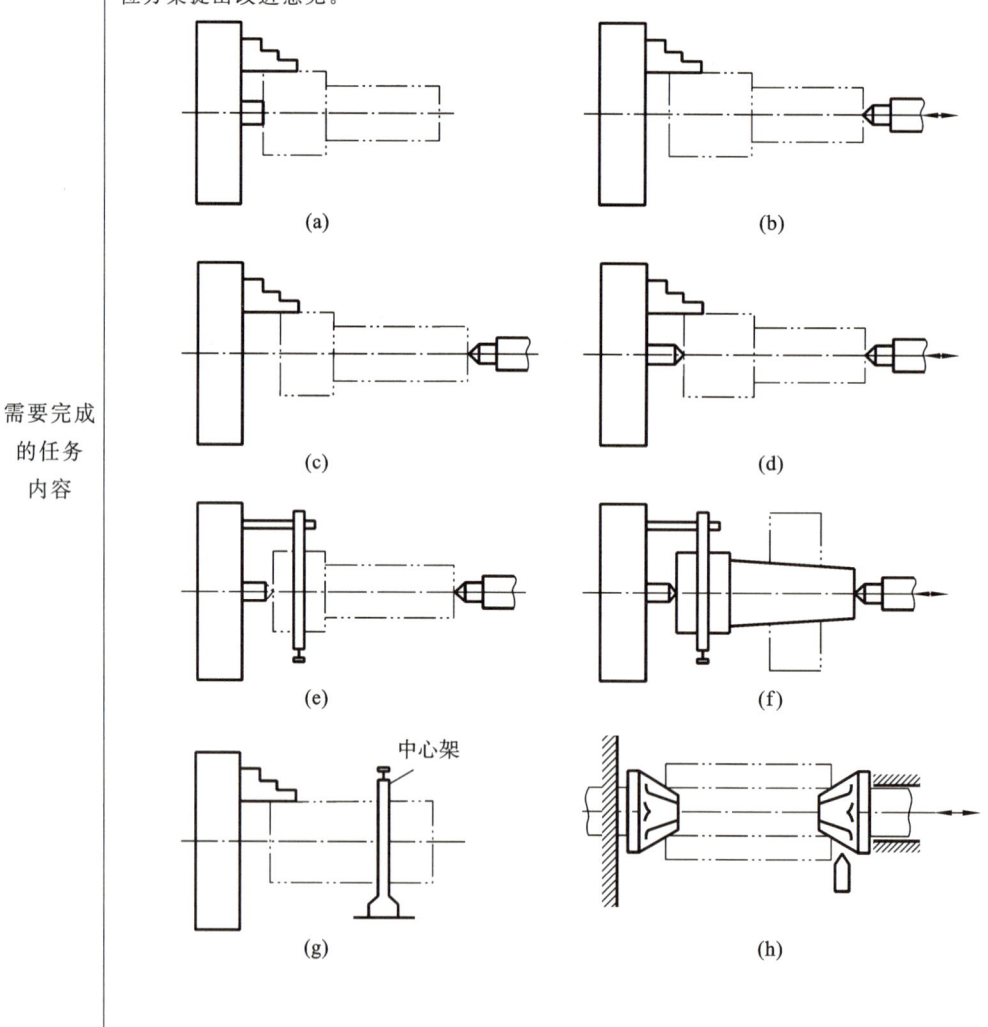	

续表

需要完成的任务内容	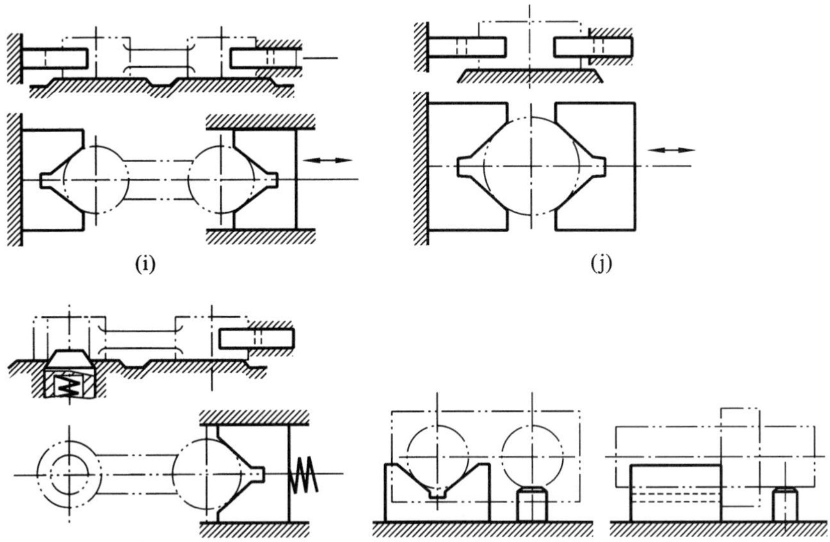 (i) (j) (k) (l)
任务实施过程中遇到的问题及解决方法	
学习收获	
评价	个人评价(10分)	
	小组评价(20分)	
	贡献系数(20分)	
	教师评价(50分)	

工单册表 1-19 夹具的定位作业表（三）

项目名称	项目 1 机械制造工艺规程设计	
任务名称	任务 7.2 夹具的定位	
分组信息	组号	
	组员姓名和学号	
	小组成员	
任务目标	知识目标	1.掌握夹具的定位原理； 2.掌握常用定位元件的选用
	能力目标	会判断夹具的组成
需要完成的任务内容	试分析下图所示各工件加工所必须限制的自由度。 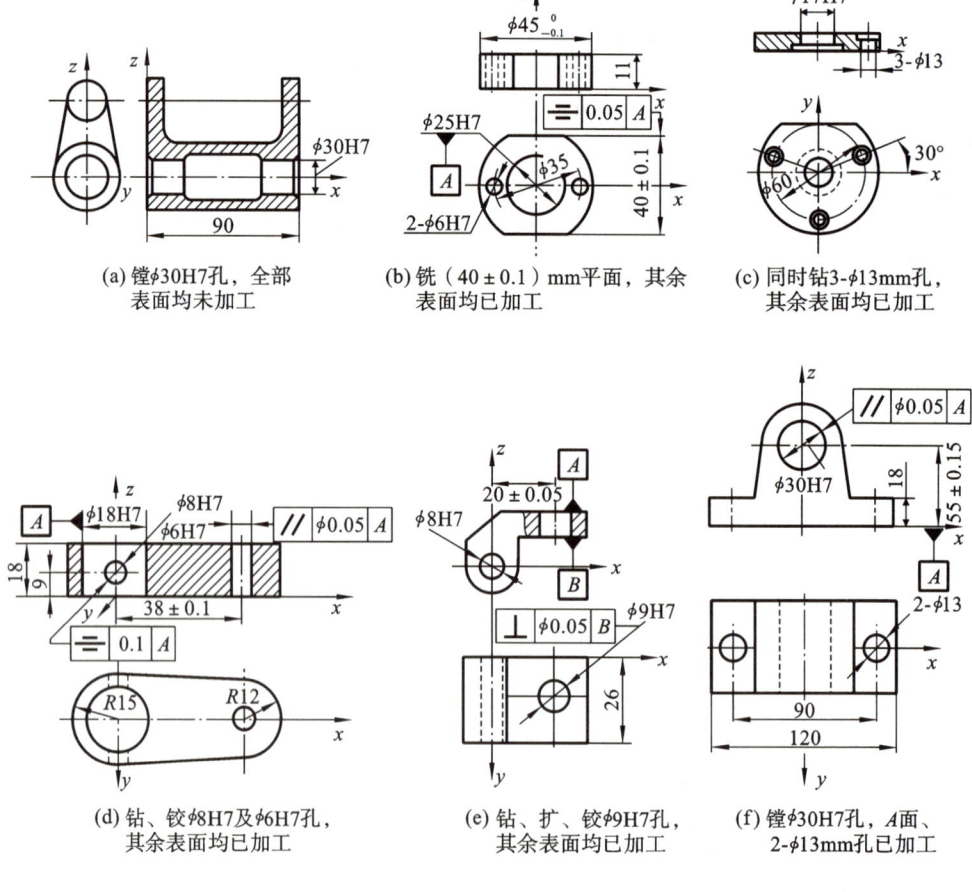 (a) 镗ϕ30H7孔，全部表面均未加工 (b) 铣（40±0.1）mm平面，其余表面均已加工 (c) 同时钻3-ϕ13mm孔，其余表面均已加工 (d) 钻、铰ϕ8H7及ϕ6H7孔，其余表面均已加工 (e) 钻、扩、铰ϕ9H7孔，其余表面均已加工 (f) 镗ϕ30H7孔，A面、2-ϕ13mm孔已加工	

续表

任务实施过程中遇到的问题及解决方法			
学习收获			
评价	个人评价(10分)		
	小组评价(20分)		
	贡献系数(20分)		
	教师评价(50分)		

任务 7.3 工单册

一、理论习题

1. 简述设计夹紧装置的基本要求。

2. 简述确定夹紧力方向和作用点的基本原则。

3. 简述斜楔夹紧机构、螺旋夹紧机构、偏心夹紧机构的特点。

4. 简述铰链夹紧机构的特点。

5. 简述定心夹紧机构的工作原理。

6. 简述联动夹紧机构的特点及夹紧方式。

二、技能实践

工单册表 1-20　夹具的夹紧作业表

项目名称	项目 1　机械制造工艺规程设计	
任务名称	任务 7.3　夹具的夹紧	
分组信息	组号	
	组员姓名和学号	
	小组成员	
任务目标	知识目标	1.掌握夹紧装置的组成； 2.掌握夹紧力的确定； 3.掌握常用的夹紧装置
	能力目标	掌握夹紧装置的设计要点
需要完成的任务内容	分析以下各图中夹紧力的方向和作用点，并判断夹具设计的合理性，给出改进方案。 	
任务实施过程中遇到的问题及解决方法		
学习收获		
评价	个人评价（10 分）	
	小组评价（20 分）	
	贡献系数（20 分）	
	教师评价（50 分）	

任务 7.4 工单册

理论习题

1. 简述分度装置的作用和类型。

2. 简述回转分度装置的类型、组成和各组成部分的作用。

3. 简述径向分度与轴向分度的优缺点。

4. 什么是分度误差？影响分度误差的因素有哪些？

5. 简述夹具体的设计要求。

6. 简述夹具体的类型及特点。

任务 7.5 工单册

理论习题

1. 简述夹具设计的基本要求。

2. 简述专用夹具规范化设计的程序。

项目 2 机械加工精度

知识目标

1. 了解产生各种加工误差的物理因素。
2. 掌握加工误差的统计分析方法。
3. 了解减小加工误差的各种工艺措施。

能力目标

1. 会分析影响各种加工误差的物理因素。
2. 会采用统计分析方法分析加工质量及工艺过程的稳定性。

思政目标

1. 在理论教学分析影响机械加工精度的影响因素中,引导学生全面考虑各种因素,培养学生勇于探索的科学精神。

2. 引导学生利用统计分析法协作完成数据处理工作,培养学生团结协作、诚实守信的科学求真精神。

任务1　加工精度与加工误差

零件的加工质量是由加工精度和表面质量两方面所决定的。本项目的任务是讨论零件的机械加工精度问题。研究加工精度的目的是弄清各种原始误差对加工精度影响的规律，掌握控制加工误差的方法，以获得预期的加工精度，并能找出进一步提高加工精度的途径。

一、加工精度与加工误差概述

1. 加工精度概述

加工精度是指零件加工后的实际几何参数(尺寸、几何形状和各表面间的相互位置)与理想几何参数的符合程度。符合程度愈高，加工精度就愈高；符合程度愈低，加工精度就愈低。零件的加工精度内容如下。

(1) 表面本身的精度。

①表面本身的尺寸精度，如圆柱面的直径、圆锥面的锥角等的精度，简称定形尺寸精度。

②表面本身的形状精度，如平面度、圆度、轮廓度等，简称形状精度。

(2) 不同表面之间的相互位置精度。

①表面之间的位置尺寸精度，如平面之间的距离、孔间距、孔到平面的距离等的精度，简称定位尺寸精度。

②表面之间的相互位置精度，如平行度、垂直度、对称度等，简称位置精度。

因此，加工精度包括尺寸精度(定形尺寸精度和定位尺寸精度)、形状精度和位置精度(合称为几何公差)。

2. 加工误差概述

加工误差是指零件加工后的实际几何参数(尺寸、几何形状和各表面间的相互位置)与理想几何参数的偏离程度。加工误差愈小，加工精度就愈高，反之亦然。所以说，加工误差的大小反映了加工精度的高低，实际加工中采用任何加工方法所得到的实际几何参数都不会与理想几何参数完全相同。生产实践中，在保证机器工作性能的前提下，允许零件存在一定的加工误差，而且只要这些误差在规定的范围内，就认为是保证了加工精度。加工精度和加工误差是从两个不同的角度来评定加工零件的几何参数的，加工精度的低和高就是通过加工误差的大和小来表示的。

二、获得零件加工精度的方法

机械加工是为了使工件获得一定的尺寸精度、形状精度、位置精度，满足一定的表面质量要求。零件被加工表面的几何形状是采用根据成形理论而确定的加工方法来保证的；几何形状精度和相互位置精度是根据具体情况的不同，采用不同的加工方法获得的。

1. 获得尺寸精度的方法

(1) 试切法。

试切法是指先试切出很小一部分加工表面，测量试切所得尺寸，根据测量结果重新调整刀具位置，再试切，再测量，如此反复，直至测得的尺寸合格为止的方法。采用这种方法获得的尺寸精度取决于测量精度、机床进给机构的工作精度、刀具的切削性能、工艺系统的刚性以及操作工人的技术水平。此法生产率比较低，一般只适用于单件小批生产。

（2）调整法。

调整法是指根据要求的工件尺寸，利用机床上的定程装置或对刀装置预先调整好机床、刀具和工件的相对位置，再进行加工。采用这种方法得到的加工精度除了受调整精度的影响之外，还受诸如工艺系统弹性变形之类的一些因素的影响。和试切法相比，调整法由于省去了重复多次的试切和测量工作，因而生产率比较高，适用于成批大量生产。

（3）定尺寸刀具法。

定尺寸刀具法利用刀具的相应尺寸来保证被加工表面的尺寸。例如，用一定尺寸的钻头和铰刀来加工孔，用铣刀铣键槽，用丝锥加工螺纹等。用这种方法获得的尺寸精度取决于刀具本身的尺寸精度和一系列其他的因素，如刀具和工件的安装、机床运动的准确性和稳定性、工件材料的性质、冷却润滑条件等。

（4）自动控制法。

自动控制法是指采用自动控制系统对加工过程中的刀具进给、工件测量和切削运动等进行自动控制，而获得所要求的工件尺寸。这种方法生产率高，能够加工形状复杂的表面，且适应性好，已获得了日益广泛的应用。采用这种方法得到的工件尺寸精度取决于自动控制系统中各元件的灵敏度、系统的稳定性以及机械装置的工作精度。

2. 获得形状精度的方法

（1）轨迹法。

轨迹法利用刀具的运动轨迹形成所要求的表面几何形状。刀尖的运动轨迹取决于刀具与工件的相对运动（成形运动）。例如：刨刀的直线运动和工件垂直于刀具运动方向的间断直线运动形成平面；工件的回转运动和车刀的直线运动可以形成圆柱面或圆锥面；工件的回转运动和车刀沿靠模所作的曲线运动可以形成特殊形状的回转表面等。用这种方法得到的形状精度取决于刀具与工件成形运动的精度。

（2）成形法。

成形法利用成形刀具代替普通刀具来获得所要求的表面几何形状。机床的某些成形运动被成形刀具的刀刃取代，简化了机床的结构，提高了劳动生产率。例如，用成形车刀加工曲面，用成形铣刀铣削成形表面等。用这种方法获得的表面形状精度，既取决于刀刃的形状精度，又有赖于机床成形运动的精度。

（3）展成法。

展成法利用刀具和工件作展成切削运动来获得加工表面。展成法中刀刃的形状是被加工面的共轭曲线，刀刃在啮合运动中的包络面就是被加工面，如在滚齿机上加工齿轮的齿面。展成法的加工精度取决于刀刃的几何形状精度和啮合运动的准确精度。

3. 获得位置精度的方法

对于一般的机加工来说，被加工表面位置精度的获得，主要取决于工件的装夹。因此，可采用以下三种方法获得位置精度。

（1）直接找正装夹法。

（2）划线找正装夹法。

（3）夹具装夹法。

三、加工经济精度

由于在加工过程中有很多因素影响加工精度，因此同一种加工方法在不同的工作条件下所能达到的精度是不同的。采用任何一种加工方法,只要精心操作,细心调整,并选用合适的切削参数进行加工,都能使加工精度得到较大的提高,但这样做会降低生产率,增加加工成本,是不经济的。

加工误差与加工成本总是呈反比关系。用同一种加工方法,欲获得较高的精度(即加工误差较小),成本就会提高。但就某种加工方法而言,当加工误差较小时,即使很细心操作,很精心地调整,精度的提高却很少甚至不能提高,然而成本却会提高很多;即使工件精度要求很低,加工成本也不会无限制地降低,而必须耗费一定的最低成本。通常所说的加工经济精度,是指在正常加工条件下(采用符合质量标准的设备、工艺装备和标准技术等级的工人,不延长加工时间)所能保证的加工精度。某种加工方法的加工经济精度一般指的是一个范围,在这个范围内都可以说是经济的。当然,加工方法的经济精度并不是固定不变的。随着工艺技术的发展、设备及工艺装备的改进,以及生产中科学管理水平的不断提高等,各种加工方法的加工经济精度等级不断提高。

四、原始误差

机械加工中,机床、夹具、刀具和工件构成了一个相互联系的统一系统,此系统称为工艺系统。工艺系统的各组成部分本身存在误差,同时加工中多方面的因素都会对工艺系统产生影响,从而造成各种各样的误差。这些误差都会引起工件的加工误差,我们把工艺系统的各种误差称为原始误差。这些误差,一部分与工艺系统本身的结构状态有关,一部分与切削过程有关。原始误差按照性质可划分为以下四类。

(1) 工艺系统的几何误差,包括加工方法的原理误差、机床的几何误差、夹具的制造误差、工件的装夹误差以及工艺系统磨损所引起的误差。

(2) 工艺系统受力变形引起的误差。

(3) 工艺系统热变形引起的误差。

(4) 工件的内应力引起的误差。

为清晰起见,可将加工过程中可能出现的种种原始误差进行归纳,结果如图 2-1 所示。

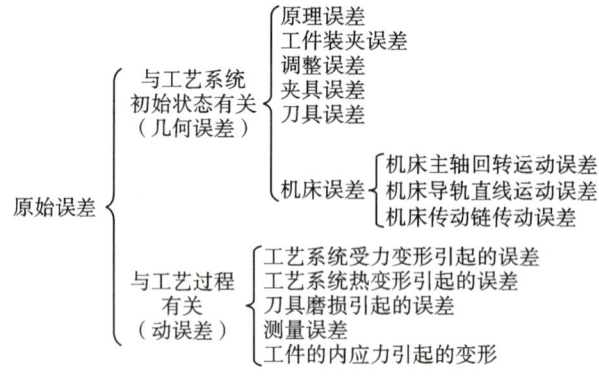

图 2-1　原始误差

五、加工精度的研究方法

研究机械加工精度的方法主要有分析计算法和统计分析法。分析计算法是在掌握各种原始误差对加工精度影响规律的基础上,分析工件加工中所出现的误差可能是由哪一种或哪几种主要原始误差引起的,并找出原始误差与加工误差之间的影响关系,通过估算来确定工件加工误差的大小,再通过试验测试来加以验证。统计分析法是对在具体加工条件下得到的几何参数进行实际测量,然后运用数理统计学方法对这些测试数据进行分析处理,找出工件加工误差的规律和性质,进而控制加工质量。分析计算法主要是在对单项原始误差进行分析计算的基础上进行加工精度研究,而统计分析法则是在对有关的原始误差进行综合分析的基础上进行加工精度研究。在实际生产中,上述两种方法常常结合起来应用,可先用统计分析法寻找加工误差产生的规律,初步判断产生加工误差的可能原因,再运用分析计算法进行分析、试验,以便迅速有效地找出影响工件加工精度的主要原因。

任务 2　工艺系统的几何误差

工艺系统的几何误差主要有加工原理误差,机床、刀具、夹具的制造误差和磨损误差,以及机床、刀具、夹具和工件的安装调整误差等。

一、加工原理误差

加工原理误差是指由于采用了近似的成形运动或近似的切削刃轮廓进行加工而产生的误差,也称为理论误差。

1. 采用近似的成形运动所造成的误差

(1) 用展成法加工渐开线齿轮。

在用展成法加工渐开线齿轮时,理论上要求加工出来的齿形是一个光滑的渐开线表面,但因为滚刀或插刀一周内只能由有限个切削刃构成,所以被加工齿轮的齿形由刀具上有限条切削刃在一系列顺序位置上所切出的折线包络而成。这样,由折线代替理论上的渐开线,必将造成误差。

(2) 用近似传动比加工模数螺纹。

在车削或磨削模数螺纹(螺距 $P=\pi m$)时,理论上要求主轴与丝杠之间的传动比应满足关系式 $u=P/t=\pi m/t$(式中,t 为丝杆螺距,m 为模数)。由于 π 是无理数,采用任何挂轮组合都只能得到其近似值,因此加工后必将存在螺距误差和螺距累积误差。

(3) 数控加工的以折代曲方式。

数控加工从加工原理角度来说是一种以折代曲的加工方式。它通过插补运算,控制机床的各个坐标轴在相应的方向上产生位移来合成加工的曲线(曲面)轮廓。这样,工件的实际加工轮廓与理想轮廓之间就存在着误差。这一误差也是一种加工原理误差。

2. 采用近似的切削刃轮廓所造成的误差

(1) 用模数铣刀加工渐开线齿轮。

由于渐开线齿轮的齿形完全取决于基圆的半径($r_b=\dfrac{mz}{2}\cos\alpha$),当模数 m 和压力角 α 一定时,渐开线齿轮的齿形随着齿数 z 的不同而改变,因此在采用盘形齿轮铣刀或指状齿轮铣刀加工齿轮时,理论上要求对同一模数、同一压力角而齿数不同的齿轮采用相应齿数的铣刀进行加工。这样,就必须制造很多把铣刀,既不经济又难以管理。实际加工中是将同一模数和同一压力角的铣刀制成 8 把(或 15 把)一套,每一号铣刀加工一定范围齿数的多种齿轮。

例如,3 号铣刀可用于加工齿数为 17~20 齿的齿轮,但 3 号铣刀切削刃的轮廓是按本组最小齿数 17 齿的齿形来设计的,那么,用它来加工本组其他齿数的齿轮时必定产生齿形误差。

(2) 用齿轮滚刀加工渐开线齿轮。

理论上要求加工渐开线齿轮的齿轮滚刀采用渐开线蜗杆滚刀,但由于制造困难,实际上采用阿基米德蜗杆滚刀代替渐开线蜗杆滚刀,这样将不可避免地产生加工误差。

3. 加工原理误差对加工精度的影响

由上述分析可知,加工原理误差在加工以前就已经存在了,并且不可避免地影响到工件的加工精度,但在实际生产中又为什么要采用呢?这主要出于三个原因。

(1) 理论上完全准确的加工原理不能实现,如挂轮选配计算中的 π 值。

(2) 理论上完全准确的加工原理虽然可以实现,但却导致机床和夹具的结构复杂,制造困难;或使得理论切削刃轮廓的精度下降,误差过大;或使得刀具的数量增加,成本太高。

(3) 采用理论上完全准确的加工原理,可能会引起中间环节太多,增加机构运动中的误差,不仅得不到高的加工精度,得到的加工精度反而比采用近似加工方法所得到的加工精度还低。

综上所述,采用近似加工方法进行加工是保证质量、提高生产率的有效工艺措施,往往还可以使工艺过程更为经济,近似加工方法特别适用于形状复杂表面的加工,因此绝不能认为有了加工原理误差就不算是一种完善的加工方法。

二、机床的几何误差

现代制造技术的发展表明,高精度的零件要依赖高精度的设备与工艺装备来生产,其中最重要的是机床的精度。机床精度可以分为:①静态精度,即机床在非切削状态(无切削力作用)下的精度;②动态精度,即机床在切削状态和振动状态下的精度;③热态精度,即机床在温度场变化情况下的精度。

这里所讲的内容主要是指静态精度,它由制造、安装和使用中的磨损决定,其中对加工精度影响较大的是主轴回转运动误差、导轨直线运动误差和传动链传动误差。

1. 主轴回转运动误差

(1) 基本概念。

机床主轴是工件或刀具的安装基准和运动基准,它的理想状态是主轴回转轴线的空间位置固定不变。但受各种误差因素的影响,实际上主轴回转轴线在每一瞬时的空间位置都是变化的。所谓主轴回转运动误差,就是主轴的实际回转轴线相对于平均回转轴线(实际回转轴线的对称中心线)的变动量。

主轴回转运动误差可分解为图 2-2 所示的三种基本形式。

①轴向窜动:又称轴向漂移,是指主轴瞬时回转轴线沿平均回转轴线方向的漂移运动,如图 2-2(a)所示。

②径向圆跳动:又称径向漂移,是指主轴瞬时回转轴线平行于平均回转轴线的径向漂移运动,如图 2-2(b)所示。

③角度摆动:又称角向漂移,是指主轴瞬时回转轴线与平均回转轴线成一倾斜角,二者的交点位置固定不变的漂移运动,如图 2-2(c)所示。

应该指出的是,实际的主轴回转运动误差是上述三种漂移运动误差的合成。

(2) 主轴回转运动误差产生的原因。

主轴回转运动误差产生的原因主要有主轴的制造误差、轴承的误差、轴承配合件的误差、轴承与轴承配合件的配合间隙、主轴系统的径向不等刚度和热变形等。

为了提高主轴的回转精度,可采取以下措施:提高主轴部件的制造精度;采用高精度的滚动轴承或高精度的多油楔动压轴承和静压轴承,或对滚动轴承进行预紧,以消除间隙;提高箱体支承孔、主轴轴颈的加工精度;使主轴回转运动误差不反映到工件上,如在外圆磨床上,前后顶尖都不转动,这就可避免主轴回转运动误差对加工精度的影响。

（3）主轴回转运动误差对加工精度的影响。

主轴回转运动误差在机床类型和加工内容不同的条件下将产生不同性质的加工误差,它对加工精度的影响比较复杂,尤其是对于主轴回转运动误差所表现出来的那种随机性和综合性,更是难以从理论上定量地加以描述。表 2-1 仅列出主轴回转运动误差的三种基本形式对车削和镗削加工的影响。

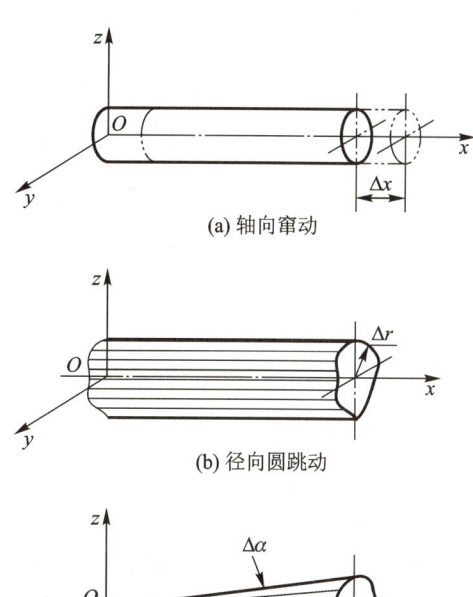

图 2-2 主轴回转运动误差的基本形式

表 2-1 主轴回转运动误差产生的加工误差

主轴回转运动误差的基本形式	在车床上车削			在镗床上镗削	
	内孔和外圆	端面	螺纹	内孔	端面
纯径向圆跳动	近似为真圆 （理论上为心脏线形）	无影响	—	椭圆孔 （每转跳动一次）	无影响
纯轴向窜动	无影响 （对内圆锥面有影响）	平面度、垂直度 （端面呈凸轮形）	螺距误差	无影响	平面度、垂直度
纯角度摆动	近似为圆柱 （理论上为锥形）	影响极小	—	椭圆柱孔 （每转摆动一次）	平面度 （马鞍形）

（4）主轴回转精度的测量。

①千分表测量法(径向、轴向)。这是生产中常用的一种传统测量法。具体操作是:将精密检验心棒插入主轴锥孔,用千分表测量两处外圆表面和端面的跳动量(见图 2-3)。这种方法简单易行,但存在下述两个缺点。

a. 难以区分两种性质不同的主轴误差。例如,当所测量的主轴出现径向圆跳动时,可能既存在由主轴回转运动误差引起的跳动,又存在由主轴几何偏心引起的跳动,但采用千分表测量无法区分。

b. 不能反映主轴工作转速下的动态误差。由于千分表测量是在主轴慢速回转的情况下进行的,因此主轴运转的动态情况没有反映出来。

②传感器测量法。因加工误差是在误差敏感方向上进行测量的,故不同类型的机床测量方法有所不同。对于车床、磨床类机床,主轴回转精度应在与刀具位置相同的、固定的方

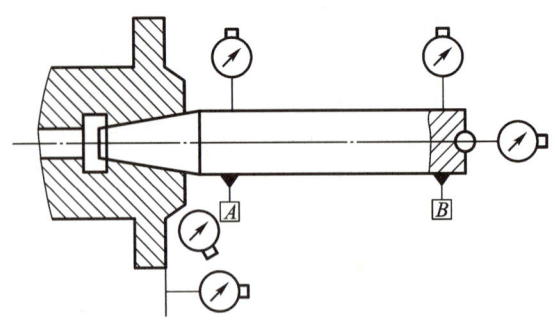

图 2-3 主轴回转精度的千分表测量法

向测量;对于镗床、铣床类机床,由于工作中刀具是旋转的,因此主轴回转精度必须在随主轴一起回转的误差敏感方向上测量。

图 2-4 所示是镗床主轴回转精度的测量装置。它的测量原理如下:主轴端部安装一个精密测量球 3,且球 3 的中心相对主轴回转轴线略有偏心并可用调整盘 1 调节偏心量 e。在球 3 相互垂直的两侧安装两个位移传感器 2、4(电流式或涡流式),并保持一定的间隙。当主轴旋转时,主轴轴线的漂移会导致间隙产生微小的变化,这种间隙的变化经两个位移传感器 2、4 拾取信号后由放大器 5 分别输入到示波器 6 的水平和垂直偏置板上,从而在光屏上显示出图形来。该图形是由不重合的每转回转运动误差曲线叠加而成的。由于测量时,示波器光屏上的光点是随主轴回转而描绘出图形,因此它直接反映了镗刀刀尖的真实轨迹。在图 2-5 所示的李萨如图形中,包容该图形且半径差为最小的两个同心圆的半径差 ΔR_{min},即为主轴回转轴线的径向圆跳动量,它反映了该测量截面上的圆度误差;图形轮廓线的径向宽度 B 表示随机径向漂移量,它影响工件的表面粗糙度。

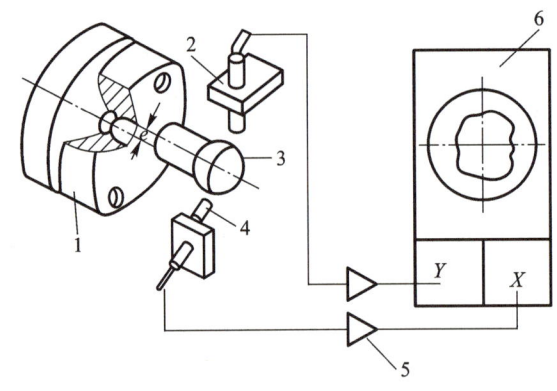

图 2-4 镗床主轴回转精度的传感器测量法
1—调整盘;2,4—位移传感器;
3—精密测量球;5—放大器;6—示波器

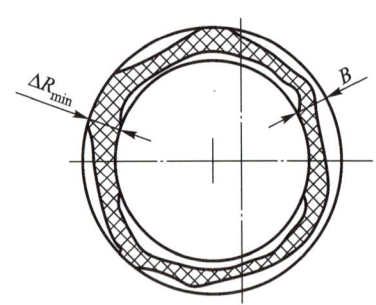

图 2-5 实测的李萨如图形

2. 导轨直线运动误差

机床导轨副是实现直线运动的主要部件,它的制造误差、装配误差以及磨损是影响直线运动的主要因素。

(1)导轨直线运动误差的表现形式。

导轨直线运动误差的表现形式为导轨在水平面内的直线度(弯曲)、导轨在垂直面内的直线度（弯曲）、前后导轨的平行度（扭曲）、导轨与主轴回转轴线的平行度。

（2）导轨直线运动误差对加工精度的影响。

导轨直线运动误差对加工精度的影响应根据不同的机床类型以及制造与磨损所造成的变形情况进行具体分析。下面以外圆磨床及卧式车床为例进行讨论。

①导轨在水平面内弯曲（见图2-6）。这时处在误差的敏感方向上，导轨的直线度误差将直接反映到工件上，使刀尖的成形运动不呈直线，从而造成工件加工表面的轴向形状误差。相对于操作者而言，导轨前凸时，工件产生鼓形；导轨后凸时，工件产生鞍形。

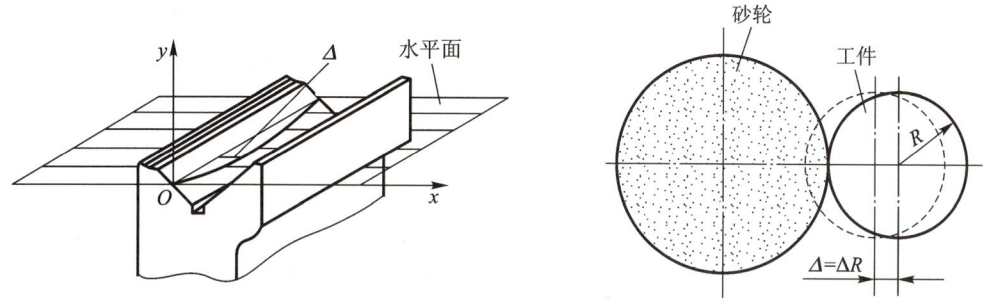

图 2-6　导轨在水平面内弯曲

②导轨在垂直面内弯曲（见图2-7）。这同样使刀具的成形运动不呈直线，但由于处在误差非敏感方向上，因此导轨的直线度误差对工件半径的影响极小，可忽略不计。

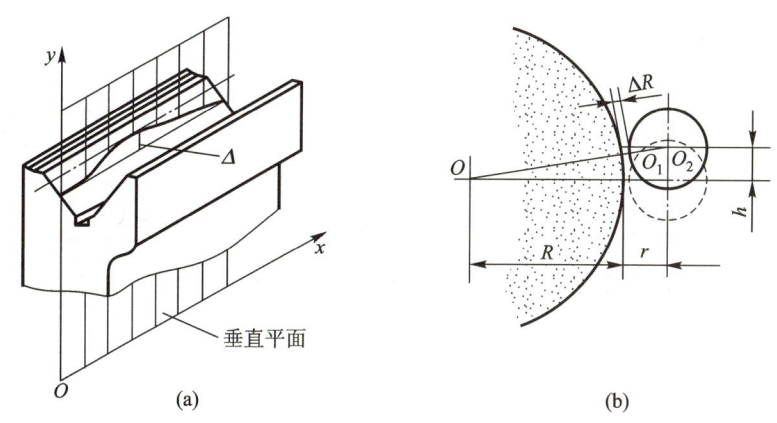

图 2-7　导轨在垂直面内弯曲

必须指出的是，上述两种情况若发生在龙门刨床、平面磨床上则恰好相反，因为两者的误差敏感方向与车床不同。

③导轨扭曲。如果前后导轨在垂直方向存在平行度误差（见图2-8），刀具在直线进给运动中将产生摆动，刀尖的成形运动也将变成一条空间曲线。若前后导轨在某一长度上的平行度误差（即高度差）为δ，则对零件加工截面所造成的形状误差（半径误差）可由图示几何关系得到，即

$$\Delta R = \Delta y = \delta H/B$$

对于一般卧式车床，$H/B \approx 2/3$；对于外圆磨床，$H/B \approx 1$。可见，这一原始误差对加工精度的影响很大，不可忽视。

④导轨与主轴回转轴线的平行度。理论上要求车刀刀尖的直线运动轨迹与主轴回转轴

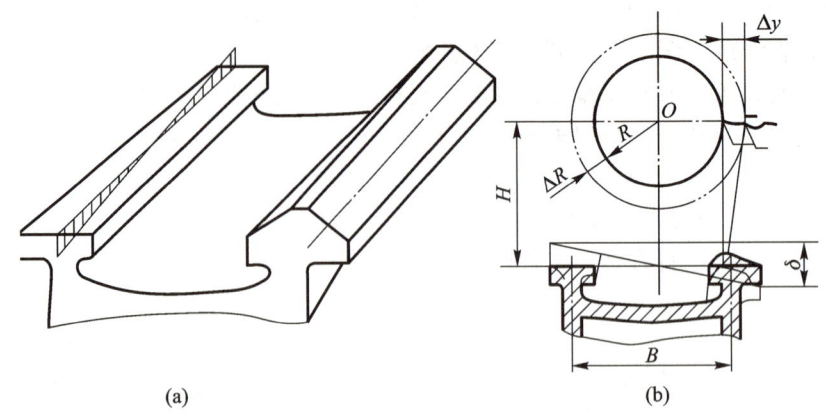

图 2-8 导轨扭曲引起的加工误差

线在水平面内和垂直面内都相互平行,但实际上有下述两种误差情况。

a. 在水平面内不平行:两者处于同一平面,即为相交两直线,这使工件产生锥度。

b. 在垂直方向不平行:两者不在同一平面,即为空间交叉两直线。该项误差与导轨在垂直面内的直线度误差相似,均处于误差非敏感方向,故对工件的加工精度影响很小。

同样是导轨与主轴回转轴线的平行度误差,给镗床带来的加工误差却不同。如图 2-9 所示,镗孔加工时,当工作台(即工件)进给时,镗杆与导轨不平行会使镗出的孔呈椭圆形,而不会引起孔轴线的位置误差;当镗杆进给时,镗杆与导轨不平行会使镗出的孔的轴线位置发生偏移,但不会引起孔的形状误差。

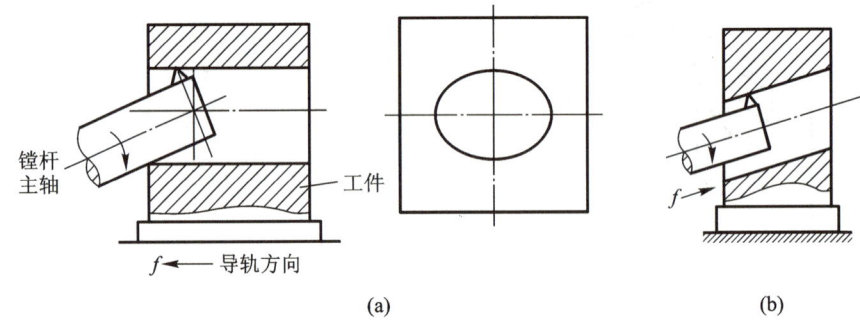

图 2-9 不同镗孔方式的加工误差

3. 传动链传动误差

对于某些加工方式,如车螺纹、滚齿、插齿等,为保证工件的精度,要求工件和刀具间必须有准确的速比关系。车削螺纹时,要求工件转一转,刀具走一个导程。滚齿时,要求滚刀的转速和工件的转速之比恒定不变,保持下列关系:

$$\frac{n_\mathrm{d}}{n_\mathrm{g}} = \frac{z_\mathrm{g}}{k} \tag{2-1}$$

式中:k——滚刀头数;

n_d——滚刀转速,r/min;

n_g——工件转速,r/min;

z_g——工件齿数。

因此，刀具与工件间必须采用内联系传动链才能保证传动速比关系。当传动链中的传动元件有制造误差和装配误差，以及在使用过程中有磨损时，就会破坏正确的运动关系，产生传动链传动误差，从而影响加工精度。各传动元件的转角误差是通过该元件至末端元件的传动比反映到工件上的，因此传动链中的各元件，如齿轮、蜗轮、蜗杆、丝杠、螺母等因在传动链中的位置不同，对加工精度的影响程度也不一样。在升速传动中，传动元件的转角误差将被扩大；在降速传动中，传动元件的转角误差将被缩小。在滚齿传动链中，从滚刀到分度蜗轮，中间有许多对传动齿轮，对传动链误差影响最大的是末端元件——分度蜗轮，它的转角误差直接反映到工作台（工件）上，而所有中间传动齿轮副的误差，在最后经过蜗轮副的大降速比后，对齿轮的加工误差影响就很小了。因此，传动链末端元件的设计、制造精度应最高。

三、刀具误差

机械加工中常用的刀具有一般刀具、定尺寸刀具和成形刀具。

一般刀具（如普通车刀、单刃镗刀和平面铣刀等）的制造误差，对加工精度没有直接影响。

定尺寸刀具（如钻头、铰刀、拉刀等）的尺寸误差直接影响工件的尺寸精度。定尺寸刀具的安装和使用不当，会产生跳动，也将影响加工精度。

成形刀具（如成形车刀、成形铣刀及齿轮刀具等）的制造和磨损误差主要影响工件的形状精度。

四、夹具误差

夹具误差主要包括以下几项。

（1）定位元件、刀具导向元件、分度机构、夹具体等的制造误差。

（2）夹具装配后，以上各种元件工作面间的位置误差。

（3）夹具在使用过程中工作表面的磨损引起的误差。

（4）在夹具使用中工件定位基面与定位元件工作表面间的位置误差。

夹具误差将直接影响加工表面的位置精度或尺寸精度。例如：各定位支承板或支承钉的等高性误差将直接影响加工表面的位置精度；钻模上各钻套间的尺寸误差和平行度（或垂直度）误差将直接影响所加工孔系的尺寸精度和位置精度；镗模导向套的形状误差将直接影响所加工孔的形状精度等。

夹具误差引起的加工误差在设计夹具时可以进行分析计算。对已制成的夹具，可以进行检测后再计算出它可能造成的加工误差大小。一般来说，夹具误差对加工表面的位置误差影响最大。

五、测量误差

工件在加工过程中要用各种量具、量仪等进行检验测量，再根据测量结果对工件进行试切和调整机床。量具本身的制造误差，测量时的接触力、温度、目测正确程度等都直接影响加工精度。因此，要正确地选择和使用量具，以保证测量精度。

六、调整误差

在机械加工的每一道工序中，应对机床、夹具和刀具进行调整。调整误差的来源，视加工方式不同而异。

1. 试切法加工误差

单件小批生产中,通常采用试切法进行加工。方法是:对工件进行试切—测量—调整—再试切,直到达到所要求的精度为止。引起调整误差的因素如下。

(1) 测量误差。测量误差是由测量工具本身和测量方法、环境条件(温度和振动)、测量者的主观因素(视力、判断能力、测量经验等)造成的误差。

(2) 进给机构的位移误差。在试切中,总是要微量调整刀具的进给量。在低速微量进给中,常会出现进给机构"爬行"现象,导致刀具的实际进给量与刻度盘上的数值不符,造成加工误差。

(3) 试切与正式切削时,因切削层厚度不同而产生的误差。精加工时,试切的最后一刀切削层往往很薄,切削刃只起挤压作用,而不起切削作用,但正式切削时的深度较大,切削刃不打滑,就会多切下一点。因此,工件尺寸就与试切时不同,产生尺寸误差。

2. 调整法加工误差

影响调整法加工精度的因素有测量精度、调整精度、重复定位精度等。用定程机构调整时,调整精度取决于行程挡块、靠模及凸轮等机构的制造精度和刚度,以及与其配合使用的离合器、控制阀等的灵敏度;用样件或样板调整时,调整精度取决于样件或样板的制造、安装和对刀精度。

七、定位误差

六点定则解决了消除工件自由度的问题,即解决了工件在夹具中位置"定与不定"的问题。但是,一批工件逐个在夹具中定位时,各个工件所占据的位置不完全一致,即出现工件位置定得"准与不准"的问题。如果各工件在夹具中所占据的位置不准确,加工后各工件的加工尺寸必然大小不一,形成误差。这种只与工件定位有关的误差称为定位误差,用 Δ_D 表示。

在工件的加工过程中,产生误差的因素有很多,定位误差仅是加工误差的一部分。为了保证加工精度,一般限定定位误差不超过工件加工公差 T 的 $1/5 \sim 1/3$,即

$$\Delta_D \leqslant (1/5 \sim 1/3) T$$

式中:Δ_D——定位误差,单位为 mm;

T——工件的加工公差,单位为 mm。

造成定位误差的原因有两个:一是定位基准与工序基准不重合,由此产生基准不重合误差 ΔB;二是定位基准与限位基准不重合,由此产生基准位移误差 ΔY。

1. 基准不重合误差 ΔB

由于定位基准和工序基准不重合而造成的加工误差,称为基准不重合误差,用 ΔB 表示。

图 2-10 所示为铣缺口的工序简图,工序尺寸是 A 和 B。工件以底面和 E 面定位,C 是确定夹具与刀具相对位置的对刀尺寸。对于同一批工件而言,C 的大小是不变的。

对于尺寸 A 而言,工序基准是 F 面,定位基准是 E 面,两者不重合。当一批工件逐一在夹具上定位时,受到尺寸 S 的影响,工序基准 F 面的位置是变动的,而 F 面的变动影响了 A 的大小,给尺寸 A 造成误差,这就是基准不重合误差。

显然,基准不重合误差等于因定位基准与工序基准不重合而造成的加工尺寸的变动范围,即

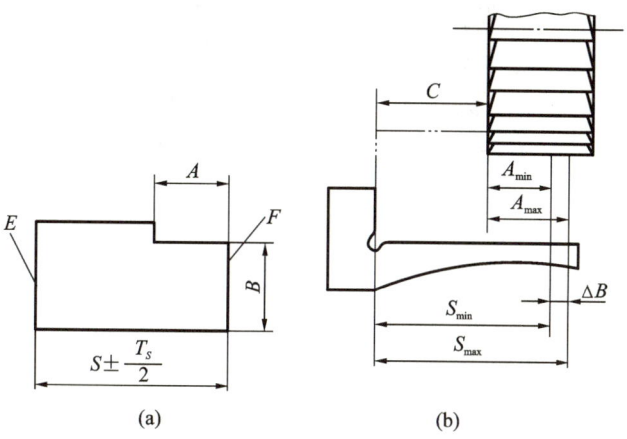

图 2-10 铣缺口的工序简图

$$\Delta B = A_{\max} - A_{\min} = S_{\max} - S_{\min} = T_S$$

S 是定位基准 E 和工序基准 F 间的距离尺寸,称为定位尺寸。当工序基准的变动方向与加工尺寸的方向相同时,基准不重合误差等于定位尺寸的公差,即

$$\Delta B = T_S$$

当工序基准的变动方向与加工尺寸的方向成夹角 α 时,基准不重合误差等于定位尺寸公差在加工尺寸方向上的投影,即

$$\Delta B = T_S \cos\alpha$$

当基准不重合误差受多个尺寸影响时,应将它在工序尺寸方向上合成。

基准不重合误差的一般计算公式为

$$\Delta B = \sum_{i=1}^{n} T_i \cos\beta$$

式中:T_i——定位基准和工序基准间的尺寸链组成环的公差;

β——T_i 方向与加工尺寸方向间的夹角。

如图 2-10 所示,加工尺寸 B 的工序基准与定位基准均为底面,工序基准与定位基准重合,所以 $\Delta B = 0$。

2. 基准位移误差 ΔY

定位基准和工序基准重合时,工件和定位元件的制造误差会造成定位基准的位置移动,使定位基准偏离其理想位置(限位基准)。定位基准相对于理想位置的最大变动量,称为基准位移误差,用 ΔY 表示,如图 2-11 所示。

图 2-11(a)所示是在圆柱面上铣槽的工序简图,工序尺寸为 A 和 B。工序尺寸 B 由铣刀的宽度保证,不需要计算定位误差。图 2-11(b)所示是定位示意图,工件以内孔 D 在圆柱心轴上定位,O 是圆柱心轴轴心,O_1、O_2 是工件孔的中心,C 是对刀尺寸。

对于尺寸 A 而言,工序基准是内孔 D 的轴线,定位基准也是内孔 D 的轴线,两者重合,故 $\Delta B = 0$。

理论上,定位基准(内孔轴线)与限位基准(心轴轴线)重合,限位基准是定位基准的理想位置或标准位置或理论位置,限位基准的位置总不会改变。但由于定位副有制造公差和最小配合间隙,定位基准的位置会发生变化,使定位基准与限位基准不能重合,定位基准相对

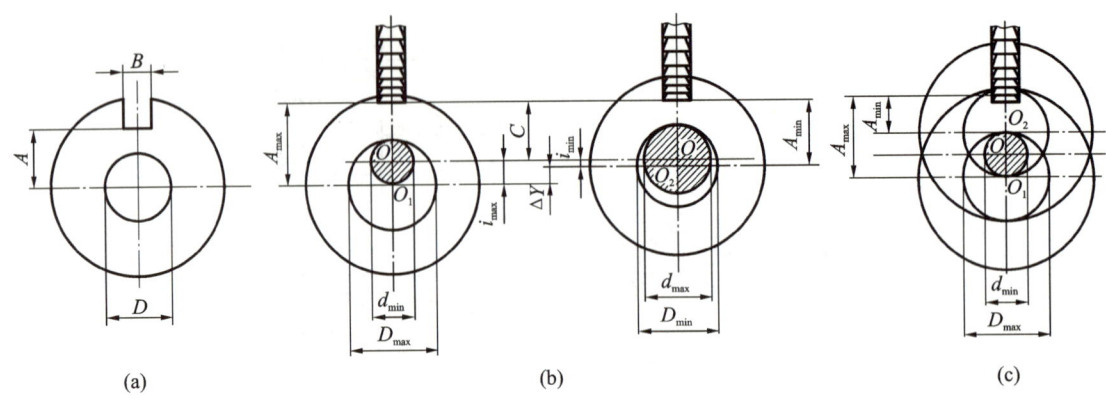

图 2-11 基准位移误差

于限位基准偏移了一段距离。由于刀具调整好位置后,在加工一批工件过程中,刀具的位置不再变动,因此定位基准位置的变动给工序尺寸 A 造成加工误差,该误差即为基准位移误差。

基准位移误差应等于定位基准的最大变动量。

如图 2-11(b)所示,当工件内孔的直径 D 为最大值(D_{max}),定位心轴的直径 d 为最小值(d_{min})时,定位基准的位移量最大($i_{max}=OO_1$),工序尺寸也最大(A_{max});当工件内孔的直径 D 为最小值(D_{min}),定位心轴的直径 d 为最大值(d_{max})时,定位基准的位移量最小($i_{min}=OO_2$),工序尺寸也最小(A_{min})。因此,同一批工件定位基准的最大变动量为

$$\Delta i = OO_1 - OO_2 = i_{max} - i_{min} = A_{max} - A_{min}$$

式中:i——定位基准的位移量;

Δi——定位基准的最大变动量。

当定位基准定位变动方向与加工尺寸的方向相同时,基准位移误差等于定位基准的最大变动量,即

$$\Delta Y = \Delta i$$

当定位基准定位变动方向与加工尺寸的方向不一致,两者之间成夹角 α 时,基准位移误差等于定位基准的变动范围在加工尺寸方向上的投影,即

$$\Delta Y = \Delta i \cos\alpha$$

任务3　工艺系统的受力变形

在机械加工中,工艺系统在切削力、夹紧力、传动力、重力、惯性力以及内应力等内、外力作用下会产生弹性变形,弹性变形超过弹性极限时就会产生塑性变形,严重时还会引起系统振动,从而破坏已经调整好的工件与刀具间的相对位置,使工件产生加工误差。

工艺系统的受力变形是机械加工精度中一项很重要的原始误差。它不仅严重地影响着工件的加工精度,而且影响着工件的表面质量,还限制了切削用量和生产率的提高。

一、基本概念

1. 工艺系统的刚度

刚度的一般概念是:加到物体上的作用力 F 与沿此力作用方向上产生的位移(变形) y

的比值,即

$$k = \frac{F}{y} \tag{2-2}$$

与此类似,工艺系统的刚度就是指系统受外力作用时抵抗变形的能力。工艺系统抵抗变形的能力越强,零件的加工精度就越高。

工艺系统的刚度有以下特点。

(1)工艺系统是由多个零部件组成的一个复杂系统,除了零部件本身的变形之外,零件之间的间隙、零件接触面的形状误差都有可能使零部件在受外力时产生移动或转动,显然这不完全是变形问题,应不属于刚度讨论的范畴,但就效果而言,同样都会导致工件与刀具之间相对位置的变化。所以,从广义上说,工艺系统的刚度是指系统抵抗外力保持原有位置不变的能力,即从"系统的位移"这个角度来理解工艺系统的刚度。

(2)工艺系统的受力往往比较复杂,可能一个方向的外力同时产生几个方向的位移,或者一个方向的位移同时由几个方向上的外力所引起。这就是位移的复合性,而我们主要研究的是工艺系统在误差敏感方向上的位移。

根据工艺系统刚度的两个特点,可以将工艺系统的刚度定义为:垂直于工件加工表面的切削分力 F_p 与在此方向上刀具相对于工件的位移 y_{xt} 的比值,即

$$k_{xt} = \frac{F_p}{y_{xt}}$$

式中:F_p——切削力沿加工平面法线方向的分力,N;

k_{xt}——工艺系统在总切削力的作用下沿加工平面法线方向的变形量,mm。

切削加工中,机床的有关零部件、夹具、刀具和工件在切削力的作用下会产生不同程度的变形。因此,工艺系统在某一方向的总变形量是各组成部分在该处法线方向的变形量的叠加,即

$$y_{xt} = y_{jc} + y_{dj} + y_{jj} + y_{gj}$$

式中,下标 jc、jj、dj、gj 分别表示机床、夹具、刀具和工件。

各组成部分的刚度为

$$k_{xt} = \frac{F_p}{y_{xt}}, \quad k_{jc} = \frac{F_p}{y_{jc}}, \quad k_{dj} = \frac{F_p}{y_{dj}}, \quad k_{jj} = \frac{F_p}{y_{jj}}, \quad k_{gj} = \frac{F_p}{y_{gj}}$$

因此,工艺系统刚度的一般计算公式为

$$k_{xt} = \frac{1}{\frac{1}{y_{jc}} + \frac{1}{y_{dj}} + \frac{1}{y_{jj}} + \frac{1}{y_{gj}}} \tag{2-3}$$

式(2-3)给出了工艺系统局部刚度与整体刚度之间的数量关系。它表明整个工艺系统的刚度比各组成部分中刚度最小的那部分的刚度还要小。必须注意的是,式(2-3)是在工艺系统中各组成部分的受力都相等的条件下得到的,实际上,各组成部分受力不一定相等,因而变形也不一定相同。所以,式(2-3)的具体形式应按加工中受力和变形关系来推出。

2. 静刚度与动刚度

上述所说的刚度是当工艺系统处于静态时得到的,所以,k_{xt} 也称为静刚度 k_j,它的倒数称为静柔度 C_j。

$$k_j = \frac{1}{C_j} \tag{2-4}$$

工艺系统在交变载荷作用下将产生振动,振幅(变形)的大小不仅与激振力有关,而且还与激振频率有关。这与稳定加工状态下的受力变形有着原则上的区别。我们把在某个激振频率下产生单位振幅所需的激振力幅值称为该激振频率下工艺系统的动刚度 k_d,动刚度 k_d 的倒数称为动柔度 C_d。

$$k_d = \frac{1}{C_d}$$

3. 负刚度

如图 2-12 所示,当 F_z 引起的 y 向位移量 y_{F_z} 超出 F_y 引起的 y 向位移量 y_{F_y} 时,总的位移量就因与 y 方向相反而呈负值,此时刀架处于负刚度状态。负刚度会使刀尖扎入工件表面(俗称扎刀或啃刀),还会使工艺系统产生振动。

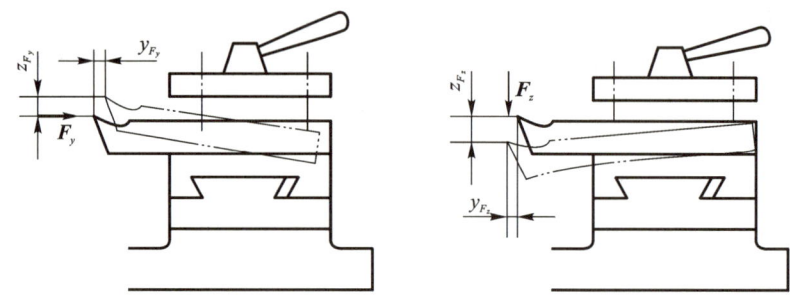

图 2-12 刀架在切削力作用下的变形

4. 接触刚度

工艺系统是由许多零部件构成的,它们相互间的接触表面并非理想的几何表面,零件经机械加工后总是存在着许多宏观和微观的表面缺陷。所以,表面实际相接触的仅是表面上的一些凸峰(见图 2-13(a))。在外力的作用下,这些接触点产生较大的接触应力,发生较大的接触变形,其中既有表面层的弹性变形,又有局部的塑性变形。我们把互相接触的两表面抵抗接触变形的能力称为接触刚度。在加载初期,接触刚度很低;随着接触变形增加,接触点增多,接触面积增大,接触应力和接触变形逐渐减小,接触刚度提高,如图 2-13(b)所示。

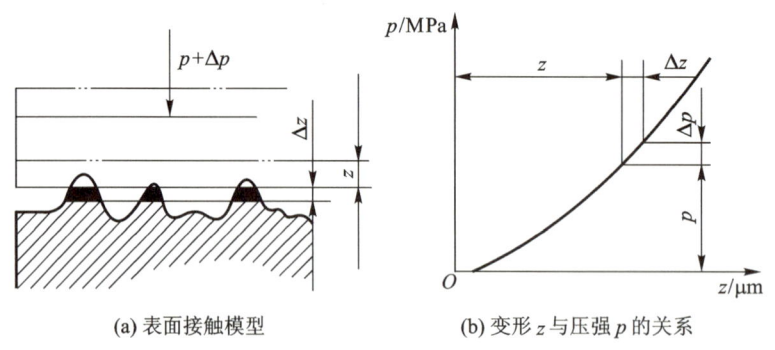

(a) 表面接触模型　　(b) 变形 z 与压强 p 的关系

图 2-13 表面接触情况

影响接触刚度的主要因素有:①表面几何形状误差与表面粗糙度;②材料及其硬度。

二、工艺系统的受力变形对加工精度的影响

1. 切削力引起的变形对加工精度的影响

实际加工中,切削力的大小和作用点的位置总是变化的,有时切削力的方向也会变化。

下面我们着重讨论切削力的大小和作用点位置变化所带来的影响。

（1）切削力作用点位置的变化引起的加工误差。

切削过程中，如果总切削力的大小不变，作用点位置变化，则工艺系统的变形量随之变化，将会引起工件轴向剖面中的形状误差。下面以车床采用顶尖装夹加工光轴为例进行分析。

① 机床的变形。

假设工件短而粗，车刀悬伸长度很短，它们的受力变形均忽略不计，只考虑机床的变形，如图 2-14(a)所示。当车刀走到图示位置时，在背向切削力 $\boldsymbol{F}_p$ 的作用下，车床主轴箱受力 $\boldsymbol{F}_A$ 作用，由原来的位置 A 位移到 A'，产生的变形为 y_{tj}；尾座受力 $\boldsymbol{F}_B$ 作用，由 B 位移到 B'，产生的变形为 y_{wz}；刀架由 C 位移到 C'，产生的变形为 y_{dj}。这时，工件的轴线由 AB 位移到 $A'B'$。

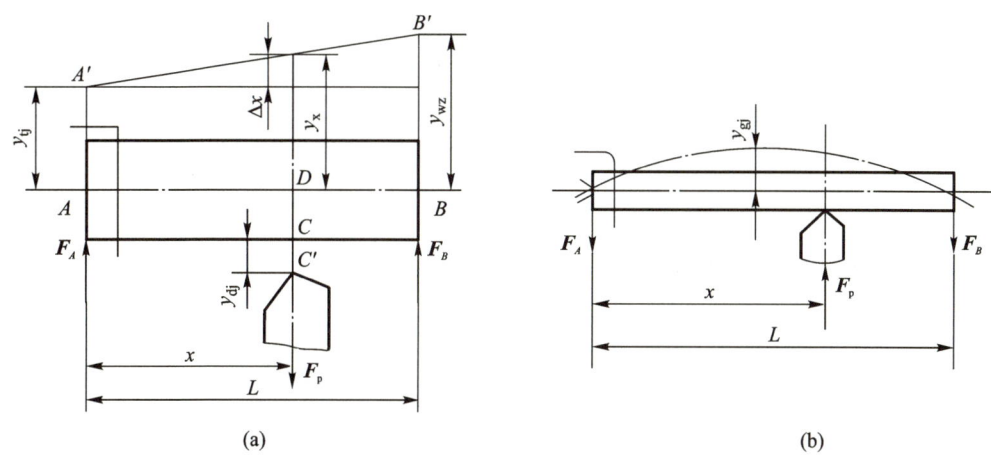

图 2-14　切削力作用点位置的变化引起的变形

在切削点处工件轴线的位移为
$$y_x = y_{tj} + \Delta x = y_{tj} + (y_{wz} - y_{tj})x/L$$

式中：L——工件长度；

x——车刀至主轴箱的距离。

考虑到刀架的变形，机床的总位移为
$$y_{jc} = y_x + y_{dj}$$

当车刀在任意位置 x 处时，由刚度定义可知：
$$y_{dj} = \frac{F_p}{k_{dj}}, \quad y_{tj} = \frac{F_A}{k_{tj}} = \frac{F_p}{k_{tj}} \frac{L-x}{L}, \quad y_{wz} = \frac{F_B}{k_{wz}} = \frac{F_p}{k_{wz}} \frac{x}{L}$$

式中：k_{tj}、k_{wz}、k_{dj}——分别表示主轴箱、尾座、刀架的刚度。

因此，机床的总变形为
$$y_{jc} = y_{dj} + y_x = y_{dj} + y_{tj} + (y_{wz} - y_{tj})\frac{x}{L}$$

即
$$y_{jc} = F_p \left[\frac{1}{k_{dj}} + \frac{1}{k_{tj}}\left(\frac{L-x}{L}\right)^2 + \frac{1}{k_{wz}}\left(\frac{x}{L}\right)^2 \right]$$

当 $x=0$ 时，

$$y_{jc} = F_p\left[\frac{1}{k_{dj}} + \frac{1}{k_{tj}}\right]$$

当 $x = L/2$ 时,

$$y_{jc} = F_p\left[\frac{1}{k_{dj}} + \frac{1}{4k_{tj}} + \frac{1}{4k_{wz}}\right]$$

当 $x = L$ 时,

$$y_{jc} = F_p\left[\frac{1}{k_{dj}} + \frac{1}{k_{wz}}\right] = y_{max}$$

可以看出,随着总切削力作用点位置的变化,工艺系统的变形量也是变化的,这是由工艺系统的刚度随总切削力作用点位置的变化而变化所致。变形大的地方切去的金属薄,变形小的地方切去的金属厚,最后加工出来的工件呈两端粗、中间细的鞍形。

②工件的变形。

在两顶尖间车削细长轴,机床和刀具的变形忽略不计。当车刀走到图 2-14(b)所示的位置时,在背向切削分力的作用下,工件的轴线产生弯曲。

由材料力学计算公式可得,在切削点处工件的变形为

$$y_{gj} = \frac{F_p}{3EI}\frac{(L-x)^2 x^2}{L} \tag{2-5}$$

式中:L——工件长度,mm;

E——材料的弹性模量,N/mm^2;

I——工件的截面惯性矩,mm^4。

当 $x = 0$ 时, $y_{gj} = 0$

当 $x = L/2$ 时, $y_{gj} = \dfrac{F_p L^3}{48EI} = y_{max}$

当 $x = L$ 时, $y_{gj} = 0$

由此可见,加工后的工件呈鼓形。

③工艺系统的总变形。

若同时考虑机床和工件的变形,则工艺系统的总变形为

$$y_{xt} = y_{jc} + y_{gj} = F_p\left[\frac{1}{k_{dj}} + \frac{1}{k_{tj}}\left(\frac{L-x}{L}\right)^2 + \frac{1}{k_{wz}}\left(\frac{x}{L}\right)^2 + \frac{(L-x)^2 x^2}{3EIL}\right]$$

工艺系统的刚度为

$$k_{xt} = \frac{F_p}{y_{xt}} = \left[\frac{1}{k_{dj}} + \frac{1}{k_{tj}}\left(\frac{L-x}{L}\right)^2 + \frac{1}{k_{wz}}\left(\frac{x}{L}\right)^2 + \frac{(L-x)^2 x^2}{3EIL}\right]^{-1}$$

由此可知,工艺系统的刚度沿工件轴向的各个位置是不同的,所以加工后工件各个截面的直径尺寸也不同,造成加工后工件产生形状误差。

工艺系统的刚度随受力点位置变化而变化的例子很多,如图 2-15 所示。在分析加工误差时,应了解工艺系统各组成部分刚度的大小、低刚度部分受力点位置是否变化、受力变形量是否为常值等。读者可自行分析图 2-15 所示各例加工后的形状误差。

(2)切削力大小的变化对加工精度的影响。

机械加工时,工艺系统在总切削力的作用下会产生变形,使得实际切削余量发生变化,而影响加工后的尺寸精度。如果在加工过程中总切削力的大小不变,这一误差是可以通过适当的调整来消除的。但是,机械加工时,由于毛坯形状误差较大而导致加工余量不均或材

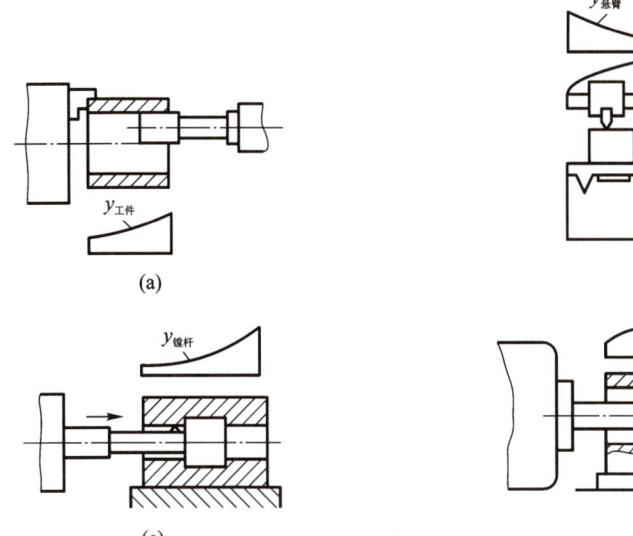

图 2-15 工艺系统的受力变形随总切削力作用点位置变化而变化的例子

料硬度的变化,都会引起总切削力的大小发生变化,工艺系统的变形也就随总切削力大小的变化而变化,从而产生加工误差。

如图 2-16 所示,设车削时毛坯有圆度误差,车削前将车刀调整到图中双点画线位置。毛坯具有形状误差,使得工件在每一转中背吃刀量发生变化,最大背吃刀量为 a_{p1},最小背吃刀量为 a_{p2}。假设毛坯材料硬度均匀,那么背吃刀量的变化引起背向切削力的变化,相应的变形也在变化,a_{p1} 处切削力 F_{p1} 最大,相应的变形 y_1 也最大;a_{p2} 处切削力 F_{p2} 最小,相应的变形 y_2 也最小。车削后得到的工件仍然具有圆度误差。

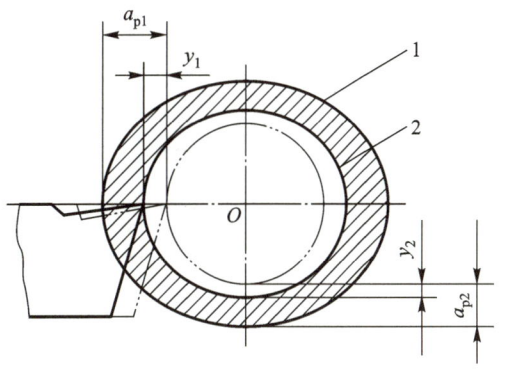

图 2-16 毛坯的误差复映
1—毛坯;2—加工后的工件

由此可见,当车削具有圆度误差 $\Delta_{mp} = a_{p1} - a_{p2}$ 的毛坯时,工艺系统受力的变化使工件产生相应的圆度误差 $\Delta_{gj} = y_1 - y_2$,这种现象称为误差复映。

设工艺系统的刚度为 k_{xt},则工件的圆度误差为

$$\Delta_{gj} = y_1 - y_2 = \frac{1}{k}(F_{p1} - F_{p2})$$

把工件误差 Δ_{gj} 与毛坯误差 Δ_{mp} 的比值定义为误差复映系数 ε。由切削原理可知:

$$\varepsilon = \frac{\Delta_{gj}}{\Delta_{mp}} = \frac{y_1 - y_2}{a_{p1} - a_{p2}} = \frac{C}{k_{xt}} \tag{2-6}$$

式中:C——与刀具几何参数及切削条件有关的系数;
k_{xt}——工艺系统的刚度。

误差复映系数定量地反映了毛坯误差经过加工后减小的程度,且工艺系统的刚度越大,

ε 就越小，即复映到工件上的毛坯误差越小。

由于误差复映系数是远小于 1 的正数，因此，当一次走刀不能满足精度要求时，可以用多次走刀的办法来降低毛坯的误差复映。当 n 次走刀的误差复映系数分别为 $\varepsilon_1,\varepsilon_2,\varepsilon_3,\cdots,\varepsilon_n$ 时，总的误差复映系数为

$$\varepsilon_Z = \varepsilon_1 \times \varepsilon_2 \times \varepsilon_3 \times \cdots \times \varepsilon_n \ll 1$$

根据已知的毛坯误差 Δ_{mp} 可以估算工件加工后的误差，也可根据工件的公差值来确定走刀次数。

2. 传动力、惯性力、夹紧力和重力引起的变形对加工精度的影响

（1）传动力和惯性力的影响。

传动力和惯性力对加工精度的影响，就本质而言，是相同的，均是由于切削加工中传动力和惯性力的方向不断变化而引起的。

①传动力的影响。

在车床或磨床类机床上加工轴类零件时，常采用以两顶尖支承和单爪拨盘（或鸡心夹头）带动工件旋转的方法来实现。分析图 2-17 可知：

a. 切削力 F 使工件的几何中心由 O 移动到 O'，只要 F 的大小不变，O' 的位置就固定不变，显然，O' 为平均回转轴线；

b. 在 F_c 的作用下，工件的几何中心由 O' 移动到 O''，因 F_c 的方向是不断变化的，故 O'' 的位置会随之变化，从而形成了一个以 O' 为圆心、$O'O''$ 为半径的轨迹圆，显然，O'' 是瞬时回转轴线。

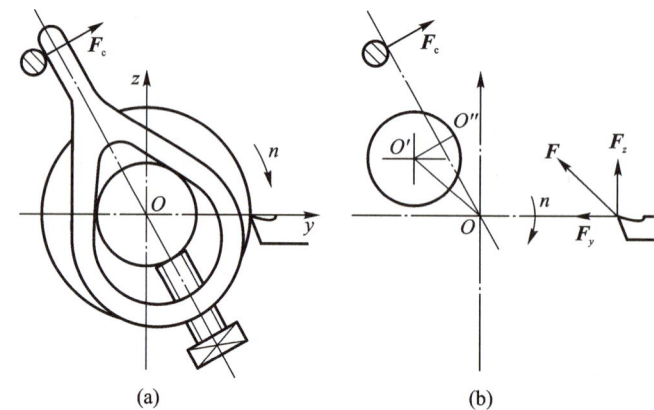

图 2-17 由传动力引起的加工误差

由此可见，工件表面是在瞬时回转轴线 O'' 相对于平均回转轴线 O' 及以后顶尖为锥角顶点所形成的圆锥轨迹中加工出来的。因此，加工后的工件在圆度仪上测量时，由于 O' 到刀尖的距离在一转中始终不变，因此工件仍为圆；而在两顶尖支承下测量时，由于 O' 到刀尖的距离在一转中是变化的，因此工件呈心脏形。

为了减小传动力的影响，在精密加工中，常常改用双销拨盘或柔性连接装置来带动工件转动。

②惯性力的影响。

切削加工中，高速旋转的零部件（含夹具、刀具和工件等）的不平衡将产生惯性力。此力在每一转中不断改变方向，正如单爪拨盘传动力的影响一样，导致产生了瞬时回转轴线绕平

均回转轴线的转动。

为了减小惯性力的影响,常常采用配重的方法来消除这种不平衡的现象,必要时适当降低转速,以减小离心力的影响。

(2) 夹紧力的影响。

对于刚性较差的工件,夹紧力若施力不当,常常会引起变形而造成工件的几何形状误差。即使是刚度较大的工件,也不应忽视这一影响。图 2-18 和图 2-19 表示了夹紧力所带来的形状误差,并附有相应的改进措施。

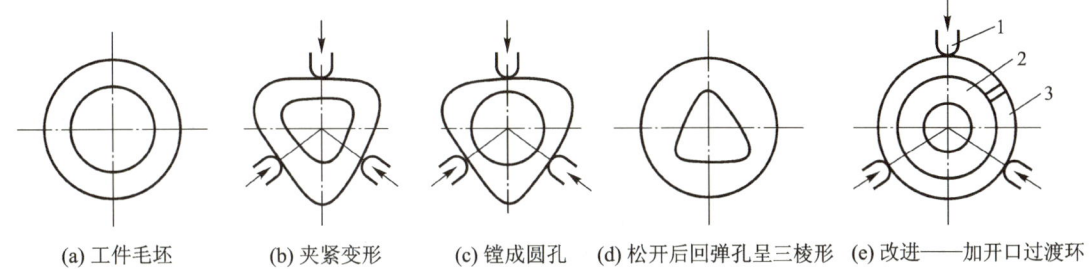

(a) 工件毛坯　　(b) 夹紧变形　　(c) 镗成圆孔　　(d) 松开后回弹孔呈三棱形　　(e) 改进——加开口过渡环

图 2-18　套筒零件的夹紧变形及改进措施

1—三爪自定心卡盘;2—工件;3—开口过渡环

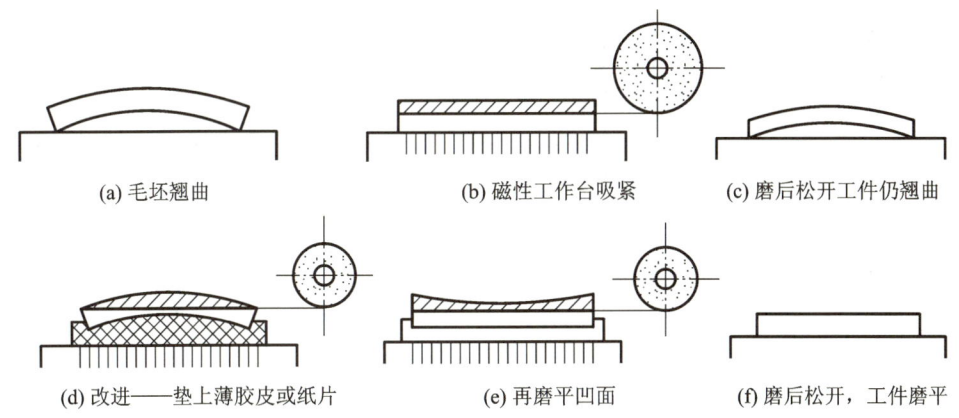

(a) 毛坯翘曲　　(b) 磁性工作台吸紧　　(c) 磨后松开工件仍翘曲

(d) 改进——垫上薄胶皮或纸片　　(e) 再磨平凹面　　(f) 磨后松开,工件磨平

图 2-19　薄片零件磨削的夹紧变形及改进措施

(3) 重力的影响。

大型机床中的某些部件作进给运动时,本身自重对支承件的作用点位置不断变动,使得部件本身或支承件的受力变形随之改变而产生加工误差,如大型立式车床、龙门刨床、龙门铣床中刀架横梁的变形,摇臂钻床中摇臂的变形,镗床中镗杆的变形等。

对于这种由重力产生的误差,可以根据挠性零件自重变形规律,采取相应的措施来消除或降低其影响。例如,对于大型立式车床的横梁,就可以人为地使其上凸来抵消在刀架重力作用下的下沉量。

三、减小工艺系统受力变形的措施

减小工艺系统的受力变形是保证加工精度的有效途径之一。在生产实际中,主要从三个方面采取措施减小工艺系统的受力变形:一是提高工艺系统的刚度;二是合理安排工艺路线;三是减小载荷及其变化。

1. 提高工艺系统的刚度

(1) 合理设计结构。

在设计机床或夹具时,尽量减少其组成零件数,以减小总的接触变形量;注意刚度匹配,防止低刚度环节出现。

(2) 提高零件连接表面的接触刚度。

①提高机床部件中零件间结合表面的质量。影响连接表面接触刚度的因素主要是表面的粗糙度和形状精度。生产中常采用刮研、研磨、超精加工、超精密磨削等光整加工方法来提高表面质量,降低结合面的粗糙度,增加实际接触面积,提高接触刚度。

②给机床部件预加载荷。在装配时对机床部件上有关组成零件预加载荷,消除结合面的间隙,如各类轴承、滚珠丝杠螺母副的调整。

③合理使用机床。尽量减小尾座套筒、刀杆、刀架滑枕等的悬伸长度,减小运动部件的间隙,锁紧在加工时不需要运动的可动部件等。

(3) 设置辅助支承,提高部件的刚度。

薄弱环节的刚度对整个系统的刚度影响很大,生产中常采用设置辅助支承的方式来提高薄弱环节的刚度。如图 2-20 所示,在转塔车床上加工较短的轴套类零件时,刀架刚度较低,为明显的薄弱环节,通常用加强杆和导向支承套来提高刀架部件的刚度。

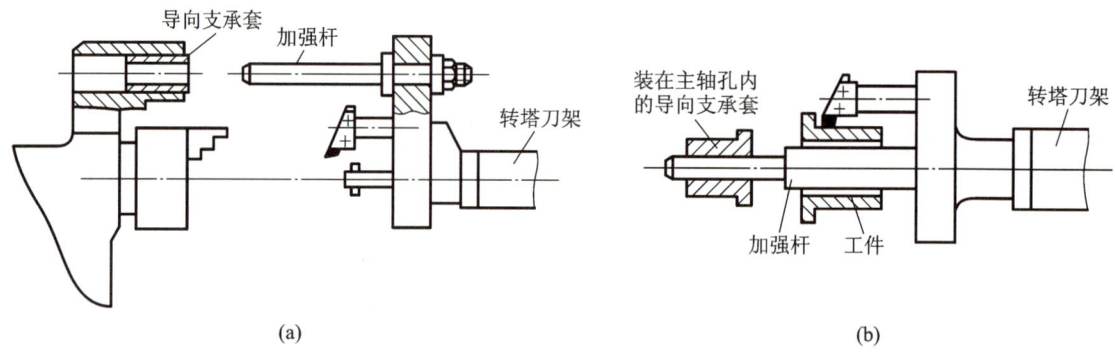

图 2-20　采用辅助支承来提高部件的刚度

(4) 采用合理的装夹和加工方式。

图 2-21 所示为在卧式铣床上铣削角铁形零件的两种装夹、加工方式。图 2-21(a)中工件的装夹刚度较低,图 2-21(b)中工件的装夹刚度得到大大提高。

又如加工细长轴时,除采用中心架、跟刀架外,常采用反向切削使工件从原来的轴向受压变为轴向受拉,这样也可提高工件的刚度。

(5) 采用补偿或转移变形的方法。

对于图 2-22 所示的龙门铣床,为消除铣头和配重对横梁造成的弯曲变形影响,在横梁上增加一个附加梁,使横梁不承受铣头和配重的作用,变形被转移到了不影响加工精度的附加梁上;对于图 2-23 所示的摇臂钻床,为消除主轴箱自重对摇臂造成的弯曲变形,把主轴箱的导轨做成反向弯曲面,在主轴箱自重的作用下,导轨变形后接近水平,实现对变形的补偿。

2. 合理安排工艺路线

在安排工艺路线时,粗、精加工尽量分开,并适当安排时效处理工序,以消除零件内部的残余应力。

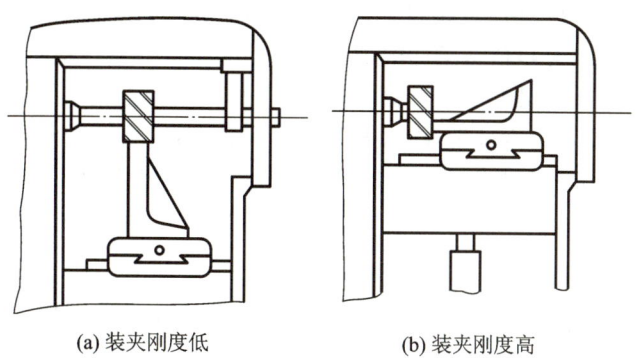

(a) 装夹刚度低　　　　　　　(b) 装夹刚度高

图 2-21　在卧式铣床上铣削角铁形零件的两种装夹、加工方式

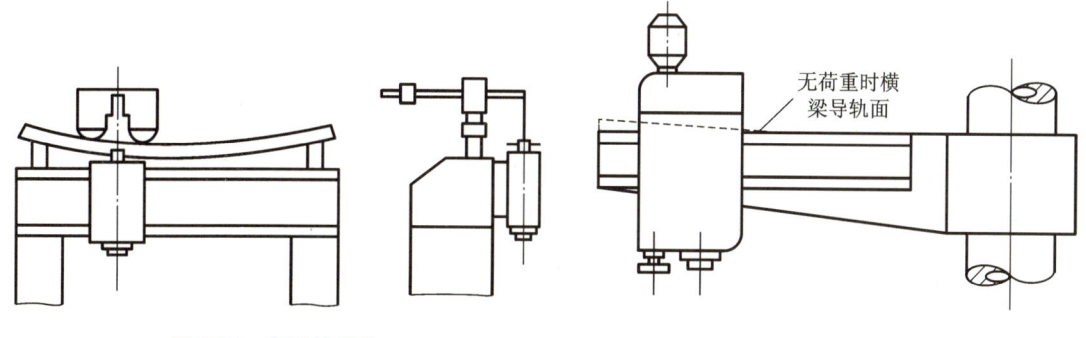

图 2-22　变形转移法　　　　　　图 2-23　变形补偿法

3. 减小载荷及其变化

减小切削用量,可减小总切削力对零件加工精度的影响,但同时生产率也会降低。此外,改善工件材料的可加工性,改善刀具材料及刀具几何参数(如增大前角,使主偏角接近90°等)都可减小工艺系统的受力变形。采用精坯以减小加工余量,可减小毛坯的误差复映。

任务 4　工艺系统的热变形

机械加工过程中,受各种热源的影响,工艺系统将因温度的变化而产生变形,从而引起加工误差。据统计,在精密加工中,由热变形引起的误差占总加工误差的 40%～70%,严重地影响了加工精度。

一、工艺系统的热源

工艺系统的热源可分为内部热源和外部热源两大类。

内部热源来自切削过程,包括切削热(加工过程中存在于工件、刀具、切屑及切削液中的热)、摩擦热(由相对运动的零部件间的摩擦产生的热,如机床运动副、动力源、液压系统等)等。

外部热源来自外部环境,包括环境温度(周围环境通过空气对流而传递的热量,如气温、地温、冷热风等)、辐射热(外部热源经辐射而传递的热量,如阳光、照明灯、暖气设备、人体等)。

在上述热源中,切削热对加工精度的影响最为直接,而摩擦热是机床热变形的主要热源,外部热源主要影响大型和精密工件的加工。

受热源影响,工艺系统温度逐渐升高。与此同时,热量通过各种传导方式向周围散发。当单位时间内传入与散发的热量相等时,温度不再升高,即达到平衡状态。在达到热平衡之前,工艺系统的热变形是不断变化的,难以控制;而在达到热平衡之后,工艺系统的热变形逐步趋于相对稳定。因此,热平衡是研究加工精度必须关心的一个重要问题。

二、机床的热变形对加工精度的影响

由于在达到热平衡之前,机床的几何精度变化不定,机床的热变形对加工精度的影响毫无规律,因此,各种精密加工都必须在机床达到热平衡之后进行。所以,机床达到热平衡所用的时间及此时所能达到的动态几何精度就成了衡量精加工机床加工质量的一个重要指标。一般车床、磨床的热平衡时间为4~6小时,中小型机床的热平衡时间为1~2小时,大型、精密机床的热平衡时间有时达到50小时。图2-24所示是几种机床的热变形趋势。

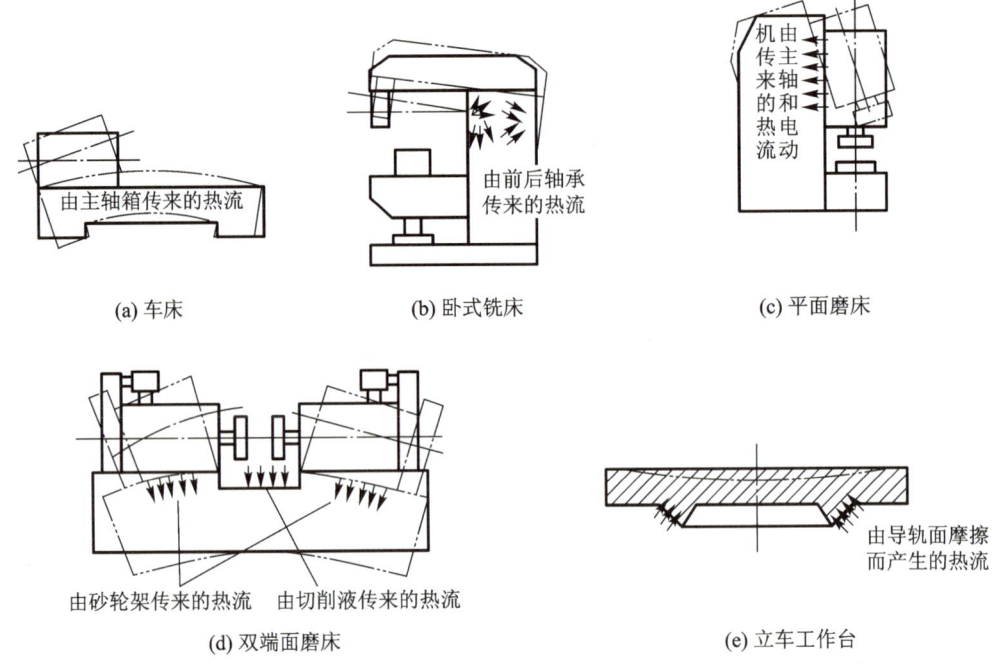

图 2-24 几种机床的热变形趋势

车床、铣床、镗床类机床的重要热源是主轴箱的发热(轴承的摩擦热和油池的发热)。它使主轴箱及与主轴箱连接的床身温度升高,热变形使主轴上翘、抬高,同时发生水平偏移。若变形发生在误差非敏感方向,则影响不大;反之,对加工精度有很大的影响。

龙门刨床、龙门铣床、导轨磨床等机床的主要热源是导轨副的摩擦热。这类机床导轨长、地温与室温的温差大,也会导致床身发生较大的变形,且一般是夏天中凸、冬天中凹。

三、工件的热变形对加工精度的影响

工件主要受切削热影响而产生变形。对于大型工件或精密工件,外部热源也不可忽视。加工方法不同,工件材料、结构和尺寸不同,工件受热变形也不同。

1. 工件均匀受热

车削、磨削、镗削轴、套、盘类零件的内外圆时,工件受热均匀,它的热变形可按下式来计算:

$$\Delta L = \alpha \cdot L \cdot \Delta t \quad \text{或} \quad \Delta d = \alpha \cdot d \cdot \Delta t \tag{2-7}$$

式中:ΔL、Δd——工件长度、直径的变化量,mm;

L、d——工件的长度、直径,mm;

α——工件材料的线膨胀系数(钢,$\alpha=12\times10^{-6}/℃$;铸铁,$\alpha=11\times10^{-6}/℃$)。

工件的热变形对精加工的影响较为突出,特别是细长、高精度的工件。例如,在磨削长度为 3 m 的丝杠时,一次走刀后工件温度升高 3 ℃,则丝杠的伸长量为

$$\Delta L = 12\times10^{-6}\times3\ 000\times3\ \text{mm} = 0.1\ \text{mm}$$

工件在两顶尖间加工时,工件受热伸长受到顶尖的阻碍,会出现压杆失稳现象,这样不但会使工件弯曲而产生较大的误差,严重时还会有甩出工件的危险。这时宜采用弹性顶尖或经常松开顶尖,以调整顶尖对工件的压力。

工件的热变形对粗加工的影响不大,但在高生产率的工序集中的场合,会给后续加工工序带来影响。

2. 工件不均匀受热

铣削、刨削、磨削平面时,上、下两面温升不等,导致所加工的零件在冷却后表面呈凹形。这种现象在加工薄片零件尤为突出。不均匀受热时,工件的变形量可用下式计算:

$$\delta = \frac{\alpha \cdot \Delta T \cdot L^2}{8H} \tag{2-8}$$

式中:δ——变形量,mm;

α——工件材料的热膨胀系数,/℃;

ΔT——工件上、下表面的温差,℃;

H——工件厚度,mm;

L——工件长度,mm。

四、刀具的热变形对加工精度的影响

刀具的热变形主要是由切削热引起的。虽然切削热的大部分被切屑带走,传给刀具的热量不多,但是因刀体较小,热容量也小,而热量又集中,刀具的切削表面通常达到很高的温度,如高速钢车刀的切削刃部分温度可达 600 ℃左右,伸长量可达 0.03～0.05 mm。因此,刀具的热变形不可忽视。

图 2-25 所示为车削时车刀的热变形与切削时间的关系。车刀连续切削时的变形过程为曲线 1,车刀冷却时的变形过程为曲线 3,车刀间断切削(加工一批零件)时的变形过程为曲线 2。由图可见,无论是连续切削还是间断切削,在开始切削时,热变形显著,经过一段时间后(10～20 min)便达到了热平衡状态,热变形趋于稳定,而且刀具的热伸长还可由刀具的磨损来补偿。所以,达到热平衡后刀具的热变形对工件加工精度的影响不明显。

五、减小工艺系统热变形的主要措施

1. 减少发热、隔离热源

(1) 减少切削热:合理选择切削用量和刀具几何角度;粗、精加工分开。

(2) 减少摩擦热:可从结构和润滑两个方面采取措施来改善摩擦特性,如采用静压轴承、静压导轨、高性能润滑油等。

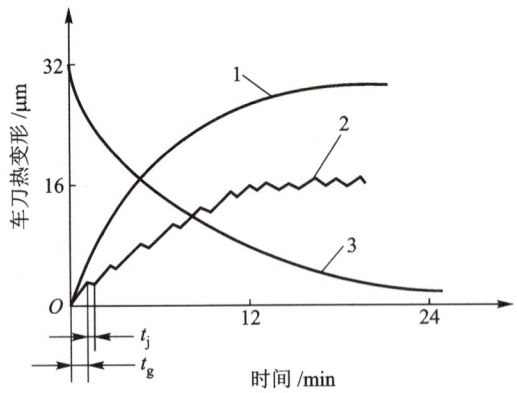

图 2-25 车削时车刀的热变形与切削时间的关系
1—连续切削；2—间断切削；3—冷却；t_g—切削时间；t_j—间断时间

(3) 分离热源：尽可能将机床中能够分离的热源部件，如电动机、变速箱、液压系统等从主机中分离出去。

(4) 隔离热源：用隔热材料将发热部件与机床大件（如床身、立柱等）隔离开来。

2. 冷却、通风、散热

(1) 采用喷雾或大流量冷却：这是减小工件和刀具热变形的有力措施。

(2) 强制冷却：如螺纹磨床丝杠采用空心结构，通入恒温油冷却；大型数控机床和加工中心普遍采用冷冻机对润滑油和冷却液强制冷却，以提高冷却效果。

(3) 加强通风、散热：在热源处加电风扇、散热片、通风口等。

3. 均衡温度场

将热量有意识地从高温区导向低温区，以补偿温度场的不对称性。图 2-26 所示为立式平面磨床均衡温度场。将磨头电动机风扇排出的热空气引向温升较慢的立柱后壁，从而均衡温度场，减小立柱的弯曲变形。

4. 加速热平衡

达到热平衡后，变形趋于稳定，对加工精度影响小。加速达到热平衡的方法如下：一是在加工前使机床高速空转，从而使机床在较短的时间内达到热平衡；二是在机床的适当部位设"控制热源"，人为地给机床加热，使机床尽快达到热平衡状态。

5. 改进机床结构

(1) 控制热变形方向。双端面磨床的主轴应用后起到热补偿作用，如图 2-27 所示。

(2) 采用热对称结构。牛头刨床滑枕的改进如图 2-28 所示。牛头刨床的滑枕应用后，弯曲变形从 0.25 mm 下降到 0.02 mm。

(3) 合理安排支承位置，以减小热变形部分的长度。图 2-29(a)所示的结构比图 2-29(b)所示的结构好，因为 $L_1 < L$，热变形造成的螺距累积误差小，砂轮的定位精度得到提高。

6. 控制环境温度

(1) 根据一昼夜气温变化的规律，晚上 10 点到早上 6 点温度变化最小，可将精度要求较高的零件放在这一段时间内加工与测量。

(2) 精密机床应安排在恒温车间中使用。恒温指标有两项：一是恒温基数 20 ℃；二是恒温精度，普通精度级为 ±1 ℃，精密级为 ±0.5 ℃，超精密级为 ±0.01 ℃。应根据不同地

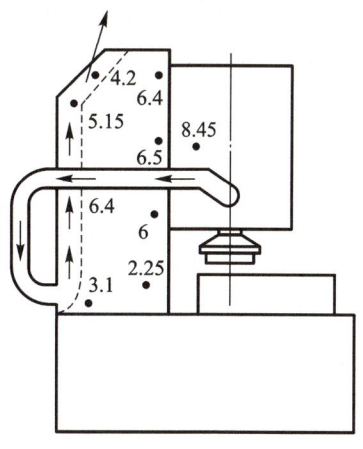

图 2-26　立式平面磨床均衡温度场

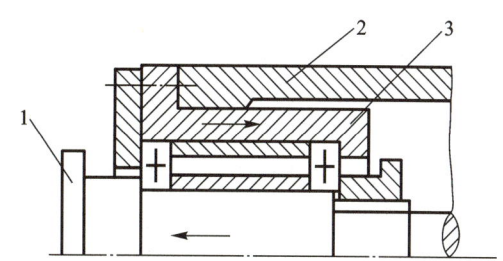

图 2-27　双端面磨床主轴的热补偿

1—主轴；2—壳体；3—过渡套筒

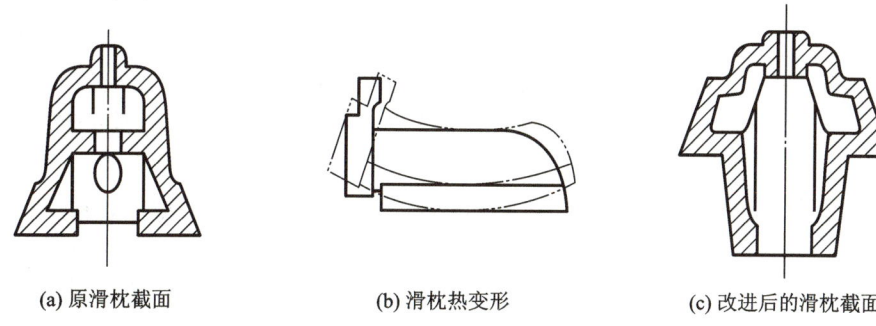

(a) 原滑枕截面　　(b) 滑枕热变形　　(c) 改进后的滑枕截面

图 2-28　牛头刨床滑枕的改进

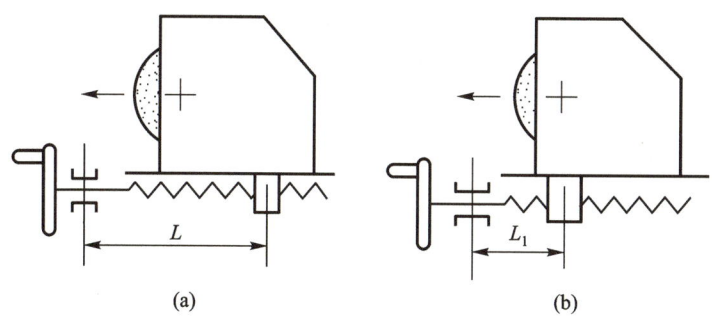

图 2-29　支承位置对砂轮架热变形的影响

区、不同季节，采用"按季调温"的方式，比如冬天恒温基数为 17 ℃，夏天恒温基数为 23 ℃，春天和秋天恒温基数为 20 ℃。

任务5　工艺系统的内应力变形

内应力是指外部载荷去除后，仍残存在工件内部的应力，又称残余应力。零件中的内应力往往处于一种很不稳定的相对平衡状态,在常温下特别是在外界某种因素的影响下很容易失去原有状态而重新分布,使零件产生相应的变形,从而破坏零件原有的精度。因此,必须采取措施消除内应力对零件加工精度的影响。

一、工件内应力产生的原因

内应力是由金属内部的相邻组织发生了不均匀的体积变化而产生的。引起体积变化的因素主要来自热加工和冷加工。

1. 毛坯制造和热处理过程中产生的内应力

在铸造、锻造、焊接及热处理过程中,零件壁厚不均匀,使得各部分热胀冷缩不均匀,以及金相组织转变时体积发生变化,使毛坯内部产生相当大的内应力。毛坯的结构越复杂、壁厚越不均匀、散热条件差别越大,毛坯内部产生的内应力也就越大。具有内应力的毛坯,内应力暂时处于相对平衡状态,工件变形缓慢,但切去一层金属后,就打破了这种平衡,内应力重新分布,工件就明显地出现了变形。

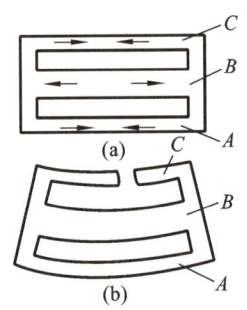

图 2-30 铸件内应力引起的变形

图 2-30(a)所示为一个内外壁厚相差较大的铸件。在浇注后的冷却过程中,壁 A 和 C 比较薄,散热较易,所以冷却较快;壁 B 较厚,冷却较慢。当壁 A 和 C 从塑性状态冷却至弹性状态(约 620 ℃)时,壁 B 温度还比较高,仍处于塑性状态,所以壁 A 和 C 收缩时,壁 B 不起阻止变形的作用,铸件内部不产生内应力。但当壁 B 冷却到弹性状态时,壁 A 和 C 的温度已经降低很多,收缩速度变得很慢,而这时壁 B 收缩较快,就受到了壁 A 及 C 的阻碍。因此,壁 B 受到了拉应力,壁 A 及 C 受到了压应力,形成了相互平衡的状态。

如果在壁 C 上切开一个缺口,如图 2-30(b)所示,则壁 C 的压应力消失。在内应力作用下,壁 B 收缩,壁 A 膨胀,铸件发生弯曲变形,直到内应力重新分布,达到新的平衡为止。推广到一般情况,各种铸件都难免由于冷却不均匀而形成内应力。

2. 冷校直产生的内应力

弯曲的工件(原来无内应力)要校直,常采用冷校直的工艺方法。此方法是在一些长棒料或细长零件弯曲的反方向施加外力 F,如图 2-31(a)所示。在外力 F 的作用下,工件内部内应力的分布,如图 2-31(b)所示,在轴线以上产生压应力(用"−"表示),在轴线以下产生拉应力(用"+"表示)。在轴线和两条虚线之间是弹性变形区域,在虚线之外是塑性变形区域。在外力 F 去除后,外层的塑性变形区域阻止内部弹性变形的恢复,使内应力重新分布,如图 2-31(c)所示。这时,虽然冷校直减小了工件的弯曲,但工件却仍处于不稳定状态,再次加工时,又将产生新的变形。因此,高精度丝杠的加工,不允许用冷校直的方法来减小弯曲变形,而是通过多次人工时效来消除残余内应力。

3. 切削加工产生的内应力

切削过程中产生的力和热,也会使被加工工件的表面层变形,产生内应力。这种内应力的分布情况由加工时的工艺因素决定。实践表明,具有内应力的工件,在加工过程中切去表面一层金属后,所引起的内应力的重新分布和变形最为强烈。因此,粗加工后,应将被夹紧的工件松开,使工件有充足的时间重新分布内应力。在工件充分变形后,再重新夹紧工件进

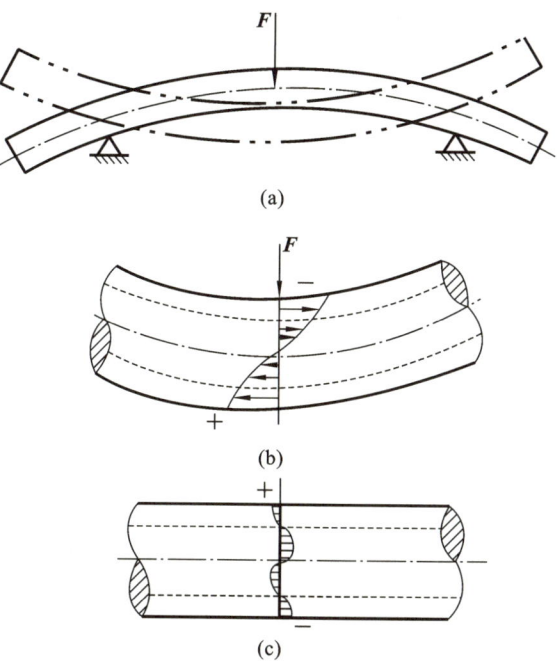

图 2-31 冷校直引起的内应力

行精加工。

二、减小内应力的措施

1. 合理设计零件结构

在零件的结构设计中,应尽量简化零件的结构,考虑壁厚均匀、减小尺寸和壁厚差、增大零件的刚度,以减小在毛坯铸造、锻造中产生的内应力。

2. 采取时效处理

自然时效处理主要安排在毛坯制造之后,或粗加工之后、精加工之前,使工件停留一段时间,利用温度的自然变化,经过多次热胀冷缩,使工件内部组织产生微观变化,从而达到减小或消除内应力的目的。这种过程一般需要半年至五年时间,因周期长,故除特别精密件外,一般较少使用自然时效处理方法。

人工时效处理是目前使用最广的一种方法,分高温人工时效处理和低温人工时效处理。高温人工时效处理一般适用于毛坯件,或在工件粗加工之后进行。低温人工时效处理一般在工件半精加工之后进行。

人工时效处理投资较大,设备较大,能源消耗多。振动时效是使工件受到激振器的敲击,或使工件在滚筒中回转互相撞击,以使工件在一定的振动强度下,金属内部组织发生转变,从而消除内应力。这种方法节省能源、简便、效率高,近年来发展很快,但存在噪声污染。此方法适用于中小型零件及有色金属件等。

3. 合理安排工艺

机械加工时,应注意粗、精加工分开在不同的工序进行,使粗加工后有一定的间隔时间让内应力重新分布,以减小对精加工的影响。

切削时应注意减小切削力,如减小余量、减小背吃刀量,或进行多次走刀,以避免工件变形。粗、精加工在一个工序中完成时,应在粗加工后松开工件,使工件自由变形,然后再用较小的夹紧力夹紧工件进行精加工。

任务6　加工误差的统计分析

前面已对影响加工精度的各种主要因素进行了分析,也提出了一些保证加工精度的措施,但从分析方法角度来看,前文是基于单因素进行分析并得出结论的。生产实际中,影响加工精度的因素往往是错综复杂的,有时很难用单因素法来分析其因果关系,而要用数理统计方法进行研究,才能得出正确的符合实际的结果。

一、概述

从加工一批工件时所反映的误差规律的性质来看,加工误差可分为系统误差和随机误差两大类。

1. 系统误差

顺序加工一批工件时,大小和方向保持不变,或者按一定规律变化的误差称为系统误差。其中,大小和方向保持不变的系统误差又称为常值系统误差,大小和方向按一定规律变化的系统误差又称为变值系统误差。

加工原理误差,机床、刀具、夹具、量具的制造误差,一次调整误差,工艺系统受力变形引起的误差等都是常值系统误差。例如,铰刀本身直径偏大 0.02 mm,加工一批工件,这批工件的直径都比规定的尺寸大 0.02 mm(在一定条件下,忽略刀具磨损的影响),这种误差就是常值系统误差。

工艺系统(特别是机床、刀具)的热变形、刀具的磨损引起的误差均属于变值系统误差。例如,车削一批短轴,由于刀具磨损,所加工出的短轴的直径一个比一个大,而且直径尺寸按一定规律变化。可见,刀具磨损引起的误差属于变值系统误差。

2. 随机误差

顺序加工一批工件时,大小和方向的变化没有规律(时大时小,时正时负,……)的误差称为随机误差。例如,毛坯误差(余量大小不一、硬度不均匀等)的复映引起的误差、定位误差(基准面精度不一、间隙影响)、夹紧误差、内应力引起的误差、多次调整引起的误差等都是随机误差。随机误差从表面上看似乎没有什么规律,但应用数理统计方法,可以找出一批工件加工误差的总体规律。

应该指出的是,在不同的场合,误差的表现性质有所不同。例如,机床在一次调整中加工一批零件时,机床的调整误差是常值系统误差。但是,当多次调整机床时,每次调整引起的调整误差就不可能是常值,且变化也无一定的规律,因此对于经多次调整加工出来的大批工件,由调整误差引起的加工误差又成为随机误差。

在生产实际中,常用统计分析法研究加工精度。统计分析法就是以在生产现场对工件进行实际测量所得的数据为基础,应用数理统计的方法,分析一批工件的情况,从而找出产生误差的原因以及误差的性质,以便提出解决问题的方法。

在机械加工中,经常采用的统计分析法主要有分布图分析法和点图分析法。

二、工艺过程分布图分析法

1. 实验分布图(直方图)

加工一批工件,由于随机误差和变值系统误差的存在,加工尺寸的实际数值是各不相同的,这种现象称为尺寸分散。在一批零件的加工过程中,测量各零件的加工尺寸,把测得的数据记录下来,按尺寸大小将整批工件进行分组,每一组中的零件尺寸处在一定的间隔范围内。同一尺寸间隔内的零件数量称为频数,频数与该批零件总数之比称为频率。以工件尺寸为横坐标,以频数或频率为纵坐标,即可作出该工序工件加工尺寸的实际分布图——直方图。

在以频数为纵坐标作直方图时,如果样本含量(工件总数)不同、组距(尺寸间隔)不同,那么作出的图形高矮就不一样。为了便于比较,纵坐标应采用频率密度。

$$频率密度 = \frac{频率}{组距} = \frac{频数}{样本容量 \times 组距}$$

$$直方图上矩形的面积 = 频率密度 \times 组距 = 频率$$

由于所有各组频率之和等于100%,因此直方图上全部矩形面积之和应等于1。

为了进一步分析该工序的加工精度情况,可在直方图上标出该工序的加工公差带位置,并计算该样本的统计数字特征:平均值 $\bar{x}$ 和标准偏差 σ。

样本的平均值 $\bar{x}$ 表示该样本的尺寸分散中心,它主要取决于调整尺寸的大小和常值系统误差。

$$\bar{x} = \frac{1}{n}\sum_{i=1}^{n} x_i$$

式中:n——样本容量;

x_i——各工件的尺寸。

样本的标准偏差 σ 反映了该批工件的尺寸分散程度,它是由变值系统误差和随机误差决定的。变值系统误差和随机误差大,σ 也大;变值系统误差和随机误差小,σ 也小。

$$\sigma = \sqrt{\frac{1}{n}\sum_{i=1}^{n}(x_i - \bar{x})^2}$$

下面通过实例来说明直方图的绘制步骤。

【例 2-1】 磨削一批轴径为 $\phi 60^{+0.06}_{+0.01}$ mm 的工件,经实测得到实测尺寸与公称尺寸的差值如表 2-2 所示。

表 2-2 轴径实测尺寸与公称尺寸的差值

工件	实测尺寸与公称尺寸之差/μm																		
轴 ($\phi 60^{+0.06}_{+0.01}$ mm)	44	20	46	32	20	40	52	33	40	25	43	38	40	41	30	36	49	51	38	34
	22	46	38	30	42	38	27	49	45	45	38	32	45	48	28	36	52	32	42	38
	40	42	38	52	38	36	37	43	28	36	50	36	44	33	30	40	44	34	42	47
	22	28	34	30	34	32	35	22	40	35	36	42	46	42	50	40	36	20	16 x_{min}	53
	32	46	20	28	46	28	x_{max} 54	18	32	33	26	45	47	36	38	30	49	18	38	38

作直方图的步骤如下。

(1) 收集数据。在一定的加工条件下,按一定的抽样方式抽取一个样本(即抽取一批零件),样本容量(抽取零件的个数)一般取 100 件左右,如表 2-2 所示,找出最大值(x_{max} = 54 μm)和最小值(x_{min} = 16 μm)。

(2) 分组。将抽取的样本数据分成若干组,一般用表 2-3 中的经验数值确定分组数,本例分组数 k 取 9。经验证明,组数太少会掩盖组内数据的变动情况,组数太多会使各组的高度参差不齐,从而看不出变化规律。通常确定的组数要使每组平均至少摊到 4~5 个数据。

表 2-3 样本与组数的选择

数据的数量	分组数	数据的数量	分组数	数据的数量	分组数
50~100	6~10	100~250	7~12	250 以上	10~20

(3) 计算组距 h(即组与组的间距)。

$$h = \frac{x_{\max} - x_{\min}}{k-1} = \frac{54-16}{9-1} \mu m = 4.75 \ \mu m$$

取 $h = 5 \ \mu m$。

(4) 计算各组的上、下限值。

$$x_{\min} + (j-1)h \pm h/2 \quad (j = 1, 2, 3, \cdots, k)$$

例如,第一组的上限值为 $x_{\min} + h/2 = (16 + 5/2) \ \mu m = 18.5 \ \mu m$,第一组的下限值为 $x_{\min} - h/2 = (16 - 5/2) \ \mu m = 13.5 \ \mu m$。其余类推。

(5) 计算各组的中心值。中心值是每组中间的数值,即

$$\frac{某组的上限值 + 某组的下限值}{2} = x_{\min} + (j-1)h$$

例如,第一组的中心值为 $x_{\min} + (j-1)h = 16 \ \mu m$。

(6) 记录各组数据。整理成如表 2-4 所示的频数分布表。

表 2-4 频数分布表

组号	组界/μm	中心值	频数	频率/(%)	频率密度/(%/μm)
1	13.5~18.5	16	3	3	0.6
2	18.5~23.5	21	7	7	1.4
3	23.5~28.5	26	8	8	1.6
4	28.5~33.5	31	14	14	2.8
5	33.5~38.5	36	25	25	5
6	38.5~43.5	41	16	16	3.2
7	43.5~48.5	46	16	16	3.2
8	48.5~53.5	51	10	10	2.0
9	53.5~58.5	56	1	1	0.2

(7) 计算 $\bar{x}$ 和 σ。

$$\bar{x} = \frac{1}{n} \sum_{i=1}^{n} x_i = 37.23 \ \mu m$$

$$\sigma = \sqrt{\frac{1}{n} \sum_{i=1}^{n} (x_i - \bar{x})^2} = 8.93 \ \mu m$$

(8) 按表 2-4 所列数据以频率密度为纵坐标,以组距(尺寸间隔)为横坐标,就可画出直方图,如图 2-32 所示。由直方图的各矩形顶端的中心点连成的折线,在一定条件下,接近理论分布曲线(见图中曲线)。

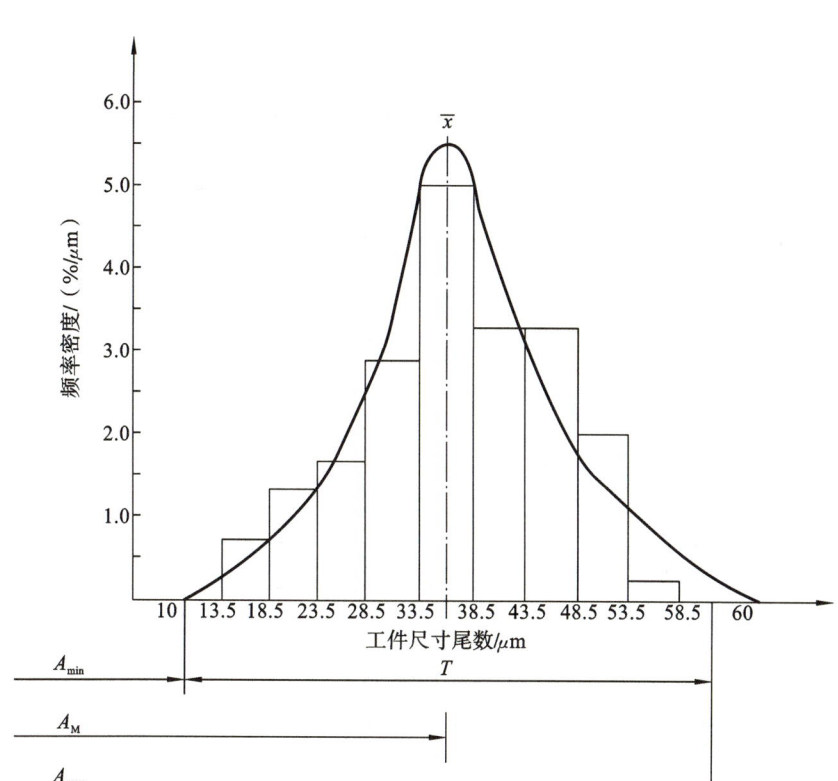

图 2-32 直方图

由直方图可知,该批工件的尺寸分散范围大部分居中,偏大、偏小者较少。要进一步分析研究该工序的加工精度问题,必须找出频率密度与加工尺寸间的关系,因此必须研究理论分布曲线。

2. 理论分布曲线

(1) 正态分布曲线。大量的试验、统计和理论分析表明,当一批工件总数极多时,加工中的误差是由许多相互独立的随机因素引起的,而且这些误差因素中又都没有任何特殊的倾向,误差的分布服从正态分布。这时的分布曲线称为正态分布曲线(即高斯曲线)。正态分布曲线的形态如图 2-33 所示(本图也是标准正态曲线)。

正态分布的概率密度的函数表达式是

$$y = \frac{1}{\sigma\sqrt{2\pi}} e^{-\frac{1}{2}\left(\frac{x-\mu}{\sigma}\right)^2} \qquad (2-9)$$

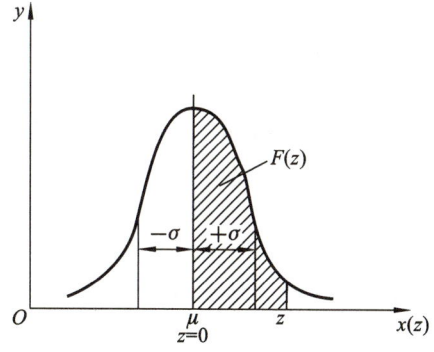

图 2-33 正态分布曲线

式中:y——分布的概率密度;
x——随机变量;
μ——正态分布随机变量总体的算术平均值(分散中心);
σ——正态分布随机变量的标准偏差。

由式(2-9)及图 2-33 可以看出,当 $x=\mu$ 时,有

$$y_{\max} = \frac{1}{\sigma\sqrt{2\pi}} \tag{2-10}$$

这是曲线的最大值,也是曲线的分布中心。在它左右的曲线是对称的。

正态分布总体的 μ 和 σ 通常是不知道的,但可以通过它的样本平均值 $\bar{x}$ 和样本标准偏差 σ 来估计。这样,成批加工一批工件,抽检其中的一部分,即可判断整批工件的加工精度。用样本的 $\bar{x}$ 代替总体的 μ,用样本的 σ 代替总体的 σ。

总体平均值为 $\mu=0$,总体标准偏差为 $\sigma=1$ 的正态分布称为标准正态分布。任何不同 μ 和 σ 的正态分布曲线,都可以通过令 $z=\dfrac{x-\mu}{\sigma}$ 进行交换而变成标准正态分布曲线。

$$\varPhi(z) = \sigma\varPhi(x) = \frac{1}{\sqrt{2\pi}}e^{-\frac{z^2}{2}} \tag{2-11}$$

$\varPhi(z)$ 的值如表 2-5 所示。

表 2-5 标准正态分布的概率密度

$z=(x-\mu)/\sigma$	$\varPhi(z)=\sigma\varPhi(x)$	$z=(x-\mu)/\sigma$	$\varPhi(z)=\sigma\varPhi(x)$	$z=(x-\mu)/\sigma$	$\varPhi(z)=\sigma\varPhi(x)$
0	0.398 9	1.50	0.129 5	3.00	0.004 4
0.25	0.386 7	1.75	0.086 3	3.25	0.020 0
0.50	0.352 1	2.00	0.054 0	3.50	0.000 9
0.75	0.301 1	2.25	0.031 7	3.75	0.000 4
1.00	0.242 0	2.50	0.017 5	4.00	0.000 1
1.25	0.182 6	2.75	0.009 1		

从正态分布图上可看出下列特征。

① 曲线以 $x=\mu$ 直线为对称轴左右对称,靠近 μ 的工件尺寸出现的概率较大,远离 μ 的工件尺寸出现的概率较小。

② 对 μ 的正偏差和负偏差出现的概率相等。

③ 分布曲线与横坐标所围成的面积包括了全部零件数(即 100%),故面积等于 1。其中,$x-\mu=\pm3\sigma$(即 $\mu\pm3\sigma$)范围内的面积占了 99.73%(见表 2-6),即 99.73% 的工件尺寸落在 $\pm3\sigma$ 范围内,仅有 0.27% 的工件尺寸落在 $\pm3\sigma$ 范围之外(可忽略不计)。因此,一般取正态分布曲线的分布范围为 $\pm3\sigma$。

$\pm3\sigma$(或 6σ)在研究加工误差时应用很广,是一个很重要的概念。6σ 的大小代表某加工方法在一定条件(如毛坯余量,切削用量,正常的机床、夹具、刀具等)下所能达到的加工精度,所以在一般情况下,应该使所选择的加工方法的标准偏差 σ 与公差带宽度 T 之间具有下列关系:

$$6\sigma \leqslant T$$

但考虑到系统误差及其他因素的影响,应当使 6σ 小于公差带宽度 T,以保证加工精度。

(2)非正态分布曲线。工件实际尺寸的分布情况,有时并不符合正态分布。例如,将在两台机床上分别调整加工出的工件混在一起测定,由于每次调整时常值系统误差是不同的,如常值系统误差之值大于 2.2σ,就会得到如图 2-34 所示的双峰分布曲线。实际上这是两组正态分布曲线(如虚线所示)的叠加,也即随机误差中混入了常值系统误差。每组有各自的分散中心和标准偏差 σ。

又例如，磨削细长孔时，如果砂轮磨损较快且没有自动补偿，则工件的实际尺寸分布将呈平顶分布，如图 2-35 所示。导致平顶分布的原因是正态分布曲线的分散中心在不断地移动，也即在随机误差中混有变值系统误差。

再例如，用试切法加工轴颈或孔时，由于操作者为了避免产生不可修复的废品，主观地（而不是随机地）将轴颈加工得宁大勿小，将孔加工得宁小勿大，则它们的尺寸就呈偏态分布，如图 2-36(a) 所示；当用调整法加工、刀具热变形显著时，它们的尺寸也呈偏态分布，如图 2-36(b) 所示。

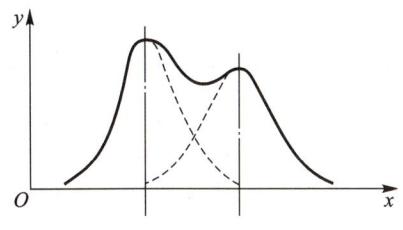

图 2-34　双峰分布曲线

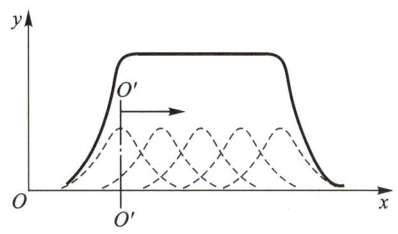

图 2-35　平顶分布曲线

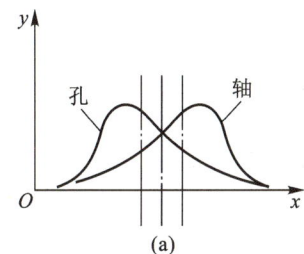

图 2-36　偏态分布曲线

3. 实验分布图的应用

（1）判别加工误差的性质。如前所述，假如加工过程中没有变值系统误差，那么尺寸分布应服从正态分布，这是判别加工误差性质的基本方法。如果实际分布与正态分布基本相符，加工过程中没有变值系统误差（或它的影响很小），那么可进一步根据 $\bar{x}$ 是否与公差带中心重合来判断是否存在常值系统误差（$\bar{x}$ 与公差带中心不重合就说明存在常值系统误差）。如果实际分布与正态分布有较大的出入，那么可根据直方图初步判断变值系统误差是什么类型。

（2）确定各种加工方法所能达到的加工精度。由于采用各种加工方法在随机性因素影响下所得的加工尺寸的分散规律符合正态分布，因而可以在多次统计的基础上，为每一种加工方法求得它的标准偏差 σ；然后按分布范围等于 6σ 的规律，即可确定各种加工方法所能达到的加工精度。

（3）确定工序能力及其等级。工序能力是指某工序能否稳定地加工出合格产品的能力。由于加工时误差超出分散范围的概率极小，可以认为不会出现超出分散范围的加工误差，因此可以用该工序的尺寸分散范围来表示工序能力。当加工尺寸分布接近正态分布时，工序能力为 6σ。

把工件尺寸公差 T 与分散范围 6σ 的比值称为该工序的工序能力系数 C_p，用以判断该工序的工序能力的大小。

$$C_p = \frac{T}{6\sigma}$$

式中：T——工件尺寸公差。

根据工序能力系数 C_p 的大小，工序能力共分为五级，如表 2-6 所示。一般情况下，工序能力不应低于二级。

表 2-6 工序能力系数等级

工序能力系数	$C_p>1.67$	$1.33<C_p\leqslant1.67$	$1.00<C_p\leqslant1.33$	$0.67<C_p\leqslant1.00$	$C_p\leqslant0.67$
工序能力等级	特级工艺	一级工艺	二级工艺	三级工艺	四级工艺
工序能力判断	很充分	充分	够用但不充分	明显不足	非常不足

（4）估算不合格品率。正态分布曲线与 x 轴之间所包含的面积代表一批工件的总数 100%，尺寸分散范围超出零件的尺寸公差 T 时，如图 2-37 所示有阴影部分，将肯定出现废品。若尺寸落在 $[A_{min}, A_{max}]$ 范围内，工件的概率即空白部分的面积就是加工工件的合格率，即

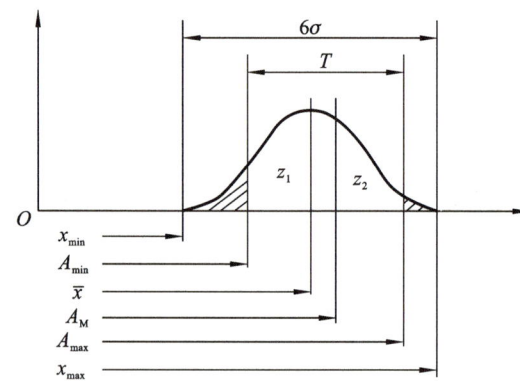

图 2-37 废品率计算

$$A_h = \frac{1}{\sqrt{2\pi}} \int_{A_{min}}^{A_{max}} e^{-\frac{(x-\bar{x})^2}{2\sigma^2}} dx$$

令

$$z_1 = \frac{|A_{min}-\bar{x}|}{\sigma}, \quad z_2 = \frac{|A_{max}-\bar{x}|}{\sigma}$$

则

$$A_h = \frac{1}{\sqrt{2\pi}} \int_0^{z_1} e^{-\frac{z^2}{2}} dz + \frac{1}{\sqrt{2\pi}} \int_0^{z_2} e^{-\frac{z^2}{2}} dz = \Phi(z_1) + \Phi(z_2)$$

阴影部分的面积为废品率。左边阴影部分的面积为

$$S_{f左} = 0.5 - \Phi(z_1)$$

由于这部分工件的尺寸小于工件所要求的下极限尺寸 A_{min}，当加工外圆表面时，这部分废品无法修复，为不可修复废品；当加工内孔表面时，这部分废品可以修复，为可修复废品。

右边阴影部分的面积为

$$S_{f右} = 0.5 - \Phi(z_2)$$

由于这部分工件的尺寸大于工件所要求的上极限尺寸 A_{max}，当加工外圆表面时，这部分废品可以修复，为可修复废品；当加工内孔表面时，这部分废品不可以修复，为不可修复废品。

对于不同的 z 值,对应的函数值 $\Phi(z)$ 可由表 2-7 查得。

表 2-7 $\Phi(z) = \dfrac{1}{\sqrt{2\pi}} \displaystyle\int_0^z e^{-\frac{z^2}{2}} dz$

z	$\Phi(z)$	z	$\Phi(z)$	z	$\Phi(z)$	z	$\Phi(z)$	z	$\Phi(z)$
0.00	0.000 0	0.26	0.102 6	0.54	0.205 4	1.15	0.374 9	2.90	0.498 1
0.01	0.004 0	0.27	0.106 4	0.56	0.212 3	1.20	0.384 9	3.00	0.498 65
0.02	0.008 0	0.28	0.110 3	0.58	0.219 0	1.25	0.394 4	3.20	0.499 31
0.03	0.012 0	0.29	0.114 1	0.60	0.225 7	1.30	0.403 2	3.40	0.499 66
0.04	0.016 0	0.30	0.117 9	0.62	0.232 4	1.35	0.411 5	3.60	0.499 841
0.05	0.019 9	0.31	0.121 7	0.64	0.238 9	1.40	0.419 2	3.80	0.499 928
0.06	0.023 9	0.32	0.125 5	0.66	0.245 4	1.45	0.426 5	4.00	0.499 968
0.07	0.027 9	0.33	0.129 3	0.68	0.251 7	1.50	0.433 2	4.50	0.499 997
0.08	0.031 9	0.34	0.133 1	0.70	0.258 0	1.55	0.439 4	5.00	0.499 999 97
0.09	0.035 9	0.35	0.136 8	0.72	0.264 2	1.60	0.445 2	—	—
0.10	0.039 8	0.36	0.140 6	0.74	0.270 3	1.65	0.450 5	—	—
0.11	0.043 8	0.37	0.144 3	0.76	0.276 4	1.70	0.455 4	—	—
0.12	0.047 8	0.38	0.148 0	0.78	0.282 3	1.75	0.459 9	—	—
0.13	0.051 7	0.39	0.151 7	0.80	0.288 1	1.80	0.464 1	—	—
0.14	0.055 7	0.40	0.155 4	0.82	0.293 9	1.85	0.467 8	—	—
0.15	0.059 6	0.41	0.159 1	0.84	0.299 5	1.90	0.471 3	—	—
0.16	0.063 6	0.42	0.162 8	0.86	0.305 1	1.95	0.474 4	—	—
0.17	0.067 5	0.43	0.166 4	0.88	0.310 6	2.00	0.477 2	—	—
0.18	0.071 4	0.44	0.170 0	0.90	0.315 9	2.10	0.482 1	—	—
0.19	0.075 3	0.45	0.173 6	0.92	0.321 2	2.20	0.486 1	—	—
0.20	0.079 3	0.46	0.177 2	0.94	0.326 4	2.30	0.489 3	—	—
0.21	0.083 2	0.47	0.180 8	0.96	0.331 5	2.40	0.491 8	—	—
0.22	0.087 1	0.48	0.184 4	0.98	0.336 5	2.50	0.493 8	—	—
0.23	0.091 0	0.49	0.187 9	1.00	0.341 3	2.60	0.495 3	—	—
0.24	0.094 8	0.50	0.191 5	1.05	0.353 1	2.70	0.496 5	—	—
0.25	0.098 7	0.52	0.198 5	1.10	0.364 3	2.80	0.497 4	—	—

【例 2-2】 在磨床上加工销轴,要求外径 $d = 12^{-0.016}_{-0.043}$ mm,抽样后测得 $\bar{x} = 11.974$ mm,$\sigma = 0.005$ mm,外径尺寸分布符合正态分布,试分析该工序的加工质量。

解:该工序尺寸分布如图 2-38 所示。

$$C_p = \frac{T}{6\sigma} = \frac{0.027}{6 \times 0.005} = 0.9 < 1$$

工艺能力系数 $C_p < 1$,说明该工序工序能力不足,因此出现不合格品是不可避免的。

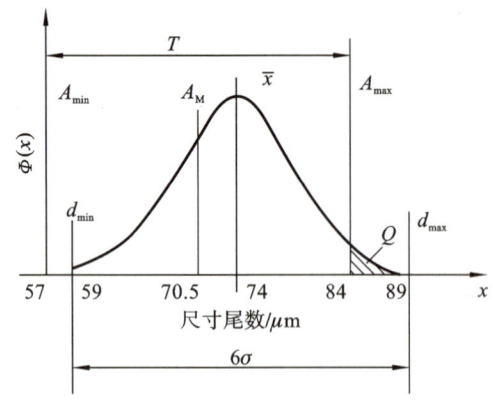

图 2-38 磨削轴的工序尺寸分布

工件最小尺寸为 $d_{\min} = \bar{x} - 3\sigma = 11.959$ mm $> A_{\min}(A_{\min} = 11.957$ mm$)$，故不会产生不可修复废品。

工件最大尺寸为 $d_{\max} = \bar{x} + 3\sigma = 11.989$ mm $> A_{\max}(A_{\max} = 11.984$ mm$)$，故会产生可修复废品。

废品率计算公式为

$$Q = 0.5 - \Phi(z)$$

因 $z = \dfrac{|x - \bar{x}|}{\sigma} = \dfrac{|11.984 - 11.974|}{0.005} = 2$，查表2-7得 $z = 2$ 时，$\Phi(z) = 0.477\,2$，故

$$Q = 0.5 - \Phi(z) = 0.5 - 0.477\,2 = 0.022\,8 = 2.28\%$$

如果重新调整机床，使分散中心 $\bar{x}$ 和 A_M 重合，则可减小废品率。

4. 分布图分析法的缺点

用分布图分析加工误差有下列主要缺点。

（1）不能反映误差的变化趋势。加工中随机误差和系统误差同时存在，由于分析时没有考虑到工件加工的先后顺序，因此很难把随机误差与变值系统误差区分开来。

（2）由于必须等一批工件加工完毕后才能得出尺寸分布情况，因而不能在加工过程中及时提供控制精度的资料。

采用下面介绍的点图分析法，可以弥补上述不足。

三、工艺过程点图分析法

1. 工艺过程的稳定性

工艺过程的分布图分析法是分析工艺过程精度的一种方法。应用这种分析方法的前提是工艺过程应该是稳定的。在这个前提下，讨论工艺过程的精度指标（如工序能力系数 C_p、废品率等）才有意义。

如前所述，任何一批工件的加工尺寸都有波动性，因此样本的平均值 $\bar{x}$ 和标准差 S 也会波动。假使加工误差主要是随机误差，而系统误差影响很小，那么这种波动属于正常波动，这一工艺过程是稳定的；假如加工中存在着影响较大的变值系统误差，或随机误差的大小有明显的变化，那么这种波动就是异常波动，这样的工艺过程是不稳定的。

从数学的角度讲，如果一项质量数据的总体分布的参数（如 μ、σ）保持不变，则这一工艺过程就是稳定的；如果一项质量数据的总体分布的参数有所变动，哪怕是往好的方向变化

(如 σ 突然减小),这一工艺过程也是不稳定的。

分析工艺过程的稳定性,通常采用点图分析法。点图有多种形式,这里仅介绍个值点图(又称单值点图)和 $\bar{x}$-R 点图两种。

用点图来评价工艺过程的稳定性采用的是顺序样本,即样本由工艺系统在一次调整中按顺序加工的工件组成。基于这样的样本可以得到在时间上与工艺过程运行同步的有关信息,反映加工误差随时间变化的趋势。分布图分析法采用的是随机样本,不考虑加工顺序,而且是对加工好的一批工件的有关数据处理后才能作出分布曲线。因此,采用点图分析法可以消除分布图分析法的缺点。

2. 点图的基本形式

(1) 个值点图。如果按照加工顺序逐个测量一批工件的尺寸,以工件序号为横坐标,以工件尺寸为纵坐标,就可作出个值点图,如图 2-39 所示。

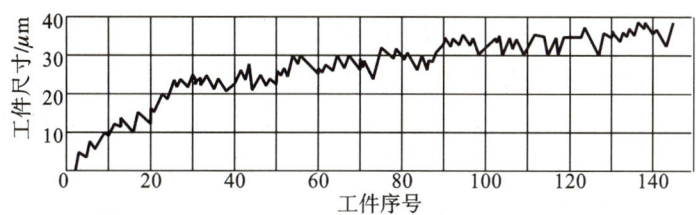

图 2-39 个值点图

上述点图反映了工件的尺寸(或误差)变化与加工时间的关系,故称为个值点图。假如把点图上的上、下极限点包络成两根平滑的曲线,如图 2-40 所示,就能较清楚地揭示加工过程中误差的性质和变化趋势。平均值曲线 OO' 表示每一瞬时的分散中心,反映了变值系统误差随时间变化的规律。它的起始点 O 反映出常值系统误差的影响。上限 AA' 和下限 BB' 间的宽度表示每一瞬时尺寸的分散范围,也就是反映了随机误差的大小,这一宽度的变化情况反映了随机误差随时间变化的规律。

(2) $\bar{x}$-R 点图。为了能直接反映加工中系统误差和随机误差随加工时间的变化趋势,实际生产中常用样组点图来代替个值点图。样组点图的种类有很多,目前最常用的样组点图是 $\bar{x}$-R 点图。$\bar{x}$-R 点图是每一小样组的平均值 $\bar{x}$ 控制图和极差 R 控制图联合使用时的统称。其中,$\bar{x}$ 为各小样组的平均值,R 为各小样组的极差。前者控制工艺过程质量指标的分布中心,后者控制工艺过程质量指标的分散程度。

3. $\bar{x}$-R 点图的分析与应用

绘制 $\bar{x}$-R 点图是以小样本顺序随机抽样为基础的。在工艺过程进行中,每隔一定时间抽取容量为 $m=2\sim10$ 件的一个小样本,求出小样本的平均值 $\bar{x_i}$ 和极差 R_i。经过若干时间后,就可取得若干组(如 k 组,通常取 $k=25$)小样本。这样,以样组序号为横坐标,分别以 $\bar{x_i}$ 和 R_i 为纵坐标,就可分别作出 $\bar{x}$ 点图和 R 点图,如图 2-41 所示。

设以顺次加工的 m 个工件为一组,则每一小样组的平均值 $\bar{x}$ 和极差 R 是

$$\bar{x} = \frac{1}{m}\sum_{i=1}^{m} x_i$$

$$R = x_{\max} - x_{\min}$$

式中:$x_{\max}$,$x_{\min}$——为同一小样组中工件的最大尺寸和最小尺寸。

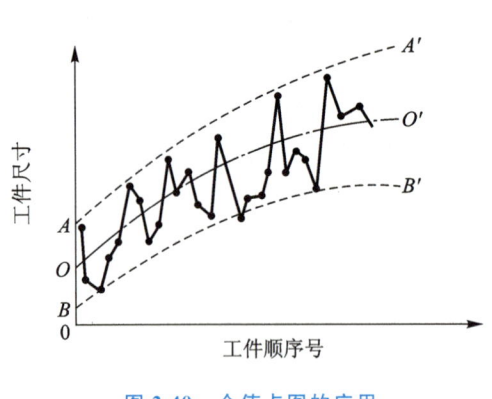

图 2-40 个值点图的应用

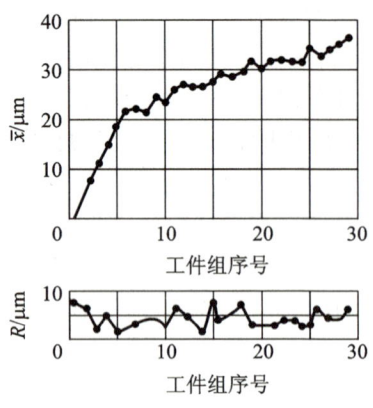

图 2-41 $\bar{x}$-R 点图

任何一批工件的加工尺寸都有波动性,因此各小样组的平均值 $\bar{x}$ 和极差 R 也都具有波动性。假使加工误差主要是随机误差,且系统误差的影响很小,那么这种波动属于正常波动,加工工艺是稳定的。假如加工中存在着影响较大的变值系统误差,或随机误差的大小有明显的变化,那么这种波动属于异常波动,这个加工工艺就被认为是不稳定的。

$\bar{x}$-R 点图的横坐标是按时间先后采集的小样本的组序号,纵坐标为各小样本的平均值 $\bar{x}$ 和极差 R。在 $\bar{x}$-R 点图上各有三根线,即中心线和上、下控制线。由概率论可知,当总体呈正态分布时,样本的平均值 $\bar{x}$ 的分布也服从正态分布,且 $\bar{x} \sim M\left(\mu, \dfrac{\sigma^2}{m}\right)$($\mu, \sigma$ 是总体的平均值和标准偏差)。因此,$\bar{x}$ 的分散范围是 $(\mu \pm 3\sigma/\sqrt{m})$。

$\bar{x}$ 的中心线为
$$\bar{\bar{x}} = \dfrac{1}{k}\sum_{i=1}^{k}\bar{x}_i$$

$\bar{x}$ 的上控制线为
$$\bar{x}_s = \bar{\bar{x}} + A\bar{R}$$

$\bar{x}$ 的下控制线为
$$\bar{x}_x = \bar{\bar{x}} - A\bar{R}$$

虽然 R 不呈正态分布,但当 $m<10$ 时,R 的分布与正态分布是比较接近的,因而 R 的分散范围也可取为 $\pm 3\sigma_R$(σ_R 是 R 分布的标准偏差)。σ_x 和 σ_R 分别与总体标准偏差 σ 有如下的关系:

$$\sigma_x = \dfrac{\sigma}{\sqrt{m}}, \quad \sigma_R = d\sigma$$

R 的中心线为
$$\bar{R} = \dfrac{1}{k}\sum_{i=1}^{k}R_i$$

R 的上控制线为
$$R_s = D_1\bar{R}$$

R 的下控制线为
$$R_x = D_2\bar{R}$$

式中: k——小样本组的组数;

x_i——第 i 个小样本组的平均值;

R_i——第 i 个小样本组的极差值。

系数 A、D_1、D_2、d 的数值见表 2-8。

表 2-8　系数 A、D_1、D_2、d 的数值

m	2	3	4	5	6	7	8	9	10
A	1.880 6	1.023 1	0.728 5	0.576 8	0.483 3	0.419 3	0.372 6	0.336 7	0.308 2
D_1	3.268 1	2.574 2	2.281 9	2.10	2.003 9	1.924 2	1.864 1	1.816 2	1.776 8
D_2	0	0	0	0	0	0.075 8	0.135 9	0.183 8	0.223 2
d	0.852 8	0.888 4	0.879 8	0.864 1	0.848 0	0.833 0	0.820 0	0.080 8	0.079 7

在点图上作出中心线和控制线后,就可根据图中点的分布情况来判别工艺过程是否稳定(波动状态是否属于正常)。表 2-9 表示判别正常波动与异常波动的标志。

表 2-9　正常波动与异常波动的标志

波动	正常波动	异常波动
标志	(1) 至少连续 25 个点都在控制线以内; (2) 连续 35 个点中只有 1 个点在控制线之外; (3) 连续 100 个点中只有 2 个点超出控制线; (4) 点的变化没有明显的规律性,或具有随机性	(1) 有点超出控制线; (2) 点密集在中心线附近; (3) 点密集在控制线附近; (4) 连续 7 个点以上出现在中心线一侧; (5) 连续 11 个点中有 10 个点出现在中心线一侧; (6) 连续 14 个点中至少有 12 个点出现在中心线一侧; (7) 连续 17 个点中至少有 14 个点出现在中心线一侧; (8) 连续 20 个点中至少有 16 个点出现在中心线一侧; (9) 点有上升或下降倾向; (10) 点呈周期性波动

必须指出的是,工艺过程的稳定性与出不出废品是两个不同的概念。工艺的稳定性用 $\bar{x}$-R 图来判断,而工件是否合格则用极限偏差来衡量,两者之间没有必然的联系。

【例 2-3】　磨削一批轴径为 $\phi = 50^{+0.06}_{+0.01}$ mm 的工件,说明工艺验证的方法和步骤。

解:工艺验证的方法和步骤如下。

① 抽样并测量。按照加工顺序和一定的时间间隔随机地抽取 4 件为一组,共抽取 25 组,检验的质量数据列入表 2-10 中。

表 2-10　$\bar{x}$-R 点图数据表　　　　　　　　　　μm

序号	x_1	x_2	x_3	x_4	$\bar{x}$	R
1	44	43	22	38	36.8	22
2	40	36	22	36	33.5	18
3	35	53	33	38	39.8	20
4	32	26	20	38	29.0	18
5	46	32	42	50	42.5	18
6	28	42	46	46	40.5	18
7	46	40	38	45	42.3	8
8	38	46	34	46	41.0	12

续表

序号	x_1	x_2	x_3	x_4	$\bar{x}$	R
9	20	47	32	41	35.0	27
10	30	48	52	38	42.0	22
11	30	42	28	36	34.0	14
12	20	30	42	28	30.0	22
13	38	30	36	50	38.5	20
14	46	38	40	36	40.0	10
15	38	36	36	40	37.5	4
16	32	40	28	30	32.5	12
17	52	49	27	52	45.0	25
18	37	44	35	36	38.0	9
19	54	49	33	51	46.8	21
20	49	32	43	34	39.5	17
21	22	20	18	18	19.5	4
22	40	38	45	42	41.3	7
23	28	42	40	16	31.5	26
24	32	38	45	47	40.5	15
25	25	34	45	38	35.5	20
总计					932.5	409
平均					$\bar{\bar{x}}=37.3$	$\bar{R}=16.36$

注：表内数据均为实测尺寸与基本尺寸之差。

② 画 $\bar{x}$-R 点图。先计算出各小样组的平均值 $\bar{x}_i$ 和极差 R_i，然后算出 $\bar{x}_i$ 的平均值 $\bar{\bar{x}}$，R_i 的平均值 $\bar{R}$，最后确定 $\bar{x}$ 点图和 R 点图上、下控制线的位置。本例 $\bar{\bar{x}}=37.3$ μm，$\bar{x}_s=49.24$ μm，$\bar{x}_x=25.36$ μm；$\bar{R}=16.36$ μm，$R_s=37.3$ μm，$R_x=0$。据此画出 $\bar{x}$-R 图，如图 2-42 所示。

③ 计算工序能力系数，确定工艺等级。本例 $T=50$ μm，$\sigma=8.93$ μm，$C_p=\dfrac{50\ \mu m}{6\times 8.93\ \mu m}$ $=0.933$，属于三级工序能力等级（见表 2-6）。

④ 分析总结。图中第 21 组的点超出下控制线，说明工艺过程发生了异常变化，可能有不合格品出现。另外，工序能力系数小于 1。这些都说明本工序的加工质量不能满足零件的精度要求，因此要查明原因，采取措施，消除异常变化。

点图可以提供该工序中误差的性质和变化情况等工艺资料，因此可用来估计工件加工误差的变化趋势，并据此判断工艺过程是否处于稳定状态、机床是否需要重新调整。

在相同的生产条件下对同种工件进行加工时，加工误差的出现总遵循一定的规律。因此，成批大量生产中可以运用数理统计原理，在加工过程中定时地从连续加工的工件中抽查若干个工件（一个样组），并观察加工过程的进行情况，以便及时检查、调整机床，达到预防产生废品的目的。

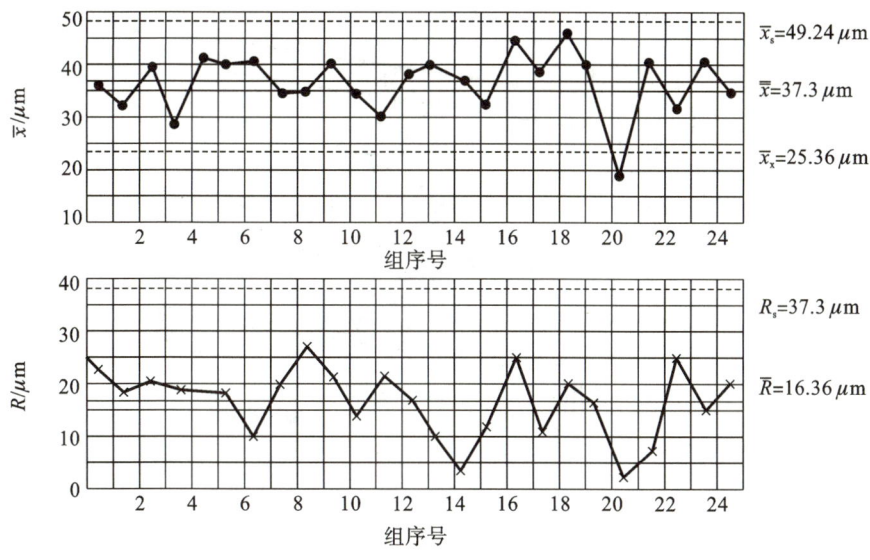

图 2-42 $\bar{x}\text{-}R$ 点图实例

任务 7 提高加工精度的措施

一、直接减小原始误差法

直接减小原始误差法即在查明影响加工精度的主要原始误差因素之后，设法直接减小或消除该主要原始误差。例如：车削细长轴时，采用跟刀架、中心架可减小或消除工件变形所引起的加工误差；采用大进给量反向切削法，基本上消除了轴向切削力引起的弯曲变形。若辅以弹簧顶尖，可进一步消除热变形所引起的加工误差。又例如，在加工薄壁套筒的内孔时，采用过渡圆环以使夹紧力均匀分布，可避免夹紧变形所引起的加工误差。

二、误差补偿法

误差补偿法是指人为地制造一种误差，去抵消工艺系统固有的原始误差，或者利用一种原始误差去抵消另一种原始误差，从而达到提高加工精度的目的。

例如，采用预加载荷法精加工磨床床身导轨，借以补偿装配后受部件自重而引起的变形。磨床床身是一个狭长的结构，刚度较差，在加工时，虽然导轨的三项精度都能达到，但在装上进给机构、操纵机构等以后，导轨容易产生变形而破坏原来的精度，采用预加载荷法可补偿这一误差。又例如，用校正机构提高丝杠车床传动链的精度。在精密螺纹加工中，机床传动链传动误差将直接反映到工件的螺距上，使精密丝杠的加工精度受到一定的影响。为了满足精密丝杠加工的要求，采用螺纹加工校正装置消除传动链造成的误差，如图 2-43 所示。

三、误差转移法

误差转移法的实质是转移工艺系统的集合误差、受力变形和热变形等。例如，磨削主轴锥孔时，锥孔和轴径的同轴度不是靠机床主轴回转精度来保证，而是靠夹具保证。机床主轴与工件采用浮动连接以后，机床主轴的原始误差就不再影响加工精度，而转移到由夹具来保

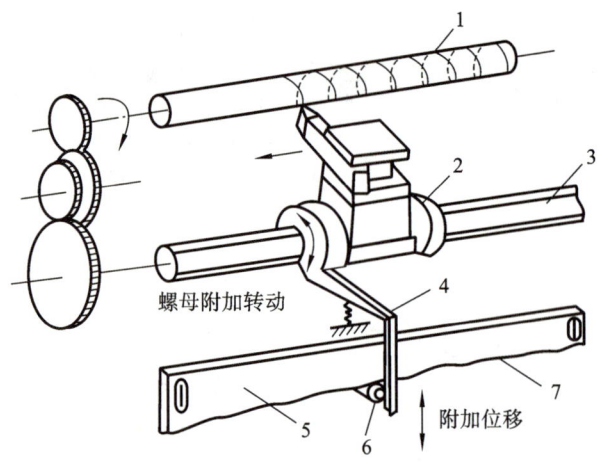

图 2-43 螺纹加工校正装置

1—工件；2—丝杠螺母；3—车床丝杠；4—杠杆；5—校正尺；6—滚柱；7—工作尺面

证加工精度。

在箱体的孔系加工中，在镗床上用镗模镗削孔系时，孔系的位置精度和孔距间的尺寸精度都依靠镗模和镗杆的精度来保证，镗杆与主轴之间为浮动连接，故机床的精度与加工无关，这样就可以利用普通精度和较高生产率的组合机床来精镗孔系。由此可见，在机床精度达不到零件的加工要求时，通过误差转移的方法，能够用一般精度的机床加工高精度的零件。

四、误差分组法

在加工中，毛坯误差的存在，造成了本工序的加工误差。毛坯误差的变化，对本工序的影响主要表现为复映误差和定位误差。在复映误差和定位误差太大，不能保证加工精度，而且要提高毛坯精度或上一道工序的加工精度不经济的情况下，可采用误差分组法，即把毛坯或上道工序的尺寸按误差大小分为 n 组，每组毛坯或工件的误差就缩小为原来的 $1/n$，然后按各组分别调整刀具与工件的相对位置或调整定位元件，从而大大地缩小整批工件的尺寸分散范围。

例如，某厂加工齿轮磨床上的交换齿轮时，为了达到齿圈径向跳动的精度要求，将交换齿轮的内孔尺寸分成三组，并用与三组尺寸相对应的三组定位心轴进行加工。具体分组尺寸如表 2-11 所示。

表 2-11 误差分组法　　　　　　　　　　　　　　　　　　　mm

组别	心轴直径 $\phi 25^{+0.011}_{+0.002}$	工件孔径 $\phi 25^{+0.013}_{0}$	配合精度
第一组	$\phi 25.002$	$\phi 25.000 \sim \phi 25.004$	± 0.002
第二组	$\phi 25.006$	$\phi 25.004 \sim \phi 25.008$	± 0.002
第三组	$\phi 25.011$	$\phi 25.008 \sim \phi 25.013$	± 0.002 ± 0.003

误差分组法的实质是用提高测量精度的手段来弥补加工精度的不足，从而达到较高的精度要求。当然，测量、分组需要花费时间，故误差分组法一般只是在配合精度很高，而加工精度不宜提高时采用。

五、就地加工法

在加工和装配中,有些精度问题牵涉到很多零部件间的相互关系,相当复杂。通过单纯地提高零件精度来满足设计要求,有时不仅困难,甚至不可能实现。此时采用就地加工法就可解决这种难题。

例如,在转塔车床制造中,转塔上六个安装刀具的孔的轴线必须保证与机床主轴旋转中心线重合,而六个平面又必须与旋转中心线垂直。如果单独加工转塔上的这些孔和平面,装配时要达到上述要求是很困难的,因为其中包含了很复杂的尺寸链关系。在实际生产中,针对这一难题,就采用了就地加工法,即在装配之前,这些重要表面不进行精加工,等转塔装配到机床上以后,再在自身机床上对这些孔和平面进行精加工。具体方法是:在机床主轴上装上镗杆和能作径向进给的小刀架,对这些孔和表面进行精加工,这样便能达到所需要的精度。

又例如,在龙门刨床、牛头刨床的制造中,为了使它们的工作台分别与横梁或滑枕保持位置的平行度关系,都是在装配后在自身机床上进行就地精加工来达到装配要求的。平面磨床的工作台,也是在装配后利用自身砂轮精磨出来的。

六、误差平均法

误差平均法是利用有密切联系的表面之间的相互比较和相互修正,或者利用互为基准进行加工,以达到很高的加工精度。

例如,配合精度要求很高的轴和孔,常采用对研的方法来加工。所谓对研,就是配偶件的轴和孔互为研具相对研磨。在研磨前有一定的研磨量,研磨件本身的尺寸精度要求不高,在研磨过程中,配合表面相对研擦和磨损的过程就是两者的误差相互比较和相互修正的过程。

例如,三块一组的标准平板是利用相互对研、配刮的方法加工出来的。因为三个表面能够分别两两密合,只有在都是精确的平面的条件下才有可能实现这种密合。另外,还有直尺、角度规、多棱体、标准丝杠等高精度量具和工具,都是利用误差平均法制造出来的。

通过以上几个例子可知,采用误差平均法可以最大限度地排除机床误差的影响。

任务 1 工单册

理论习题

1. 获得零件加工精度的方法有哪些？各适用于什么场合？

2. 什么是加工误差？它与加工精度、公差有何区别？

3. 什么是原始误差？它包括哪些内容？它与加工误差有何关系？

任务 2 工单册

一、理论习题

1. 何谓加工原理误差？近似加工方法由于将导致加工原理误差，因而不是完善的加工方法，这种说法对吗？

2. 什么是主轴回转运动误差？它可分解成哪几种基本形式？它产生的原因是什么？它对加工误差有何影响？

3. 何为误差敏感方向？卧式车床与平面磨床的误差敏感方向有何不同？

4. 举例说明机床传动链传动误差对哪些加工的加工精度影响大？对哪些加工的加工精度影响小或无影响？

二、技能实践

工单册表 2-1　工艺系统的几何误差作业表

项目名称	项目 2　机械加工精度		
任务名称	任务 2　工艺系统的几何误差		
分组信息	组号		
	组员姓名和学号		
	小组成员		
任务目标	知识目标	掌握工艺系统几何误差的概念、影响因素、工艺措施	
	能力目标	培养工艺术语的认知能力	
需要完成的任务内容	如图(a)所示,在工件上欲铣削一缺口,保证尺寸 $8_{-0.08}^{0}$ mm,现采用图(b)、(c)两种定位方案,试计算定位误差。		
任务实施过程中遇到的问题及解决方法			
学习收获			
评价	个人评价(10 分)		
	小组评价(20 分)		
	贡献系数(20 分)		
	教师评价(50 分)		

任务 3 工单册

一、理论习题

1. 什么叫误差复映？误差复映系数的大小与哪些因素有关？如何减小误差复映的影响？

2. 为什么机床部件加载和卸载过程的静刚度曲线既不重合又不封闭，且机床部件的刚度值远比按实体估计的值小？

二、技能实践

工单册表 2-2　工艺系统的受力变形作业表

项目名称	项目 2　机械加工精度	
任务名称	任务 3　工艺系统的受力变形	
分组信息	组号	
	组员姓名和学号	
	小组成员	
任务目标	知识目标	掌握工艺系统的受力变形对加工精度的影响
	能力目标	会估算工艺系统受力变形产生的加工误差
需要完成的任务内容	在车床上半精镗一短套工件的内孔,加工前孔的圆度误差为 0.6 mm,已知床头刚度 $k_{jc}=10\,000$ N/mm,刀架刚度 $k_{dj}=6\,000$ N/mm,$f=0.05$,走刀量指数 $Y_{F_z}=0.75$,径向切削力系数 $C_{F_y}=1\,000$,试求一次走刀后的圆度误差。(误差复映系数 $\varepsilon=\dfrac{C_{F_y} \cdot f^{Y_{F_z}}}{k_{系统}}$)	
任务实施过程中遇到的问题及解决方法		
学习收获		
评价	个人评价(10 分)	
	小组评价(20 分)	
	贡献系数(20 分)	
	教师评价(50 分)	

任务 4 工单册

一、理论习题

1. 车削加工时,工件的热变形对加工精度有何影响?如何减小热变形的影响?

2. 机床和刀具的热变形有何特点?如何减小工艺系统的热变形对加工精度的影响?

二、技能实践

工单册表 2-3　工艺系统的热变形作业表

项目名称		项目 2　机械加工精度
任务名称		任务 4　工艺系统的热变形
分组信息	组号	
	组员姓名和学号	
	小组成员	
任务目标	知识目标	掌握工艺系统的热变形对加工精度的影响
	能力目标	会判断由于工艺系统发生热变形而产生的加工误差
需要完成的任务内容		在车床上加工一批光轴的外圆,加工后经测量发现整批工件有图(a)、(b)、(c)、(d)所示的几何形状误差,试分析说明产生这 4 种几何形状误差的各种因素。 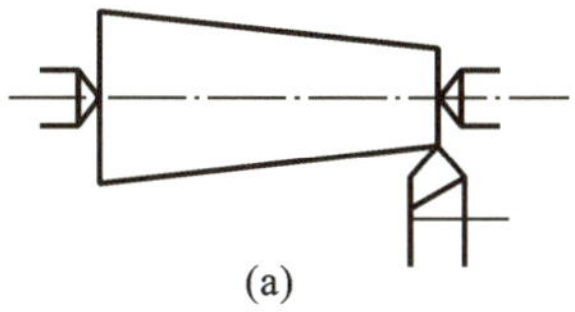 (a) 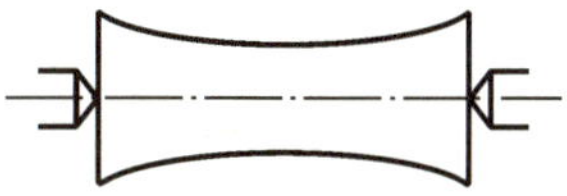　　(b) 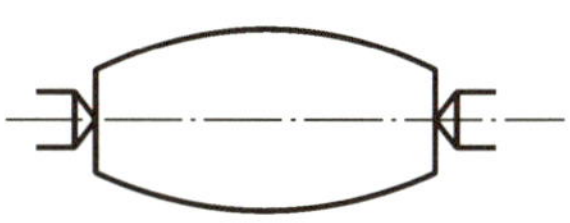 (c) 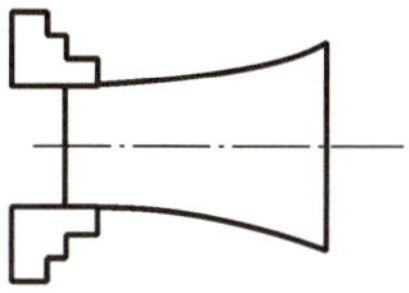　　(d)
任务实施过程中遇到的问题及解决方法		
学习收获		
评价	个人评价(10 分)	
	小组评价(20 分)	
	贡献系数(20 分)	
	教师评价(50 分)	

任务 5 工单册

理论习题

1. 弯曲的轴进行冷校直后，原来凸出处会产生_____应力，原来凹下处会产生_____应力。

2. 工艺系统的内应力是如何形成的？

3. 试讨论内应力与零件质量的关系。

任务 6 工单册

一、理论习题

1. 加工误差根据它的统计规律可分为哪些类型？各有什么特点？试举例说明。

2. 机床和刀具的热变形有何特点？如何减小工艺系统的热变形对加工精度的影响？

二、技能实践

工单册表 2-4　加工误差的统计分析作业表（一）

项目名称	项目2　机械加工精度		
任务名称	任务6　加工误差的统计分析		
分组信息	组号		
	组员姓名和学号		
	小组成员		
任务目标	知识目标	掌握用分布图分析法、点图分析法分析工艺系统的误差	
	能力目标	会利用分布图分析法、点图分析法分析加工质量及工艺过程的稳定性	
需要完成的任务内容	有一批轴，尺寸为 $\phi 180_{-0.024}^{0}$ mm，呈正态分布，且分布范围与公差带大小相等，设分布中心与公差带中心不重合，且相差 7 μm，求这批轴的废品率为多少？ 已知 $\Phi(1.25)=0.3944$，$\Phi(1.75)=0.4599$。		
任务实施过程中遇到的问题及解决方法			
学习收获			
评价	个人评价（10 分）		
	小组评价（20 分）		
	贡献系数（20 分）		
	教师评价（50 分）		

工单册表 2-5　加工误差的统计分析作业表(二)

项目名称	项目 2　机械加工精度	
任务名称	任务 6　加工误差的统计分析	
分组信息	组号	
	组员姓名和学号	
	小组成员	
任务目标	知识目标	掌握用分布图分析法、点图分析法分析工艺系统的误差
	能力目标	会利用分布图分析法、点图分析法分析加工质量及工艺过程的稳定性
需要完成的任务内容	在车床上加工一批工件的孔,经测量实际尺寸小于所要求的尺寸而必须返修的工件数占 22.4%,大于所要求的尺寸而不能返修的工件数占 1.4%,若孔的直径公差 $T=0.2$ mm,整批工件尺寸服从正态分布,试确定该工序的标准偏差 σ,并判断车刀的调整误差是多少。 已知 $F(0.70)=0.258$,$F(0.72)=0.264$,$F(0.74)=0.270$,$F(0.76)=0.276$,$F(2.00)=0.477$,$F(2.10)=0.482$,$F(2.20)=0.486$,$F(2.40)=0.492$。	
任务实施过程中遇到的问题及解决方法		
学习收获		
评价	个人评价(10 分)	
	小组评价(20 分)	
	贡献系数(20 分)	
	教师评价(50 分)	

工单册表 2-6　加工误差的统计分析作业表（三）

项目名称	项目 2　机械加工精度		
任务名称	任务 6　加工误差的统计分析		
分组信息	组号		
	组员姓名和学号		
	小组成员		
任务目标	知识目标	掌握用分布图分析法、点图分析法分析工艺系统的误差	
	能力目标	会利用分布图分析法、点图分析法分析加工质量及工艺过程的稳定性	
需要完成的任务内容	磨削某工件的外圆时，图纸要求直径为 $\phi 52^{-0.11}_{-0.14}$ mm。每隔一定时间测得一组数据，共测得 12 组 60 个数据列于下表（抽样检测时把比较仪尺寸按 51.86 mm 调整到零）。试完成以下作业：①计算整批工件的尺寸平均值及标准偏差；②绘制实际尺寸的分布曲线；③计算合格率与废品率（包括可修、不可修）；④绘制该批工件的质量控制图并分析该工序的加工稳定性；⑤讨论产生废品的原因及改进措施。		

抽样组号		工件外径尺寸偏差/μm										
		1	2	3	4	5	6	7	8	9	10	11	12
工件序号	1	2	20	14	6	16	16	10	18	22	18	28	30
	2	8	8	8	10	20	10	18	28	16	26	26	34
	3	12	6	—2	10	16	12	16	18	12	24	32	30
	4	12	12	8	12	18	20	12	20	16	24	28	38
	5	18	8	12	10	20	16	26	18	12	24	28	36

任务实施过程中遇到的问题及解决方法	

学习收获	

评价	个人评价（10 分）		
	小组评价（20 分）		
	贡献系数（20 分）		
	教师评价（50 分）		

任务 7 工单册

技能实践

工单册表 2-7　提高加工精度的措施作业表

项目名称	项目 2　机械加工精度	
任务名称	任务 7　提高加工精度的措施	
分组信息	组号	
	组员姓名和学号	
	小组成员	
任务目标	知识目标	掌握提高加工精度的措施
	能力目标	会分析各种加工误差产生的原因,并提出改进工艺措施
需要完成的任务内容	在车床上加工心轴(见下图)时,粗、精车外圆 A 及肩台面 B,经检测发现 A 有圆柱度误差,B 对 A 有垂直度误差。试从机床几何形状误差的影响角度分析产生以上误差的主要原因有哪些。 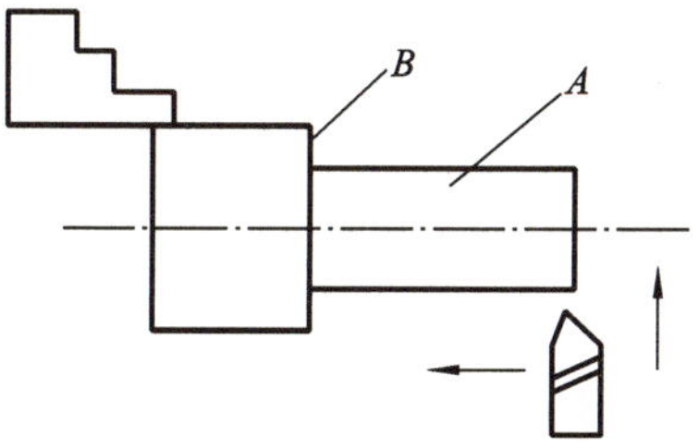	
任务实施过程中遇到的问题及解决方法		
学习收获		
评价	个人评价(10 分)	
	小组评价(20 分)	
	贡献系数(20 分)	
	教师评价(50 分)	

项目 3 机械加工表面质量

知识目标

1. 了解加工表面质量的几何形状特征和物理机械性能变化规律。
2. 了解振动的类型及影响规律。

能力目标

1. 会分析加工表面质量影响规律。
2. 会判断产生加工表面质量问题的原因。

思政目标

1. 使学生认识到切削加工和磨削加工时,为降低表面粗糙度,会采用大量的切削液,并了解切削液、热处理等影响环境的因素。
2. 培养学生的环保、健康和安全意识,引导学生树立地球是人类共同家园的观念。

评价零件是否合格的质量指标除了机械加工精度外,还有机械加工表面质量。机械加工表面质量是指零件经过机械加工后的表面层状态。探讨和研究机械加工表面,掌握机械加工过程中各种工艺因素对表面质量的影响规律,对于保证和提高产品的质量具有十分重要的意义。

任务 1　加工表面质量

一、机械加工表面质量的含义

机械加工表面质量又称为表面完整性,它的含义包括两个方面的内容。

1. 表面层的几何形状特征

表面层的几何形状特征如图 3-1 所示。其中,$L_1/H_1>1\,000$,称为宏观几何形状误差,如圆度误差、圆柱度误差等,它们属于加工精度的范畴。表面层其他主要的几何形状特征如下。

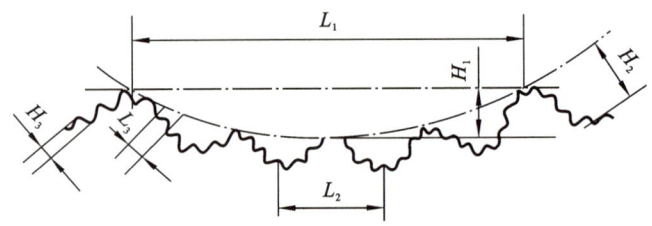

图 3-1　表面层的几何形状特征

（1）表面粗糙度。它是指加工表面上较小间距和峰谷所组成的微观几何形状特征,$L_3/H_3<50$,称为微观几何形状误差。它的评定参数主要有轮廓算术平均偏差 Ra 和轮廓微观不平度十点平均高度 Rz。

（2）表面波度。它是介于宏观几何形状误差与微观几何形状误差之间的周期性形状误差,$L_2/H_2=50\sim1\,000$。它主要是由机械加工过程中低频振动引起的,应作为工艺缺陷设法消除。

（3）表面加工纹理。它是指表面切削加工刀纹的形状和方向,取决于表面形成过程中所采用的机加工方法及其切削运动的规律。

（4）伤痕。它是指在加工表面个别位置上出现的缺陷,如砂眼、气孔、裂痕、划痕等,它们大多随机分布。

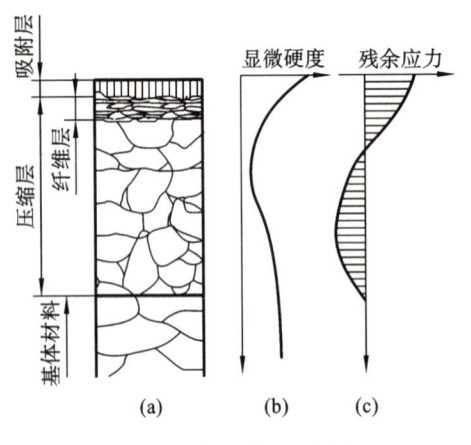

图 3-2　加工表面层状态

2. 表面层物理力学性能

表面层的材料在加工时会产生物理、力学和化学性质的变化。图 3-2(a)表示加工表面层沿深度的变化。最外层生成了氧化膜或其他化合物,并吸收、渗进了气体粒子,故称为吸附层。在加工过程中,由切削力导致的表面塑性变形层称为压缩层,它的厚度在几十至几百微米之内,随加工方法的不同而变化。压缩层的上部为纤维层,它是由被加工材料与刀具间的摩擦力导致形成的。另外,切削热也会使表面层产生各种变化,如同淬火、回火一样,使材料产生相变以及晶粒大小的变化等。所以，表面层的物理、力学和化学性能不同于基体，且不同之处主要表现在以下三个方面。

（1）表面层因塑性变形发生了冷作硬化，如图 3-2(b)所示。

（2）表面层因切削热发生了金相组织变化。

（3）表面层中存在残余应力，如图 3-2(c)所示。

机械加工后的零件表面并非理想的光滑表面，它存在着不同程度的表面粗糙度和冷硬、裂纹等表面缺陷。零件表面虽然只是极薄的一层（几微米至几百微米），但对机器零件的使用性能却有极大的影响。据统计，约有 80% 的机器零件的失效归咎于表面质量所带来的影响，如磨损、疲劳、腐蚀、振动等。所以，必须对零件表面加以足够的重视。

二、表面质量对零件使用性能的影响

1. 表面质量对零件耐磨性的影响

零件的耐磨性是零件的一项重要性能指标。在摩擦副的材料、润滑条件和加工精度确定之后，零件的表面质量对耐磨性将起着关键性的作用。由于零件表面存在着表面粗糙度，当两个零件的表面开始接触时，接触部分集中在两表面波峰的顶部，因此实际接触面积远远小于名义接触面积，并且表面粗糙度越大，实际接触面积越小。在外力的作用下，波峰接触部分将产生很大的压应力。当两个零件作相对运动时，在开始阶段，由于接触面积小、压应力大，相接触的波峰会产生较大的弹性变形、塑性变形及剪切变形，从而很快被磨平，即使有润滑油存在，也会因为接触点处压应力过大、油膜被破坏而形成干摩擦，导致零件接触表面的磨损加剧。当然，表面粗糙度并非越小越好。表面粗糙度过小，接触表面间储存润滑油的能力变差，接触表面容易发生分子胶合、咬焊，同样也会造成磨损加剧。

表面层的冷作硬化可使表面层的硬度提高，增强表面层的接触刚度，从而降低接触处的弹性变形、塑性变形，使耐磨性有所提高。但硬化程度过大，表面层金属组织会变脆，导致出现微观裂纹，甚至会使金属表面组织剥落而加剧零件的磨损。

表面粗糙度对初期磨损量有直接的影响，如图 3-3 所示。在一定的工作情况下，摩擦副表面存在一个最佳粗糙度值，过大或过小的粗糙度会使初期磨损量增大，使总的耐磨时间缩短。

2. 表面质量对零件疲劳强度的影响

表面粗糙度对承受交变载荷的零件的疲劳强度影响很大。在交变载荷的作用下，表面波谷处容易引起应力集中，产生疲劳裂纹。并且，表面粗糙度越大，表面划痕越深，零件的抗疲劳破坏能力越差。

表面层的残余应力对零件的疲劳强度影响也很大。当表面层存在残余压应力时，能延缓疲劳裂纹的产生、扩展，提高零件的疲劳强度；当表面层存在残余拉应力时，零件容易发生晶间破坏，产生表面裂纹，从而降低疲劳强度。

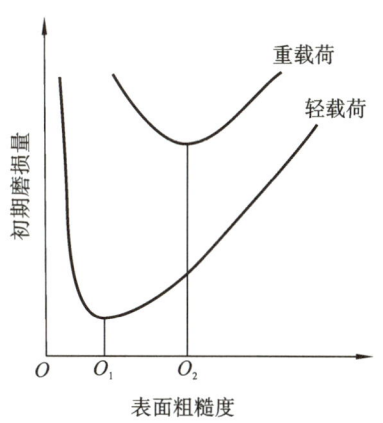

图 3-3　表面粗糙度与初期磨损量之间的关系

表面层的加工硬化对零件的疲劳强度也有影响。适度的加工硬化能阻止已有裂纹的扩展和新裂纹的产生，提高零件的疲劳强度；而加工硬化过于严重，会使零件表面组织变脆，容易出现裂纹，从而使疲劳强度降低。

3. 表面质量对零件耐腐蚀性能的影响

表面粗糙度对零件耐腐蚀性能的影响很大。零件表面粗糙度越大，在波谷处越容易积聚腐蚀性介质，从而使零件发生化学腐蚀和电化学腐蚀。

表面层的残余应力对零件的耐腐蚀性能也有影响。残余压应力使表面组织致密，使腐蚀性介质不易侵入，有助于提高表面的耐腐蚀能力；而残余拉应力对零件耐腐蚀性能的影响则相反。

4. 表面质量对零件间配合性质的影响

相配零件间的配合性质是由过盈或间隙量来决定的。在间隙配合中，如果零件配合表面的粗糙度大，则由于磨损迅速，配合间隙增大，从而降低了配合质量，影响了配合的稳定性；在过盈配合中，如果表面粗糙度大，则装配时表面波峰被挤平，使得实际有效过盈量减少，降低了配合件的连接强度，影响了配合的可靠性。因此，对有配合要求的表面应规定较小的表面粗糙度值。

在过盈配合中，如果表面硬化严重，将可能造成表面层金属与内部金属脱落的现象，从而破坏配合性质和配合精度。表面层的残余应力会引起零件变形，使零件的形状、尺寸发生改变，因此它也将影响配合性质和配合精度。

5. 表面质量对零件其他性能的影响

表面质量对零件的使用性能还有一些其他影响。例如：对于间隙密封的液压缸、滑阀，减小表面粗糙度 Ra 可以减少泄漏、提高密封性能；较小的表面粗糙度可使零件具有较高的接触刚度；对于滑动零件，减小表面粗糙度 Ra 能使摩擦系数降低、运动灵活性提高，减少发热和功率损失；表面层的残余应力会使零件在使用过程中继续变形，使零件失去原有的精度，使机器的工作性能恶化等。

总之，提高加工表面质量，对于保证零件的性能、提高零件的使用寿命是十分重要的。

任务 2　影响加工表面质量的工艺因素

一、表面粗糙度

从工艺角度考虑，影响表面粗糙度的工艺因素可分为与刀具有关的因素、与工件材料有关的因素和与加工条件有关的因素。现就切削加工和磨削加工分别进行介绍。

1. 切削加工表面

（1）刀具的几何形状、材料及刃磨质量对表面粗糙度的影响。

从几何角度分析，减小刀具的主、副偏角，增大刀尖圆弧半径，均能有效地降低表面粗糙度。切削加工时，表面粗糙度的值主要取决于切削残留面积的高度，如图 3-4 所示。当刀尖圆弧半径 $r_\varepsilon = 0$ 时，切削残留面积的高度 H 为

$$H = \frac{f}{\cot \kappa_r + \cot \kappa_r'} \tag{3-1}$$

当刀尖圆弧半径 $r_\varepsilon > 0$ 时，切削残留面积的高度 H 为

$$H = \frac{f}{8r_\varepsilon} \tag{3-2}$$

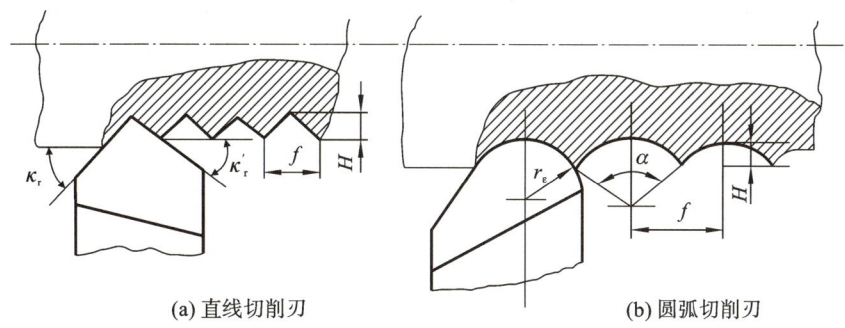

(a) 直线切削刃　　　　　　　　(b) 圆弧切削刃

图 3-4　车削、刨削时残留面积的高度

从上面两式可知,主偏角 κ_r、副偏角 κ_r' 和刀尖圆弧半径 r_ε 对切削加工表面粗糙度的影响较大。减小主偏角 κ_r 和副偏角 κ_r'、增大刀尖圆弧半径 r_ε,都能减小切削残留面积的高度 H,从而减小零件的表面粗糙度值。

刀具的前角值适当增大,刀具易于切入工件,塑性变形小,有利于减小表面粗糙度值。但刀具的前角太大,刀刃有嵌入工件的倾向,反而使表面变粗糙。图 3-5 所示为在一定条件下加工钢件时刀具前角与加工表面粗糙度的关系曲线。

当刀具的前角一定时,刀具的后角越大,切削刃钝圆半径越小,刀刃越锋利。同时,较大的后角还能减小刀具的后刀面与加工表面间的摩擦和挤压,有利于减小表面粗糙度值。但后角太大,削弱了刀具的强度,容易使刀具产生振动,使表面粗糙度增大。图 3-6 所示为在一定条件下刀具后角与加工表面粗糙度的关系曲线。

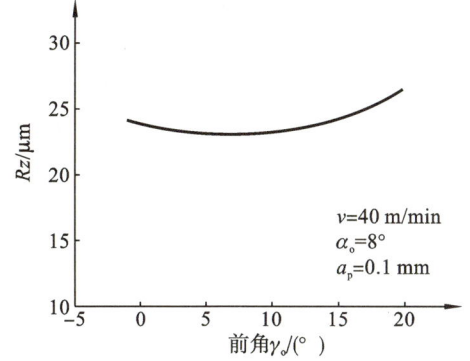
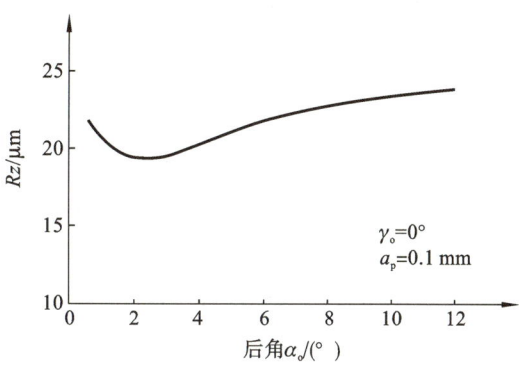

图 3-5　刀具前角对钢件加工表面粗糙度的影响　　图 3-6　刀具后角对加工表面粗糙度的影响

刀具的材料及刃磨质量影响积屑瘤、鳞刺的产生。例如,用金刚石车刀精车铝合金,由于摩擦系数小,刀面上不会产生切屑的黏附、冷焊现象,因此,能降低工件加工表面的粗糙度。

(2) 工件的材料对表面粗糙度的影响。

与工件的材料相关的因素包括材料的塑性、韧性及金相组织等。一般韧性较大的塑性材料,易产生塑性变形,与刀具的黏结作用也较大,加工后表面粗糙度值大;相反,脆性材料易于得到较小的表面粗糙度值。

(3) 加工条件对表面粗糙度的影响。

① 切削速度 v_c。一般情况下,低速或高速切削时,因不会产生积屑瘤,故表面粗糙度值较小,如图 3-7 所示;但在中等切削速度下,塑性材料容易产生积屑瘤,积屑瘤可以代替刀具

进行切削,但状态极不稳定,积屑瘤的生成、长大和脱落将严重影响加工表面的表面粗糙度值。另外,在切削过程中切屑和前刀面的强烈摩擦作用以及撕裂现象,还可能使加工表面产生鳞刺,从而使加工表面的粗糙度值增大。

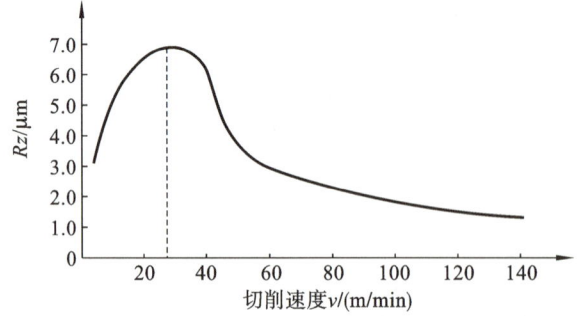

图 3-7　切削速度与加工表面粗糙度的关系

②背吃刀量 a_p。背吃刀量对表面粗糙度的影响不明显,一般可忽略,但当 $a_p<0.02$~0.03时,刀尖与工件表面发生挤压与摩擦,从而使表面质量恶化。

③进给量 f。从式(3-1)、式(3-2)可知,减小进给量 f 可以减少切削残留面积的高度,减小表面粗糙度值。但进给量太小,刀刃无法实现切削而形成挤压,增大了工件的塑性变形,反而使表面粗糙度值增大。

另外,合理选择冷却润滑液,提高冷却润滑效果,减小切削过程中的摩擦,能抑制积屑瘤和鳞刺的生成,有利于减小表面粗糙度值。例如,选用含有硫、氯等表面活性物质的冷却润滑液,润滑性能增强,作用更加显著。

2. 磨削加工表面

磨削加工是通过表面具有呈随机分布的磨粒的砂轮和工件的相对运动来实现的。在磨削过程中,磨粒在工件表面上滑擦、刻划和切下切屑,在加工表面上刻划出无数微细的沟槽,沟槽两边伴随着塑性隆起,形成表面粗糙度。

(1)磨削用量对表面粗糙度的影响。

提高砂轮速度,可以增加在工件单位面积上的刻痕。同时,塑性变形导致的隆起量随着砂轮速度的增大而减小,所以表面粗糙度值减小。

在其他条件不变的情况下,提高工件速度,磨粒在单位时间内在工件表面上的刻痕数减少,因而会增大表面粗糙度值。

磨削深度增加,磨削过程中磨削力及磨削温度都增加,磨削表面塑性变形增大,从而增大表面粗糙度值。

(2)砂轮对表面粗糙度的影响。

①砂轮的粒度。砂轮的粒度越细,砂轮单位面积上的磨粒数越多,工件表面上的刻痕密而细,因而表面粗糙度值越小。但磨粒过细时,砂轮易堵塞,磨削性能下降,反而使表面粗糙度值增大。

②砂轮的硬度。砂轮的硬度应适当。砂轮太硬,磨粒钝化后仍不能脱落,使工件表面受到强烈的摩擦和挤压作用,塑性变形程度增加,表面粗糙度值增大或使磨削表面烧伤。砂轮太软,磨粒易脱落,常会产生磨损不均匀现象,从而使表面粗糙度值增大。

③砂轮的修整。修整砂轮的目的是去除砂轮外层已钝化或被磨屑堵塞的磨粒,保证砂

轮具有足够的等高微刃。砂轮微刃的等高性越好,磨出工件的表面粗糙度值越小。

(3) 工件的材料对表面粗糙度的影响。

工件材料太硬,砂轮易磨钝,故表面粗糙度值变大。工件材料太软,砂轮易堵塞,磨削热增大,也得不到较小的表面粗糙度值。塑性、韧性大的工件材料,塑性变形程度大,导热性差,不易得到较小的表面粗糙度值。

二、加工硬化

在机械加工过程中,工件表层金属因受到切削力的作用而产生强烈的塑性变形,使晶体间产生剪切滑移,导致晶粒严重扭曲,并产生晶粒的拉长、破碎和纤维化,这时工件表面的强度和硬度提高、塑性降低。这种现象称作加工硬化,又称冷作硬化。另外,加工过程中产生的切削热会使得工件表层金属温度升高,当工件表层金属温度升高到一定程度时,会使得已强化的金属回复到正常状态,失去其在加工硬化中得到的物理、力学性能,这种现象称为软化。因此,金属的加工硬化实际取决于硬化速度和软化速度的比率。

评定加工硬化的指标有下列三个。

(1) 表面层的显微硬度 HV。

(2) 硬化层深度 $h(\mu m)$。

(3) 硬化程度 N。

硬化程度与表面层显微硬度之间的关系为

$$N = \frac{HV - HV_0}{HV_0} \tag{3-3}$$

式中:HV_0——工件原表面层的显微硬度。

影响表面层加工硬化的因素如下。

1. 切削用量

在切削用量中,进给量和切削速度对加工硬化的影响较大。增大进给量,切削力随之增大,表层金属的塑性变形程度增大,加工硬化程度增大;增大切削速度,刀具对工件的作用时间减少,塑性变形的扩展深度减小,故而硬化层深度减小。另外,增大切削速度会使切削区温度升高,有利于减少加工硬化。

2. 刀具的几何形状

刀刃钝圆半径对加工硬化的影响最大。实验证明,已加工表面的显微硬度随着刀刃钝圆半径的加大而增大,这是因为径向切削分力会随着刀刃钝圆半径的增大而增大,使得表层金属的塑性变形程度加剧,导致加工硬化增大。此外,刀具磨损会使得后刀面与工件间的摩擦加剧,使表层的塑性变形增加,导致表面冷作硬化加剧。

3. 加工材料的性能

工件材料的硬度越低、塑性越好,加工时塑性变形越大,冷作硬化越严重。

三、金相组织变化和磨削烧伤

机械加工时,切削所消耗的能量大部分转化为切削热,导致加工表面温度升高。当工件表面温度超过金相组织变化的临界点时,工件表面就会产生金相组织的变化。一般的切削加工,由于单位切削截面所消耗的功率不是太大,因此产生金相组织变化的现象很少。但对于磨削加工来说,单位面积上产生的切削热比一般切削方法大几十倍,易使工件表面层的金相组织发生变化,引起工件表面层的强度和硬度下降,使工件表面层产生残余应力甚至产生显微裂纹。这种现象称为磨削烧伤。在磨削淬火钢时，可能产生以下三种烧伤。

（1）回火烧伤。如果磨削区的温度未超过淬火钢的相变温度，但已超过马氏体的转变温度，则工件表层金属的回火马氏体组织将转变成硬度较低的回火组织（索氏体或托氏体），这种烧伤称为回火烧伤。

（2）淬火烧伤。如果磨削区的温度超过了淬火钢的相变温度，再加上冷却液的急冷作用，表层金属发生二次淬火，出现二次淬火马氏体组织，二次淬火马氏体组织的硬度比原来的回火马氏体高，在它的下层，因冷却较慢，出现了硬度比原先的回火马氏体低的回火组织（索氏体或托氏体）。这种烧伤称为淬火烧伤。

（3）退火烧伤。如果磨削区的温度超过了淬火钢的相变温度，而磨削区又无冷却液进入，表层金属将产生退火组织，表面硬度将急剧下降。这种烧伤称为退火烧伤。

影响磨削烧伤的因素如下。

1. 磨削用量

当磨削深度 a_p 增大时，工件表面及表面下不同深度处的温度都将提高，容易造成烧伤；增大砂轮速度 v_c，会加重磨削烧伤的程度。当工件纵向进给量 f 增大时，磨削区温度增高，但热源作用时间减少，因而可减轻烧伤。但提高工件速度会导致加工表面粗糙度值变大。为弥补此不足，可提高砂轮速度。实践证明，同时提高工件速度和砂轮速度可减轻工件表面烧伤。

2. 砂轮材料

对于硬度太高的砂轮，钝化磨粒不易脱落，砂轮容易被磨屑堵塞。因此，一般宜用软砂轮。砂轮结合剂最好采用具有一定弹性的材料，如树脂、橡胶等，保证磨粒受到过大切削力的作用时会自动退让。一般来讲，粗粒度不容易引起磨削烧伤。

3. 冷却方式

通过冷却液带走磨削区的热量可避免烧伤。然而，现有的冷却方式冷却效果并不理想。这是由于旋转的砂轮表面上产生强大的气流层，以致没有多少冷却液能进入磨削区，因此，必须改进冷却方式以提高冷却效果。

内冷却是一种较为有效的冷却方法。它的工作原理是：经过严格过滤的冷却液通过中空主轴法兰套引入砂轮的中心腔内，由于离心力的作用，这些冷却液通过砂轮内部的孔隙向砂轮四周的边缘洒出，这样冷却液就有可能直接进入磨削区，如图 3-8(a)所示。

采用开槽砂轮（见图 3-8(b)）也是改善冷却条件的一种有效方法。在砂轮的四周上开一些横槽，能使砂轮将冷却液带入磨削区，从而提高冷却效果。同时，砂轮开槽能形成间断磨削，使工件受热时间短，从而使金相组织来不及转变。砂轮开槽还能起扇风作用，可改善散热条件。因此，开槽砂轮可有效地防止烧伤现象的发生。

四、表面残余应力

外载荷去除后，仍残存在工件表层与基体材料交界处的相互平衡的应力称为残余应力。产生表面残余应力的主要原因如下。

（1）冷态塑性变形引起的残余应力。切削加工时，加工表面在切削力的作用下产生强烈的塑性变形，表层金属的比容增大，体积膨胀，但体积的膨胀受到与它相连的里层金属的阻止，从而在表层产生了残余压应力，在里层产生了残余拉应力。当刀具在被加工表面上切除金属时，由于受后刀面的挤压和摩擦作用，表层金属纤维被严重拉长，且表层金属纤维的

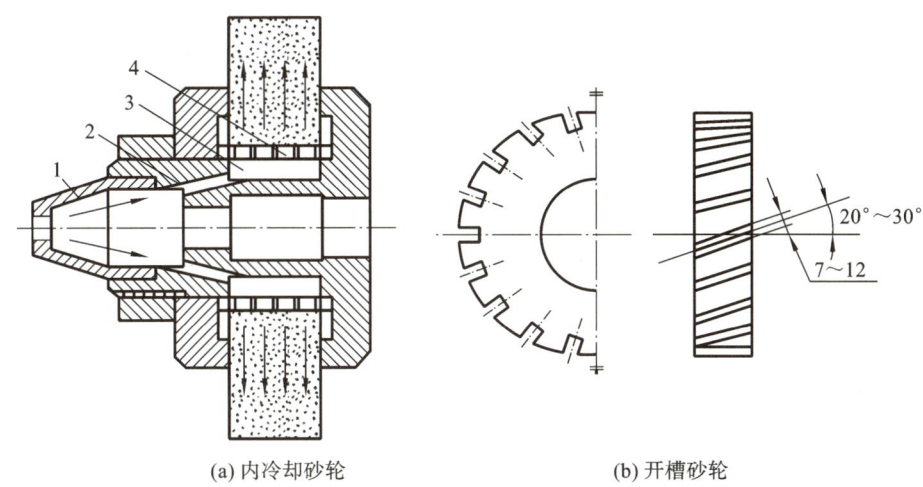

(a) 内冷却砂轮　　　　(b) 开槽砂轮

图 3-8　改善冷却条件的方法

1—锥形盖；2—冷却液通孔；3—砂轮中心腔；4—开孔薄壁套

拉长仍会受到里层金属的阻止，从而在表层产生残余压应力，在里层产生残余拉应力。

（2）热态塑性变形引起的残余应力。切削加工时，大量的切削热会使加工表面产生热膨胀，由于基体金属的温度较低，会对表层金属的膨胀产生阻碍作用，因此在表层产生热态压应力。在加工结束后，表层温度下降要进行冷却收缩，但冷却收缩又受到基体金属的阻止，从而在表层产生残余拉应力，在里层产生残余压应力。

（3）金相组织变化引起的残余应力。如果在加工中工件表层温度超过金相组织的转变温度，则工件表层将产生组织转变，表层金属的比容将随之发生变化，而表层金属的这种比容变化必然会受到与之相连的基体金属的阻碍，从而在表层、里层产生互相平衡的残余应力。例如，在磨削淬火钢时，磨削热导致表层可能产生回火，表层金属组织将由马氏体转变成接近珠光体的屈氏体或索氏体，密度增大，比容减小，表层金属要产生相变收缩但会受到基体金属的阻止，从而在表层产生残余拉应力，在里层产生残余压应力。如果磨削时表层金属的温度超过金相组织的相变温度，且冷却充分，表层金属将成为淬火马氏体，密度减小，比容增大，从而在表层产生残余压应力，在里层产生残余拉应力。

实际上，机械加工后表面层的残余应力是上述三方面原因综合作用的结果。

影响残余应力的主要工艺因素有工件材料的性质、刀具（砂轮）、切削用量及冷却润滑液等。具体情况要根据切削的塑性变形、切削温度和金相组织变化的影响程度而定。

1. 切削加工影响残余应力的工艺因素

刀具的后角、刀尖的圆角半径及刀刃钝圆半径对表面层残余应力的影响不大，这是因为后角因受到刀刃强度的制约而变化不大，而刀尖的圆角半径和刀刃钝圆半径在刃磨后很小。刀具几何参数中前角对残余应力影响较大。实际上当刀具磨损到一定程度时，切削力以及刀具和工件的摩擦会显著增加，使表面层温度升高，导致表面层的塑性变形加剧，也因此刀具的磨损对残余应力影响较大。

加工用量对残余应力的影响比较复杂，与工件的材料、原来的状态以及具体的加工条件等有关。

在一般情况下，残余应力的数值和方向与切削速度有关。以较低的速度切削时，工件表面层会产生残余拉应力。但随着切削速度的增大,残余拉应力将逐渐减小,并在切削速度增大到一定程度时转变为残余压应力。

低速切削时,切削热的作用占主导作用,表层产生残余拉应力;而随着切削速度的提高,表层温度逐渐提高至淬火温度,表层金属的金相组织发生变化,使残余拉应力的数值逐渐减小。

高速切削时,表层金属的金相组织变化起主导作用,因而表层产生残余压应力;进给量增加时,残余压应力的数值及扩展深度均增加;增加切削深度,残余压应力也会随之稍有增加。

2. 磨削加工影响残余应力的工艺因素

一般而言,工件材料的硬度越高、塑性越低、导热性能越差,表面金属产生残余拉应力的倾向越大。磨削导热性能差的高强度合金钢时,表面层的残余拉应力很可能超过材料的强度极限,表面甚至会产生裂纹。

磨削用量是影响残余应力的首要因素。提高工件速度、减小磨削深度,均可减小残余应力。当磨削深度减小到一定程度时,可获得残余应力较低的表面。增大工件速度和进给速度,将使表面金属的塑性变形程度加剧,从而使表层金属产生残余拉应力的趋势减小、产生残余压应力的趋势增大。

磨削时,在轻磨削条件下,由于没有金相组织变化,温度影响也很小,主要是塑性变形在起作用,因而产生浅而小的残余压应力;在中等磨削条件下,产生浅而大的残余拉应力;在重磨条件下,如磨削淬火钢,产生深而大的残余拉应力(最外表面可能出现小而浅的残余压应力),此时热态塑性变形和金相组织变化起主导作用。

3. 零件加工后表面层的残余应力

在不同的条件下,表面层残余应力的大小、符号和分布规律可能有明显的差别。例如,切削加工中,切削热不多时以冷态塑性变形为主,切削热多时以热态塑性变形为主。加工方法不同时,也可能某一种或两种因素占主导地位。图 3-9 所示为三种磨削条件下产生的工件表面层残余应力。

①精细磨削条件下产生浅而小的残余压应力,因为表层金属的金相组织没有变化,主要是塑性变形起主导作用。

②精磨条件下产生浅而大的残余拉应力。

③粗磨条件下产生深而大的残余拉应力,原因在于热态塑性变形和金相组织的变化起主导作用。

4. 零件加工后表面层磨削裂纹的产生

表面层存在残余压应力,可使工件的疲劳强度和耐磨性能提高;表面层存在残余拉应力,会使工件的疲劳强度和耐磨性能降低。当残余应力超过材料的疲劳极限时,工件表面层就会出现磨削裂纹。磨削裂纹一般很浅(0.25~0.50 mm),基本垂直于磨削方向或呈网状。磨削裂纹常与磨削烧伤同时出现。

零件加工表面层存在磨削烧伤和磨削裂纹,将使零件的疲劳强度和使用寿命受到严重影响。因此,在磨削加工中应严格控制表面层残余应力,以免产生磨削裂纹。

五、机械加工振动

1. 机械加工振动概述

在机械加工过程中,工艺系统有时会发生振动(人为地利用振动为加工服务的振动车

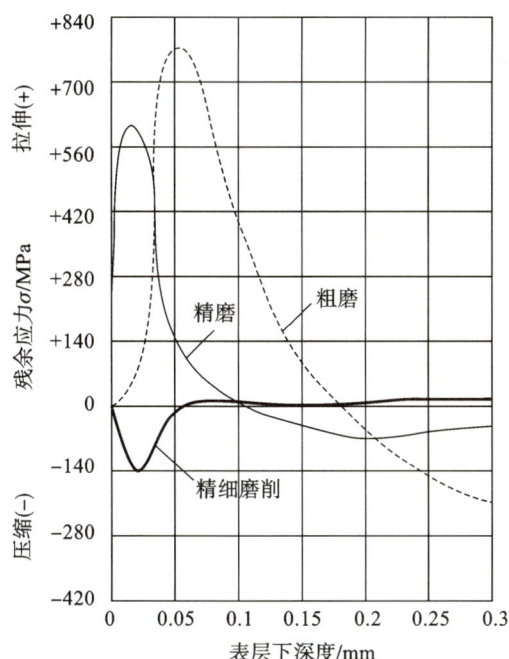

图 3-9　磨削后的残余应力分布

削、振动磨削、振动时效、超声波加工等除外),即在刀具的切削刃与工件上正在切削的表面之间,除了名义上的切削运动之外,还会出现一种周期性的相对运动。这是一种破坏正常切削运动的极其有害的现象。它的有害性主要表现在以下方面。

(1) 振动使工艺系统的各种成形运动受到干扰和破坏,使加工表面出现振纹,增大表面粗糙度值,恶化加工表面质量。

(2) 振动可能引起刀刃崩裂,引起机床、夹具的连接部分松动,缩短刀具及机床、夹具的使用寿命。

(3) 振动限制了切削用量的进一步提高,降低了切削加工的生产率,严重时甚至还会使切削加工无法继续进行。

(4) 振动所发出的噪声会污染环境,有害工人的身心健康。

研究机械加工过程中振动产生的机理,探讨如何提高工艺系统的抗振性和消除振动的措施,一直是机械加工工艺学的重要课题之一。

2. 机械加工振动的类型

机械加工过程中的振动有以下三种基本类型。

(1) 强迫振动。强迫振动是指在外界周期性变化的干扰力作用下产生的振动。磨削加工中主要会产生强迫振动。

(2) 自激振动。自激振动是指切削过程本身引起切削力周期性变化而产生的振动。切削加工中主要会产生自激振动。

(3) 自由振动。自由振动是指由于切削力突然变化或其他外界偶然原因而引起的振动。自由振动的频率就是系统的固有频率。由于工艺系统的阻尼作用,这类振动会在外界干扰力去除后迅速自行衰减,对加工过程影响较小。

机械加工过程中的振动主要是强迫振动和自激振动。据统计,在机械加工过程中,强迫振动约占 30%，自激振动约占 65%，自由振动所占比重很小。

3. 抑制和消除强迫振动的措施

强迫振动是由外界干扰力引起的，因此必须对振动系统进行测振试验，找出振源，然后采取适当措施加以控制。抑制和消除强迫振动的主要措施如下。

（1）改进机床传动结构，进行消振与隔振。消除强迫振动最有效的办法是找出并去除外界的干扰力（振源）。如果不能去除外界的干扰力，则可以采用隔绝的方法，如采用厚橡皮或木材等将机床与地基隔离，就可以隔绝相邻机床的振动影响。精密机械、仪器采用空气垫等也是很有效的隔振措施。

（2）消除回转零件的不平衡。机床和其他机械的振动，大多数是由回转零件的不平衡引起的，因此对于高速回转的零件，要注意其平衡问题，在可能的条件下，最好能实现动平衡。

（3）提高传动件的制造精度。传动件的制造精度会影响传动的平衡性，引起振动。在齿轮啮合、滚动轴承以及带传动等传动中，减少振动的途径主要是提高传动件的制造精度和装配质量。

（4）提高系统的刚度，增加阻尼。提高机床、工件、刀具和夹具的刚度都会增加系统的抗振性。增加阻尼是一种减小振动的有效办法，在结构设计上应该考虑到。可以采用附加高阻尼板材的方法达到减小振动的效果。

（5）合理确定固有频率，避开共振区。根据强迫振动的特性，一方面是改变激振力的频率，使它避开系统的固有频率；另一方面是在结构设计时，使工艺系统各部件的固有频率远离共振区。

4. 控制自激振动的有效措施

控制自激振动的基本途径是减小和抵抗激振力，具体来说可以采取以下有效的措施。

（1）合理选择与切削过程有关的参数。自激振动的形成与切削过程本身密切有关，所以可以通过合理地选择切削用量、刀具的几何角度和工件的材料等途径来抑制自激振动。

① 合理选择切削用量。例如，车削中，切削速度 v_c 在 20～60 m/min 范围内，自激振动振幅增加很快；而在 v_c 超过此范围以后，自激振动逐渐减弱。通常切削速度 v_c 在 50～60 m/min 左右时切削状态的稳定性最低，最容易产生自激振动。所以，可以选择高速或低速切削以避免自激振动。关于进给量 f，通常当 f 较小时自激振动振幅较大；随着 f 的增大，自激振动振幅反而会减小。所以，可以在表面粗糙度要求许可的前提下选取较大的 f，以避免自激振动。背吃刀量 a_p 愈大，切削力愈大，愈易产生自激振动。

② 合理选择刀具的几何参数。适当地增大前角 γ_o、主偏角 κ_r，能减小切削力，从而减小自激振动。后角 α_o 可尽量取小值，但精加工中由于背吃刀量 a_p 较小，刀刃不容易切入工件，而且 α_o 过小时，刀具后刀面与加工表面间的摩擦可能过大，这样反而容易引起自激振动。通常在刀具的主后刀面下磨出一段 α_o 角为负值的窄棱面，以减小自激振动。另外，实际生产中用油石将新刃磨的刃口稍稍钝化，也是很有效的防振方法。关于刀尖圆弧半径，它本来就和加工表面粗糙度有关，对于加工中的振动而言，一般不要取得太大，如车削中当刀尖圆弧半径与背吃刀量近似相等时，切削力很大，容易产生自激振动。车削时装刀位置过低、镗孔时装刀位置过高，都易产生自激振动。

使用油性非常高的润滑剂也是加工中经常使用的一种防振办法。

(2) 提高工艺系统本身的抗振性。

①提高机床的抗振性。机床的抗振性往往占主导地位,可以通过改善机床的刚性、合理安排各部件的固有频率、增大阻尼以及提高加工和装配的质量等途径来提高机床的抗振性。

②提高刀具的抗振性。通过优化刀杆等的惯性矩、弹性模量和阻尼系数,使刀具具有高的弯曲与扭转刚度、大的阻尼系数。例如,硬质合金虽有高弹性模量,但阻尼性能较差,因此可以和钢组合使用,以发挥钢和硬质合金两者的优点。

③提高工件安装时的刚性。提高工件安装时刚性的主要措施是提高工件的弯曲刚度,如在细长轴的车削中可以使用中心架、跟刀架,当用拨盘传动销拨动夹头传动时要保持切削中传动销和夹头不发生脱离等。

(3) 使用减振装置。

常用的减振装置主要有摩擦式减振器、动力式减振器、冲击式减振器。摩擦式减振器利用固体或液体的摩擦阻尼来消耗振动的能量。动力式减振器的工作原理是利用附加质量的动力作用,使作用在主振系统上的力(或力矩)与激振力(或力矩)相抵消。冲击式减振器由一个与振动系统刚性连接的壳体和一个在壳体内自由冲击的质量块组成,当系统振动时,自由质量块反复冲击壳体,以消耗振动能量,达到减振的目的。

任务3 控制加工表面质量的工艺途径

随着科学技术的发展,对零件表面质量的要求越来越高。为了获得合格的零件,保证机器的使用性能,人们一直在研究控制和提高零件表面质量的途径。提高零件表面质量的工艺途径大致可以分为两类:一类是用低效率、高成本的加工方法,寻求各工艺参数的优化组合,以减小表面粗糙度值;另一类是着重改善工件表面的物理、力学性能,以提高表面质量。

一、降低表面粗糙度的加工方法

1. 超精密切削加工和低粗糙度磨削加工

(1) 超精密切削加工。超精密切削加工是指表面粗糙度为 $Ra \leqslant 0.04\ \mu m$ 的切削加工方法。超精密切削加工最关键的问题在于要在最后一道工序切削 $0.1\ \mu m$ 的微薄表面层。这就既要求刀具极其锋利,刀刃钝圆半径为纳米级尺寸,又要求这样的刀具有足够的耐用度,以确保锋利。目前只有金刚石刀具才能达到上述要求。超精密切削加工时,走刀量要小,切削速度要非常高,这样才能保证工件表面上的切削残留面积小,获得极小的表面粗糙度值。

(2) 低粗糙度磨削加工。为了简化工艺过程,缩短工序周期,有时用低粗糙度磨削加工替代光整加工。低粗糙度磨削加工除要求设备精度高外,磨削用量的选择也较为重要。在选择磨削用量时,参数之间往往会互相矛盾和排斥。例如:为了减小表面粗糙度值,砂轮应修整得细一些,但如此却可能引起磨削烧伤;为了避免烧伤,应将工件转速加快,但这样又会增大表面粗糙度值,而且容易引起振动;采用小磨削用量有利于提高工件表面质量,但会降低生产率并增加生产成本。另外,工件材料不同,磨削性能也不一样,一般很难凭手册确定磨削用量,要通过试验不断调整参数,因而表面质量较难准确控制。近年来,国内外对磨削用量最优化做了不少研究,分析了磨削用量与磨削力、磨削热之间的关系,并用图表表示各参数的最佳组合,加上计算机的运用,通过指令进行过程控制,使得低粗糙度磨削加工逐步达到了应有的效果。

2. 采用珩磨、超精加工、研磨等方法作为最终工序

珩磨、超精加工等都是将磨条以一定压力压在加工表面上,并使磨条相对加工表面作相对运动,以降低表面粗糙度和提高精度的方法,一般用于表面粗糙度为 $Ra \leqslant 0.4~\mu m$ 的表面加工。这些加工工艺由于切削速度低、压强小,因此发热少,不易引起热损伤,并能产生残余压应力,有利于提高零件的使用性能。另外,这些加工工艺依靠自身定位,设备简单,精度要求不高,成本较低,容易实行多工位、多机床操作,生产率高,因而在大批量生产中应用广泛。

(1) 珩磨。珩磨是利用珩磨工具对工件表面施加一定的压力,同时珩磨工具还要相对工件完成旋转和直线往复运动,以去除工件表面的凸峰的一种加工方法。珩磨后工件圆度和圆柱度一般可控制在 $0.003 \sim 0.005$ mm 范围内,尺寸精度可达 IT5~IT6 级,表面粗糙度 Ra 在 $0.025 \sim 0.2~\mu m$ 范围内。

珩磨工作原理如图 3-10 所示。它利用安装在珩磨头圆周上的若干条细粒度油石,由胀开机构将油石沿径向胀开,使油石压向工件孔壁并形成一定的接触面,同时珩磨头作回转和轴向往复运动,实现对孔的低速磨削。油石上的磨粒在工件表面上留下的切削痕迹为交叉且不重复的网纹,有利于润滑油的储存和油膜的保持。

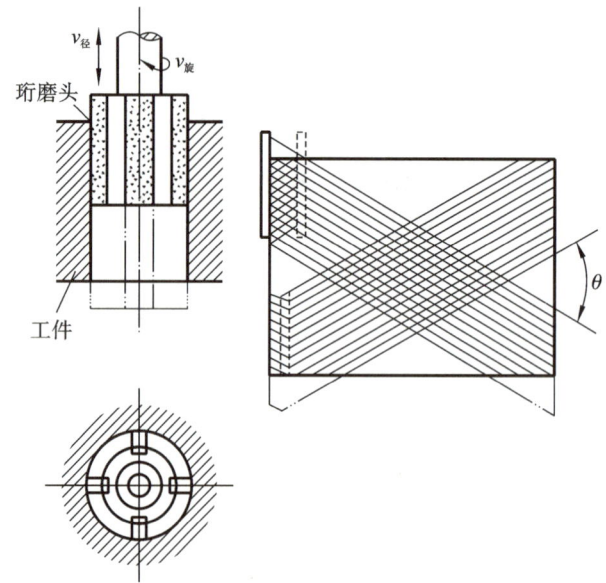

图 3-10 珩磨工作原理及磨粒运动轨迹

由于珩磨头和机床主轴采用浮动连接,因此机床主轴回转运动误差对工件的加工精度没有影响。因为珩磨头的轴线往复运动以孔壁导向,即珩磨头按孔的轴线进行运动,所以在珩磨时不能修正孔的位置偏差,工件孔轴线的位置精度必须由前一道工序来保证。

珩磨时,虽然珩磨头的转速较低,但它的往复速度较高,参与磨削的磨粒数量多,因此能很快地去除金属。为了及时排出磨屑和冷却工件,必须充分进行冷却润滑。珩磨生产率高,可用于加工铸铁、淬硬钢、不淬硬钢,但不宜加工易堵塞油石的韧性金属。

(2) 超精加工。超精加工是使细粒度油石在较低的压力和良好的冷却润滑条件下,快而短促地往复运动,对低速旋转的工件进行振动研磨的一种微量磨削加工方法。

超精加工的工作原理如图 3-11 所示。加工时有三种运动,即工件的低速回转运动、磨头的轴向进给运动和油石的往复振动。三种运动的合成使磨粒在工件表面上形成不重复的轨迹。超精加工的切削过程与磨削、研磨不同,在工件粗糙表面被磨去之后,接触面积大大增加,压强极小,工件与油石之间形成油膜,二者不再直接接触,油石能自动停止切削。

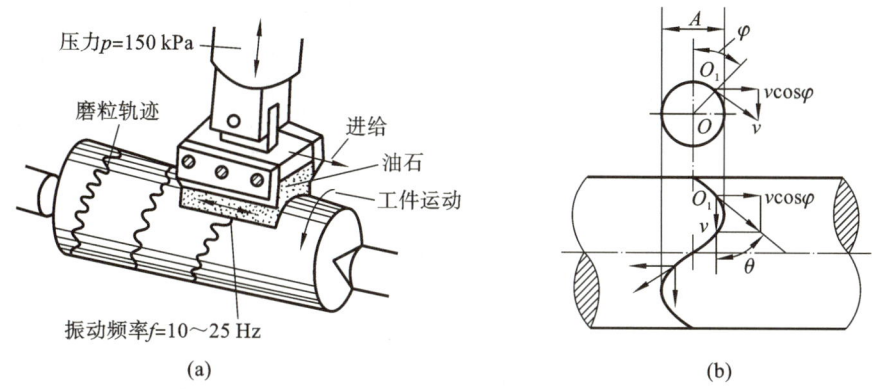

图 3-11　超精加工的工作原理

超精加工的加工余量一般为 $3\sim10~\mu m$,所以它难以修正工件的尺寸误差及形状误差,也不能提高表面间的相互位置精度,但可以降低表面粗糙度,得到表面粗糙度为 $Ra=0.01\sim0.1~\mu m$ 的表面。目前,超精加工能加工各种不同材料,如钢、铸铁、黄铜、铝、陶瓷、玻璃、花岗岩等,能加工外圆、内孔、平面及特殊轮廓表面,广泛用于对曲轴、凸轮轴、刀具、轧辊、轴承、精密量仪及电子仪器等精密零件的加工。

（3）研磨。研磨是利用研磨工具和工件的相对运动,在研磨剂的作用下,对工件表面进行光整加工的一种加工方法。研磨可采用专用的设备进行,也可采用简单的工具,如采用研磨心棒、研磨套、研磨平板等对工件表面进行手工研磨。研磨可提高工件的形状精度及尺寸精度,但不能提高表面位置精度,研磨后工件的尺寸精度可达 0.001 mm,表面粗糙度可达 $Ra=0.006\sim0.025~\mu m$。

现以手工研磨外圆为例说明研磨的工作原理。如图 3-12 所示,工件支承在车床两顶尖之间并低速旋转,研套套在工件上,在研套与工件之间加入研磨剂,然后用手推动研套,使研套作轴向往复运动,实现对工件的研磨。手工研磨外圆所用的研具如图 3-13 所示。其中:图 3-13(a)所示为粗研套,孔内有油槽,可用以存研磨剂；图 3-13(b)所示为精研套,孔内无油槽。

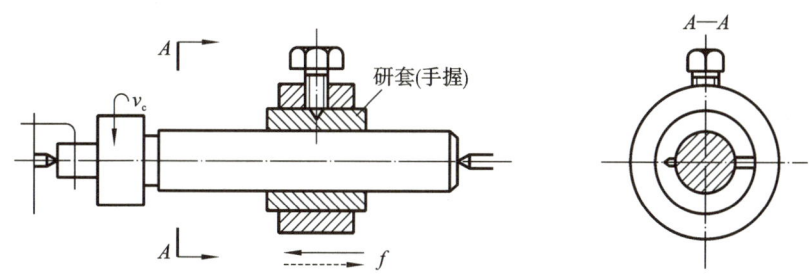

图 3-12　在车床上手工研磨外圆

研磨适用范围较广,既可用于加工金属,又可用于加工非金属,如光学玻璃、陶瓷、半导体、塑料等。一般来说,刚玉磨料适用于对碳素工具钢、合金工具钢、高速钢及铸铁的研磨,

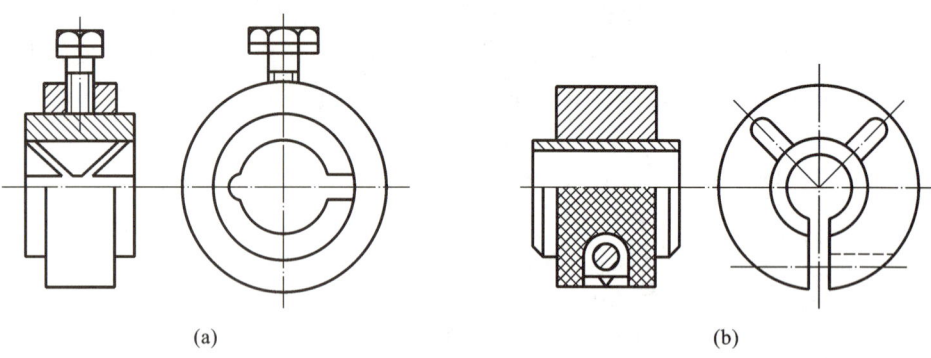

图 3-13　外圆手工研具

碳化硅磨料和金刚石磨料适用于对硬质合金、硬铬等高硬度材料的研磨。

（4）抛光。抛光是在布轮、布盘等软性器具涂上抛光膏，利用抛光器具的高速旋转，依靠抛光膏的机械刮擦和化学作用去除工件表面上的凸峰，使表面光泽的一种加工方法。抛光一般不去除加工余量，因而不能提高工件的精度，有时可能还会损坏已获得的精度。抛光也不能减小零件的形状和位置误差。工件表面经抛光后，表面层的残余拉应力会有所减小。

二、改善表面物理、力学性能的加工方法

如前所述，表面层的物理、力学性能对零件的使用性能及寿命影响很大。如果在最终工序中不能保证零件表面获得预期的质量，则应在工艺过程中增设表面强化工序来保证零件的表面质量。表面强化工艺包括化学处理、电镀和表面机械强化等。这里仅讨论机械强化工艺问题。机械强化是指通过对工件表面进行冷挤压加工，使零件表面层金属发生冷态塑性变形，从而提高零件表面硬度并在表面层产生残余压应力的无屑光整加工方法。采用表面强化工艺还可以降低零件的表面粗糙度。这种方法工艺简单、成本低，在生产中应用十分广泛。用得较多的机械强化工艺是喷丸强化和滚压加工。

1. 喷丸强化

喷丸强化是利用压缩空气或离心力使大量直径为 0.4～4 mm 的珠丸高速打击零件表面，使零件表面产生冷硬层和残余压应力，显著提高零件的疲劳强度。珠丸可以采用铸铁、砂石以及钢铁制造。所用设备是压缩空气喷丸装置或机械离心式喷丸装置。这些装置使珠丸能以 35～50 mm/s 的速度喷出。喷丸强化工艺可用来加工各种形状的零件，加工后零件表面的硬化层深度可达 0.7 mm，表面粗糙度 Ra 值可由 3.2 μm 减小到 0.4 μm，零件的使用寿命可提高几倍甚至几十倍。

2. 滚压加工

滚压加工是在常温下通过淬硬的滚压工具（滚轮或滚珠）对工件表面施加压力，使工件表面产生塑性变形，将工件表面上原有的波峰填充到相邻的波谷中，从而减小表面粗糙度值，并在工件表面产生冷硬层和残余压应力，使零件的承载能力和疲劳强度得以提高。滚压加工可使表面粗糙度 Ra 值从 1.25～5 μm 减小到 0.63～0.8 μm，表面层硬度一般提高 20%～40%，表面层金属的耐疲劳强度提高 30%～50%。滚压用的滚轮常用碳素工具钢 T12A 或者合金工具钢 CrWMn、Cr12、CrNiMn 等材料制造，淬火硬度为 62～64 HRC；或用硬质合金 YG6、YT15 等制成。滚轮的型面在装配前需经过粗磨，装上滚压工具后再进行精磨。图 3-14 所示为滚压加工原理及典型滚压加工示意图，图 3-15 所示为外圆滚压工具。

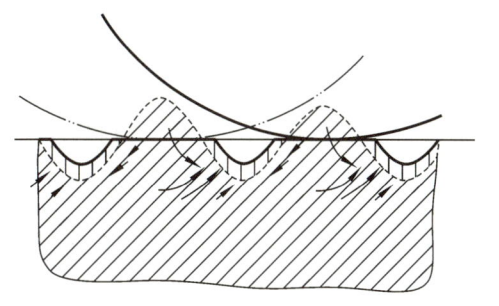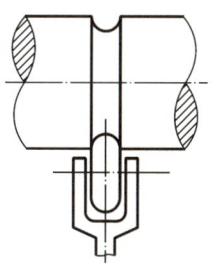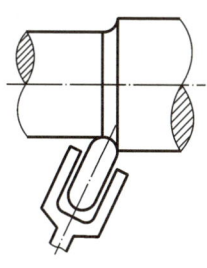

图 3-14 滚压加工原理及典型滚压加工示意图

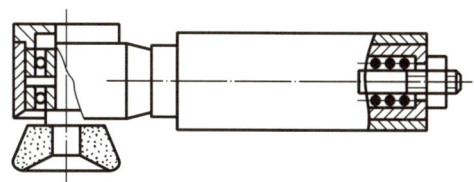

(a) 弹性滚压工具

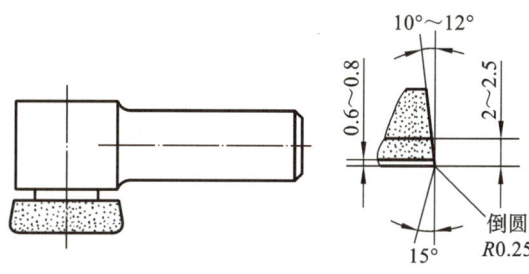

(b) 刚性滚压工具

图 3-15 外圆滚压工具

3. 金刚石压光

金刚石压光是一种用金刚石挤压加工表面的新工艺，国外已在精密仪器制造业中得到较广泛的应用。压光后的零件表面粗糙度 Ra 值可达 $0.4\sim0.02~\mu m$，耐磨性相比磨削提高 $1.5\sim3$ 倍，但比研磨低 $20\%\sim40\%$，而生产率比研磨高得多。金刚石压光所用的机床必须是高精度机床，要求刚性好、抗振性好，以免损坏金刚石。此外，金刚石压光还要求机床主轴精度高，径向跳动和轴向窜动在 $0.01~mm$ 以内，主轴转速能在 $2\,500\sim6\,000~r/min$ 的范围内无级调速；机床主轴运动与进给运动分离，以保证压光的表面质量。

图 3-16 所示是压光外圆和内孔的示意图。压光器装在车床的刀架上，金刚石压头靠压光器内的弹簧压力压在工件表面上，调整弹簧的压缩长度，便可得到不同的压力。百分表用来检查压光时的压力大小，还能用来观察压光过程中压力的变化情况，以免损坏金刚石。

4. 液体磨料强化

液体磨料强化是将液体和磨料的混合物高速喷射到已加工表面，以强化工件表面，提高工件的耐磨性、抗蚀性和疲劳强度的一种工艺方法。液体磨料强化原理图如图 3-17 所示。液体和磨料在 $400\sim800~Pa$ 压力下，经喷嘴高速喷出，射向工件表面，借磨粒的冲击作用，碾压加工表面，使工件表面产生塑性变形，变形层仅为几十微米。经液体磨料强化后的工件表面具有残余压应力，提高了工件的耐磨性、抗蚀性和疲劳强度。

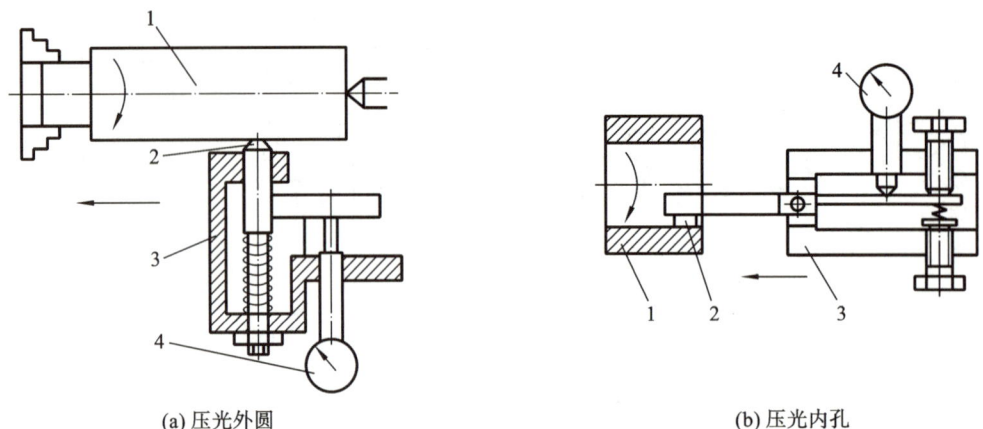

(a) 压光外圆　　　　　　　　(b) 压光内孔

图 3-16　金刚石压光外圆和内孔
1—工件；2—压头；3—压光器；4—千分表

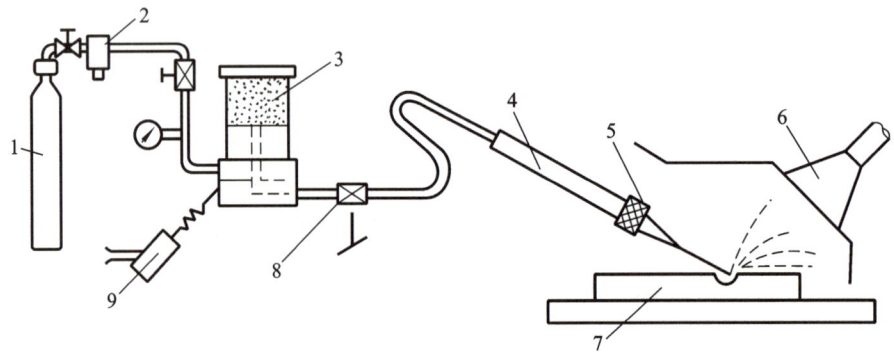

图 3-17　液体磨料强化原理图
1—压气瓶；2—过滤器；3—磨料室；4—导管；5—喷嘴；6—集收器；7—工件；8—控制阀；9—振动器

任务 1 工单册

理论习题

1. 加工表面质量的内容是什么?

2. 简要分析加工表面质量对零件可靠性的影响情况。

任务 2 工单册

一、理论习题

1. 降低零件表面粗糙度的措施有哪些？如何防止零件的表面硬化？

2. 影响切削加工表面粗糙度的因素有哪些？如何降低切削加工表面粗糙度？

3. 机械加工过程中的振动有哪几类？它对机械加工有何影响？

二、技能实践

工单册表 3-1　影响加工表面质量的工艺因素作业表

项目名称	项目3　机械加工表面质量		
任务名称	任务2　影响加工表面质量的工艺因素		
分组信息	组号		
	组员姓名和学号		
	小组成员		
任务目标	知识目标	1.掌握影响表面粗糙度的工艺因素； 2.理解加工硬化、金相组织变化、残余应力对加工表面质量的影响	
	能力目标	掌握影响加工表面质量的工艺因素	
需要完成的任务内容	通过查资料试述如何判断零件表面粗糙度达没达到要求，如何检查零件表面加工硬化、烧伤、残余应力等物理、力学性能。		
任务实施过程中遇到的问题及解决方法			
学习收获			
评价	个人评价(10分)		
	小组评价(20分)		
	贡献系数(20分)		
	教师评价(50分)		

任务 3 工单册

一、理论习题

1. 试述降低表面粗糙度的工艺方法。

2. 试述提高表面物理机械性能的工艺方法。

二、技能实践

工单册表 3-2　控制加工表面质量的工艺途径作业表

项目名称	项目 3　机械加工表面质量	
任务名称	任务 3　控制加工表面质量的工艺途径	
分组信息	组号	
	组员姓名和学号	
	小组成员	
任务目标	知识目标	掌握获得加工表面质量的工艺途径
	能力目标	掌握获得所要求的加工表面质量的工艺途径
需要完成的任务内容	通过查资料整理出珩磨、超精加工、研磨、金刚石压光、液体磨料强化等工艺措施的工艺过程。	
任务实施过程中遇到的问题及解决方法		
学习收获		
评价	个人评价(10 分)	
	小组评价(20 分)	
	贡献系数(20 分)	
	教师评价(50 分)	

项目 4

典型零件的加工工艺

> **知识目标**

1. 掌握轴类零件的作用、结构特点、加工要求和装夹方法。
2. 掌握箱体类零件的作用、结构特点、加工要求和装夹方法。
3. 掌握套类零件的作用、结构特点、加工要求和装夹方法。

> **能力目标**

1. 能编制轴类零件的工艺规程。
2. 能编制箱体类零件的工艺规程。
3. 能编制套类零件的工艺规程。
4. 能编制中等复杂程度零件的机械加工工艺规程。

> **思政目标**

在论述到典型表面的加工方法时,对目前我国机械加工业所处地位加以分析,使学生认识到尽管改革开放以来,我国制造业水平得到了极大的提高,但是我国的特种加工和精密制造技术仍然未能处于领先水平,从而激励学生好好学习,为祖国富强、不受制于人而努力学习,帮助学生认清实现理想的长期性、艰巨性和曲折性,培养学生持之以恒的精神以及爱国主义情怀。

任务1 轴类零件加工

一、轴类零件的功用、结构特点及技术要求

轴类零件是机械加工中经常遇到的典型零件之一,主要用来支承传动件(如齿轮、带轮、离合器等)、传递扭矩和承受载荷。

轴类零件是旋转体零件,且长度 L 大于直径 d。$L/d \leqslant 12$ 的轴通常称为刚性轴,而 $L/d > 12$ 的轴则称为挠性轴。轴类零件的加工表面一般由同轴的外圆柱表面、圆锥表面、内孔表面、螺纹和花键等组成。根据结构形状的不同,轴类零件可分为光轴、空心轴、阶梯轴和异形轴(如曲轴、偏心轴、凸轮轴)四类,如图4-1所示。其中,阶梯轴应用较广,它的加工工艺能较全面地反映轴类零件的加工规律和共性。

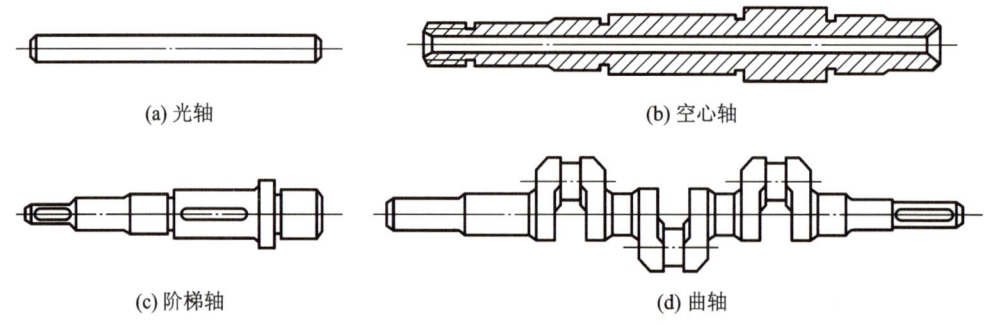

图4-1 常见的轴类零件

根据轴类零件的功用和工作条件,轴类零件的技术要求主要表现在以下方面。

(1) 尺寸精度。轴类零件的主要表面常分为两类:一类是与轴承的内圈配合的外圆轴颈表面,即支承轴颈表面,用于确定轴的位置并支承轴,尺寸精度要求较高,通常为IT5~IT7级;另一类为与各类传动件配合的轴颈表面,即配合轴颈表面,尺寸精度要求稍低,常为IT6~IT9级。

(2) 几何形状精度。轴类零件的几何形状精度主要指轴颈表面、外圆锥表面、锥孔表面等重要表面的圆度、圆柱度。轴类零件的几何形状误差一般应限制在尺寸公差范围内。对于精密轴,需在零件图上另行规定其几何形状精度。

(3) 相互位置精度。轴类零件的相互位置精度包括内表面、外表面、重要轴面的同轴度,圆的径向跳动,重要端面对轴线的垂直度,端面间的平行度等。

(4) 表面粗糙度。轴类零件的加工表面都有粗糙度要求,且一般根据加工的可能性和经济性确定具体的粗糙度要求。支承轴颈表面粗糙度要求一般为 $Ra = 0.2 \sim 1.6~\mu m$,传动件配合轴颈表面粗糙度要求一般为 $Ra = 0.4 \sim 3.2~\mu m$。

(5) 其他。轴类零件的其他技术要求包括热处理、倒角、倒棱及外观修饰等要求。

二、轴类零件的材料、毛坯及热处理

1. 轴类零件的材料

轴类零件应根据具体的工作条件和使用要求确定材料和热处理方法,以获得一定的强

度、韧性和耐磨性。

一般轴类零件常用 45 钢制造,经过调质后可得到较好的切削性能,而且能获得较高的强度和韧性等综合力学性能,重要表面经局部淬火后再回火,表面硬度可达 45～52 HRC。

中等精度而转速较高的轴类零件可选用 40Cr 等合金结构钢制造。这类钢经调质和表面淬火处理后,具有较高的综合力学性能。

精度较高的轴有时还可用轴承钢 GCr15 和弹簧钢 65Mn 制造。这类钢经调质和表面高频淬火后再回火,表面硬度可达 50～58 HRC,并具有较高的耐疲劳性能和耐磨性。

在高转速、重载荷等条件下工作的轴,可选用 20CrMoTi、20Mn2B、20Cr 等低碳合金钢或 38CrMoAlA 中碳合金渗氮钢制造。低碳合金钢经正火和渗碳淬火后可获得很高的表面硬度、较软的芯部,因此耐冲击韧性好,但热处理变形较大;而渗氮钢由于渗氮温度比淬火温度低,经调质和表面渗氮后,热处理变形小,硬度却很高,具有很好的耐磨性和很高的抗疲劳强度。

2. 轴类零件的毛坯

轴类零件最常用的毛坯是棒料和锻件,只有某些大型或结构复杂的轴(如曲轴)在质量允许时才采用铸件。由于锻造可使毛坯金属内部纤维组织沿表面均匀分布,从而使毛坯获得较高的抗拉、抗弯及抗扭强度,因此除光轴、直径相差不大的阶梯轴可使用热轧棒料或冷拉棒料制造外,一般比较重要的轴均采用锻造制造。

根据生产类型的不同,毛坯的锻造方式有自由锻和模锻两种。经自由锻得到的毛坯精度较差,加工余量较大且形状较简单,因此自由锻多用于单件小批生产。经模锻得到的毛坯精度高,加工余量小。模锻生产率较高,可以锻造形状复杂的毛坯,但需要昂贵的设备和专用锻模,所以只适用于大批量生产。

另外,一些大型轴类零件,如低速船用柴油机曲轴,还可采用组合毛坯,即将轴毛坯预先分成几段,经各自锻造加工后,再采用红套等过盈连接方法拼装成整体毛坯。

3. 轴类零件的热处理

轴的性能除与所选钢材种类有关外,还与热处理有关。轴的锻造毛坯在机械加工之前,均需进行正火或退火处理,使钢材的晶粒细化(或球化),以消除锻造后的残余应力,降低毛坯硬度,改善切削加工性能。

凡要求局部表面淬火以提高表面耐磨性的轴,须在淬火前安排调质处理(有的采用正火)。当毛坯的加工余量较大时,调质放在粗车之后、半精车之前进行,以使粗加工产生的残余应力能在调质时得以消除;当毛坯的加工余量较小时,调质可安排在粗车之前进行。表面淬火一般放在精加工之前,以保证淬火引起的局部变形在精加工中得以纠正。

对于精度要求较高的轴,在局部淬火和粗磨之后,还需安排低温时效处理,以消除淬火及磨削中产生的残余奥氏体和残余应力,稳定尺寸;对于整体淬火的精密轴,在淬火和粗磨之后,要经过较长时间的低温时效处理;对于精度更高的轴,在淬火之后,还要进行定性处理,且定性处理一般采用液氮深冷处理方法,以进一步消除加工应力,保持轴的精度。

三、定位基准的选择、转换及装夹方法

工件加工时定位基准的选择是否适当,不仅直接影响被加工表面的相互位置精度,而且还会影响各表面加工的先后顺序。在工件加工用的粗基准选定后,工件的加工顺序也就大致确定了。这是因为各阶段开始,总是先加工出定位面,即先行工序必须为后续工序准备好

所用的定位基准。所以,在安排轴的加工工艺时,必须合理选择定位基准。

轴类零件最常用的定位基准是两个中心孔。这两个中心孔是辅助定位基准,在零件工作时无任何作用。以两个中心孔作定位基准,不仅能在一次装夹中加工出更多的外圆和端面,而且可满足各外圆之间的同轴度以及端面与轴线的垂直度要求,符合基准统一原则。因此,只要有可能,就尽量采用中心孔定位。

对于空心轴,在加工过程中,作为定位基准的中心孔因钻出通孔而消失。为了在通孔加工之后还能使用中心孔作定位基准,一般都采用带有中心孔的锥堵或锥套心轴。

为了保证锥孔轴线和支承轴颈轴线同轴,磨锥孔时,选择设计基准——前后支承轴颈表面作为定位基准,这符合基准重合原则,使得锥孔相对于支承轴颈表面的圆跳动易于控制。但是,当支承轴颈表面不适合作定位基准时,也可改用其他表面作定位基准。例如,有的工厂鉴于支承轴颈表面是圆锥表面,用作定位将使夹具复杂化,就选与其邻近的圆柱表面作为定位基准。又例如,有的轴前后轴颈相距太近,为了提高装夹精度,有的工厂就选相距较远的两个外圆柱表面作为定位基准。显然,为了减小基准不重合误差,被选作定位基准的这些表面,应该和支承轴颈表面在一次装夹中磨出。

轴的装夹方法有以下几种。

1. 用外圆表面装夹

当工件的长径比不大时,可用工件的外圆表面装夹工件,并传递扭矩。通常使用的夹具是三爪自定心卡盘。三爪自定心卡盘能自动定心,装卸工件快,但受自身制造误差和装夹误差的影响,它的定心精度不高,为 0.05~0.10 mm。四爪单动卡盘不能自动定心,装夹工件时四个卡爪需要按工件定位表面的形状分别校正调整,很费时间,适用于单件小批生产,但它能装夹不规则的工件,夹紧力大。若精心找正,采用四爪单动卡盘能获得很高的装夹精度。

在自动车床和转塔车床上加工不长的小型轴类零件时,常用冷拉圆钢或热轧圆钢作毛坯,且因毛坯直径不大、直径误差较小,故通常采用弹簧夹头按毛坯外圆定心夹紧。弹簧夹头能自动定心,装卸工件快,但也有少量的装夹偏心,且夹紧力不大。

2. 用两中心孔装夹

当工件的长径比较大时,常用两中心孔装夹。用两中心孔装夹的优点是定位基准统一,有利于保证轴上各加工表面之间的相互位置精度,因而这种装夹方法是轴类零件最常用的装夹方法之一。但两顶尖装夹的刚性差,不能承受太大的切削力,故这种装夹方法主要用于半精加工和精加工。

对于较大型的长轴零件的粗加工,常采用一夹一顶的装夹方法,即工件的一端用车床主轴上的卡盘夹紧,另一端用尾座顶尖支承,这样就克服了刚性差不能承受重切削力的缺点。

3. 用内孔表面装夹

对于空心的轴类零件,在加工出内孔后,作为定位基准的中心孔已不存在。在这种情况下,为了使以后各道工序有统一的定位基准,常采用带有中心孔的各种堵头和拉杆心轴进行装夹。

当空心轴的孔端有小锥度锥孔(如莫氏锥孔)时,常使用锥堵,如图 4-2 所示;为圆柱孔时,也可采用小锥度的锥堵定位。当锥孔的锥度较大(如 7∶22 和 1∶10 等)时,可用带锥堵的拉杆心轴装夹,如图 4-3 所示。

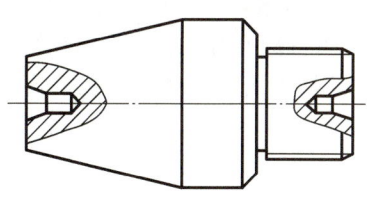

图 4-2 锥堵

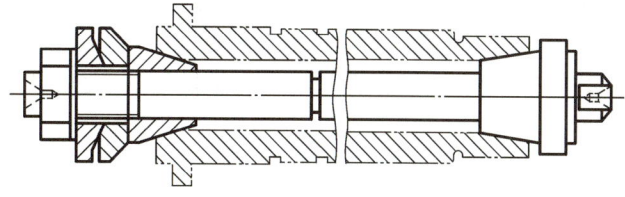

图 4-3 带锥堵的拉杆心轴

当空心轴的孔端无锥孔,也不允许加工出锥孔时,可用自动定心的弹簧堵头,如图 4-4 所示。它利用顶尖压力使弹簧套扩张,从而夹紧工件。

当空心轴的内孔直径不是很大时,也可将孔端做成长 2~3 mm 的 60°圆锥孔,然后直接用顶尖装夹。

采用各种堵头和带锥堵的拉杆心轴时应注意:堵头要有足够的精度(特别是用以定位的表面,必须与中心孔同轴);装堵头的内孔或锥孔最好经过精车或磨削;在工件加工过程中最好不要中途更换或重装堵头,以使定位误差最小。

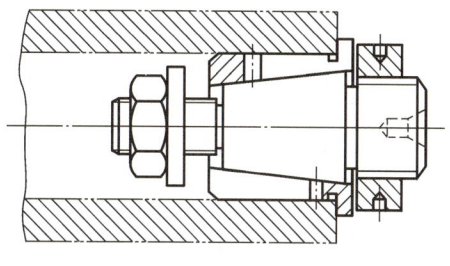

图 4-4 弹簧堵头

四、热处理工序的安排

在主轴加工过程中,应合理地安排热处理工序,以保证主轴的力学性能及加工精度,并改善材料的切削加工性能。

一般在主轴毛坯锻造好后,首先需安排正火处理,以消除锻造应力,改善金属组织,细化晶粒,降低硬度,改善切削加工性能。

在粗加工后,安排第二次热处理——调质处理,获得均匀细致的索氏体组织,提高零件的综合力学性能,以便在表面淬火时,得到均匀致密的硬化层,使硬化层的硬度由表面向中心逐步降低。同时,调质处理后,经切削加工,能获得较好的表面粗糙度。

最后,尚须对有相对运动的轴颈表面和经常装卸工具的前锥孔表面进行淬火处理,以提高其耐磨性。

五、工序顺序的安排

1. 加工阶段的划分

由于主轴是多阶梯带通孔零件,切除大量的金属后会因引起残余应力重新分布而变形,因此在安排工序时,应将粗、精加工分开。先完成各表面的粗加工,再完成各表面的半精加工与精加工,主要表面的精加工放在最后进行。

2. 外圆表面的加工顺序

应先加工大直径外圆,然后加工小直径外圆,以免一开始就降低了工件的刚度。

3. 深孔加工工序的安排

安排深孔加工工序时应注意两点。第一,钻深孔应安排在调质处理之后进行,因为调质处理导致变形较大,深孔会产生弯曲变形,若先钻深孔、后调质,则孔的弯曲得不到纠正,这样不仅影响使用时棒料通过主轴孔,而且还会带来因主轴高速旋转不平衡而引起振动的问题。第二,深孔加工应安排在外圆粗车或半精车之后,以便有一个较精确的轴颈表面作定位基准(搭中心架用),保证孔轴线与外圆轴线的同轴度,使主轴壁厚均匀。如果仅从定位基准选择的角度来考虑,希望始终用中心孔定位,避免使用锥堵,因此将深孔加工安排到最后工序进行。然而,由于深孔加工毕竟是粗加工,发热量大,会破坏已加工表面的精度,故这种加工方案不可取。

4. 次要表面加工的安排

主轴上的花键、键槽、螺纹、小孔等次要表面的加工,通常安排在外圆精车、粗磨之后和精磨外圆之前。这是因为:一方面,如果在精车前就铣出键槽,精车时会因断续切削而产生振动,既影响加工质量,又容易损坏刀具;另一方面,难以控制键槽的深度尺寸。主轴上的螺纹有较高的要求,应安排在最终热处理(局部淬火)之后加工,以克服淬火后产生的变形,而且车螺纹使用的定位基准与精磨外圆的基准应当相同,否则达不到较高的同轴度要求。

六、中心孔的修研

1. 中心孔的质量对加工精度的影响

中心孔是轴类零件的常用定位基准,它的质量对加工精度有直接的影响。

(1) 中心孔的深度。同一批零件中心孔深度不一,将影响零件在机床上的轴向定位,如果采用调整法加工,将难以保证轴的两端面以及各阶梯间尺寸一致,甚至有时端面加工余量会因为零件轴向位移太大而不足。

(2) 中心孔的圆度。若中心孔的锥面不圆,则加工后工件表面也不圆。图 4-5 所示为中心孔的圆度误差对加工精度的影响情况。磨削时,由于磨削力将工件推向一方,砂轮与顶尖始终保持不变的距离 a,因此工件外圆形状就取决于中心孔的形状。当工件旋转一圈时,中心孔的圆度就被直接复映到工件外圆上去了。

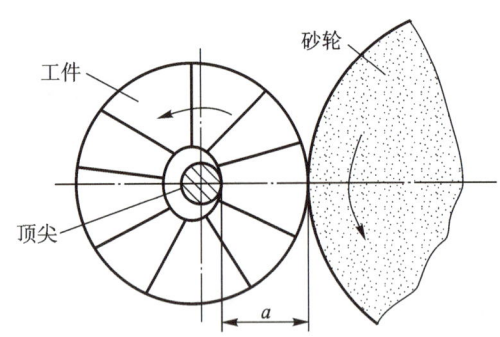

图 4-5 中心孔的圆度误差对加工精度的影响

(3) 两中心孔的同轴度误差。两中心孔不同轴,造成中心孔与顶尖接触不良,如图 4-6 所示,加工时可能出现圆度及位置误差。

2. 中心孔的修研方法

通过以上分析可知,要提高外圆加工质量,修研中心孔是主要手段之一。此外,在轴的加工过程中,中心孔还会出现磨损、拉毛、热处理后的氧化及变形现象,故需要对中心孔进行修研。中心孔常见的修研方法有以下几种。

(1) 用油石或橡胶砂轮修研。先将圆柱形的油石或橡胶砂轮夹在车床卡盘上,用装在刀架上的金刚石笔将它前端修整成顶尖形状,然后把工件顶在油石或橡胶砂轮和车床后顶尖之间,如图 4-7 所示。修研时先加入少量的润滑油,然后开动车床,使油石或橡胶砂轮转动,手持工件断续缓慢转动。由于中心孔的尺寸较小,因此车床主轴尽可能采用高转速。该方法研磨质量和效率均好,是目前常用的方法,但由于油石或橡胶砂轮易磨损,要不断地用金刚石笔修正,因此油石与橡胶消耗量大。

(2) 用铸铁顶尖修研。此方法与前一方法基本相同,所不同的是以铸铁顶尖代替油石顶尖,顶尖转速略低一些,且研磨时须加注研磨剂。有时为了满足高精度工件的要求,做一

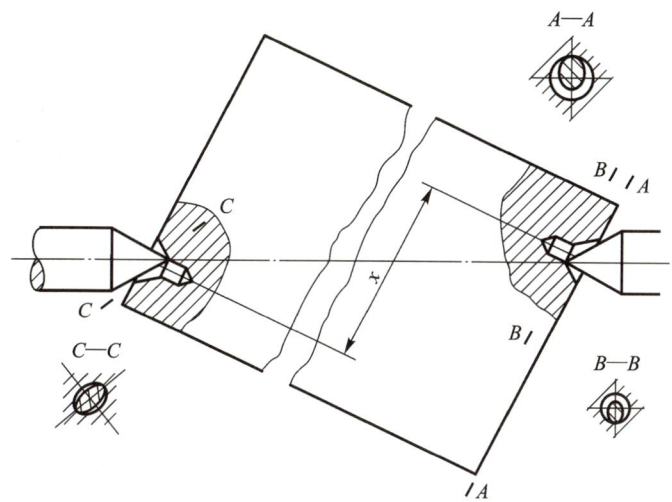

图 4-6 两中心孔不同轴时的接触情况

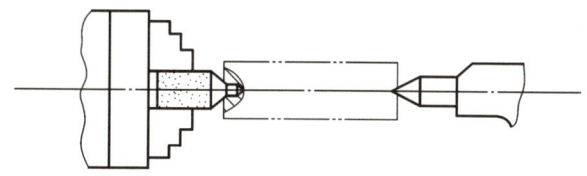

图 4-7 用油石修研中心孔

些和磨床顶尖尺寸相同的铸铁顶尖,放入磨床头架锥孔内,将铸铁顶尖与磨床顶尖均磨成 60°顶角,然后用此铸铁顶尖对工件中心孔进行研磨,这样可使工件中心孔锥度与磨床顶尖锥度相同,从而提高中心孔精度。实践证明,经磨床修研过的中心孔零件,再在该磨床上加工,工件的圆度和同轴度误差可减小到 0.001~0.002 mm。

(3) 用硬质合金顶尖修研。硬质合金顶尖如图 4-8 所示。它通过 60°圆锥磨成六角形,并留有 $f=0.2\sim0.5$ mm 的等宽刃带。此刃带具有微量切削作用,除对中心孔几何形状有修正作用外,还能起到挤光作用。此法生产率高(一般只需几秒钟),但修研质量稍差,多用于普通轴类零件中心孔的修研或精密轴中心孔的粗研。

(4) 用中心孔磨床磨削。图 4-9 所示的中心孔磨头为立式结构,下面有顶尖拨盘,可以带动工件转动,工件上端支承在由两根小圆柱组成的 V 形体上,V 形体与工件圆柱或圆锥表面呈线接触。磨头有三个运动:主切削运动,由砂轮轴 9 带动砂轮高速旋转;行星运动,齿轮 7 带动砂轮轴 9 作以 e 为偏心量的行星运动;往复运动,齿轮 7 与内壳体 10 及斜导轨 6 成为一体,径向轴承及推力轴承作回转运动,齿轮 8 带动凸轮 11 转动,并推动杠杆 4,带动斜导轨副 5 沿斜导轨作 30°往复滑动,克服因砂轮各点线速度不同造成的误差。经中心孔磨床修磨的中心孔,圆度在 0.008 mm 以内,表面粗糙度 Ra 为 0.32 μm,且与外圆的位置精度较高。此方法是一种修研质量好、效率高的修研方法,但需用专用设备。

七、外圆磨削质量分析

1. 直波纹(多棱形或多角形)

直波纹是工件表面沿素线方向存在的一条条等距的直线痕迹,如图 4-10 所示。直波纹

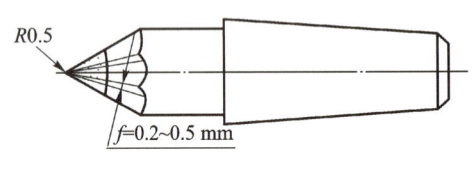

图4-8 硬质合金顶尖

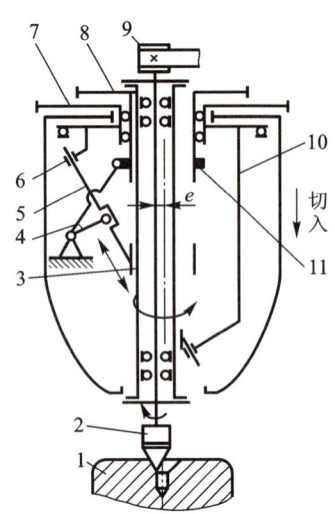

图4-9 中心孔磨头简图

1—工件；2—砂轮；3—主轴套；4—杠杆；
5—导轨副；6—斜导轨；7,8—齿轮；
9—砂轮轴；10—内壳体；11—凸轮

的深度小于0.5 mm。直波纹产生的原因主要是砂轮与工件沿径向产生周期性振动。防止产生直波纹的主要方法是仔细平衡好砂轮，调整好砂轮主轴轴承间隙，平衡好电机或在电机底座下垫硬橡皮以隔振。此外，提高工件-顶尖系统的刚度（例如，提高顶尖与头、尾架锥孔的接触刚度，提高顶尖与中心孔的接触刚度等），及时修整砂轮以防止砂轮钝化和堵塞，都有利

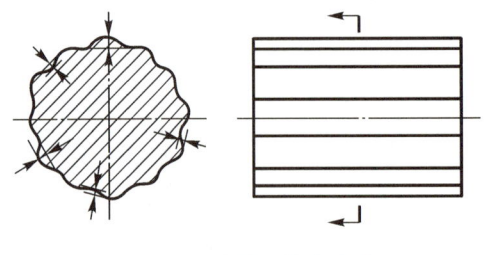

图4-10 外圆上的直波纹

于消除振动、防止直波纹产生。

2. 螺旋纹

螺旋纹是工件表面出现的一条很浅的螺旋痕迹，螺距常等于每转进给量。产生螺旋纹的原因有：砂轮架刚度差，在磨削推力的作用下主轴偏转，造成砂轮素线与工件素线不平行，如图4-11所示；砂轮修整后素线不直，有凸出点或呈凹形，如图4-12所示；机床头、尾架刚度差，在磨削推力的作用下，纵向进给磨工件左端时，头架顶尖产生弹性位移，导致砂轮右缘与工件接触多，如图4-13（a）所示，磨工件右端时，尾架顶尖产生弹性位移，导致砂轮左缘与工件接触多，如图4-13（b）所示，因而工件两端产生螺旋纹，但不到达端面；工作台运动时有爬行现象；工作台导轨润滑油过多，使进给运动产生摆动。解决方法是：精细修整砂轮，保证素线平直；调节切削用量，降低磨削推力；打开放气阀，排除液压系统中的空气或检修机床，以消除工作台的爬行现象；适量给工作台导轨供油。

3. 表面划伤（划痕和拉毛）

导致表面划伤的原因：砂轮磨粒自励性过强；冷却液不清洁；有磨屑落在砂轮与工件之间，将工件拉毛。解决措施是：使用磨粒韧性好的砂轮；选用硬度适当的砂轮；砂轮修正后用毛刷蘸冷却液清洗；清理砂轮罩上的磨屑；用纸质过滤器或涡旋分离器对冷却液进行

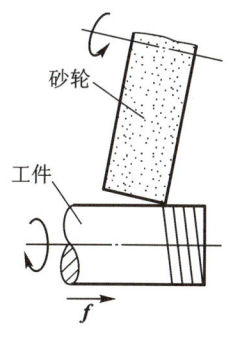

图 4-11 砂轮轴素线不直产生螺旋纹

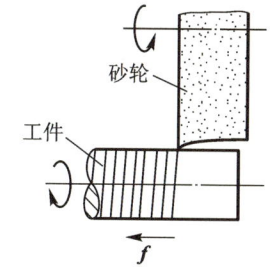

图 4-12 砂轮修整不良造成螺旋纹

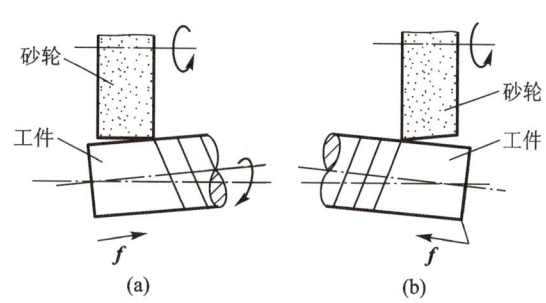

图 4-13 头尾弹性位移产生螺旋纹

过滤。

4. 表面烧伤

表面烧伤可分为螺旋形烧伤和点状烧伤,表面呈黑褐色。导致表面烧伤的原因有:砂轮硬度偏高;横向或纵向进给量过大;砂轮变钝;散热不良等。解决措施是:严格控制进给量;降低砂轮硬度(一般选用中软级砂轮);及时修整砂轮;适当提高工件转速;充分冷却。

八、车削、磨削细长轴时质量分析

1. 竹节形

车削细长轴时,重新调整和修磨跟刀架支承块后,若接刀不良(即前后两次的吃刀深度不一致),则跟刀架支承块与第二次车削处接触时,会因该处直径较大(或较小)造成工件略微靠近(或远离)刀具,从而使被加工直径相应地略微减小(或增大)。如此重复下去,工件全长上就产生了与支承块宽度一致的周期性的直径变化,即呈竹节形。轻微的竹节形可通过改变切削深度,或调节上支承块压力,或减小大拖板与中拖板之间的间隙来解决。若跟刀架外侧支承块调节过紧,则工件中段容易出现周期性的竹节变化。解决的方法是重调支承块,使它与工件保持不松不紧的接触。

2. 鼓形

磨细长轴时,中心架调整过松会导致细长轴呈鼓形。解决的方法是重新调整中心架和增加光磨次数。

3. 鞍形

磨细长轴时,中心架外侧支承块压力过大,或顶尖顶得过紧,都会导致细长轴呈鞍形。解决的方法是:重调支承块压力,在工作中不时放松尾架顶尖并重调后顶尖压力。

九、圆锥面加工的缺陷和解决办法

车削外圆锥面和磨削长轴上的锥孔时,最常见的缺陷是素线不直。导致原因主要是刀尖或砂轮轴线与工件回转轴线不等高。刀尖或砂轮轴线相对工件回转轴线过高和过低都会使工件纵向截面的素线有双曲线误差。此外,磨削锥孔时,砂轮在锥孔两端伸出距离过长(一般应不超过砂轮宽度的 1/3),也会使锥孔素线不直,形成两端喇叭口。解决的方法是:保证刀尖或砂轮轴线与工件回转轴线等高,磨削时等高偏差不应超过 0.01 mm,磨削精度高的锥孔时等高偏差不超过 0.005 mm。

十、轴类零件的检验

1. 加工中的检验

自动测量装置作为辅助装置安装在机床上。这种检验方式能在不影响加工的情况下,根据测量结果,主动地控制机床的工作过程,如改变进给量、自动补偿刀具磨损量、自动退刀、自动停车等,使机床的工作过程适应加工条件的变化,防止产生废品,故又称为主动检验。主动检验属在线检测,即在设备运行、生产不停顿的情况下,根据信号处理的基本原理,掌握设备运行状况,对生产过程进行预测预报及必要的调整。在线检测在机械制造中的应用越来越广。

2. 加工后的检验

单件小批生产中,尺寸精度一般用外径千分尺检验;大批大量生产时,常采用光滑极限量规检验,长度大而精度高的工件可用比较仪检验。表面粗糙度可用表面粗糙度样板进行检验;表面粗糙度要求较高时,用光学显微镜或轮廓仪检验。圆度误差可用千分尺测出的工件同一截面内直径的最大差值的一半来确定,也可用千分表借助 V 形铁来测量,若条件许可,可用圆度仪检验。圆柱度误差通常采用使用千分尺测出同一轴向剖面内最大值与最小值之差的方法来确定。主轴相互位置精度检验一般以轴两端顶尖孔或工艺锥堵上的顶尖孔为定位基准,在两支承轴颈上方分别用千分表测量。

十一、实例

下面以中批生产的输出轴(见图 4-14)为例,说明轴类零件工艺过程的拟订过程。

1. 零件的作用和主要技术要求

此零件是减速器中的输出轴,B、C 两段是支承轴颈,与滚动轴承内环过渡配合;动力由与右端外圆 $\phi 40$ mm 配合的齿轮传入(两者为过渡配合并加平键连接),经装在输出端花键上的齿轮传出。由此可见,两支承轴颈、$\phi 40$ mm 轴颈和花键是零件的主要表面,它们的尺寸精度、相互位置精度和表面粗糙度都有较高的要求。

(1) 两支承轴颈为 $\phi 35 k6 (^{+0.018}_{+0.002})$ mm,表面粗糙度 $Ra \leqslant 0.4$ μm,同时要求对两中心孔公共轴线的径向跳动为 0.01 mm,以保证两者同轴,使零件装配后能灵活转动。

(2) 配合轴颈为 $\phi 40 n6 (^{+0.033}_{+0.017})$ mm,$Ra \leqslant 0.4$ μm。

(3) 花键是用于大径定心的六槽花键,大径为 $\phi 32^{0}_{-0.017}$ mm,$Ra \leqslant 0.4$ μm;键宽为 $8^{-0.035}_{-0.085}$ mm,$Ra \leqslant 0.8$ μm。

(4) 为了保证轴上零件的回转精度,要求输入端配合轴颈、花键大径对两支承轴颈的同轴度均为 0.02 mm。

零件材料为 40Cr,要求做调质处理,花键部分还应做高频淬火处理。

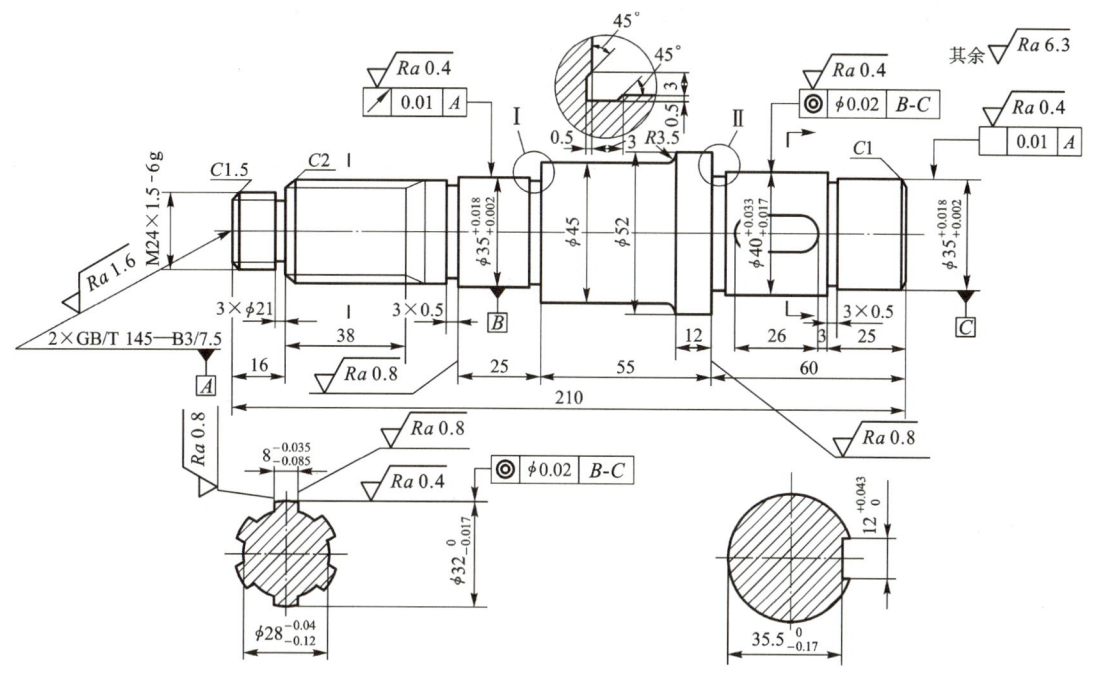

图 4-14 输出轴

2. 毛坯的选择

零件各段外圆直径相差不大,且对强度没有特殊要求,故选热轧圆钢作毛坯。

3. 定位基准的选择

为了保证各表面的相互位置精度,选两中心孔为统一的定位基准,再选毛坯外圆表面为粗基准,以便加工出两端面和中心孔。

4. 工艺路线的拟订

零件技术要求最高的表面是两段支承轴颈、一段配合轴颈和外花键,它们的尺寸精度都是 IT6 级,表面粗糙度 Ra 为 $0.4\sim1.25\ \mu m$,花键部分还要求淬火,这就决定了零件最终工序的加工方法是外圆磨削和花键磨削。考虑到成批生产中常采用综合花键环规检查花键的等分精度,故宜先磨外圆,后磨花键侧面。

磨花键前的预备工序是铣花键和高频淬火;磨各段外圆前的预备工序是半精车和切槽、倒角;在半精车之后、磨削之前,还要完成螺纹和键槽等次要表面的加工。

调质是为了使零件获得良好的综合力学性能。考虑到要消除粗车后的内应力,将调质处理安排在粗车之后、半精车之前进行。

于是可拟出该零件的工艺路线为:下料—车端面,打中心孔—粗车外圆—调质—车端面,修研中心孔—半精车外圆—车螺纹—划线—铣键槽—铣花键—去毛刺—高频淬火—修研中心孔—磨外圆—磨花键。

5. 工序余量和工序尺寸的确定

由《金属机械加工工艺人员手册》可查得:

毛坯直径为 $\phi 58$ mm,下料长度为

$$L=l+2Z=210\ \text{mm}+7\ \text{mm}=217\ \text{mm}$$

调质或正火前的粗车,一般在直径和长度上留 $2.5\sim4$ mm 的加工余量,本例取 3 mm;

半精车各段外圆,均留磨削余量 0.4 mm,制造公差 0.17 mm,端面留磨削余量 0.4 mm;铣花键,键侧留磨削余量 0.2 mm,键槽深度按尺寸链计算结果取 $4.6^{+0.085}_{+0.008}$ mm。

综上所述,可得输出轴的工艺过程如表 4-1 所示。

表 4-1 输出轴的工艺过程

工序号	工序名称	工序内容	机床	夹具	刀具	量具
1	备料	下料(ϕ58 mm×217 mm)	锯床			
2	车	光端面,保证全长为 213 mm,打中心孔	车床	三爪自定心卡盘	中心钻 B3	
3	粗车	粗车右三段外圆,均留余量 3 mm	车床	顶尖、夹头		
4	粗车	粗车左四段外圆,均留余量 3 mm	车床	顶尖、夹头		
5	热处理	调质(220~250 HB)	车床			
6	车	光端面,保证全长为 210 mm,修整中心孔	车床	三爪自定心卡盘	中心钻 B3	
7	半精车	半精车右三段外圆,$Ra \leq 0.8$ μm 处留磨削余量 0.4 mm	车床	顶尖、夹头		
8	半精车	半精车左四段外圆,$Ra \leq 0.8$ μm 处留磨削余量 0.4 mm	车床	顶尖、夹头		
9	车	车螺纹 M24×1.5-6g	车床	顶尖、夹头	螺纹车刀	螺纹环规
10	钳工	划键槽线	平台			
11	铣	铣键槽,宽为 $12^{+0.043}_{0}$ mm,深为 $4.6^{+0.085}_{+0.008}$ mm	立铣	平口钳	ϕ12 mm 键槽铣刀	
12	铣	滚花键,留键宽磨削余量 0.2 mm	花键磨床		花键滚刀 7-31×28×8B	
13	钳工	去毛刺				
14	热处理	花键处高频淬火(40~45 HRC)				
15	车	修研中心孔	车床	顶尖	硬质合金顶尖	
16	磨	磨右段 $\phi 35^{+0.018}_{+0.002}$ mm 和 $\phi 40^{+0.033}_{+0.017}$ mm,靠磨 $Ra \leq 0.8$ μm 处端面		顶尖、夹头		25~50 mm 千分尺
17	磨	磨左段 $\phi 35^{+0.018}_{+0.002}$ mm 和 $\phi 32^{0}_{-0.017}$ mm,靠磨 $Ra \leq 0.8$ μm 处端面		顶尖、夹头		25~50 mm 千分尺
18	磨	磨花键侧面	花键磨床		综合花键环规	
19	检验	按要求检验各尺寸				

任务 2　箱体类零件加工

一、箱体类零件的功用、结构特点及技术要求

箱体类零件通常作为箱体部件装配时的基准零件。它将一些轴、套、轴承和齿轮等零件装配起来，并使它们保持正确的相互位置关系，以传递转矩或改变转速，完成规定的运动。因此，箱体类零件的加工质量对机器的工作精度、使用性能和使用寿命都有直接的影响。

箱体种类很多，按功用可分为主轴箱、变速箱、操纵箱、进给箱等。图 4-15 所示为几种箱体零件的结构简图。

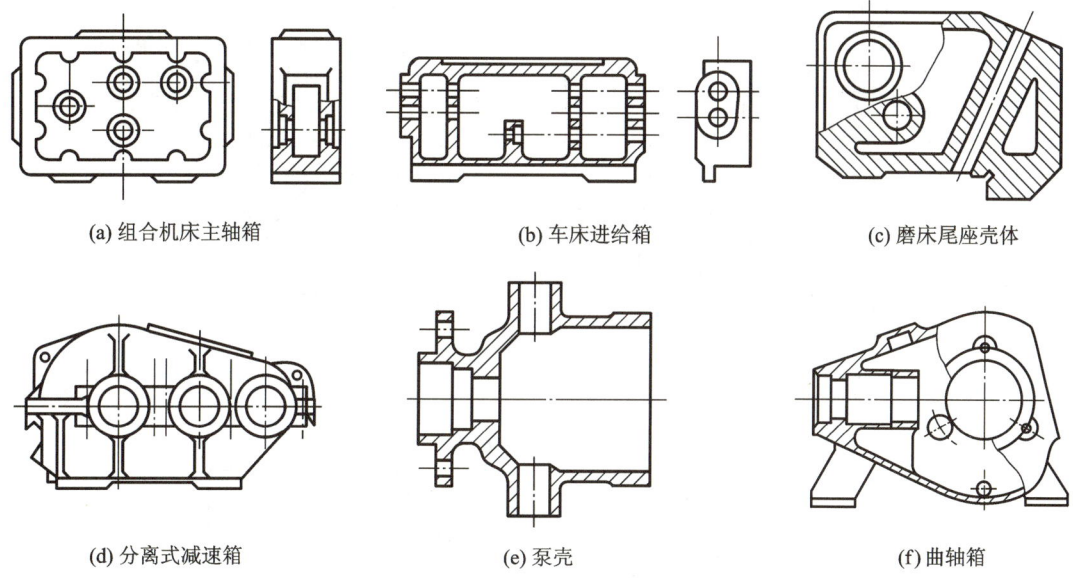

图 4-15　几种箱体零件的结构简图

箱体多为铸造件。从结构上看，箱体的共同特点是：结构复杂，壁薄且壁厚不均匀，内部呈腔形，加工部位多，壁上有各种加工平面和较多的支承孔、紧固孔，平面和支承孔一般都有较高的精度和较严格的表面粗糙度要求，加工难度大。据统计，一般中型机床厂花在箱体上的机械加工工时，占整个产品的 15%～20%。图 4-16 所示为某车床主轴箱简图。箱体类零件中主轴箱的精度要求最高，现以主轴箱为例将箱体类零件的精度要求归纳为以下五项。

1. 孔的尺寸精度和形状精度

孔的尺寸误差和形状误差会造成轴承与孔的配合不良，因此，对孔的尺寸精度与形状精度要求较高。主轴孔的尺寸公差为 IT6 级，其余孔的尺寸公差为 IT6～IT7 级。孔的形状精度未做规定，一般控制在尺寸公差范围内即可。

2. 孔的位置精度

同一轴线上各孔的同轴度误差和孔端面对轴线的垂直度误差，会使轴和轴承装配到箱体内后出现歪斜，从而造成主轴径向圆跳动和端面圆跳动，并加剧轴承磨损。为此，一般同一轴线上各孔的同轴度约为最小孔径尺寸公差的一半。孔系之间的平行度误差，会影响齿

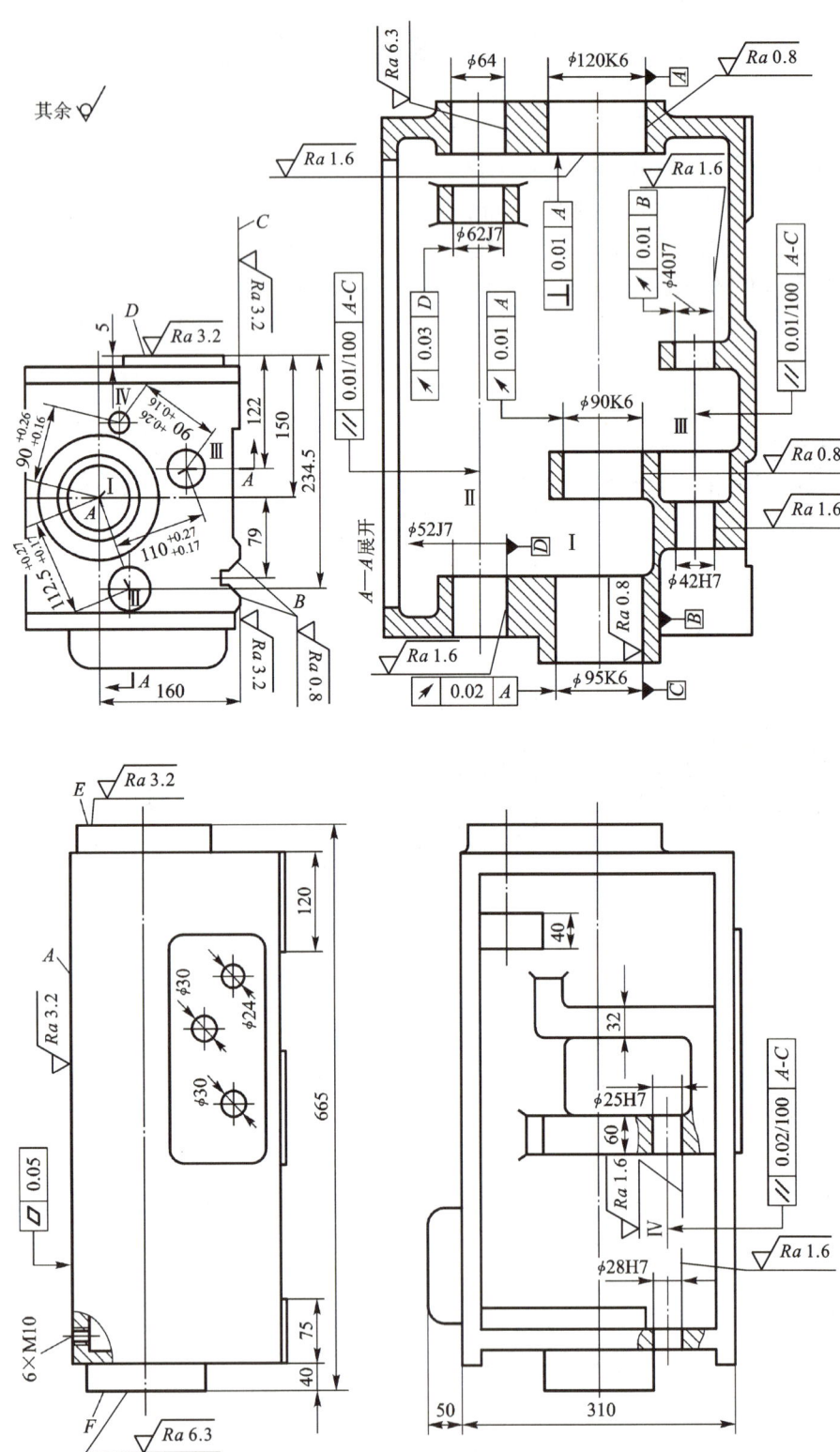

图 4-16　某车床主轴箱简图

轮的啮合质量,也须规定相应的精度要求。

3. 孔和平面的位置公差

主要孔和主轴箱安装基面的平行度要求,决定了主轴与床身导轨的位置关系。这项精度是在总装中通过刮研来达到的。为了减少刮研量,一般都要规定主轴轴线对安装基面的平行度公差,在垂直和水平两个方向上只允许主轴前端向上和向前偏。

4. 主要平面的精度

装配基面的平面度影响主轴箱与床身连接时的接触刚度,并且常作为孔加工的定位基面,对孔的加工精度直接产生影响,因此规定底面和导向面必须平直。顶面的平面度要求是为了保证箱盖的密封,防止工作时润滑油泄出。生产中还需将顶面用作加工孔的定位基面时,对顶面的平面度要求还要提高。

5. 表面粗糙度

重要孔和主要平面的表面粗糙度会影响连接面的配合性质或接触刚度。一般要求主轴孔表面粗糙度 Ra 为 $0.4~\mu m$,其余各纵向孔表面粗糙度 Ra 为 $1.6~\mu m$,孔的内端面表面粗糙度 Ra 为 $3.2~\mu m$,装配基面和定位基面表面粗糙度 Ra 为 $0.63\sim2.5~\mu m$,其他平面的表面粗糙度 Ra 为 $2.5\sim10~\mu m$。

二、箱体类零件的材料、毛坯及热处理

1. 箱体类零件的材料

箱体类零件的材料常选用灰铸铁,汽车、摩托车选用铝合金作为曲轴箱的主体材料。

2. 箱体类零件的毛坯

箱体类零件毛坯的制造方法有两种,一种是铸造,另一种是焊接。金属切削机床的箱体,由于形状较为复杂,而铸造具有容易成形、加工性好、吸振性好、成本低等优点,因此毛坯一般都为铸铁件。动力机械中的某些箱体及减速器壳体等,除形状复杂、要求结构紧凑外,还具有体积小、质量轻等特点,所以毛坯可采用铝合金压铸制造。压力铸造毛坯制造质量好,不易产生缩孔和缩松,因而应用十分广泛。承受重载和冲击的工程机械、锻压机床的一些箱体的毛坯,可采用铸钢或钢板焊接制造。某些简易箱体为了缩短毛坯制造周期,也常常采用钢板焊接而成,但焊接件的残余应力较难消除。

用于制造箱体的铸铁材料,采用最多的是各种牌号的灰铸铁,如 HT200、HT250、HT300 等。一些要求较高的箱体,如镗床的主轴箱、坐标镗床的箱体,可采用耐磨合金铸铁(又称密烘铸铁,如 MTCrMoCu-300)、高磷铸铁(如 MTP-250),以提高铸件质量。

毛坯的加工余量与生产类型,毛坯尺寸、结构、精度,以及铸造方法等因素有关。

箱体结构复杂,壁厚不均匀,铸造残余应力较大。工艺过程中应安排必要的去应力热处理。为了消除残余应力,减小加工后的变形,保证加工精度的稳定性,铸造之后要安排人工时效处理。人工时效处理的规范为:加热到 $500\sim550~℃$,保温 $4\sim6~h$,冷却速度小于或等于 $30~℃/h$,出炉温度低于 $200~℃$。

对于普通精度的箱体,一般在铸造之后安排一次人工时效处理;对于一些较高精度的箱体或形状特别复杂的箱体,在粗加工之后还要安排一次人工时效处理,以消除粗加工所产生的内应力。对于精度要求不高的箱体毛坯,有时不安排人工时效处理,而是利用粗、精加工工序间的停放和运输时间自然完成时效处理。

三、定位基准的选择、转换及装夹方法

1. 精基准的选择

选择箱体的精基准时,通常从基准统一原则出发,使具有相互位置精度要求的大部分表面尽可能用同一组基准来定位加工,这样就可避免因基准转换过多而带来的累积误差,有利于保证各主要表面之间的位置精度。同时,多道工序采用同一基准,使所用的夹具具有相似的结构形式,可减少夹具设计和制造工作量,有利于缩短生产周期、降低成本。

在实际生产中,统一的定位基准应根据生产类型和生产条件的不同而定。

(1) 单件小批用装配基准作精基准。如图4-16所示的主轴箱,加工中可选择底面导轨 B、C 面作为精基准。导轨 B、C 面既是主轴箱的装配基准,也是主轴孔的设计基准,并与箱体的两端面、侧面及各主要纵向轴承孔在位置上有直接联系,故选择导轨 B、C 面作精基准符合基准重合原则,装夹误差小。另外,加工各孔时,由于箱体口朝上,更换导向套、安装和调整刀具、测量孔径尺寸、观察加工情况等都很方便。

但这种定位方式也有其不足之处。加工箱体中间壁上的孔时,为了提高刀具系统的刚度,应当在箱体内部相应部位设置刀杆的中间导向支承。由于箱体底部是封闭的,中间导向支承只能用如图4-17所示的吊架式镗床夹具,从箱体顶面的开口处伸入箱体内,每加工一次需卸一次,虽然吊架与镗模之间由定位销定位,但吊架刚性差,经常装卸也容易产生误差,且使加工的辅助时间增加。因此,这种定位方式只适用于单件小批生产。

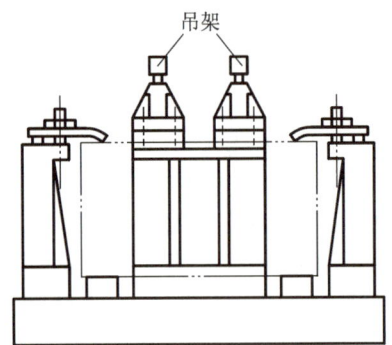
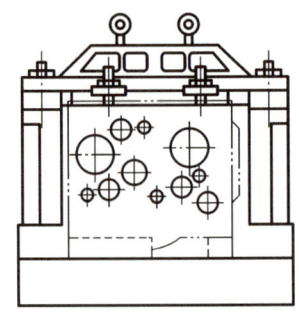
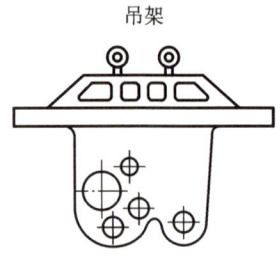

图 4-17 吊架式镗床夹具

(2) 大批生产时采用一面两孔作精基准,即采用顶面及两个销孔定位,如图4-18所示。此时,箱体口朝下,中间导向支承架可以紧固在夹具上,简化了夹具结构,提高了夹具刚性,有利于保证各支承孔加工的位置精度,而且工件装卸方便,减少了辅助时间,提高了生产率。但采用这种定位方式,主轴箱顶面不是设计基准,故定位基准与设计基准不重合,出现了基准不重合误差,给箱体位置精度的保证带来了困难。为了保证加工要求,应进行工艺尺寸换算,提高箱体顶面和两定位销孔的加工精度。另外,由于箱体口朝下,不便于直接观察加工情况,且在加工中无法测量尺寸和调整刀具。但在大批生产中,广泛采用自动循环的组合机床、定尺寸刀具,加工情况比较稳定,这个问题也就不十分突出了。

通过以上两种定位方式的分析可知,箱体类零件精基准的选择与生产类型有很大的关系。通常从基准统一原则出发,最好能使定位基准与设计基准重合,但在大批大量生产时,首先要考虑的是如何稳定加工质量和提高劳动生产率,而不要机械地强调基准重合问题。一般多采用典型的一面两孔定位方法,由此产生的基准不重合误差可通过采取适当的工艺

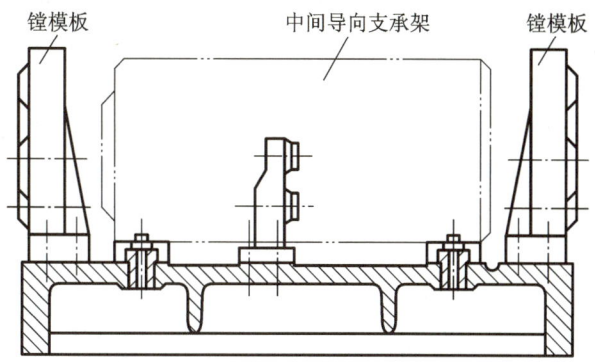

图 4-18 用箱体顶面及两销孔定位的镗模

措施来消除。

2. 粗基准的选择

通常应选箱体的主要支承孔(如主轴孔)作为粗基准,这样可以使主要支承孔的余量较均匀,加工质量较好。另外,铸造时,箱体内腔型芯与各孔型芯是连成一体的,彼此间有一定的位置精度,以主要支承孔作粗基准,可使主要支承孔与箱体内壁的位置较准确,保证今后装上回转零件(如齿轮)时不至于碰到内壁。

以主要支承孔为粗基准,在单件小批生产中,是以主要支承孔为基准划线作基准(因为此时毛坯精度较低);在大批大量生产中,是以主要支承孔作为夹具的定位面(此时毛坯精度较高);当中批生产中不便以孔为粗基准设计夹具时,也可采用划线方法。

3. 装夹方法

箱体类零件的主要工艺任务是加工平面和各种内孔,通常是在刨床(或铣床和平面磨床)、镗床(或车床)上进行。常见的装夹方法如下。

(1) 划线找正装夹。

当毛坯形状复杂、误差较大时,可通过划线分配余量,按划线找正装夹。工件先根据粗基准划线,然后安放在机床工作台上,用划针(装在机床主轴或床头上)按划线位置,用垫铁、压板、螺栓等工具将工件夹压在工作台上,进行平面或孔加工。图4-19所示是工件在镗床上按1、2、3三个划线方向校正装夹。

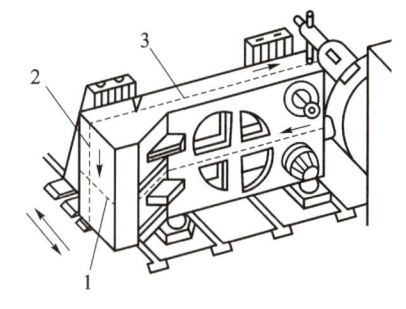

图 4-19 工件按三个划线方向校正装夹

划线找正装夹增加了划线工序,而且需要技术水平较高的工人,操作费时事力,加工误差也大,故只适用于单件小批生产。

(2) 用简单定位元件装夹。

简单定位元件是指定位用平板、平尺、角铁和V形铁等。工作前先将定位元件装在机床工作台上,用表校正(使定位元件工作面与机床纵横进给运动方向平行或垂直),或装上工件试刀以调整定位元件的位置并紧固。以后工件的加工,就只需按简单定位元件定位,再用压板、螺栓等工具压紧就可以了。图4-20所示是在铣床上用平板和平尺以两个已加工面定位加工垂直面。

这种装夹方法一般用在工件已有1~3个已加工表面的情况下。它简单、方便、成本低,一套定位元件对多种工件都可使用,但定位的可靠性差,工件的装卸比较费时,适用于单件小批生产。

(3) 划线与简单定位元件配合使用装夹。

通常以一个已加工表面作主要定位基准,将工件安放在简单定位元件上,再用装在机床主轴或机头上的划针,按划线找正工件其余方向的位置,然后夹紧。图 4-21 所示是将工件已加工面装在平板上,按线校正后压紧进行镗孔。

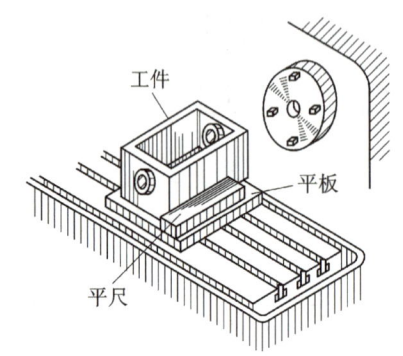

图 4-20 在铣床上用平板和平尺以两个已加工面定位加工垂直面

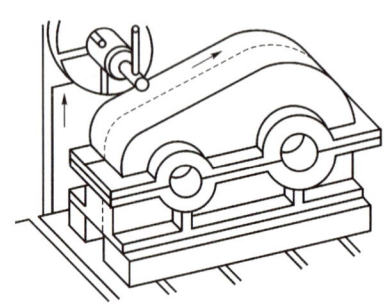

图 4-21 划线与简单定位元件配合使用装夹

(4) 采用夹具装夹。

采用夹具装夹,工件定位可靠,装卸迅速、方便。但箱体类零件的夹具,一般比较复杂、庞大、成本高,且制造周期长。因此,这种装夹方法只适用于成批大量生产、精度要求较高的箱体类零件。

四、工序路线的安排

1. 先加工平面后加工孔系

先面后孔是箱体加工的一般规律,这是因为:一方面,平面面积大,先加工面不仅可以为以后孔的加工提供稳定可靠的精基准,而且还可以使孔的加工余量较为均匀;另一方面,箱体上的支承孔,一般都分布在箱体的外壁和中间隔壁的平面上,先加工平面可消除铸件表面的凹凸不平以及夹砂等缺陷,有利于孔的加工,使钻孔时不易偏斜,扩孔和铰孔时刀具不易崩刃,对刀和调整也方便。

2. 粗、精加工阶段应分开

由于箱体类零件结构复杂、壁厚不均匀、刚性不好,铸造缺陷也多,而加工精度要求又高,因此,在成批大量生产中,将箱体的主要表面明确地分为粗、精两个加工阶段意义很大。这样有利于精加工时避免粗加工造成的夹压变形、热变形和内应力重新分布造成的变形对加工精度的影响,从而保证箱体的加工精度;也有利于在粗加工中发现毛坯的内部缺陷,以便及时处理,避免浪费后续加工工时;还有利于保护精加工设备的精度和充分发挥粗加工设备的潜力。

对于单件小批生产的箱体或大型箱体的加工,如果从工序安排上将粗、精加工分开,则机床、夹具数量要增加,工件转运也费时费力,所以实际生产中将粗、精加工在一道工序内完成,即采用工序集中的原则组织生产,但是从工步上讲,粗、精加工还是分开的。具体的方法是:粗加工后将工件松开一点,然后再用较小的力夹紧工件,使工件因夹紧力而产生的弹性变形在精加工之前得以恢复。导轨磨床磨大的主轴箱导轨面时,粗磨后不马上精磨,而是等工件充分冷却、残余应力释放后再进行精磨。

3. 组合式箱体应先组装后镗孔

当箱体由两个以上的零件组合而成时,若孔系位置精度高,又分布在各组合件上,则应先加工各接合面,再进行组装,然后镗孔,以避免装配误差对孔系精度的影响。

4. 采用组合机床集中工序

在大批大量生产中,孔系加工可采用组合机床集中工序进行,以保证质量、提高效率、降低成本。此时要考虑的是将相同或相似的加工工序,以及有相互位置关系的工序,尽量集中在一台机床或一个工位上完成;当工件刚性差时,可把集中工序的一些加工内容从时间上错开,而不是同时加工完成;粗、精加工应尽可能不在同一台机床、同一工位上进行。

五、箱体类零件的结构工艺性

箱体类零件的主要加工内容是孔和平面。

箱体上的孔分为通孔、阶梯孔、交叉孔、盲孔等。通孔的工艺性最好,又以孔长 L 与孔径 d 之比 $L/d \leqslant 1 \sim 1.5$ 的短圆柱孔工艺性为最好;$L/d > 5$ 的深孔若孔径精度较高、表面粗糙度值较小,加工就很困难。阶梯孔的工艺性较差,孔径相差大,且最小孔径很小时工艺性更差。相贯通的交叉孔的工艺性也较差。如图4-22(a)所示,孔 ϕ100 mm 与孔 ϕ70 mm 相交,加工时,刀具走到贯通部分,径向力不等会造成孔轴线偏斜。如图4-22(b)所示,在工艺上,可以将孔 ϕ70 mm 预先不铸通,加工孔 ϕ100 mm 后再加工孔 ϕ70 mm,这样可以保证交叉孔的质量。盲孔的工艺性最差,因为精镗或精铰盲孔时,要手动送进,或采用特殊工具送进才行,故应尽量避免盲孔。

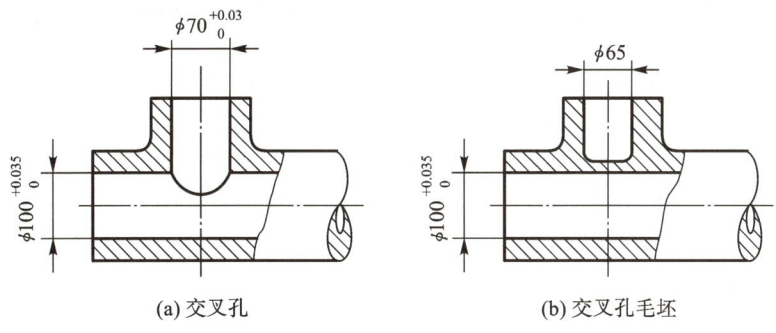

(a) 交叉孔　　　　　　　　(b) 交叉孔毛坯

图 4-22　相贯通交叉孔及其工艺性

箱体上同轴孔孔径的排列方式有三种,如图4-23所示。图4-23(a)所示为孔径大小沿一个方向递减,且相邻两孔直径之差大于孔的毛坯加工余量。这种排列方式便于镗杆和刀具从一端伸入,同时加工同轴线上的各孔。对于单件小批生产,这种结构加工最为方便。图4-23(b)所示为孔径大小从两边向中间递减,加工时可使镗杆从两边进入,这样不仅缩短了镗杆长度,提高了镗杆的刚性,而且为双面同时加工创造了条件,所以大批生产的箱体常采用此种孔径分布。图4-23(c)所示为孔径大小不规则排列,工艺性差,应尽量避免采用这种孔径分布。

箱体内端面加工比较困难,必须加工时,在设计中应尽可能使内端面尺寸小于刀具需穿过的孔加工前的直径,如图4-24(a)所示,这样就可避免伤及另外的孔。若如图4-24(b)所示,加工时镗杆伸进后才能装刀,镗杆退出前又需将刀卸下,加工时不方便。当内端面尺寸

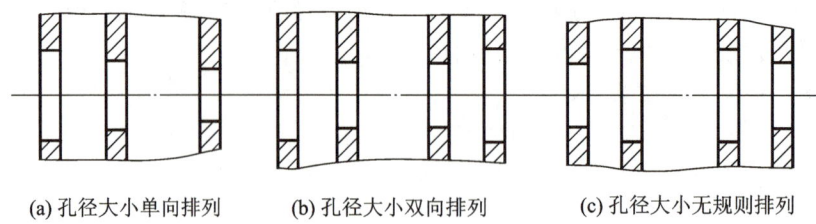

(a) 孔径大小单向排列　　(b) 孔径大小双向排列　　(c) 孔径大小无规则排列

图 4-23　同轴心线上孔径的排列方式

过大时,还需采用专用径向进给装置。箱体的外端凸台应尽可能在同一平面上,如图 4-25(a)所示;若采用图 4-25(b)所示的形式,加工要麻烦一些。

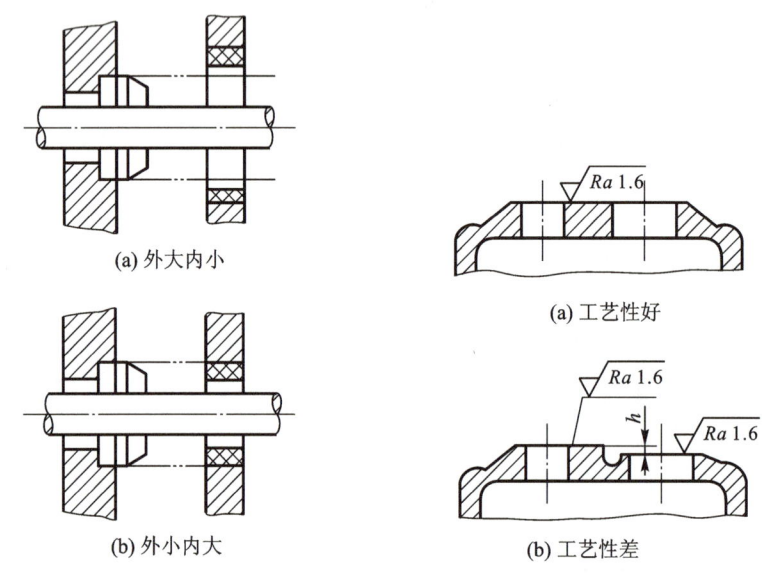

图 4-24　孔内端面的结构工艺性　　图 4-25　孔外端面的结构工艺性

六、箱体的孔系加工

箱体上一系列有相互位置精度要求的孔称为孔系。孔系可分为平行孔系、同轴孔系和交叉孔系,如图 4-26 所示。

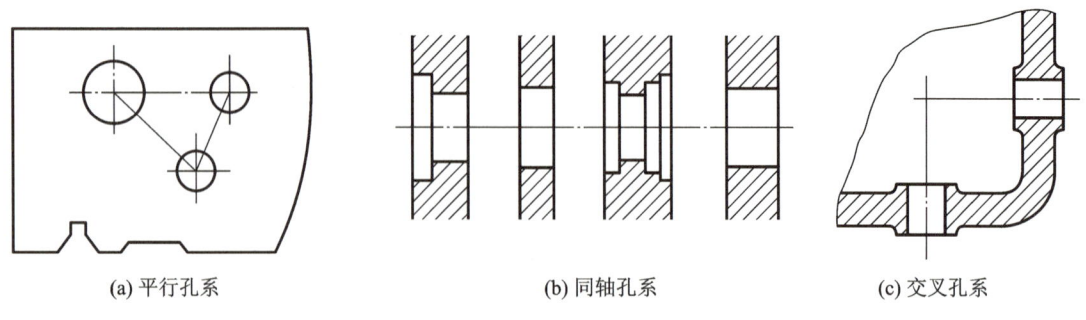

(a) 平行孔系　　(b) 同轴孔系　　(c) 交叉孔系

图 4-26　孔系分类

孔系加工是箱体加工的关键,根据箱体批量的不同和孔系精度要求的不同,所用的加工方法也不一样,下面分别讨论。

1. 平行孔系的加工

平行孔系的加工，主要是考虑如何保证各孔间位置精度的问题，包括各孔轴线之间、轴线与基准之间的位置尺寸精度和平行度等。平行孔系的加工方法如下。

（1）找正法。

找正法是工人在通用机床（镗床、铣床）上利用辅助工具来找正欲加工孔的正确位置的加工方法。这种方法加工效率低，一般只适用于单件小批生产。常见的找正法有以下几种。

①划线找正法。它是指加工前按零件图在箱体毛坯上划出各孔的加工位置线，然后按划线找正加工。首先将箱体用千斤顶安放在平台上，如图 4-27(a) 所示，调整千斤顶，使主轴孔Ⅰ与台面基准平行、D 面与台面基本垂直，再根据毛坯的主轴孔在四个面上划出主轴孔的水平轴线Ⅰ—Ⅰ，作为第一校正线。划此线时，应检查所有的加工部位在水平方向是否留有加工余量，加工余量不合格时需要重新校正Ⅰ—Ⅰ线的位置。Ⅰ—Ⅰ线确定后，同时划出 A 面和 C 面的加工线。接着将箱体翻转 90°，把 D 面置于三个千斤顶上，调整千斤顶，使Ⅰ—Ⅰ线与台面垂直，再根据毛坯的主轴孔并考虑各个部位在垂直方向的加工余量，按照上述同样的方法在四个面上划出主轴孔的垂直轴心线Ⅱ—Ⅱ作为第二校正线，如图 4-27(b) 所示。然后依据Ⅱ—Ⅱ线划出 D 面加工线。最后再将箱体翻转 90°，如图 4-27(c) 所示，将正面置于三个千斤顶上，调整千斤顶，使Ⅰ—Ⅰ线、Ⅱ—Ⅱ线与台面垂直，再根据凸台高度尺寸，先划出 F 面加工线，然后再划出正面加工线。划线找正花费时间长、生产率低，而且加工出的孔距精度也较低（一般为 0.5～1 mm）。为提高划线找正的精度，加工中往往需要结合试切法同时进行。

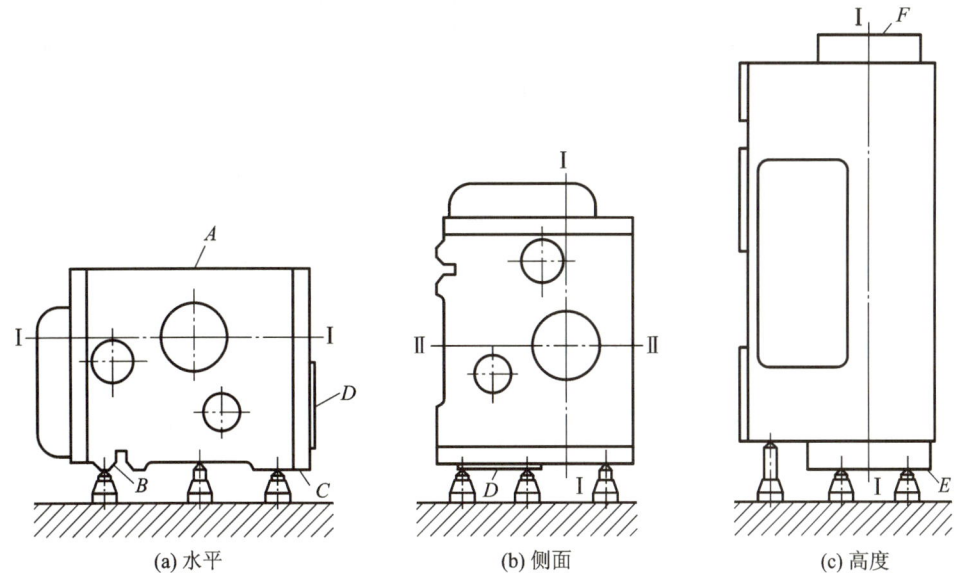

(a) 水平　　　　　　(b) 侧面　　　　　　(c) 高度

图 4-27　主轴箱的划线

②心轴和量规找正法。如图 4-28(a) 所示，镗第一排孔时，将心轴插入主轴孔内（或直接将镗床主轴插入主轴孔内），然后根据孔和定位基准的距离，组合一定尺寸的量规来校正主轴位置。校正时，用塞尺测定量规与心轴之间的间隙，以避免量规与轴直接接触，从而损伤量规。如图 4-28(b) 所示，镗第二排孔时，分别在机床主轴和已加工孔中插入心轴，采用同样的方法校正主轴轴线的位置，以保证孔距的精度。采用这种找正法，孔距精度可达

±0.03 mm。

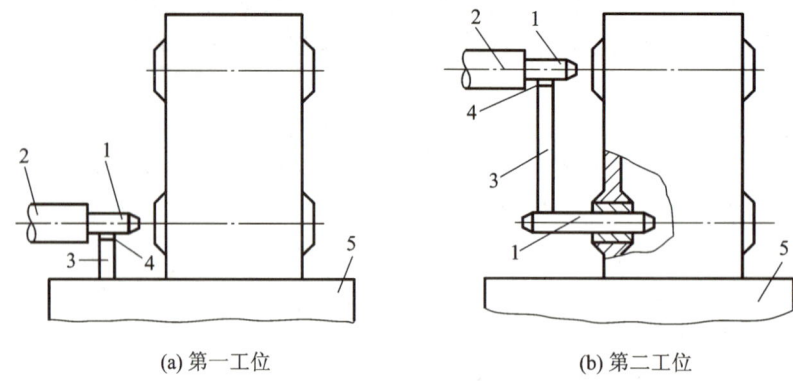

(a) 第一工位　　　　　　　　(b) 第二工位

图 4-28　用心轴和量规找正

1—心轴；2—镗床主轴；3—量规；4—塞尺；5—镗床工作台

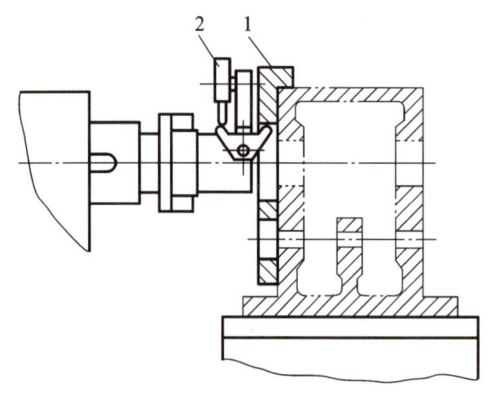

图 4-29　样板找正法

1—样板；2—千分表

③样板找正法。样板找正法如图 4-29 所示。用 10～20 mm 厚的钢板制成样板，并装在垂直于各孔的端面上（或固定于机床工作台上）。样板上的孔距精度（一般为±(0.01～0.03) mm）较箱体孔系的孔距精度高，样板上的孔径较工件的孔径大，以便于镗杆通过。样板上的孔直径精度要求不高，但要有较高的形状精度和较小的表面粗糙度。样板准确地装到工件上后，在机床主轴上装一个千分表（或千分表定心器），按样板找正机床主轴，找正后即换上镗刀加工。采用此法加工孔系不易出差错，找正方便，孔距精度可达±0.05 mm。这种样板的成本低，仅为镗模成本的 1/9～1/3。单件小批的大型箱体加工常用此法。

（2）镗模法。

用镗模加工孔系，工件装夹在镗模上，镗杆被支承在镗模的导套里，增加了系统的刚性。这样，镗杆便通过模板上的孔将工件上相应的孔加工出来，如图 4-30(a)所示。当用两个或两个以上的支承来引导镗杆时，镗杆与机床主轴必须采用浮动连接。图 4-30(b)所示为一种常用的镗杆活动连接形式。采用浮动连接时，机床主轴回转运动误差对孔系加工精度的影响很小，因而可以在精度较低的机床上加工出精度较高的平行孔系。加工的孔距精度主要取决于镗模制造精度、镗杆导套与镗杆的配合精度。当从一端加工、镗杆两端均有导向支承时，孔与孔之间的同轴度和平行度可达 0.02～0.03 mm；当分别从两端加工时，孔与孔之间的同轴度和平行度可达 0.04～0.06 mm。

（3）坐标法。

坐标法镗孔是在普通卧式铣镗床、坐标镗床等设备上，借助于测量装置，调整机床主轴与工件间在水平和垂直方向的相对位置，以保证孔距精度的一种镗孔方法。图 4-31 所示是在卧式镗床上用百分表和量规来调整主轴垂直和水平坐标位置。

采用坐标法镗孔之前，必须先把各孔距尺寸及公差换算成以主轴孔中心为原点的相互

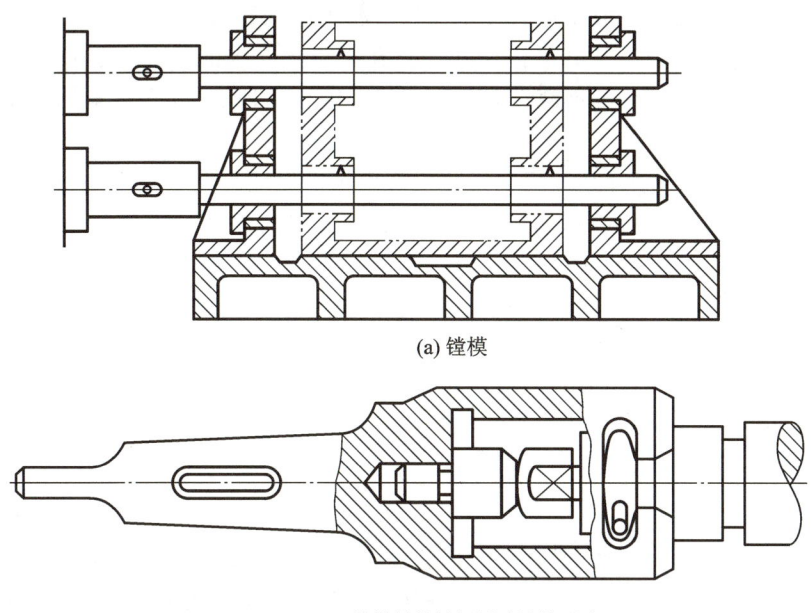

(a) 镗模

(b) 一种常用的镗杆活动连接形式

图 4-30　用镗模加工孔系

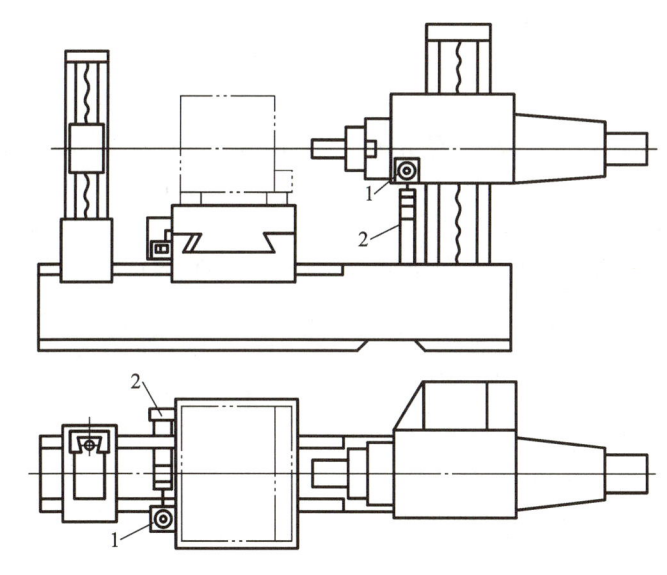

图 4-31　在卧式镗床上用坐标法加工孔系
1—百分表；2—量规

垂直的坐标尺寸及公差。孔系坐标尺寸（平面尺寸链）换算可参看工艺设计的其他有关内容。

　　坐标法镗孔的孔距精度取决于坐标的移动精度，也就是取决于机床坐标测量装置的精度。这类坐标测量装置有很多，如普通刻线尺与游标卡尺加放大镜测量装置（精度为 0.1～0.3 mm）、精密刻线尺与光学读数头测量装置（读数精度为 0.01 mm）、光栅数字显示装置和感应同步器测量装置（精度可达 0.002 5～0.01 mm）、磁栅和激光干涉仪等。

　　采用坐标法加工孔系时，要特别注意基准孔的选择和镗孔顺序，否则坐标尺寸的累积误差会影响孔距精度。基准孔应尽量选择本身尺寸精度高、表面粗糙度值小的孔(一般为主轴孔),以便于在加工过程中检验其坐标尺寸。有孔距精度要求的两孔应连在一起加工,且加工时应尽量使工作台朝同一方向移动,以减少机床传动元件反向间隙对坐标精度的影响。

2. 同轴孔系的加工

成批生产中,箱体同轴孔系的同轴度几乎都由镗模保证。大批生产中,可采用组合机床从箱体两边同时加工,孔系的同轴度由机床两端主轴间的同轴精度保证;而单件小批生产中,孔系的同轴度可采用下面几种方法来保证。

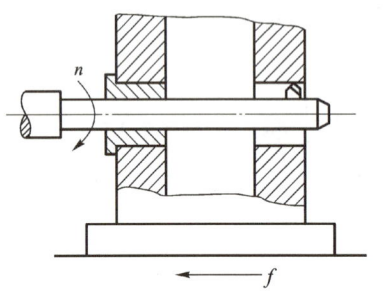

图 4-32 利用已加工孔导向

(1) 利用已加工孔作支承导向。如图 4-32 所示,在箱体前壁上的孔加工好后,在孔内装一导向套,用以支承和引导镗杆加工后壁上的孔,以保证两孔的同轴度要求。这种方法只适用于加工箱壁较近的孔。

(2) 利用镗床后立柱上的导向套支承导向。采用这种方法,镗杆由两端支承,刚性好,但调整麻烦,镗杆要长,很笨重,故此法只适于大型箱体的加工。

(3) 采用掉头镗。当箱体箱壁相距较远时,可采用掉头镗,工件在一次装夹下,镗好一端孔后,将镗床工作台回转 180°,调整工作台的位置,使已加工孔与镗床主轴同轴,然后再加工另一端孔。

当箱体上有一较长并与所镗孔轴线有平行度要求的平面时,镗孔前应先用装在镗杆上的百分表对此平面进行校正,如图 4-33(a)所示,使此平面和镗杆轴线平行,校正好后加工孔 B;孔 B 加工后,将工作台回转 180°,并用镗杆上装的百分表沿此平面重新校正,以保证工作台准确地回转 180°,如图 4-33(b)所示,然后再加工孔 A。这样就可保证两孔 A、B 同轴。若箱体上无长的且加工好的工艺基面,也可将直尺置于工作台上,使直尺的表面与待加工的孔轴线平行后再固定,调整方法同上。这样也可达到两孔同轴的目的。

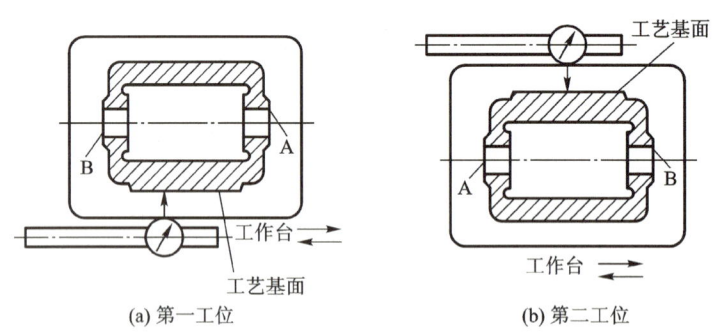

图 4-33 掉头镗孔时工件的校正

3. 交叉孔系的加工

交叉孔系的主要技术要求是控制有关孔的垂直度。在卧式镗床上,主要依靠机床工作台上的 90°对准装置来保证孔的垂直度。90°对准装置是挡铁装置,结构简单,对准精度低(T68 型镗床的出厂精度为 0.04 mm/900 mm,相当于 8″)。目前国内有些镗床如 TM617,采用了端面齿定位装置,90°定位精度达 5″;还些镗床使用了光学瞄准仪。

当有些镗床工作台 90°分度定位精度很低时,可通过用心棒与百分表找正来帮助提高定位精度,具体做法是在加工好的孔中插入心棒,工作台转位 90°,用百分表找正(转动工作台),如图 4-34 所示。

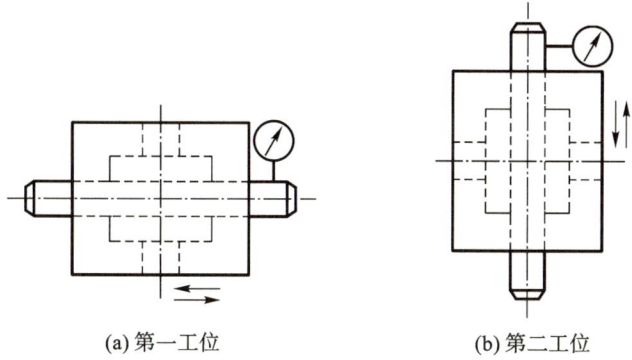

(a) 第一工位　　(b) 第二工位

图 4-34　找正法加工交叉孔系

七、实例

箱体类零件虽然结构和精度要求不尽相同,但在工艺上有许多共同之处:箱体类零件的加工表面虽然很多,但主要是平面和孔系的加工,因而在加工方法上有许多共同点;箱体类零件的结构形状一般比较复杂,且壁薄而不均匀,加工精度不稳定,因而在工艺过程中要考虑如何合理地选择定位基准、合理地划分加工阶段和安排加工顺序,以及在工艺过程中辅以适当的消除内应力措施等。

图 4-16 所示的车床主轴箱在大批生产时的工艺过程如表 4-2 所示。

表 4-2　主轴箱大批生产时的工艺过程

序号	工序内容	定位基准	设备
1	铸造		
2	时效处理		
3	涂漆		
4	铣顶面 A	孔Ⅰ与孔Ⅱ	立式铣床
5	钻、扩、铰工艺孔 $2\times\phi 8H7$ mm 以及钻 $4\times M10$ mm 的底孔 $\phi 7.8$ mm	顶面 A 与外形	摇臂钻床
6	铣两端面 E、F 及前面 D	顶面 A 及两工艺孔	龙门铣床
7	铣导轨面 B、C	顶面 A 及两工艺孔	龙门铣床
8	磨顶面 A	导轨面 B、C	组合磨床
9	粗镗各纵向孔	顶面 A 及两工艺孔	组合镗床
10	精镗各纵向孔	顶面 A 及两工艺孔	专用镗床
11	精镗主轴孔Ⅰ	顶面 A 及两工艺孔	专用镗床
12	加工横向孔及各面上的次要孔	顶面 A 及两工艺孔	摇臂钻床
13	磨 D、C 导轨面及前面 D	顶面 A 及两工艺孔	组合磨床
14	将 $2\times\phi 8H7$ mm 及 $4\times\phi 7.8$ mm 均扩钻至 $\phi 8.5$ mm,攻 $6\times M10$ mm		摇臂钻床

续表

序号	工序内容	定位基准	设备
15	清洗,去毛刺,倒角		
16	检验		

任务3　套类零件加工

一、套类零件的功用、结构特点及技术要求

套类零件也较常见,通常起支承或导向作用。它的应用范围很广,如支承旋转轴上的各种形式的轴承、夹具上引导刀具的钻套、模具的导套、内燃机上的液压缸等,如图4-35所示。

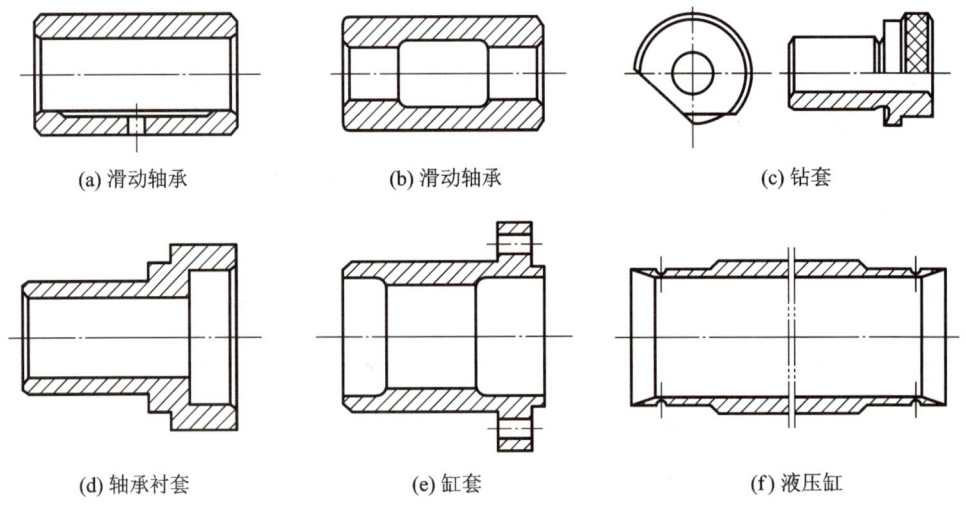

图 4-35　套类零件

由于作用不同,套类零件的结构和尺寸有着很大的差异,但套类零件在结构上仍有共同特点:主要表面为同轴度要求较高的内孔和外圆,壁较薄且易变形,长度一般大于直径等。

套类零件的主要技术要求如下。

1. 孔的技术要求

孔是套类零件起支承或导向作用最主要的表面。一般轴套孔的直径尺寸精度为IT7级,精密轴套孔的直径尺寸精度为IT6级。由于与气缸和液压缸相配的活塞上有密封圈,要求较低,套类零件孔的直径尺寸精度通常取IT9级。孔的形状精度应控制在孔径公差范围以内,精密套类零件控制为孔径公差的1/3~1/2。对于长套筒,除了圆度要求以外,还应有圆柱度要求。为了保证零件的功用,提高零件的耐磨性,孔的表面粗糙度 Ra 为 0.16~2.5 μm,要求高的孔的表面粗糙度 Ra 可达 0.04 μm。

2. 外圆表面的技术要求

外圆表面是套筒的支承面,常采用过盈配合或过渡配合同箱体或机架上的孔相连接。外径尺寸精度通常取IT6~IT7级,形状精度控制在外径尺寸公差范围以内,表面粗糙度 Ra

为 0.63～5 μm。

3. 孔与外圆轴线的同轴度要求

当孔的最终加工方法是将套筒装入机座后合件进行加工时,套筒内、外圆间的同轴度要求可以低一些;若孔的最终加工在装入机座前完成,则同轴度要求较高,一般为 φ0.01～φ0.05 mm。

4. 孔轴线与端面的垂直度要求

套筒的端面(包括凸缘端面)在工作中承受轴向载荷,或虽不承受载荷,但在装配加工中作为定位基准时,端面与孔轴线的垂直度要求较高,一般为 0.01～0.05 mm。

图 4-36 所示为液压缸的零件图。

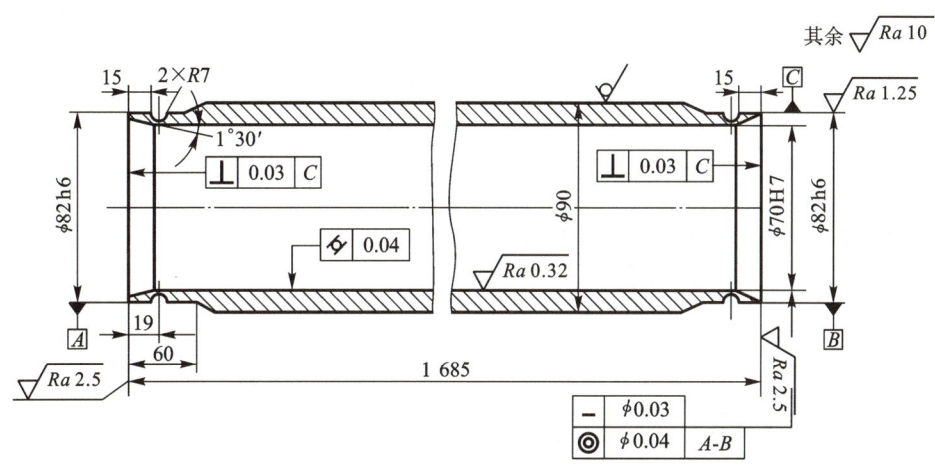

图 4-36 液压缸的零件图

二、套类零件的材料、毛坯

套类零件一般用钢、铸铁、青铜或黄铜制成。有些滑动轴承采用双金属结构,用离心铸造法在钢或铸铁套筒内壁上浇注巴氏合金等轴承合金材料,既可节省贵重的有色金属,又能提高轴承的寿命。对于一些强度和硬度要求较高的套筒(如镗床主轴套筒、伺服阀套),可选用优质合金钢,如 40CrNiMoA、38CrMoAlA、18CrNiWA 等制成。

套筒的毛坯选择与所用材料、结构、尺寸及生产类型有关。孔径小的套筒一般选用热轧或冷拉棒料,也可采用实心铸件;孔径较大的套筒常采用无缝钢管或带孔的铸件和锻件。大批生产时,采用冷挤压和粉末冶金等先进毛坯制造工艺,既可节约用材,又可提高毛坯的精度及生产率。

三、定位基准的选择、转换及装夹方法

加工套类零件的主要任务是完成同轴度较高的内、外圆表面加工。套类零件的装夹方法如下。

1. 用外圆表面(或外圆表面与端面)定位装夹

采用这种装夹方法时,通常使用三爪自定心卡盘、四爪单动卡盘和弹簧夹头等夹具。当工件为毛坯时,以外圆表面为粗基准定位装夹;当工件外圆表面和端面已加工好时,常以外圆表面或外圆表面与端面定位装夹。

2. 用已加工内孔定位装夹

为了保证零件内、外圆的同轴度,常在半精加工后以孔定位装夹精加工外圆(或外圆与端面)。

当内、外圆的同轴度要求不高时,可采用圆柱心轴或可胀式弹性心轴,如图 4-37、图 4-38 所示。

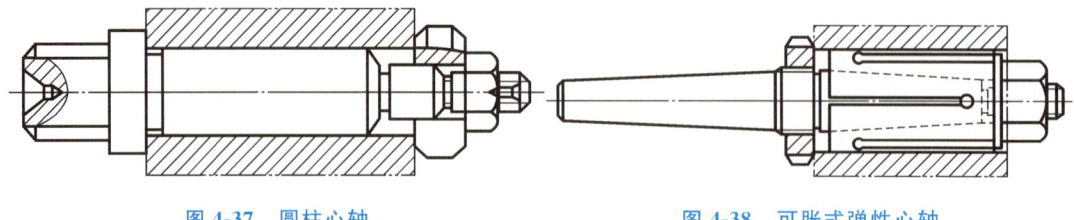

图 4-37　圆柱心轴　　　　　　图 4-38　可胀式弹性心轴

当内、外圆的同轴度要求较高时,可用锥度心轴(见图 4-39)和液性塑料心轴。锥度心轴锥度一般为 1∶5 000～1∶1 000,定心精度可达 0.005～0.01 mm,适用于淬硬套类零件的磨削加工。若要得到更高的定心精度,锥度心轴锥度可取 1∶10 000 或更小。锥度心轴的定心精度最高可达 2～3 μm。液性塑料心轴定心精度可达 0.003～0.01 mm,且工件不限于淬硬钢件,在车床和磨床上均可使用。

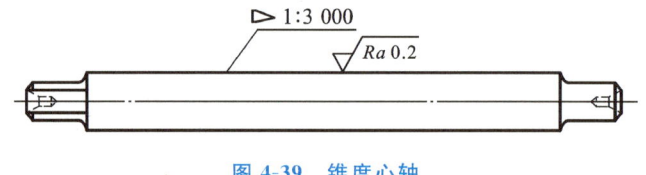

图 4-39　锥度心轴

四、工序路线的安排

1. 加工方法的选择

套筒零件的主要加工表面为孔和外圆。外圆表面根据精度要求可选择车削和磨削;孔加工方法的选择则比较复杂,需要考虑零件的结构特点、材料性质、孔径大小、长径比、精度和表面粗糙度要求及生产类型等各种因素。对于精度要求较高的孔,往往要采用几种不同的方法顺次进行加工。例如,图 4-36 所示液压缸的内孔,为了保证孔的精度和表面质量要求,先后经过半精镗、精镗、浮动镗和滚压四道工序(因毛坯为无缝钢管,故无须进行粗镗)。

2. 零件各表面之间位置精度的保证方法

由零件的技术条件可知,套筒零件内、外表面的同轴度以及端面与孔轴线的垂直度均有较高的要求。为保证这些要求,在工艺上可采取以下措施。

(1) 在粗车阶段采用一端用外圆表面、一端用内锥面定位的方式,初步保证内、外圆的同轴度。

(2) 在精加工阶段先加工内孔,然后以孔(或内锥面)为精基准加工外圆,最终保证加工要求。

3. 防止零件变形的措施

由零件图可知,液压缸的壁薄,加工中会因夹紧力、切削力、残余应力和切削热等因素的影响而产生变形。为了防止此类变形,在工艺上采取以下措施。

(1) 减小切削力与切削热的影响。粗、精加工分开进行,使粗加工产生的变形在精加工中得到纠正。

（2）减小夹紧力的影响。改变夹紧力的方向,即改径向夹紧为轴向夹紧,如在实例工艺中,两端先车出的 M88 mm×1.5 mm 的螺纹,即为加工内孔时实现轴向夹紧用的工艺螺纹,内孔加工后即将它车去;对于需径向夹紧的工件,采用使夹紧力均匀的方法,如在精车外圆和内锥面时采用软爪装夹,以增大卡爪和工件的接触面积。

软爪是未经淬火的卡爪,形状与普通的硬爪相同,如图 4-40(a)所示。使用时,把硬爪 A 拆下,换上软爪。如果卡爪是整体式的,可以在旧的硬爪上焊上一块软钢料或堆焊铜料。换上软爪或焊上软材料后,在装夹工件之前,必须用车刀对软爪的夹持面进行车削,车削软爪的直径应与被夹的工件直径基本相同,并车出一个台阶,以使工件端面正确定位。在车削软爪之前,为了消除间隙,必须在卡盘内端夹持一段略小于工件直径的定位衬柱,如图 4-40(b)所示,待车好后拆除。用软爪装夹工件,既能保证位置精度,又能防止夹伤工件表面。

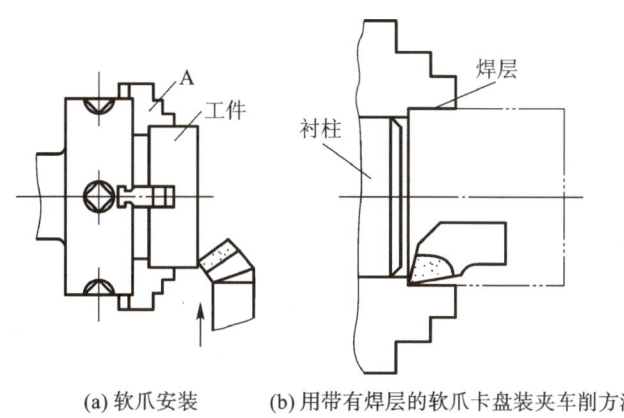

(a) 软爪安装　　(b) 用带有焊层的软爪卡盘装夹车削方法

图 4-40　用软爪装夹工件

五、套类零件的加工精度

加工套类零件,除了要防止产生尺寸超差、表面粗糙度太大和磨削烧伤等一般性质量问题外,还要注意防止工件变形和表面间的相互位置精度超差。

1. 工件变形

导致套类零件变形的原因有很多,常见的有以下几种。

（1）装夹变形。

套类零件一般壁薄,装夹不当常引起变形,加工后造成几何形状误差。防止装夹变形的方法如下。

①增加夹持部分的接触面积,以分散夹持力,尽可能使工件四周受力均匀。例如:在工件外圆上加开口套筒,如图 4-41(a)所示;用弧形面宽的软爪,如图 4-41(b)所示;按工件外圆直径重磨卡盘卡爪;采用弹簧夹头和液性塑料夹具等。

②采用轴向夹紧。如图 4-42 所示,工件依靠专用夹具的压板轴向夹紧,将工件校正后再拧紧螺母压牢,这就避免了径向夹压变形。

（2）残余应力重新分布引起的变形。

这是一些薄壁精密零件报废的重要原因之一。尤其是在单件小批生产中,往往用圆钢加工套类零件,由于切去大量金属,毛坯结构改变较大,从而引起内应力重新分布,使工件产生较大的变形,丧失已有的加工精度。可采用以下措施防止产生或消除此类变形:做时效处

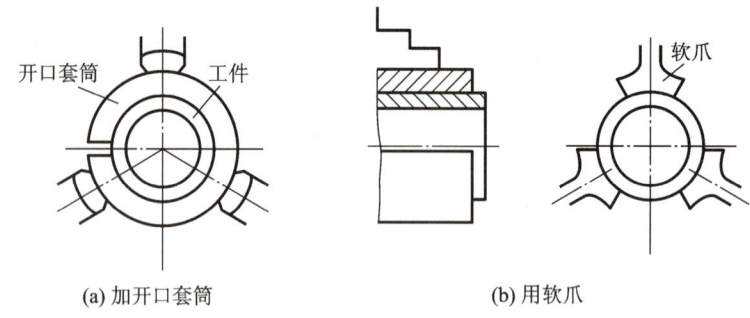

(a) 加开口套筒　　　　　(b) 用软爪

图 4-41　增加夹持部分接触面积

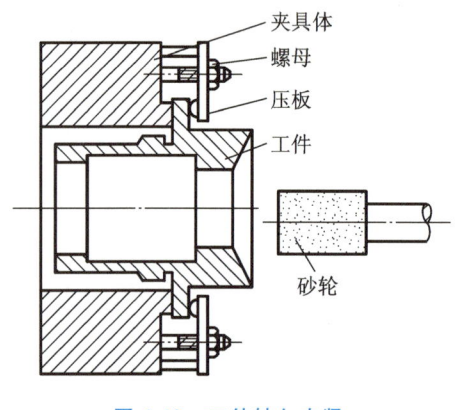

图 4-42　工件轴向夹紧

理,以消除残余应力;将粗、精加工分开,使粗加工后产生的残余应力变形在精加工前消除。

（3）热变形。

套类零件一般壁薄、热容量小,受热后温升较快,若工件热膨胀受阻或出现温差,就会产生变形。如图 4-43(a)所示,被磨套筒在心轴上从两端夹紧,加工时由于切削热的作用,一方面,工件的热伸长受到夹具两端的限制,工件的中部沿径向凸起;另一方面,工件两端因与夹具接触,散热快,温度较中部低,故径向膨胀较中部小。因此,工件中部被磨去的金属多,两端被磨去的金属较少,冷却后呈鞍形,如图 4-43(b)所示。解决的方法是:避免工件出现温差;使工件沿轴向或径向有自由延伸的可能性;充分使用切削液。

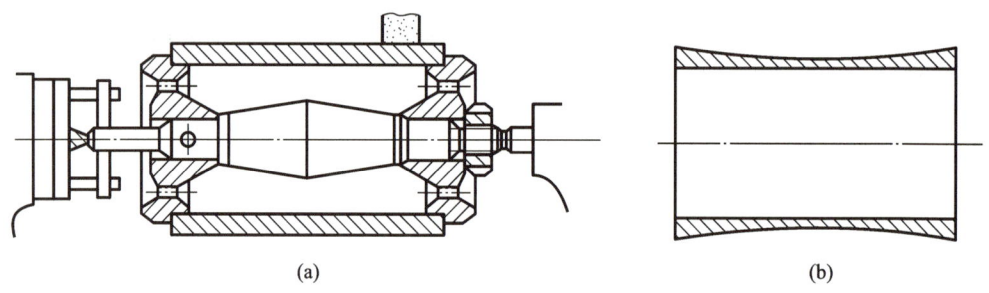

图 4-43　套筒热变形引起的加工误差

2. 表面间的相互位置精度

套类零件各表面的位置精度,主要是内、外圆的同轴度和端面对内孔轴线的垂直度。这是加工套类零件要考虑的主要问题,可采取以下措施予以保证。

（1）在一次装夹中完成端面和内、外圆加工。由于消除了工件多次装夹造成的误差,因此能得到较高的相互位置精度。常见的方法如下。

①在各种车床上一次安装中完成端面、内孔和外圆的车削,然后切断,如图 4-44 所示。若另一端面的垂直度要求也高,可在平面磨床上用已车端面定位磨平。

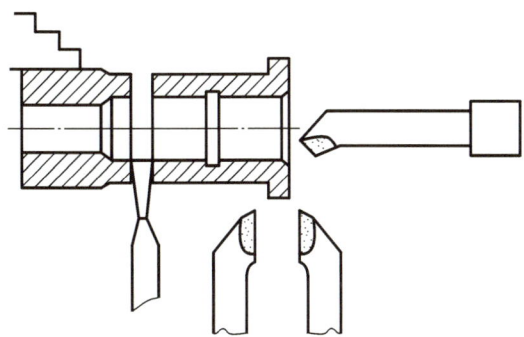

图 4-44 一次装夹车端面和内外圆

②在万能外圆磨床和内圆磨床上一次装夹磨内孔和端面,如图 4-45 所示。万能外圆磨床上的砂轮端面需修磨成凹形,才能靠磨工件端面;在内圆磨床上,有时(小孔用磨头的紧固螺纹往往露在砂轮前端)需要更换砂轮(连同砂轮轴)才能磨端面。

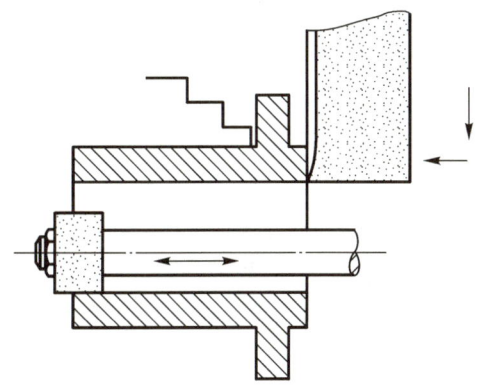

图 4-45 一次装夹磨孔和端面

以上是工序集中的方法,适用于长度不大的套类零件加工。

(2) 先精加工孔,再用心轴按孔定心夹紧,以统一的定位基准加工外圆和端面。

只要选用的心轴夹具精度足够高,这种方法就能保证较高的同轴度和垂直度,是套类零件加工最常用的一种方法。选作定位精基准的孔一般是套类零件上精度较高的孔,而孔用心轴夹具结构简单,容易制造得精确,所以工件的装夹误差极小。

(3) 先精加工外圆,再用外圆表面定位精加工孔。

三爪自定心卡盘的定心精度差,用它装夹工件进行加工,很难保证零件的同轴度和垂直度。若要获得较高的位置精度,可采用以下方法。

①按工件外圆重新修磨卡盘。
②用小锥度弹簧夹头。
③采用液性塑料夹具。
④用四爪单动卡盘装夹,用百分表进行精确找正。

六、实例

套类零件由于功用、结构形状、材料、热处理以及尺寸不同,工艺差别很大。按结构形状来分,套类零件大体上分为短套筒与长套筒两类。在机械加工中,短套筒和长套筒的装夹方法有很大的差别。对于短套筒(如钻套),通常可在一次装夹中完成内、外圆表面及端面加工(车或磨),工艺过程较为简单,精度容易保证,所以就不在此介绍它的加工工艺过程。对于长套筒的加工,表 4-3 所示为图 4-36 所示液压缸的加工工艺过程。

表 4-3 液压缸的加工工艺过程

序号	工序名称	工序内容	定位及夹紧
1	备料	无缝钢管切断	
2	车	①车外圆 $\phi 82$ mm 到 $\phi 88$ mm 及 M88 mm×1.5 mm 螺纹(工艺用)	用三爪自定心卡盘夹一端,用大头顶尖顶另一端
		②车端面及倒角	用三爪自定心卡盘夹一端,搭中心架托 $\phi 88$ mm 处
		③掉头车外圆 $\phi 82$ mm 到 $\phi 84$ mm	用三爪自定心卡盘夹一端,用大头顶尖顶另一端
		④车端面及倒角,取总长为 1 686 mm(留余量 1 mm)	用三爪自定心卡盘夹一端,搭中心架托 $\phi 88$ mm 处
3	深孔推镗	①半精推镗孔到 $\phi 68$ mm	一端用 M88 mm×1.5 mm 螺纹固定在夹具中,另一端搭中心架
		②精推镗孔到 $\phi 69.85$ mm	
		③采用浮动镗刀镗孔到 $\phi 72$ mm±0.02 mm,表面粗糙度 Ra 值为 2.5 μm	
4	滚压孔	用滚压头滚压孔至 $\phi 70^{+0.2}_{0}$ mm,表面粗糙度 Ra 值为 0.32 μm	一端用螺纹固定在夹具上,另一端搭中心架
5	车	①车去工艺螺纹,车 $\phi 82$h6 mm 到尺寸,车 $R7$ mm 槽	用软爪夹一端,以孔定位另一端
		②镗内锥孔 1°30′ 及车端面	用软爪夹一端,用中心架托另一端(百分表找正)
		③掉头车 $\phi 82$h6 mm 到尺寸	用软爪夹一端,顶另一端
		④镗内锥孔 1°30′ 及车端面,取总长 1 685 mm	用软爪夹一端,用中心架托另一端(用百分表找正)

任务1 工单册

一、理论习题

1. 轴类零件的技术要求分析有哪些?

2. 轴类零件工艺路线有什么特点?

二、技能实践

工单册表 4-1　轴类零件加工作业表（一）

项目名称	项目 4　典型零件的加工工艺	
任务名称	任务 1　轴类零件加工	
分组信息	组号	
	组员姓名和学号	
	小组成员	
任务目标	知识目标	掌握轴类零件的加工工艺设计步骤
	能力目标	掌握中等难度轴的工艺设计
需要完成的任务内容	编制下列零件的机械加工工艺规程。材料为 45 钢，生产类型为大量生产。写出工序号、工序内容、定位基准、设备名称。 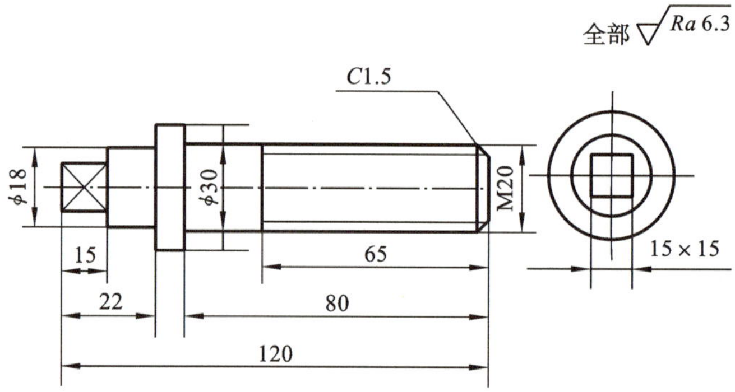	
任务实施过程中遇到的问题及解决方法		
学习收获		
评价	个人评价(10 分)	
	小组评价(20 分)	
	贡献系数(20 分)	
	教师评价(50 分)	

工单册表 4-2 轴类零件加工作业表(二)

项目名称	项目4 典型零件的加工工艺	
任务名称	任务1 轴类零件加工	
分组信息	组号	
	组员姓名和学号	
	小组成员	
任务目标	知识目标	掌握轴类零件的加工工艺设计步骤
	能力目标	掌握中等难度轴的工艺设计
需要完成的任务内容	编写下图所示组合机床动力头钻轴的工艺过程,生产类型属小批生产,材料为40Cr,并说明所制订的工艺过程中采用什么方法来保证钻轴的技术要求。 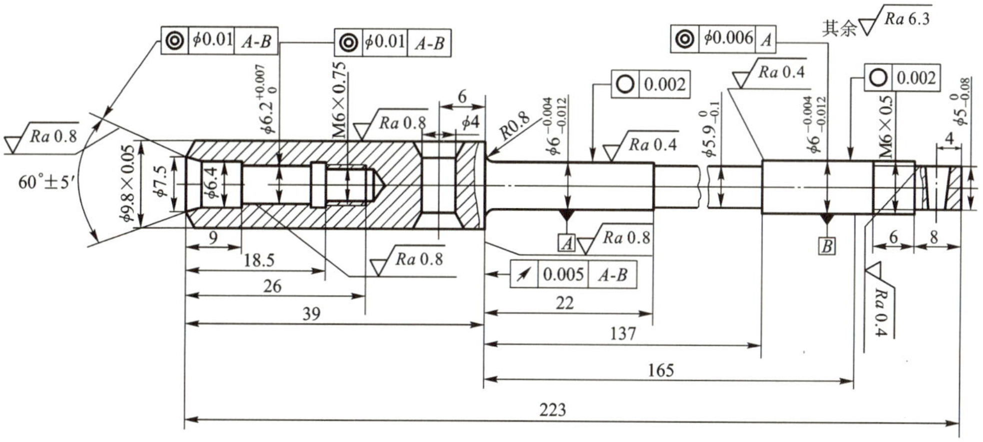 技术要求:165 mm范围内高频淬火46~51 HRC。	
任务实施过程中遇到的问题及解决方法		
学习收获		
评价	个人评价(10分)	
	小组评价(20分)	
	贡献系数(20分)	
	教师评价(50分)	

任务 2 工单册

一、理论习题

1. 箱体类零件的技术要求有哪些？

2. 箱体类零件工艺路线有什么特点？

二、技能实践

工单册表 4-3　箱体类零件加工作业表

项目名称	项目 4　典型零件的加工工艺		
任务名称	任务 2　箱体类零件加工		
分组信息	组号		
	组员姓名和学号		
	小组成员		
任务目标	知识目标	掌握箱体类零件的加工工艺设计步骤	
	能力目标	掌握中等难度箱体零件的工艺设计	
需要完成的任务内容	编制如下图所示中型外圆磨床尾座机械加工工艺规程。生产类型为中批生产,材料为 HT200。 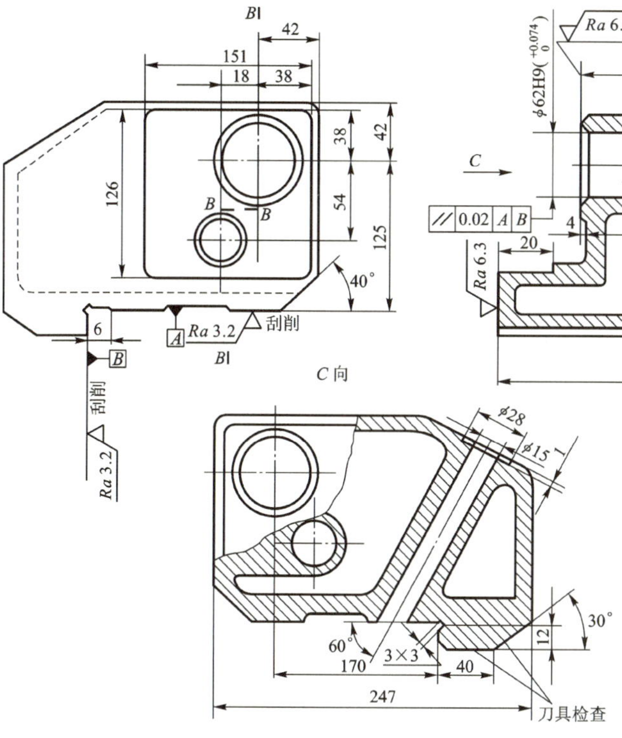 技术要求:内壁涂黄漆,非加工面涂底漆。		
任务实施过程中遇到的问题及解决方法			
学习收获			
评价	个人评价(10 分)		
	小组评价(20 分)		
	贡献系数(20 分)		
	教师评价(50 分)		

任务 3 工单册

一、理论习题

1. 套类零件的技术要求有哪些?

2. 套类零件工艺路线有什么特点?

二、技能实践

工单册表 4-4　套类零件加工作业表

项目名称	项目 4　典型零件的加工工艺	
任务名称	任务 3　套类零件加工	
分组信息	组号	
	组员姓名和学号	
	小组成员	
任务目标	知识目标	掌握套类零件的加工工艺设计步骤
	能力目标	掌握中等难度套类零件的工艺设计
需要完成的任务内容	下图所示为定心套筒零件,年产 3 000 件,试拟订其工艺过程。 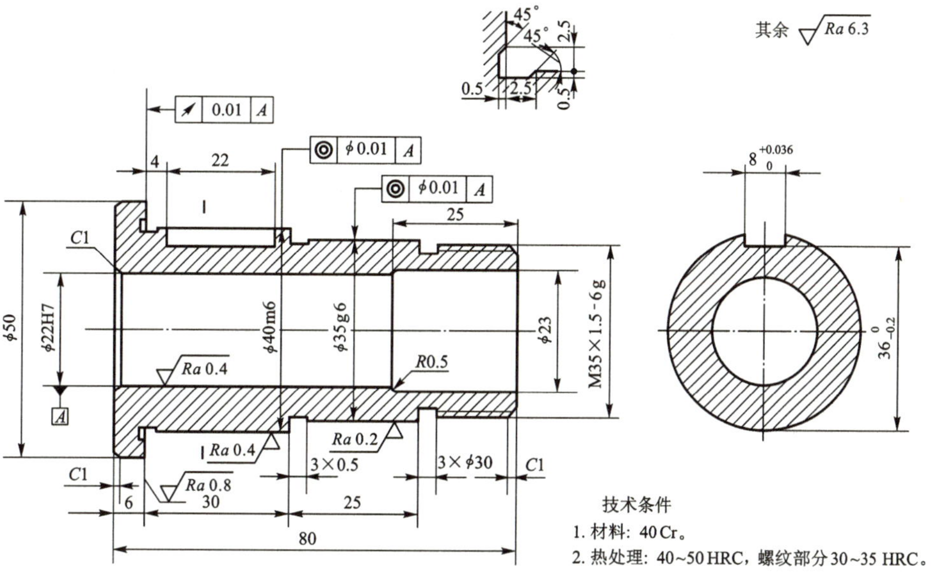 其余 $\sqrt{Ra\,6.3}$ 技术条件 1. 材料: 40 Cr。 2. 热处理: 40~50 HRC,螺纹部分 30~35 HRC。	
任务实施过程中遇到的问题及解决方法		
学习收获		
评价	个人评价(10 分)	
	小组评价(20 分)	
	贡献系数(20 分)	
	教师评价(50 分)	

项目 5 装配工艺规程设计

知识目标

1. 了解装配及装配精度的概念、装配精度与零件精度的关系。
2. 掌握装配的四种方法。
3. 熟悉编制装配工艺规程的步骤和方法。

能力目标

1. 会解算装配尺寸链。
2. 会编制装配工艺规程。

思政目标

以装配四个经典方法案例为载体,阐述装配理论知识和职业道德的有机融合,以装配质量高标准奠定学生严谨的科学精神,引导学生从工程实践中深刻体会到中国特色社会主义的优势和显著特点,建立制度自信和文化自信。

任务1 装配工艺基础知识

一、装配单元

根据规定的要求,将若干零件装配成部件的过程称为部装,把若干个零件和部件装配成最终产品的过程称为总装。

一台机械产品往往由上千至上万个零件组成。为了便于组织装配工作,必须将产品分解为若干个可以独立进行装配的装配单元,以便按照单元次序进行装配并有利于缩短装配周期。装配单元通常可划分为以下五个等级。

1. 零件

零件是组成机械产品和参加装配最基本的单元。大部分零件都是预先装成合件、组件和部件再进行总装。

2. 合件

合件是比零件大一级的装配单元。下列情况下的装配单元皆属合件。

（1）两个以上零件采用不可拆卸的连接方法（如铆、焊、热压装配等）连接在一起。

（2）少数零件组合后还需要进行合并加工,如齿轮减速器箱体与箱盖、柴油机连杆与连杆盖,都是组合后镗孔的,零件之间对号入座,不能互换。

（3）以一个零件作为基准零件和少数零件组合在一起。例如,图5-1(a)所示的套件即属于合件,其中蜗轮为基准零件。

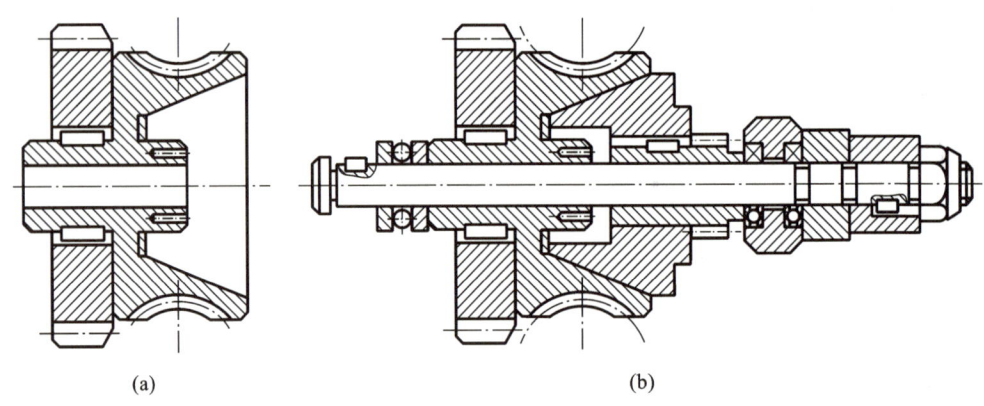

图 5-1 合件和组件实例

3. 组件

组件是一个或几个合件与若干个零件的组合。图5-1(b)所示即为组件,其中蜗轮与齿轮为一个先装好的合件,而后以阶梯轴为基准零件,将它与合件和其他零件组合成组件。

4. 部件

部件由一个基准零件和若干个组件、合件和其他零件组成,如主轴箱、走刀箱等。

5. 机械产品

它是由上述全部装配单元组成的整体。

装配单元系统图表明了各有关装配单元间的从属关系,如图 5-2 所示。

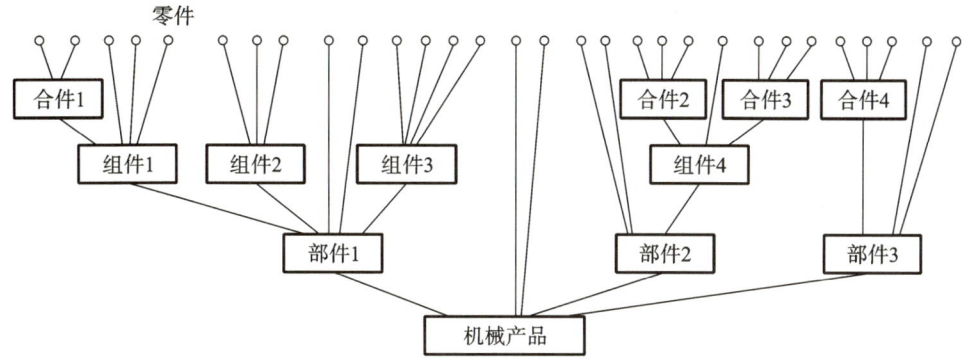

图 5-2　装配单元系统图

二、装配工作的基本内容

1. 清洗

清洗的目的:去除制造、储藏、运输过程中所黏附的切屑、油脂和灰尘。

清洗的方法:擦洗、浸洗、喷洗和超声波清洗等。

清洗的工艺要点:清洗液(煤油、汽油、碱液及各种化学清洗液)及其工艺参数(温度、时间、压力等)。

2. 连接

连接即将两个或两个以上的零件结合在一起。在装配过程中,有大量的连接工作。连接可分为可拆连接(相互连接的零件在拆卸时不损坏任何零件)和不可拆连接(相互连接的零件在使用过程中是不可拆卸的,如果要拆卸,必损坏某些零件)。

3. 校正、调整和配作

在产品的装配过程中,特别是在单件小批生产的条件下,为了保证装配精度,往往需要进行一些校正、调整和配作工作,这是因为完全靠零件的互换装配法去保证装配精度往往是不经济的,有时甚至是不可能的。

校正是指各零件间相互位置的找正、找平及相应的调整工作。常用的校正方法有平尺校正、角尺校正、水平仪校正、拉钢丝校正、光学校正和激光校正等。

调整是相关零件相互位置的调节工作。它除了配合校正工作去调节零件的相互位置精度外,运动副的间隙调节也是调整的主要内容。

配作是指在装配中,零件与零件之间或部件与零件之间的配钻、配铰、配刮和配磨等。它们是装配工作中附加的一些钳工和机械加工工作。

应当指出的是,配作是和校正、调整工作结合进行的,只有经过认真地校正、调整之后,才能进行配作。但在大批大量生产中,不宜过多利用配作,否则会影响生产率。

4. 平衡

对于转速较高、运动平稳性要求较高的机器,为了防止出现振动,需对其有关旋转零部件(有时包括整机)进行平衡试验。部件和整机的平衡要以旋转零件的平衡为基础。

旋转体的不平衡是由旋转体内部质量分布不均匀引起的。对旋转零部件消除不平衡的工作称为平衡。平衡的方法有静平衡和动平衡两种。有关不平衡质量的大小和方位的计算和试验方法,可参阅相关文献。

对不平衡量的校正方法有以下几种。

（1）用补焊、铆接、胶结或螺纹连接等方法加配质量。

（2）用钻、铣等机械加工方法去除不平衡质量。

（3）在预制的平衡槽内改变平衡块的位置和数量等。

5. 验收和试验

机械产品完成装配后，应根据有关技术标准的规定，对产品进行较全面的验收和试验工作，合格后才能出厂。

此外，装配的基本工作还包括涂装、包装等。

三、装配精度

机械产品是由若干机械零件按确定的相互位置关系装配而成的。

机械产品的质量受结构设计的正确性、零件加工质量的影响，主要由设计时确定的产品零部件之间的装配精度等来保证。

装配精度，即装配后实际达到的精度，是装配工艺的质量指标。装配精度应根据产品的工作性能和要求确定。正确规定产品的装配精度是产品设计的重要环节之一。它不仅关系到产品的质量，也影响到产品的经济性。同时，它是装配工艺过程设计的主要依据，也是合理确定零件的尺寸公差和技术要求的主要依据。

1. 装配精度的内容

（1）尺寸精度。

尺寸精度是指零部件的距离精度和配合精度，如卧式车床前、后两顶尖对床身导轨的等高度。

（2）相对位置精度。

机械产品中相关运动零部件之间的位置精度主要指相关零部件之间的平行度、垂直度、同轴度和各种跳动。

（3）相对运动精度。

相对运动精度是指相对运动的零部件之间在运动方向、运动轨迹和运动速度方面的精度。

运动方向精度表现为运动零部件之间相对运动的平行度和垂直度；运动轨迹精度表现为回转精度和移动精度等；运动速度精度即传动精度。

（4）接触精度。

接触精度是指两配合表面间、接触表面和连接表面间达到规定的接触面积大小和接触点分布情况。

2. 装配精度的确定原则

（1）对于一些标准化、通用化和系列化的产品，如通用机床和减速器等，它们的装配精度可根据国家标准、部颁标准或行业标准来确定。

（2）对于没有标准可循的产品，可根据用户的使用要求，参照经过试验过的类似产品或部件的已有数据，采用类比法确定装配精度。

（3）对于一些重要产品，要经过分析计算和试验研究后才能确定装配精度。

四、装配精度与零件精度的关系

机械产品是由许多零件组成的，零件的精度特别是关键零件的精度对整机的装配精度将有直接的影响。要保证整机的装配精度,就必须控制相关零件的加工精度。一般来说,装配精度要求越高,与此项装配精度有关的零件的加工精度要求也越高。

(1) 在有些情况下,产品的某一项装配精度只与一个零件的加工精度有关。例如,车床大拖板的直线度只与导轨的精度有关。

(2) 在大多数情况下,装配精度与多个零件的相关精度有关,相关零件的加工误差的积累将影响装配精度。图 5-3 所示为卧式车床床头与尾座顶尖等高度要求示意图。如图 5-3(b)所示,等高度要求 A_0 与主轴箱(A_1)、尾座(A_3)、底板(A_2)的加工精度有关,并且等高度是这些零件加工误差的累积。但等高度要求是很高的,一般小于 0.03 mm,为了保证装配精度的要求,必须合理地确定有关零件的加工精度,使它们的积累误差在装配精度所规定的范围内,从而简化装配过程。但是,在实际生产中,受工艺技术水平和经济性的限制,按装配精度要求所确定的零件精度难以保证,这就需要先按经济加工精度来确定各零部件的加工精度,然后通过一定的工艺措施(选配法、修配法、调整法)来保证装配精度。

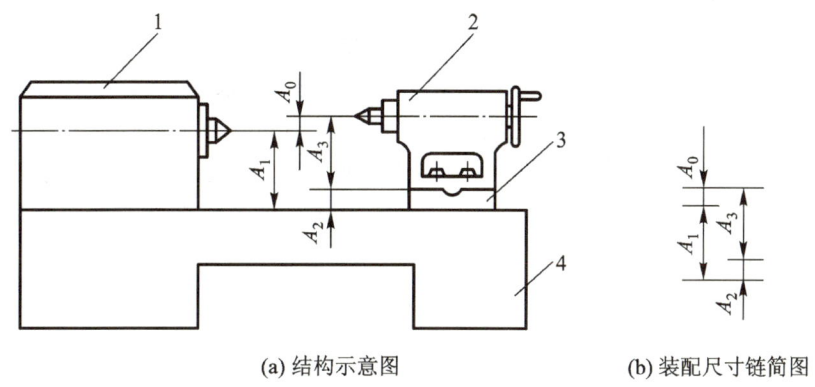

(a) 结构示意图 (b) 装配尺寸链简图

图 5-3　卧式车床床头与尾座顶尖等高度要求示意图
1—主轴箱;2—尾座;3—底板;4—床身

从以上的分析可知,产品的装配精度与零件的加工精度密切相关。零件的加工精度是保证装配精度的基础,但装配精度并不完全取决于零件的加工精度。装配精度的合理保证,应从产品结构、机械加工和装配工艺等方面综合考虑。装配尺寸链的分析是进行综合考虑的有效手段。

◀ 任务 2　装配尺寸链 ▶

一、基本概念

在机器的装配关系中,由相关零件的尺寸(表面或轴线距离)或位置(平行度、垂直度、同轴度和各种跳动)关系所组成的尺寸链称为装配尺寸链。

在装配尺寸链中,对装配精度有直接影响的零部件的尺寸或位置关系都是组成环;封闭环是装配所要保证的装配精度或装配技术要求,是零部件装配后才能形成的尺寸或位置关系。与加工工艺尺寸链一样,根据组成环对封闭环的影响不同,装配尺寸链中的组成环也可分为增环和减环。

二、分类

按各环的几何特征和所处空间的位置,装配尺寸链可分为以下几种。

(1) 直线尺寸链:由长度尺寸组成,且各尺寸相互平行的尺寸链。它所涉及的一般为距离尺寸的精度问题。图 5-3(b)所示的装配尺寸链即为直线尺寸链。

(2) 角度尺寸链:由角度、平行度、垂直度等尺寸组成的尺寸链。它所涉及的一般为相互位置的角度问题。

(3) 平面尺寸链:由呈角度关系布置的长度尺寸构成,且各环处于同一平面或彼此平行的平面内的尺寸链。平面尺寸链一般在装配中较常见到。

(4) 空间尺寸链:由位于三维空间的尺寸构成,一般在装配中较为少见。

这里重点讨论直线尺寸链。

三、装配尺寸链的建立步骤

装配尺寸链是机械装配过程中影响装配精度因素的本质表述,正确地建立装配尺寸链是解决装配精度问题的基础。装配尺寸链建立步骤如下。

(1) 判别封闭环。封闭环一般是装配精度或装配技术要求。

(2) 查找组成环。组成环是对装配精度有直接影响的有关零部件的有关尺寸。因此,在查找组成环时,一般从封闭环的两端开始沿装配精度要求的位置方向,以装配基面为联系的线索,从相邻零件开始由近及远查找相关零件,直到找到同一零件或同一装配基面为止。注意,整个装配尺寸链要正确封闭。

(3) 画出装配尺寸链。画出装配尺寸链,判别增环、减环。

装配尺寸链的计算方法与零件加工工艺尺寸链相同。

四、装配尺寸链建立的基本原则

图 5-4 所示为车床主轴锥孔中心线和尾座顶尖套筒锥孔中心线对床身导轨的等高度的装配尺寸链的组成示例。在图示的高度方向上的装配关系,主轴方面为主轴以其轴颈装在滚动轴承内环的内表面上,轴承内环通过滚子装在轴承外环的内滚道上,轴承外环装在主轴箱的主轴孔内,主轴箱装在车床床身的平导轨面上;尾座方面为尾座顶尖套筒以其外圆柱表面装在尾座的导向孔内,尾座以其底面装在尾座底板上,尾座底板装在床身的导轨面上。通过同一个装配基准件——床身将装配关系最后联系和确定下来。因此,影响该项装配精度的因素如下。

A_1:主轴锥孔中心线至车床平导轨的距离。

A_2:尾座底板厚度。

A_3:尾座顶尖套筒锥孔中心线至尾座底板的距离。

e_1:主轴箱箱体孔轴线与主轴前锥孔轴线的同轴度。

e_2:尾座顶尖套筒锥孔与外圆的同轴度。

e_3:尾座套筒外圆与尾座孔内圆的同轴度。

e:床身上安装主轴箱的平导轨面和安装尾座的导轨面之间的等高度偏差。

车床主轴锥孔中心线和尾座顶尖套筒锥孔中心线对床身导轨的等高度的装配尺寸链组成如图 5-5 所示。

在确定和查找装配尺寸链时应遵循以下原则。

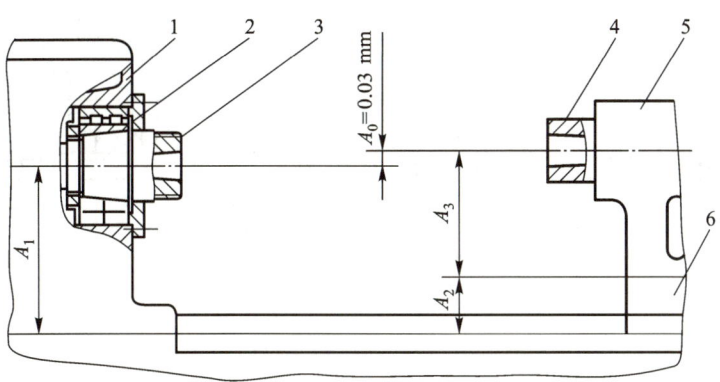

图 5-4 车床主轴锥孔中心线和尾座顶尖套筒锥孔中心线对床身导轨的等高度的装配尺寸链的组成示例
1—主轴箱;2—滚动轴承;3—主轴;4—顶尖套;5—尾座体;6—底板

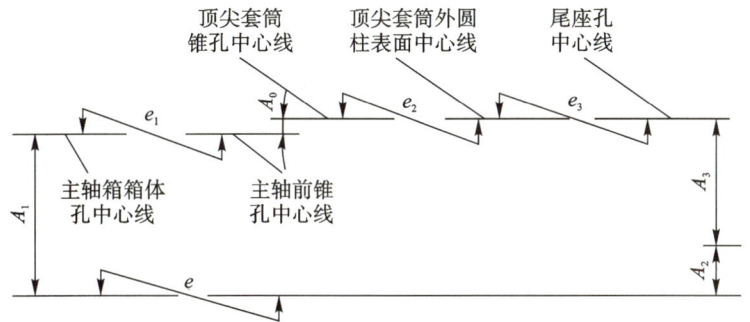

图 5-5 车床主轴锥孔中心线和尾座顶尖套筒锥孔中心线对床身导轨的等高度的装配尺寸链组成

1. 简化原则

机械产品中,影响装配精度的因素很多,应通过对装配精度的分析,在保证装配精度的条件下,尽量简化组成环的构成,只保留对装配精度有直接影响、影响较大的组成环。图 5-5 所示的装配尺寸链可简化为如图 5-3(b)所示。

2. 最短路线原则

为了便于零件的加工,在装配精度(封闭环公差)既定的条件下,应尽量简化结构。组成环的数目越少,各组成环的公差值就越大,零件加工就越容易、越经济。

为了达到这一要求,在产品结构既定的情况下组成装配尺寸链时,应使每一个有关零件仅以一个组成环列入装配尺寸链,即将连接两个装配基面间的位置尺寸直接标注在零件图上。这样,组成环的数量就等于有关零部件的数量,即一件一环,这就是装配尺寸链的最短路线(环数最少)原则。

图 5-6 所示为车床尾座顶尖套筒的装配图和装配尺寸链。装配时,要求后盖 3 装入后,螺母 2 在尾座套筒 1 内的轴向窜动不大于某一数值。由于后盖的尺寸标注不同,可建立两个装配尺寸链,如图 5-6(b)、(c)所示。由图可知,图 5-6(c)比图 5-6(b)多了一个组成环,原因是和封闭环 A_0 直接相关的凸台高度 A_3 由尺寸 B_1 和 B_2 间接获得,这是不合理的;而图 5-6(b)所示的装配尺寸链,体现了一件一环的原则,是合理的。

通过以上实例可以看出,为使装配尺寸链的环数最少,应仔细分析各有关零件装配基准的连接情况,选取对装配精度有直接影响,且把前、后相邻零件联系起来的尺寸或位置关系

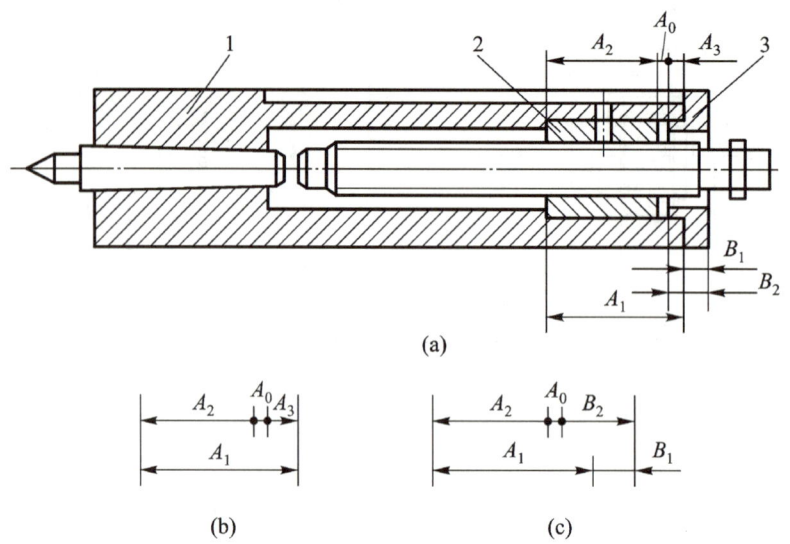

图 5-6 车床尾座顶尖套筒的装配图和装配尺寸链
1—尾座套筒;2—螺母;3—后盖

作组成环,这样与装配精度有关的零件仅以一个组成环列入装配尺寸链,组成环的数目仅等于有关零件的数目,装配尺寸链组成环的数目也就最少。

3. 方向性原则

一个装配精度要求只在自身所在的位置方向上形成装配尺寸链。同一装配结构在不同方向上有装配要求时,应在各自的方向上分别建立装配尺寸链。

五、在解装配尺寸链时应注意的问题

在进行装配尺寸链计算时,若已知封闭环的公差(装配精度)T_0,求各有关零件(各组成环)的公差T_i,应按下列原则和方法确定各有关零件的公差T_i。

(1) 按等公差原则,确定各有关零件的平均极值公差T_{av},作为确定各组成环极值公差的基础。

$$T_{av} = \frac{T_0}{m+n}(极值法)$$

$$T_{av} = \frac{T_0}{\sqrt{m+n}}(概率法)$$

(2) 组成环是标准件(如轴承环、弹性挡圈等)尺寸时,它的公差值及其分布在相应标准中已有规定,应视为已定值。

(3) 组成环是几个装配尺寸链的公共环时,它的公差值及其分布由对它要求最严的装配尺寸链先行确定,对于其余装配尺寸链则视为已定值。

(4) 尺寸相近、加工方法相同的组成环,公差值相等。

(5) 难以加工或测量的组成环,公差值可取大些;易加工、易测量的组成环,公差值可取小些。

(6) 各组成环的极限偏差仍然按最小实体原则确定,即:对于相当于轴的被包容尺寸,可对公称尺寸注成单向负偏差;对于相当于孔的包容尺寸,可对公称尺寸注成单向正偏差;而对于孔中心距的极限偏差,仍按对称分布选取。

（7）若各组成环都按上述原则确定公差值，则按公式计算的公差累积值常不符合封闭环的要求，因而需要选择一个组成环，它的公差值及分布要经过计算确定，以便与其他组成环协调，最后满足封闭环公差大小和位置的要求。这个组成环称为协调环。在选择协调环时，不能选择标准件尺寸或公共环为协调环，因为它们的公差和极限偏差是已定值。

六、装配尺寸链的计算

1. 计算类型

（1）正计算法。

正计算法是指已知组成环的公称尺寸及偏差，求出封闭环的公称尺寸及偏差，计算比较简单，不再赘述。

（2）反计算法。

反计算法是指已知封闭环的公称尺寸及偏差，求各组成环的公称尺寸及偏差。下面介绍利用协调环解算装配尺寸链的基本步骤。

在组成环中，选择一个比较容易加工或在加工中受到限制较少的组成环作为协调环。协调环公差及偏差的计算过程是：先按经济精度确定其他环的公差及偏差，然后利用公式算出协调环的公差及偏差。

（3）中间计算法。

中间计算法是指已知封闭环及组成环的公称尺寸及偏差，求另一组成环的公称尺寸及偏差，计算也较简便，不再赘述。

无论哪一种情况，解算方法都有两种，即极值法和概率法。

2. 计算方法

装配尺寸链的计算方法有以下两种。

（1）极值法。

（2）概率法。

极值法的优点是简单可靠；缺点是从极端情况出发推导出的计算公式比较保守，当封闭环的公差较小，而组成环的数目又较多时，各组成环分得的公差很小，使得加工困难、制造成本增加。生产实践证明，加工一批零件时，实际尺寸处于公差中间部分的零件占多数，而处于极限尺寸的零件占极少数，而且一批零件在装配中，尤其是对于多环尺寸链的装配，同一部件的各组成环恰好都处于极限尺寸情况更是少见。因此，在成批大量生产中，当装配精度要求高，而且组成环的数目又较多时，应用概率法解算装配尺寸链比较合理。

任务3 装配方法

机械产品的精度要求，最终是靠装配实现的。确定装配方法的实质就是研究以何种方式来保证装配精度。应根据生产类型、装配精度要求，在不同生产条件下，选择不同的装配方法。常用的装配方法有互换法（完全互换法和不完全互换法）、分组装配法（选配法）、修配装配法和调整装配法等。

一、互换法

互换法是指在装配过程中，各零件不需要挑选、修配和调整即可达到装配精度要求的一种方法。互换法的实质是通过控制零件的加工精度来保证产品的装配精度。

根据互换程度的不同,互换法可分为以下两种。

1. 完全互换法

完全互换法是指零件按图纸公差加工,装配时不需要进行任何挑选、修配和调整,就能完全达到装配精度要求的一种方法。为了保证装配精度要求,各组成环(零件)的制造公差之和应小于或等于封闭环的公差(装配精度),即满足

$$T_0 \geq \sum_{i=1}^{m} T_i + \sum_{j=1}^{n} T_j$$

因此,只要制造公差能满足机械加工的经济精度要求,无论何种生产类型,均应优先采用完全互换法。完全互换法的装配尺寸链用极值法进行计算。

当装配精度要求较高、零件加工困难或不经济,且属大批生产时,可考虑采用不完全互换法。

2. 不完全互换法

不完全互换法是指把零件的制造公差适当放大,使加工容易而且经济,装配时不需要进行挑选、修配和调整,就能使绝大多数产品达到装配精度要求的一种方法。各组成环(零件)的制造公差和封闭环的公差(装配精度)应满足

$$T_0 \geq \sqrt{\sum_{i=1}^{m} T_i^2 + \sum_{j=1}^{n} T_j^2}$$

采用不完全互换法装配时,装配尺寸链用概率法进行计算。

当生产条件比较稳定、组成环尺寸分布也比较稳定时,也能达到完全互换的效果。否则,将有极少部分产品达不到装配精度要求,须采取必要的工艺措施。显然,概率法适用于大批生产场合。

采用互换法装配的优点是装配工作简单,生产率高,维修方便,有利于流水线生产。因此,在条件允许时,应优先采用互换法。

【例 5-1】 图 5-7(a)所示为一主轴部件。为保证弹性挡圈能顺利装入,要求保证轴向间隙 $A_0 = 0^{+0.42}_{+0.05}$ mm,已知 $A_1 = 32.5$ mm,$A_2 = 35$ mm,$A_3 = 2.5$ mm(标准件为 $2.5^{\ 0}_{-0.05}$ mm),各组成环均呈正态分布,且分布中心与公差中心重合,试求各组成环的上、下极限偏差。

解:(1) 用极值法计算该装配尺寸链。

① 画出装配尺寸链图,校核各环公称尺寸。

依题意画出装配尺寸链图,如图 5-7(b)所示。A_0 为封闭环,$A_0 = 0^{+0.42}_{+0.05}$ mm,$T_0 = 0.42$ mm $- 0.05$ mm $= 0.37$ mm。A_2 为增环,A_1、A_3 为减环。

$$A_0 = \sum_{i=1}^{m} \vec{A}_i - \sum_{j=1}^{n} \overset{\leftarrow}{A}_j = A_2 - (A_1 + A_3) = [35 - (32.5 + 2.5)] \text{ mm} = 0 \text{ mm}$$

由计算可知,各环的公称尺寸正确。

② 确定各组成环的公差和极限偏差。

各组成环的平均极值公差为

$$T_{av} = \frac{T_0}{m+n} = \frac{0.37}{3} \text{ mm} = 0.123 \text{ mm}$$

根据各组成环公称尺寸的大小及零件加工的难易程度,以平均极值公差值为基础确定各组成环的公差,但各组成环公差的和不得超过 0.37 mm,即须满足

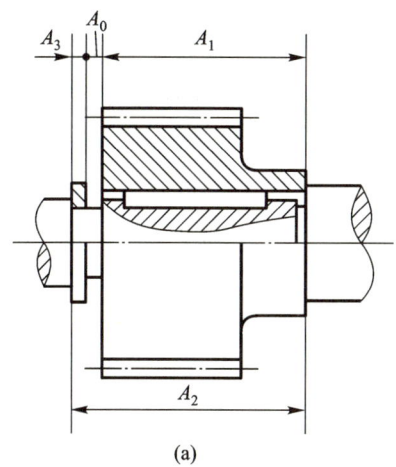

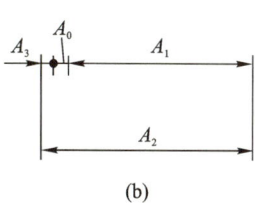

图 5-7 主轴部件装配示意图

$$T_0 \geqslant \sum_{i=1}^{m} T_i + \sum_{j=1}^{n} T_j = T_1 + T_2 + T_3$$

尺寸 A_3 是标准件,公差可查手册来确定;尺寸 A_1 可通过平面磨削加工获得,公差可以规定得较小,但需符合国家标准公差;尺寸 A_2 由车削加工来保证,公差应取得大些,故选择 A_2 为协调环。由此确定:

$$T_1 = 0.1 \text{ mm}, \quad T_3 = 0.05 \text{ mm}$$
$$A_1 = 32.5_{-0.10}^{0} \text{ mm}, \quad A_3 = 2.5_{-0.05}^{0} \text{ mm}$$

③ 确定协调环的公差。

显然,协调环 A_2 的公差值 T_2 应为

$$T_2 = T_0 - (T_1 + T_3) = [0.37 - (0.10 + 0.05)] \text{ mm} = 0.22 \text{ mm}$$

协调环的上、下极限偏差可根据相应的公式来计算,即

$$ES(A_0) = \sum_{i=1}^{m} ES(\vec{A}_i) - \sum_{j=1}^{n} EI(\vec{A}_j) = ES(A_2) - [EI(A_1) + EI(A_3)]$$

即 $\quad 0.42 \text{ mm} = ES(A_2) - [-0.10 \text{ mm} + (-0.05 \text{ mm})] = ES(A_2) + 0.15 \text{ mm}$

则 $\quad ES(A_2) = 0.42 \text{ mm} - 0.15 \text{ mm} = 0.27 \text{ mm}$

$$EI(A_2) = ES(A_2) - T_2 = 0.27 \text{ mm} - 0.22 \text{ mm} = 0.05 \text{ mm}$$

故 $\quad A_2 = 35_{+0.05}^{+0.27} \text{ mm}$

(2) 用概率法计算该装配尺寸链。

① 画出装配尺寸链简图,校核各环公称尺寸。

同上。

② 确定各组成环的公差和极限偏差。

各组成环的平均极限公差为

$$T_{av} = \frac{T_0}{\sqrt{m+n}} = \frac{0.37}{\sqrt{3}} \text{ mm} = 0.214 \text{ mm}$$

根据各组成环公称尺寸的大小及零件加工的难易程度,以平均极限公差值为基础确定各组成环的公差,但各组成环公差的和不得超过 0.37 mm,即须满足

$$T_0 \geqslant \sqrt{\sum_{i=1}^{m} T_i^2 + \sum_{j=1}^{n} T_j^2} = \sqrt{T_1^2 + T_2^2 + T_3^2}$$

尺寸 A_3 是标准件,公差可查手册来确定;尺寸 A_1 可通过平面磨削加工获得,公差可以规定得较小,但需符合国家标准公差;尺寸 A_2 由车削加工来保证,公差应取得大些,故选择 A_2 为协调环。由此确定

$$T_1 = 0.2 \text{ mm}, \quad T_3 = 0.05 \text{ mm}$$
$$A_1 = 32.5_{-0.20}^{0} \text{ mm}, \quad A_3 = 2.5_{-0.05}^{0} \text{ mm}$$

③确定协调环的公差和极限偏差。

显然,协调环 A_2 的公差值 T_2 应为

$$T_2 = \sqrt{T_0^2 - (T_1^2 + T_3^2)} = \sqrt{0.37^2 - (0.2^2 + 0.05^2)} \text{ mm} = 0.31 \text{ mm}$$

协调环的上、下极限偏差可根据相应的公式来计算,即

$$\Delta_0 = \sum_{i=1}^{m} \Delta(\vec{A}_i) - \sum_{j=1}^{n} \Delta(\overset{\leftarrow}{A}_j) = \Delta_2 - (\Delta_1 + \Delta_3)$$

即 $\Delta_2 = \Delta_0 + \Delta_1 + \Delta_3 = 0.235 \text{ mm} + (-0.1 \text{ mm}) + (-0.025 \text{ mm}) = 0.11 \text{ mm}$

则 $ES(A_2) = \Delta_2 + \dfrac{T_2}{2} = 0.11 \text{ mm} + \dfrac{0.31}{2} \text{ mm} = 0.27 \text{ mm}$

$EI(A_2) = \Delta_2 - \dfrac{T_2}{2} = 0.11 \text{ mm} - \dfrac{0.31}{2} \text{ mm} = -0.05 \text{ mm}$

故 $A_2 = 35_{-0.05}^{+0.27} \text{ mm}$

二、分组装配法(选配法)

分组装配法也称为分组互换法,是指当装配精度要求极高,零件制造公差限制很严,致使零件几乎无法加工时,可将零件的公差放大到经济可行的程度,然后按实测尺寸将零件分组,按对应组分别进行装配,以达到装配精度要求的一种装配方法。

现以汽车发动机中活塞销与活塞销孔的装配为例,说明分组装配法的原理及装配过程。

【例 5-2】 图 5-8 所示为活塞销与活塞销孔的装配关系。按装配技术要求,活塞销直径 d 和销孔直径 D 在冷态装配时应有 0.002 5~0.007 5 mm 的过盈量,即

$$Y_{\min} = d_{\min} - D_{\max} = 0.002\ 5 \text{ mm}$$
$$Y_{\max} = d_{\max} - D_{\min} = 0.007\ 5 \text{ mm}$$

因此,封闭环的公差为

$$T_0 = Y_{\max} - Y_{\min} = (0.007\ 5 - 0.002\ 5) \text{ mm} = 0.005\ 0 \text{ mm}$$

若采用完全互换法装配,则活塞销和活塞销孔的平均极值公差 T_{av} 仅为 0.002 5 mm。如取活塞销公差带的分布位置为单向负偏差,则它的尺寸为

$$d = \phi 28_{-0.002\ 5}^{0} \text{ mm}$$

相应地,可求得活塞销孔尺寸应为

$$D = \phi 28_{-0.007\ 5}^{-0.005\ 0} \text{ mm}$$

显然,制造如此精确的活塞销和活塞销孔是很困难的,也很不经济。在实际生产中,采用的办法是将活塞销和活塞销孔的上述公差值按同方向放大,即

$$d = \phi 28_{-0.002\ 5}^{0} \text{ mm} \rightarrow d = \phi 28_{-0.01}^{0} \text{ mm}$$
$$D = \phi 28_{-0.007\ 5}^{-0.005\ 0} \text{ mm} \rightarrow D = \phi 28_{-0.015}^{-0.005} \text{ mm}$$

这样,活塞销可用无心磨加工、活塞销孔可用金刚镗加工来分别达到精度要求,然后用

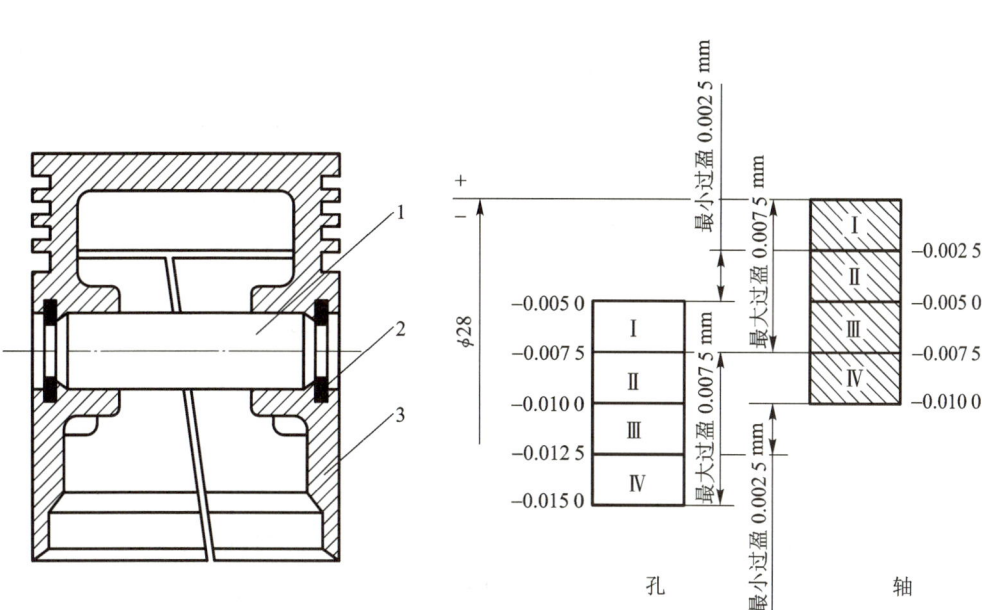

图 5-8 活塞销与活塞销孔的装配关系
1—活塞销；2—挡圈；3—活塞

精密量具测量，并按尺寸大小分成四组，涂上不同颜色加以区别，以便采用分组装配法装配。具体分组情况见表 5-1。

表 5-1 活塞销与活塞销孔的分组尺寸　　　　　　　　　　　　　　　　　　　　mm

组别	标志颜色	活塞销直径 $d=\phi28_{-0.01}^{0}$	活塞销孔直径 $D=\phi28_{-0.015}^{-0.005}$	配合情况 最小过盈	最大过盈
Ⅰ	红	$\phi28_{-0.0025}^{0}$	$\phi28_{-0.0075}^{-0.0050}$	0.0025	0.0075
Ⅱ	白	$\phi28_{-0.0050}^{-0.0025}$	$\phi28_{-0.0100}^{-0.0075}$		
Ⅲ	黄	$\phi28_{-0.0075}^{-0.0050}$	$\phi28_{-0.0125}^{-0.0100}$		
Ⅳ	绿	$\phi28_{-0.0100}^{-0.0075}$	$\phi28_{-0.0150}^{-0.0125}$		

从该表可以看出，各组的公差和配合性质与原来的要求相同。

采用分组装配法，关键是保证分组后各对应组的配合性质和配合精度满足装配精度的要求；同时，对应组内的相配件的数量要配套。为此，应注意以下几点。

(1) 配合件的公差应相等，公差要向同方向增大，增大的倍数应等于分组数。

(2) 配合件的表面粗糙度、几何公差必须保持原设计要求，不能随着公差的放大而降低表面粗糙度要求和放大几何公差。

(3) 为保证零件分组后在装配时各组数量相匹配，应使配合件的尺寸分布为相同的对称分布（如正态分布）。分布曲线不相同或为不对称分布曲线，将造成各组相配零件数量不等，使一些零件积压浪费，如图 5-9 所示。图中第一组和第四组中的活塞销与活塞销孔零件数量相差较大，将使零件过剩。在实际生产中，常常专门加工一批与剩余件相配的零件，以解决零件配套问题。

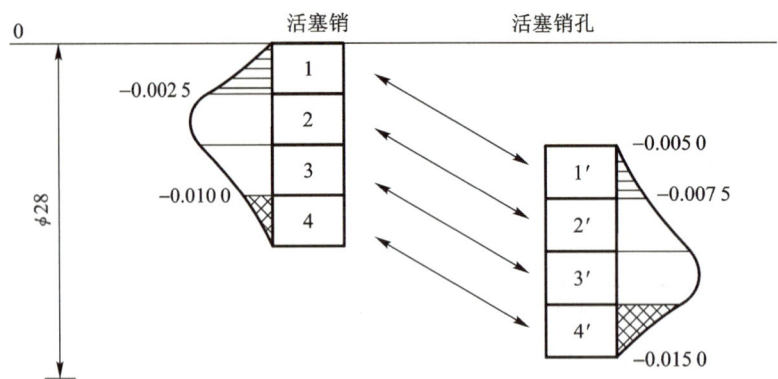

图 5-9　活塞销与活塞销孔尺寸分布不同时产生剩余件的情况

（4）分组数不宜过多，零件尺寸公差只要放大到加工经济精度即可，否则会因零件的测量、分类、保管工作量增加而使生产组织工作复杂，甚至造成生产过程的混乱。

分组装配法适用于装配精度要求很高和相关零件较少的大批生产中。

与分组装配法有着选配共性的装配方法还有直接选配法和复合选配法。直接选配法是由装配工人从许多待装配的零件中，凭经验挑选合格的零件，通过试凑进行装配的方法。复合装配法是将零件预先测量分组，装配时再在各对应组内凭工人经验直接选配。这一方法的特点是配合件公差可以不等，装配质量高，且装配速度较快，能满足一定的节拍要求。发动机装配中，气缸与活塞的装配多采用这种方法。

三、修配装配法

修配装配法是指将各组成环按经济精度加工，装配时，通过改变尺寸链中某一预定的组成环（修配环）的尺寸来保证装配精度的方法。由于对这一组成环的修配是为了补偿其他各组成环的累积误差，故该组成环又称补偿环。这种方法的关键问题是确定修配环在加工中的实际尺寸，使修配环有足够的而且是最小的修配量。

修配装配法适用于成批生产中封闭环公差要求较严、组成环较多或单件小批量生产中封闭环公差要求较严、组成环较少的场合。

采用修配装配法时，装配尺寸链一般用极值法计算。

1. 选择修配环，并确定其尺寸及极限偏差

（1）选择修配环。采用修配装配法装配时，应正确选择修配环。修配环一般应满足以下要求。

①便于装拆，易于修配。一般应选形状比较简单、修配面积较小的零件。

②尽量不选公共环。公共环是指那些同属于几个装配尺寸链的组成环，它的变化会引起几个装配尺寸链中封闭环的变化。若选公共环作为修配环，则可能出现保证了一个装配尺寸链的精度，而又破坏了另一个装配尺寸链精度的情况。

（2）修配环尺寸的确定。修配环被修配后对封闭环尺寸的影响有两种情况：一是使封闭环尺寸变大；二是使封闭环尺寸变小。因此，用修配装配法装配、解装配尺寸链时，应分别根据以上两种情况来进行计算。

图 5-10 所示为组成环按经济精度加工后，实际封闭环的公差带和设计要求的封闭环的公差带之间的对应关系图。图中 T_0、A_{0max}、A_{0min} 分别表示设计要求的封闭环的公差、上极限

尺寸和下极限尺寸;T_0'、$A_{0\max}'$、$A_{0\min}'$分别表示放大组成环公差后实际封闭环的公差、上极限尺寸和下极限尺寸;$F_{\max}$表示最大修配量。

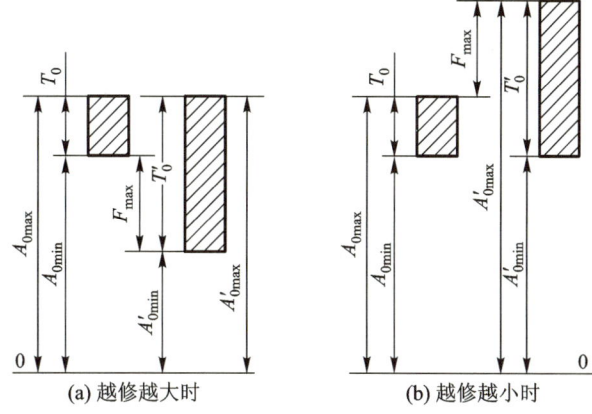

图 5-10　组成环按经济精度加工后,实际封闭环的公差带和设计
要求的封闭环的公差带之间的对应关系图

①修配修配环,封闭环尺寸变大(简称"越修越大"),如图 5-10(a)所示。此时,为了有足够的和最小的修配量,应使

$$A_{0\max}' = A_{0\max}$$

②修配修配环,封闭环尺寸变小(简称"越修越小"),如图 5-10(b)所示。此时,为了有足够和最小的修配量,应使

$$A_{0\min}' = A_{0\min}$$

在上述两种情况下,可能出现最大修配量 $F_{\max} = T_0' - T_0$;也可能出现最小修配量 $F_{\min} = 0$。此时,修配环不需要修配加工就能保证装配精度。但有时为了提高接触刚度,修配环还要进行必要的加工,即最小修配量为某一数值。这样,就要在修配环尺寸上加上(若修配环为被包容尺寸)或减去(若修配环为包容尺寸)最小修配量的值。

2. 装配尺寸链的计算方法和步骤

【例 5-3】　如图 5-3(a)所示的卧式车床床头和尾座两顶尖结构等高度要求为 0~0.06 mm(只许尾座高)。已知 $A_1 = 202$ mm,$A_2 = 46$ mm,$A_3 = 156$ mm,现采用修配装配法,试确定各组成环的公差及其分布。

解:计算步骤如下。

(1) 建立装配尺寸链。装配尺寸链如图 5-3(b)所示。实际生产中通常尾座和尾座底板的接触面配刮好,因而将两者作为一个整体,以尾座底板的底面作定位基准精镗尾座上的顶尖套孔,并控制该尺寸精度为 0.1 mm,这样尾座和尾座底板是成为配对件后进入总装的。因此,原组成环 A_2 和 A_3 合并成为 A_{23},原四环尺寸链变成三环尺寸链。

(2) 选择修配环。按合并后的三环尺寸链,选择 A_{23} 为修配环。修配环公称尺寸为
$$A_{23} = A_2 + A_3 = 46 \text{ mm} + 156 \text{ mm} = 202 \text{ mm}$$

(3) 确定各组成环的公差。根据各组成环的加工方法,按经济精度确定各组成环的公差为

$$T_1 = T_{23} = 0.1 \text{ mm}$$

(4) 计算修配环 A_{23} 的最大补偿量:

$$F_{max} = T'_0 - T_0 = \sum T'_i - T_0 = T_1 + T_{23} - T_0 = (0.1 + 0.1 - 0.06)\text{ mm} = 0.14 \text{ mm}$$

（5）确定各组成环（除补偿环外）的极限偏差。A_1 表示孔位置的尺寸，公差常选为对称分布，即

$$A_1 = (202 \pm 0.05) \text{ mm}$$

（6）计算修配环 A_{23} 的极限尺寸。由于修配修配环 A_{23} 会使封闭环尺寸变小，属于"越修越小"的情况，因此应满足

$$A'_{0\min} = A_{0\min}$$

即

$$A_{23\min} - A_{1\max} = 0 \text{ mm}$$

$$A_{23\min} - 202.05 \text{ mm} = 0 \text{ mm}$$

所以

$$A_{23\min} = 202.05 \text{ mm}$$

又

$$A_{23\max} = A_{23\min} + T_{23} = (202.05 + 0.1) \text{ mm} = 202.15 \text{ mm}$$

即

$$A_{23} = 202^{+0.15}_{+0.05} \text{ mm}$$

实际生产中，为提高接触精度，尾座底板的底面与床身配合的导轨面还需配刮，而按式 $A'_{0\min} = A_{0\min}$ 计算的最小修刮量为零，无修刮量，故需将求得的 A_{23} 尺寸放大一些，留以必要的修刮量。取最小刮研量为 0.15 mm，则合并加工后的尺寸为

$$A_{23} = 202^{+0.15}_{+0.05} \text{ mm} + 0.15 \text{ mm} = 202^{+0.30}_{+0.20} \text{ mm}$$

3. 修配的方法

修配的方法主要有以下三种。

（1）单件修配法：在多环尺寸链中，选定某一固定的零件作为修配件，装配时用去除金属层的方法改变其尺寸，以达到装配精度要求。此方法在生产中应用较广泛。

（2）合并加工修配法：将两个或更多的零件合并在一起进行加工修配。合并后的零件作为一个组成环，从而减少了组成环数，有利于减小修配量。

例如，在上例中，若不将组成环 A_2 和 A_3 合并，而按四环尺寸链计算，则当最小刮研量取 0.15 mm 时，尾座底板最大修刮量可达 0.44 mm（计算过程略）；而将组成环 A_2 和 A_3 合并成一个组成环 A_{23} 后，仍取最小刮研量为 0.15 mm，此时尾座底板最大修刮量只有 0.29 mm，减少了装配时的修刮劳动量。

虽然合并加工修配法有上述优点，但是要合并零件、"对号入座"，给加工、装配和生产组织工作带来不便，因此，这种方法多用于单件小批生产中。

（3）自身加工修配法。在机床制造中，有一些装配精度要求，总装时用自己加工自己的方法来达到，这种方法称为自身加工修配法。如图 5-11 所示的转塔车床，在总装时，利用安装在车床主轴上的镗刀作切削运动、转塔作纵向进给运动镗削转塔上的六个孔，能方便地保证主轴轴线与转塔各孔轴线的等高度。

四、调整装配法

调整装配法与修配装配法相似，即各零件公差仍可按经济精度的原则来确定，并且仍选择一个组成环作为补偿环（又称调整环），但两者在改变补偿环尺寸的方法上有所不同。修配装配法采用机械加工的方法去除补偿环零件（又称调整件）上的金属层，改变补偿环尺寸，以补偿因各组成环公差扩大后产生的累积误差。调整装配法采用改变调整件的位置或更换补偿环（改变补偿环的尺寸）来补偿累积误差，以保证装配精度。常见的调整装配法有可动调整法、固定调整法和误差抵消调整法三种。

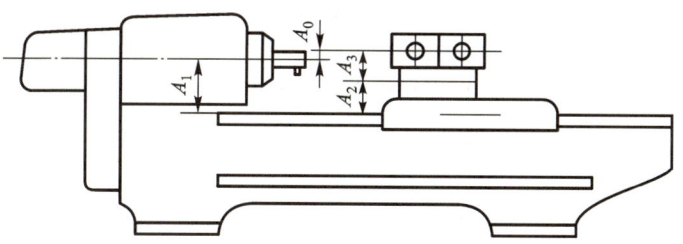

图 5-11 转塔车床的自身加工

1. 可动调整法

采用改变调整件的位置来保证装配精度的方法称为可动调整法。常用的调整件有螺栓、斜面件、挡环等。可动调整法的优点是:在调整过程中不需要拆卸零件,操作方便,能获得比较高的精度;同时,在产品使用过程中,由于某些零件的磨损而使装配精度下降时,应用此法有时还能使产品恢复到原来的精度。因此,可动调整法在实际生产中应用较广。

图 5-12 所示的卧式车床横刀架采用楔块 5 调整丝杠 3 和螺母 1、4 间隙的装置就是应用可动调整法。在该装置中,前螺母 1 的右端做成斜面,在前螺母 1 和后螺母 4 之间装入一个左端也做成斜面(与前螺母 1 右端的斜面配合)的楔块 5。调整间隙时,先将前螺母 1 的固定螺钉放松,然后拧紧楔块 5 的调节螺钉 2,将楔块 5 向上拉。由于斜面的作用,前螺母 1 向左移动,从而消除了丝杠 3 和螺母 1、4 之间的间隙。调整完毕后,再拧紧前螺母 1 的固定螺钉。

图 5-13 所示为车床主轴箱中调整轴承间隙的装置。调整时,先将螺母 2 放松,再转动调节螺钉 1 即可调节轴承内圈、滚动体、外圈之间的间隙,以保证轴承在转动时,既有足够的刚性,又不至于过分发热。间隙调整好后,仍需将螺母 2 拧紧。

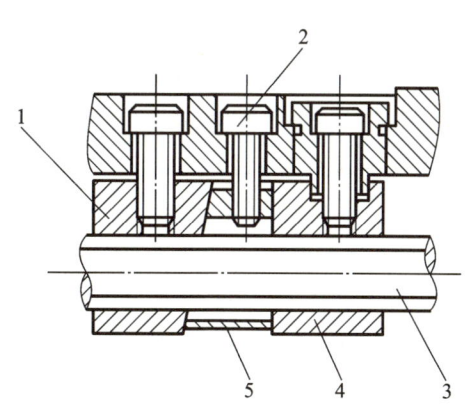

图 5-12 采用楔块调整丝杠和螺母间隙的装置
1—前螺母;2—调节螺钉;3—丝杠;4—后螺母;5—楔块

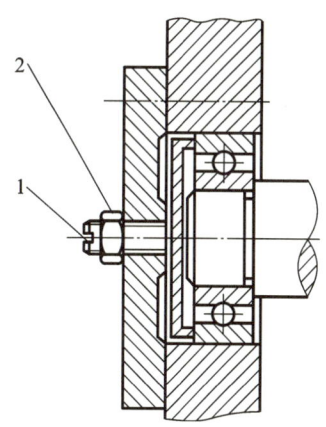

图 5-13 调整轴承间隙的装置
1—调节螺母;2—螺母

可动调整法的缺点是会削弱机构的刚性,因而对刚性要求较高的机构不宜采用可动调整法。

2. 固定调整法

在装配尺寸链中,选择某一组成环作为调整环,将作为调整环的零件(即调整件)按一定尺寸间隔级别制成一组专门零件。产品装配时,根据各组成环所形成累积误差的大小,在调整环中选定一个尺寸等级合适的调整件进行装配,以保证装配精度。这种方法称为固定调整法。常用的调整件有轴套、垫片、垫圈等。

现以图 5-14 所示的齿轮与轴的装配关系为例说明应用固定调整法的方法和步骤。

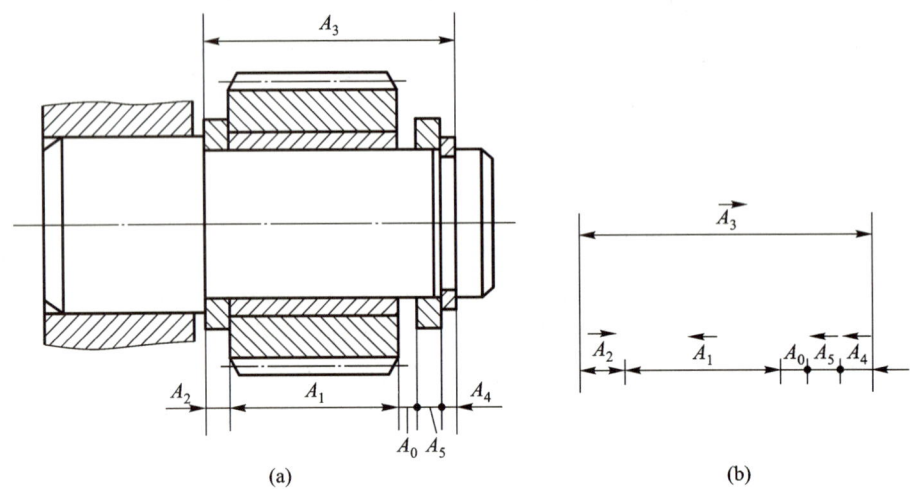

图 5-14　齿轮与轴的装配关系

【例 5-4】　已知 $A_1=30$ mm,$A_2=5$ mm,$A_3=43$ mm,$A_4=3_{-0.05}^{0}$ mm(标准件),$A_5=5$ mm,装配后齿轮轴向间隙为 0.1~0.35 mm。现采用固定调整法装配,试确定各组成环的尺寸偏差,并求调整件的分组数及尺寸系列。

解:计算步骤如下。

(1) 画出装配尺寸链图,如图 5-14(b)所示。

(2) 选择调整件。从图 5-14(a)可见,A_5 为一垫圈,加工、装卸比较方便,固选 A_5 为调整件。

(3) 确定各组成环的公差。按经济精度加工分配各组成环的公差,即

$$T_1=T_3=0.2 \text{ mm}, \quad T_2=T_5=0.10 \text{ mm}, \quad T_4=0.05 \text{ mm}$$

(4) 确定各组成环的极限偏差。按入体原则确定各组成环的极限偏差,即

$$A_1=30_{-0.20}^{0} \text{ mm}, \quad A_2=5_{-0.10}^{0} \text{ mm}, \quad A_3=43_{0}^{+0.20} \text{ mm}, \quad A_4=3_{-0.05}^{0} \text{ mm}$$

(5) 计算调整件(A_5)的调整量 F。

$$F=T_1+T_2+T_3+T_4=(0.20+0.10+0.20+0.05) \text{ mm}=0.55 \text{ mm}$$

(6) 确定调整件的分组数(Z)。取封闭环公差与调整件公差之差作为调整件各组之间的尺寸差 S,即

$$S=T_0-T_5=(0.25-0.10) \text{ mm}=0.15 \text{ mm}$$

调整件的组数为

$$Z=\frac{F}{T_0-T_5}=\frac{0.55}{0.25-0.10}=3.67 \approx 4$$

分组数 Z 不能为小数,应圆整为邻近的较大整数,取 $Z=4$。当计算的 Z 值与圆整数相差较大时,可通过改变各组成环公差或调整件公差的方法,使 Z 值接近整数。另外,分组数不宜过多,否则将给生产组织工作带来困难,一般分组数 $Z=3\sim 4$。

(7) 计算调整件(A_5)的极限偏差。先求出调整件的中间偏差,然后就可求出它的极限

偏差。

因为
$$\Delta_0 = \sum_{i=1}^{m} \Delta(\vec{A}_i) - \sum_{j=1}^{n} \Delta(\overleftarrow{A}_j) = \Delta_3 - (\Delta_1 + \Delta_2 + \Delta_4 + \Delta_5)$$

所以
$$\Delta_5 = \Delta_3 - \Delta_0 - (\Delta_1 + \Delta_2 + \Delta_4)$$
$$= [0.1 - 0.225 - (-0.1 - 0.05 - 0.025)] \text{ mm} = 0.05 \text{ mm}$$

调整件(A_5)的极限偏差为
$$ES(A_5) = \Delta_5 + T_5/2 = 0.10 \text{ mm}$$
$$EI(A_5) = \Delta_5 - T_5/2 = 0 \text{ mm}$$

(8) 确定各组调整件的尺寸。各组调整件的尺寸可根据以下原则来计算。

当调整件的分组数 Z 为奇数时,由第(7)步计算的调整件尺寸是中间的一组尺寸,其余各组尺寸相应增加或减少各组之间的尺寸差 S。

当调整件的分组数 Z 为偶数时,以第(7)步计算的调整件尺寸为对称中心,根据尺寸差 S 安排各组尺寸。

本例中 $Z=4$ 为偶数,故 $A_5 = 5^{+0.10}_{0}$ mm 为对称中心。因各组尺寸差 $S=0.15$ mm,故其余各组尺寸为
$$A_{5-1} = (5-0.075-0.15)^{+0.10}_{0} \text{ mm}, \quad A_{5-2} = (5-0.075)^{+0.10}_{0} \text{ mm};$$
$$A_{5-3} = (5+0.075)^{+0.10}_{0} \text{ mm}, \quad A_{5-4} = (5+0.075+0.15)^{+0.10}_{0} \text{ mm}。$$
即
$$A_5 = 5^{-0.125}_{-0.225} \text{ mm}, \quad 5^{+0.025}_{-0.075} \text{ mm}, \quad 5^{+0.175}_{+0.075} \text{ mm}, \quad 5^{+0.325}_{+0.225} \text{ mm}$$

固定调整法多用于大批生产中。当产量大、装配精度要求高时,固定调整件还可以采用多件组合的方式。例如,预先将调整垫做成不同的厚度(1 mm、2 mm、3 mm、5 mm、10 mm 等),再制作一些薄金属片(0.01 mm、0.02 mm、0.05 mm、0.10 mm 等),装配时根据尺寸组合原理把不同厚度的垫片组成不同的尺寸,以满足装配精度的要求。这种调整方法更为简便,在汽车、拖拉机生产中应用广泛。

3. 误差抵消调整法

在产品或部件装配时,根据尺寸链中某些组成环误差的方向做定向装配,使这些组成环的误差互相抵消一部分,以提高装配精度,这种方法称为误差抵消调整法。它的实质与可动调整法类似。这种方法在机床装配中应用较多。例如:车床主轴装配时,通过调整主轴前、后轴承的径向圆跳动方向来控制主轴的径向圆跳动;在滚齿机工作台分度蜗轮装配中,通过调整二者偏心的方向来抵消误差,以提高二者的同轴度。

上述各种装配方法各有其特点。在选择装配方法时,要认真研究产品的结构和精度要求,深入分析产品及其相关零件之间的尺寸联系,建立整个产品及各级部件的装配尺寸链。装配尺寸链建立后,即可根据各级装配尺寸链的特点,结合产品的生产纲领和生产条件来确定产品的装配方法。

选择装配方法的原则是:一般来说,当组成环的加工经济可行时,优先选用完全互换法;成批生产、组成环又较多时,可考虑不完全互换法;封闭环精度较高、组成环较少时,可考虑采用分组装配法;组成环多时,采用调整装配法;单件小批生产时,采用修配装配法。

值得注意的是,一种产品究竟采用何种装配方法来保证装配精度,通常在设计阶段确定。因为只有在装配方法确定之后,才能进行装配尺寸链的计算。同一产品的同一装配精

度要求,在不同的生产类型和生产条件下,可能采用不同的装配方法。同时,同一产品的不同部件也可采用不同的装配方法。

根据生产纲领和现有的生产条件,综合考虑加工和装配之间的关系来确定装配方法。

装配方法包括两个方面:一方面是指是手工装配还是机械装配;另一方面是指保证装配精度的工艺方法。前者的选择取决于生产纲领、产品的装配工艺性以及产品的尺寸、质量的大小和结构的复杂程度;后者的选择主要取决于生产纲领、装配精度以及装配尺寸链中组成环的多少。各种装配方法的适用范围如表 5-2 所示。

表 5-2　各种装配方法的适用范围和应用实例

装配方法	适用范围	应用实例
完全互换法	适用于零件较少、批量很大、零件可采用经济精度加工时	汽车、拖拉机、缝纫机及小型电机的部分部件
不完全互换法	适用于零件稍多、批量大、零件加工精度可适当放宽时	机床、仪器仪表中的部分部件
分组装配法	适用于成批或大量生产中装配精度很高、零件数量很少又不便于采用调整装配法装配时	中小型柴油机的活塞与缸套;活塞与活塞销;滚动轴承的内、外圈与滚子
修配装配法	适用于单件小批生产中装配精度要求高且零件较多的场合	车床尾座垫板;滚齿机分度蜗轮与工作台装配后精加工齿形;平面磨床砂轮对工作台的自磨
调整装配法	除必须采用分组装配法装配外,调整装配法可适用于各种装配场合	机床导轨的楔形镶条;内燃机气门间隙的调整螺钉;滚动轴承调整间隙的间隔套、垫片、垫圈

任务 4　装配工艺规程的制订

装配工艺规程是指装配工艺过程的文件固定形式。它是指导装配工作和保证装配质量的技术文件,是制订装配生产计划和进行装配技术准备的主要技术依据,是设计和改造装配车间的基本文件。

一、制订装配工艺规程的原则

装配是机器制造和修理的最后阶段,是机器质量的最后保证环节。在制订装配工艺规程时应遵循以下原则。

(1) 保证并力求提高产品装配质量,以延长产品的使用寿命。

(2) 合理安排装配工序,尽量减少钳工装配工作量,以提高装配生产率。

(3) 尽可能减小装配车间的生产面积,以提高单位面积生产率。

二、制订装配工艺规程的原始资料

在制订装配工艺规程时,通常应具备以下原始资料。

(1) 机械产品的总装图、部件装配图以及有关的零件图。
(2) 机械产品装配的技术要求和验收的技术条件。
(3) 产品的生产纲领及生产类型。
(4) 现有生产条件,包括装配设备、车间面积、工人的技术水平等。

三、制订装配工艺规程的步骤

1. 产品分析

(1) 分析产品的装配图及验收技术标准。

产品的装配图应包括总装图和部件装配图,并能清楚地表示出:所有零件的相互连接关系和必要的剖视图;零件的编号;装配时应保证的尺寸;配合件的配合性质及精度;装配的技术要求;零件的明细表。产品的验收技术条件包括检验的内容和方法。通过对它们的研究,深入了解产品及部件的具体结构、装配技术要求及检查验收的内容和方法。

(2) 分析产品的结构工艺性。

产品的结构工艺性是指所设计的产品在满足使用要求的前提下,制造、维修的可行性和经济性。显然,制造的可行性和经济性分析涉及制造过程的各个阶段,包括毛坯制造、机械加工和装配等。此处重点分析产品结构的装配工艺性。产品结构的装配工艺性可以从以下几个方面来分析。

① 独立的装配单元。所谓独立的装配单元,就是指机器结构能够划分成独立的部件、组件,这些独立的部件和组件可以各自独立地进行装配,最后再将它们总装成一台机器。这样就可以组织平行流水装配,使装配工作专业化,有利于提高装配质量,最大限度地缩短装配周期,提高装配的生产率。

② 便于装配和拆卸。

③ 尽量减少在装配时的机械加工和修配工作。

应当指出的是,评定结构工艺性的好坏,还要同生产批量相联系,不同生产批量评价结构工艺性的标准是不同的。

装配结构工艺性分析实例如表 5-3 所示。

表 5-3 装配结构工艺性分析实例

序号	结构工艺性内容	不好	好
1	孔内加工环形槽不方便		
2	同一组件上的几个配合表面应依次进入装配		

续表

序号	结构工艺性内容	不好	好
3	轴上零件可单独组装成组件后,一次装入箱体内	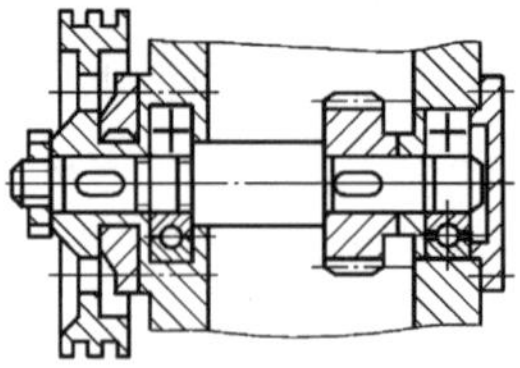	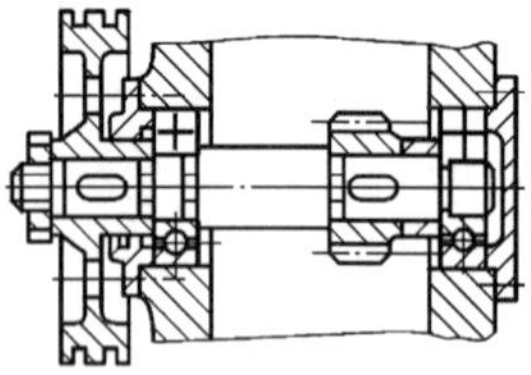
4	床身和油盘的连接螺钉位置应在容易装配的地方	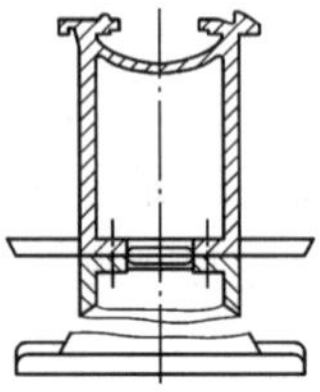	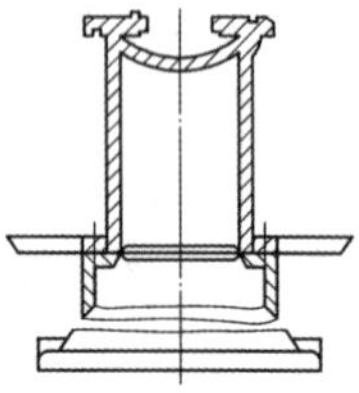
5	箱体内搭子上加工油孔不方便	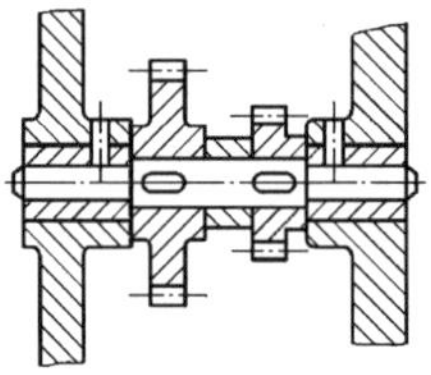	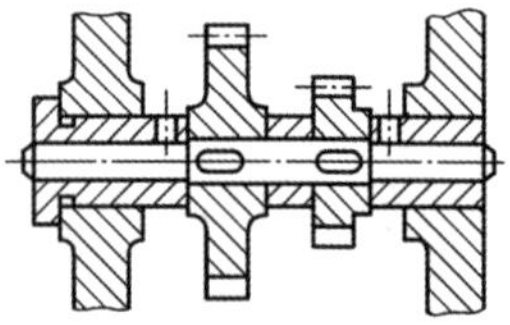
6	轴承内圈方便拆卸	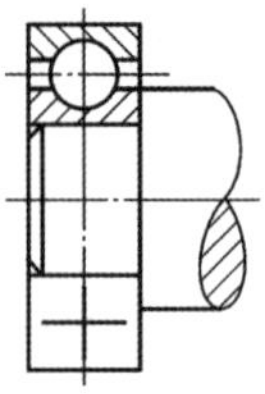	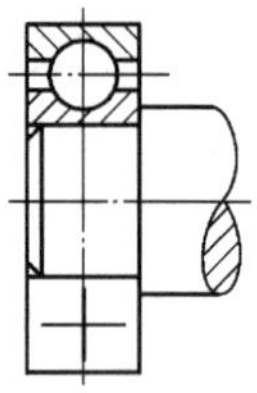
7	轴承外圈方便拆卸	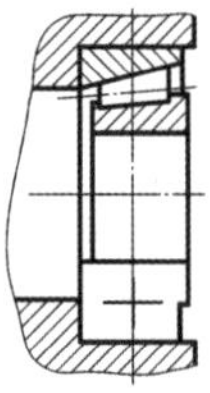	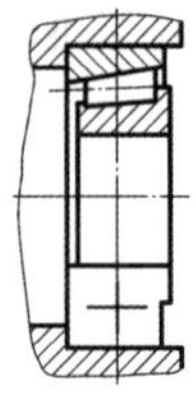
8	螺钉要有足够的装配空间	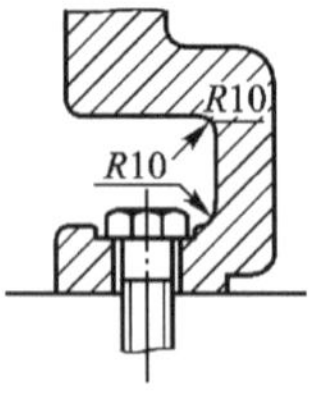	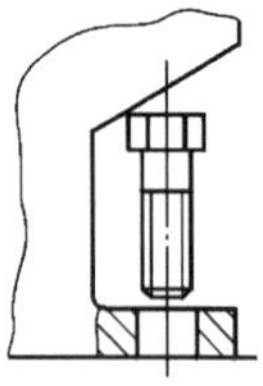
9	圆锥销方便拆卸	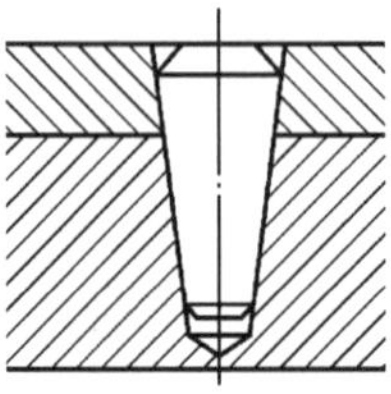	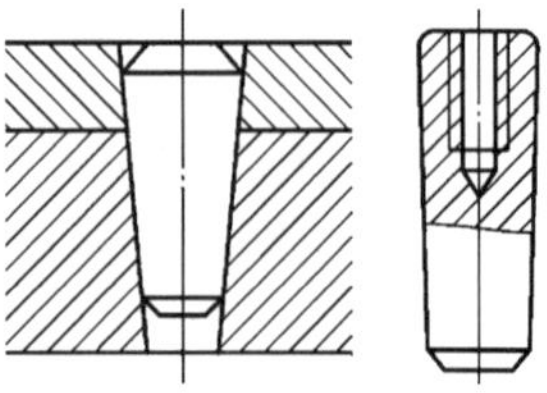

(3) 进行必要的装配尺寸链分析与计算。

在产品的分析过程中,如发现问题,应及时提出,并同有关工程技术人员进行协商解决,报主管领导批准后执行。

2. 确定装配的组织形式

根据产品的结构特点和生产纲领的不同,装配的组织形式可分为固定式和移动式两种。

(1) 固定式装配。

固定式装配是指全部装配工作在一固定地点完成,装配过程中产品位置不变,装配所需零部件都汇集在工作地点附近。这种装配组织形式多用于单件小批生产中,或用于重量大、体积大而不便移动的产品的批量生产中,以及因机体刚性差,移动会影响装配精度的情况下。

(2) 移动式装配。

移动式装配是将零部件用输送带或小车按装配顺序从一个装配地点移动到下一个装配地点,各装配地点分别完成一部分装配工作,用各装配地点工作总和来完成产品的全部装配工作。根据零部件移动方式的不同,移动式装配又可分为连续移动式装配、间歇移动式装配和变节奏移动式装配三种。这种装配组织形式多用于大批大量生产中,以组成装配流水作业线和自动作业线。

随着生产类型的不同,装配的组织形式、工艺方法、工艺过程的划分、使用工艺装备情况以及手工劳动的比例均有所不同。各种生产类型的装配特点如表5-4所示。

表 5-4　各种生产类型的装配特点

生产类型		大批大量生产	成批生产	单件小批生产
基本特征		产品固定,生产活动长期重复,生产周期一般较短	产品在系列化范围内变动,分批交替投产或多品种同时投产,生产活动在一定时期内重复	产品经常变换,不定期重复生产,生产周期一般较长
装配工作特点	组织形式	多采用装配流水作业线,有连续移动式、间歇移动式和可变节奏移动式等组织方式,可采用自动装配和自动作业线	产品笨重、批量不大时多采用固定流水装配,批量较大时采用流水装配,多品种平行投产时采用多种变节奏流水装配	以修配装配法和调整装配法为主,互换件比例小
	工艺过程	工艺过程划分较细,力求达到最高的均衡性	工艺过程的划分必须符合批量的大小,尽量使生产均衡	一般不制订详细的工艺文件,工序可适当调整,工艺也可灵活掌握
	工艺装备	专业化程度高,宜采用专用高效工艺装备,实现机械化和自动化	通用设备较多,但也采用一定数量的专用的工具、夹具、量具,以保证装配质量和提高工效	一般为通用设备和工具、夹具、量具

续表

生产类型		大批大量生产	成批生产	单件小批生产
装配工作特点	手工操作要求	手工操作比重小,熟练程度容易提高,便于培养新工人	手工操作比重大,技术水平要求较高	手工操作比重大,技术工人应有较高的技术水平和多方面的工艺知识
	应用实例	汽车、内燃机、滚动轴承、电气开关行业	机床、机车车辆、中小型锅炉、矿山采掘机行业	重型机床、重型机器、汽轮机、大型内燃机、大型锅炉行业

3. 划分装配单元

装配单元的划分,就是从工艺的角度出发,将产品划分为若干个可以独立进行装配的组件或部件,以便组织平行装配或流水作业装配。这是设计装配工艺规程最重要的一项工作,对于大批大量生产中装配那些结构较为复杂的产品来说尤为重要。

(1) 划分装配单元。

将产品划分为装配单元是制订装配工艺规程最重要的一个步骤。只有将产品合理地分解为可以进行独立装配的单元后,才能合理安排装配顺序和划分装配工序,组织装配工作的平行或流水作业。

产品或机器由零件、合件、组件、部件等独立装配单位经总装而成。零件是组成机器的基本单元,一般都预先将零件装成合件、组件和部件后,再安装到机器上,直接进入总装的零件并不太多。

合件由若干零件永久连接(铆、焊)而成,或连接后再经加工而成,如装配式齿轮、发动机连杆小头孔压入衬套后再经精镗孔等。

组件是指一个或几个合件及零件的组合体。例如,主轴箱中轴与其上的齿轮、套、垫片、键及轴承的组合体即为组件。

部件是若干组件、合件及零件的组合体,在机器中能完成一定的、完整的功用,如卧式车床中的主轴箱、溜板箱、走刀箱等。

因此,完整装配包括四级,由大到小依次分为总装、部装、组装和合装。为了简化,把部装、组装和合装统称为部装。

(2) 选择装配基准件。

无论哪一级装配单元,都要选定某一零件或比它低一级的装配单元作为装配基准件。装配基准件通常应是产品的基体或主干零部件。装配基准件应有较大的体积和重量,有足够的支承面,以满足陆续装入零部件时的作业要求和稳定性要求。例如:床身是床身组件的装配基准零件;床身组件是床身部件的装配基准组件;床身部件又是整台机床的装配基准部件。

选择装配基准件时,应考虑装配基准件的补充加工量要最少,尽可能不再有后续加工工序,同时应有利于装配过程中的检测、工序间的传递运输和翻转及移位等作业。

4. 确定装配顺序,绘制装配系统图

在划分好装配单元,并确定装配基准件后,即可安排装配顺序。

在确定装配顺序时应考虑以下原则。

（1）预处理工序，如零件的倒角、去毛刺与毛边、清洗、防锈、防腐、涂装、干燥等先行。

（2）先进行基础零部件的装配，使机器在装配过程中重心处于最稳状态。

（3）先进行复杂件、精密件和难装配件的装配，这是因为开始装配时，装配基准件上有较开阔的安装、调整、检测空间，有利于较难零部件的装配。

（4）先进行易破坏后续工序装配质量的工序。例如，冲击性质的装配、压力装配、加热装配等，配作加工工序应尽量安排在装配初期进行，以保证整个产品的装配质量。

（5）集中安排使用相同工装、设备和具有共同特殊环境的工序，以减少装配工装、设备的重复使用，避免产品在装配地迂回。

（6）处于装配基准件同一方位的装配工序应尽可能集中连续安排，以防止装配基准件的多次翻转。

（7）电线、油（气）管路的安装应与相应工序同时进行，以防止零部件反复拆装。

（8）易燃、易爆、易碎零部件或有毒物质的安装，尽可能放在最后，以减少安全防护工作量，保证装配工作顺利进行。

为了清晰地表示装配顺序，常用装配工艺系统图来表示。对于结构比较简单、零部件较少的产品，可只绘制产品的装配工艺系统图。对于结构复杂、零部件较多的产品，还需绘制各装配单位的装配工艺系统图。

装配工艺系统图的画法是：首先画一条较粗的横线，横线的右端箭头指向表示装配单元的长方格，横线的左端是表示装配基准件的长方格，然后按装配顺序由左向右依次将装入装配基准件的零件、合件、组件和部件。表示零件的长方格画在横线上方，表示合件、组件和部件的长方格画在横线下方。每一长方格内，上方注明装配单元名称，左下方填写装配单元的编号，右下方填写装配单元的件数。

在装配单元工艺系统图上加注所需的工艺说明（如焊接、配钻、配刮、冷压、热压、攻螺纹、铰孔及检验等），就形成装配工艺系统图。此图较全面地反映了装配单元的划分、装配顺序和装配工艺方法，是装配工艺规程中的主要文件之一，也是划分装配工序的依据。

5. 划分装配工序

装配顺序确定后，还要将装配工艺过程划分为若干工序，并确定工序内容、所用设备和工装、时间定额等，制订各工序装配操作范围和规范（如过盈配合的压入方法、变温装配的温度值、紧固螺栓连接的预紧扭矩、配作要求等），制订各工序装配质量要求及检测方法、检测项目等。

根据装配的组织形式和生产类型，将装配工艺过程划分为若干个装配工序，具体任务如下。

（1）划分装配工序，确定各装配工序内容。

（2）确定各装配工序所需要的设备及工具，如需专用夹具和设备，须提出设计任务书。

（3）制订各装配工序的装配操作规范，如过盈配合的压入力、装配温度、拧紧紧固件的额定扭矩等。

（4）规定装配质量要求与检验方法。

（5）确定时间定额，平衡各装配工序的装配节拍。

6. 填写装配工艺文件

单件小批生产时，通常不制订装配工艺卡，工人按装配图和装配工艺系统图进行装配。

成批生产时，通常制订部装及总装的装配工艺卡。在装配工艺卡上只写明工序顺序、简要工序内容、所需设备、工夹具名称及编号、工人技术等级及时间定额即可。

大批大量生产时,不仅要制订装配工艺卡,还要为每一道装配工序单独制订装配工序卡,详细说明工序的工艺内容,直接指导工人进行装配。成批生产的关键工序也需制订相应的装配工序卡。

7. 制订产品的试验和验收规范

产品装配后,应按产品的要求和验收标准进行试验和验收。因此,还应制订出试验和验收规范,其中包括试验和验收的项目、质量标准、方法、环境要求、试验和验收所需的工艺装备、质量问题的分析方法和处理措施等。

任务 1 工单册

理论习题

1. 产品装配精度的内容有哪些？确定装配精度的原则是什么？

2. 装配工作的基本内容有哪些？

3. 举例说明装配精度与零件精度的关系。

任务 2 工单册

一、理论习题

1. 简述装配尺寸链的种类及建立步骤。

2. 简述装配尺寸链的计算方法及公式。

二、技能实践

工单册表 5-1　装配尺寸链作业表

项目名称	项目 5　装配工艺规程设计	
任务名称	任务 2　装配尺寸链	
分组信息	组号	
	组员姓名和学号	
	小组成员	
任务目标	知识目标	掌握装配尺寸链的建立及计算方法
	能力目标	掌握装配尺寸链的计算方法
需要完成的任务内容	将装配尺寸链与工艺尺寸链进行比较,试述二者的异同(从基本计算公式、组成环、封闭环、尺寸链解法、尺寸链构成等方面进行比较)。	
任务实施过程中遇到的问题及解决方法		
学习收获		
评价	个人评价(10 分)	
	小组评价(20 分)	
	贡献系数(20 分)	
	教师评价(50 分)	

任务 3 工单册

一、理论习题

1. 常用的装配方法有哪些?

2. 试比较互换法、分组装配法、修配装配法、调整装配法的应用场合。

3. 修配的方法有哪些?

二、技能实践

工单册表 5-2　装配方法作业表（一）

项目名称	项目 5　装配工艺规程设计	
任务名称	任务 3　装配方法	
分组信息	组号	
	组员姓名和学号	
	小组成员	
任务目标	知识目标	掌握互换法、分组装配法、修配装配法、调整装配法的设计过程
	能力目标	掌握四种装配方法的设计计算
需要完成的任务内容	下图所示为 CA6140 型车床离合器齿轮轴装配图。装配后要求齿轮轴向窜动量为 0.06～0.4 mm，试验算各有关零件的公差及偏差制订得是否合理，并指出应如何更改。已知：$A_1 = 34^{+0.10}_{+0.05}$ mm，$A_2 = 22^{-0.10}_{-0.20}$ mm，$A_3 = (12 \pm 0.10)$ mm。 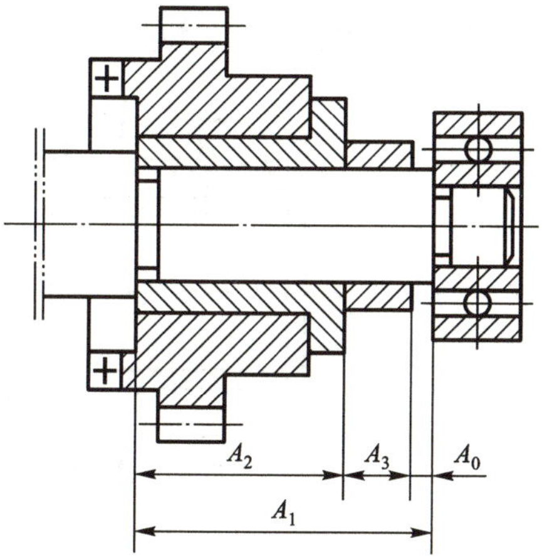	
任务实施过程中遇到的问题及解决方法		
学习收获		
评价	个人评价（10 分）	
	小组评价（20 分）	
	贡献系数（20 分）	
	教师评价（50 分）	

工单册表 5-3　装配方法作业表（二）

项目名称		项目 5　装配工艺规程设计
任务名称		任务 3　装配方法
分组信息	组号	
	组员姓名和学号	
	小组成员	
任务目标	知识目标	掌握互换法、分组装配法、修配装配法、调整装配法的设计过程
	能力目标	掌握四种装配方法的设计计算
需要完成的任务内容		下图所示为车床主轴上一双联齿轮的部分装配图。为使双联齿轮正常工作，需保证轴向间隙量 $A_0=0.05\sim0.2$ mm。现采用垫片（A_4）作为调整件来保证间隙要求。试计算调整垫片的分组数及各组垫片的尺寸。 已知 $A_1=115^{+0.12}_{0}$ mm，$A_2=2.5^{0}_{-0.12}$ mm，$A_3=104^{0}_{-0.12}$ mm，$A_4=8.5$ mm，$T_4=0.02$ mm。 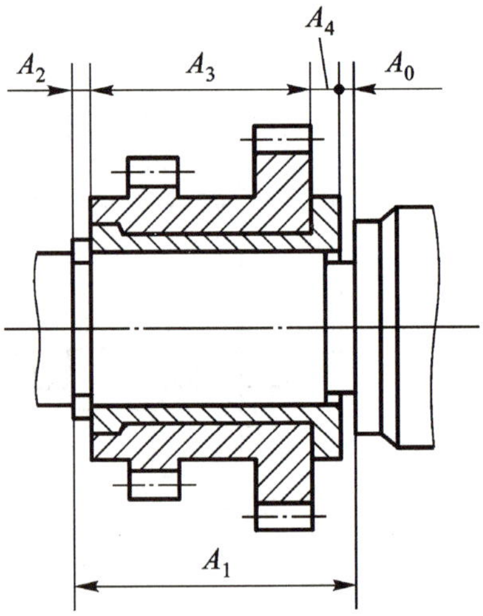
任务实施过程中遇到的问题及解决方法		
学习收获		
评价	个人评价（10 分）	
	小组评价（20 分）	
	贡献系数（20 分）	
	教师评价（50 分）	

任务 4 工单册

技能实践

工单册表 5-4 装配工艺规程的制订作业表

项目名称	项目5 装配工艺规程设计	
任务名称	任务4 装配工艺规程的制订	
分组信息	组号	
	组员姓名和学号	
	小组成员	
任务目标	知识目标	掌握装配工艺过程设计步骤
	能力目标	掌握装配工艺的设计方法
需要完成的任务内容	试述图(a)、图(b)所示装配工艺结构的差异。 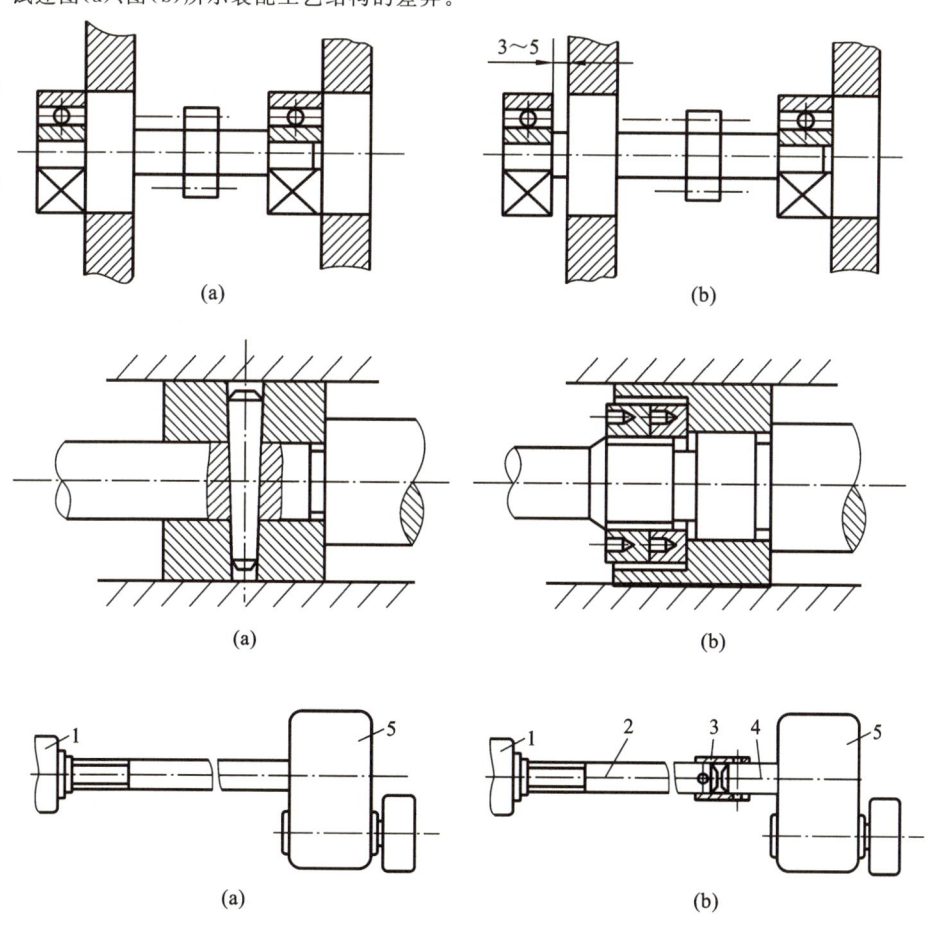	

续表

任务实施过程中遇到的问题及解决方法			
学习收获			
评价	个人评价(10分)		
	小组评价(20分)		
	贡献系数(20分)		
	教师评价(50分)		

项目 6 现代制造技术

知识目标

1. 了解现代制造技术的概念。
2. 了解现代制造工艺技术及自动化加工技术。
3. 了解先进制造模式。

能力目标

1. 掌握现代制造技术的知识。
2. 掌握先进制造模式的知识。

思政目标

通过现代制造技术知识的介绍,使学生了解我国先进制造业的发展现状,以及与发达国家先进水平的差距,培养学生精益求精的大国工匠精神,探索未知、追求真理、勇攀科学高峰的责任感和使命感,以及科技报国的家国情怀,并激励学生担负起科技报国的使命。

任务1　先进制造技术基础知识

先进制造技术是在传统制造技术的基础上,不断吸收机械、电子、信息、材料、能源及现代管理等技术成果,并将其综合应用于产品设计、制造、检测、管理、售后服务等机械制造全过程,实现优质、高效、低耗、清洁、灵活生产,提高对动态多变的产品市场的适应能力和竞争能力的各种现代制造技术的总称。

先进制造技术强调实用性,以提高企业的综合经济效益为目的,所以被认为是提高制造业竞争能力的主要手段,对促进国民经济的发展有着不可估量的影响。可以说,先进制造技术＝传统制造技术的发展＋信息技术＋现代管理技术。

一、先进制造技术的形成和特征

随着计算机、微电子、信息和自动化技术的迅速发展,20世纪末制造业开始了一场新的技术变革。进入20世纪70年代以来,各国制造业面临复杂多变的外部环境:科学技术突飞猛进,社会需求多样化,产品更新日新月异,市场竞争日趋激烈,对市场的响应速度要求越来越高。因此,政府和企业界都在寻求对策,以获取全球范围内的竞争优势。传统的制造技术已变得越来越不适应当今快速变化的环境,先进的制造技术尤其是计算机技术和信息技术在制造业中的广泛应用,使人们正在或已经摆脱传统观念的束缚,跨入制造业的新纪元。"先进制造技术"这一概念就是在这种大环境下,美国为增强制造业的竞争能力、夺回制造工业的优势、促进国家经济的发展而提出的一个专有名词。从技术的角度来看,以计算机为中心的新一代信息技术的发展,使制造业技术达到了从未有过的新高度,先进制造技术的提出也是这种进程的反映。"先进制造技术"一经提出,立即获得欧洲各国、日本及亚洲新兴工业化国家的响应。相对于传统制造技术,先进制造技术具有以下特征。

1. 先进制造技术的实用性

先进制造技术最重要的特点在于,它首先是一项面向工业应用、具有很强实用性的新技术。从先进制造技术的发展过程到先进制造技术的应用范围,特别是达到的目标与效果,无不反映这是一项对国民经济的发展可以起重大作用的实用技术。先进制造技术往往是针对某一具体的制造业(如汽车制造、电子工业)的需求而发展起来的先进、适用的制造技术,有明确的需求导向的特征。先进制造技术不是以追求技术的高新为目的,而是注重产生最好的实践效果,以提高效益为中心,以提高企业的竞争能力和促进国家经济增长和综合实力提升为目标。

2. 先进制造技术应用的广泛性

在应用范围上,传统制造技术通常只是指各种将原材料变成成品的加工工艺,而先进制造技术虽然仍大量应用于加工和装配过程,但由于它的组成中包括了设计技术、自动化技术、系统管理技术,因而将它综合应用于制造的全过程,先进制造技术覆盖了产品设计、生产准备、加工与装配、销售使用、维修服务甚至回收再生的整个过程。

3. 先进制造技术的动态性

由于先进制造技术本身是针对一定的应用目标,不断地吸收各种高新技术逐渐形成、不断发展的新技术,因而它的内涵不是绝对的和一成不变的。反映在不同的时期,先进制造技术有其自身的特点;反映在不同的国家和地区,先进制造技术有其本身重点发展的目标和内容。

4. 先进制造技术的集成性

传统制造技术的学科、专业单一独立,相互界限分明;先进制造技术专业和学科间不断渗透、交叉、融合,界线逐渐被淡化甚至消失,技术趋于系统化、集成化,学科已发展成为集机械、电子、信息、材料和管理技术为一体的新型交叉学科,因此可以称其为制造工程。

5. 先进制造技术的系统性

传统制造技术一般只能驾驭生产过程中的物质流和能量流。随着微电子、信息技术的引入,先进制造技术还能驾驭信息生成、采集、传递、反馈、调整的信息流动过程。先进制造技术是可以驾驭生产过程中的物质流、能量流和信息流的系统工程。一项先进制造技术的产生往往要系统地考虑到制造的全过程,如并行工程就是集成地、并行地设计产品及其零部件和相关各种过程的一种系统方法。

6. 先进制造技术的先进性

先进制造技术强调的是实现优质、高效、低耗、清洁、灵活的生产。先进制造技术的核心是优质、高效、低耗、清洁等基础制造技术,它是由传统的制造工艺发展起来的,并与新技术实现了局部或系统集成。先进制造技术重要的特征是实现优质、高效、低耗、清洁、灵活的生产。这意味着先进制造技术除了通常追求的优质、高效外,还要针对21世纪人类面临的有限资源与日益增长的环保压力的挑战,实现可持续发展,实现低耗、清洁。

7. 先进制造技术的环保性

先进制造技术特别强调环境保护,既要求其产品是所谓的绿色商品(对资源的消耗最少,对环境的污染最小甚至为零,对人体的危害最小甚至为零,报废后便于回收利用,发生事故的可能性为零,所占空间最小),又要求产品的生产过程是环保性的(对资源的消耗最少,对环境的污染最小甚至为零,对人体的危害最小甚至为零)。

先进制造技术最终的目标是要提高对动态多变的产品市场的适应能力和竞争能力。为确保生产和经济效益持续稳步地提高,能对市场变化做出更灵捷的反应,提高企业的竞争能力,先进制造技术比传统的制造技术更加重视技术与管理的结合,更加重视制造过程组织和管理体制的简化以及合理化,从而产生了一系列先进的制造模式。随着世界自由贸易体制的进一步完善,以及全球交通运输体系和通信网络的建立,制造业将形成全球化与一体化的格局,新的先进制造技术也必将是全球化的模式。

二、先进制造技术的分类

先进制造技术可分为现代设计技术、现代制造工艺技术、制造自动化技术以及以现代管理理论和方法为基础的先进制造生产管理模式等。

1. 现代设计技术

现代设计技术包括现代设计理论与设计方法学、计算机辅助设计、计算机辅助工程分析、计算机辅助工艺规程设计、设计过程管理与设计数据库、性能优良设计、逆向工程、快速响应设计、智能设计、模块化设计、并行工程设计、仿真与虚拟设计、绿色设计等。

2. 现代制造工艺技术

现代制造工艺技术包括精密铸造、精密锻压、精密焊接、优质低耗热处理、精密切割、超精密加工、超高速加工、微纳米加工、复杂型面数控加工、特种加工工艺、快速成型制造、少无污染制造、虚拟制造与成形加工等。

3. 制造自动化技术

制造自动化技术包括数控技术、工业机器人、柔性制造系统、计算机集成制造技术、自动检测及信号识别技术、过程设备工况监测与控制等。

4. 先进制造生产管理模式

先进制造生产管理模式包括敏捷制造、精益生产、并行工程、智能制造、绿色制造、虚拟制造等。

任务 2　现代制造工艺技术

一、特种加工技术

1. 特种加工技术概述

随着材料科学、高新技术快速发展，市场竞争日益激烈，以及尖端国防和科学研究不断深入，不仅新产品更新换代日益加快，而且产品要求具有很好的强度重量比和性能价格比，并正朝着高速度、高精度、高可靠性、耐腐蚀、耐高温高压、大功率、尺寸大小两极分化的方向发展。

为此，各种新材料、新结构、形状复杂的精密机械零件大量涌现，用通常的金属切削加工方法来加工这些零件已十分困难，甚至无法加工，这对机械制造业提出了一系列迫切需要解决的新问题。于是，一种本质上区别于传统加工的特种加工于20世纪七八十年代应运而生。

特种加工是将电、磁、声、光、化学等能量或其组合施加在工件的被加工部位上，从而实现材料被去除、发生变形、改变性能或被镀覆等的非传统加工方法。它的主要特点如下：

（1）不主要依靠机械能。有些特种加工方法，如激光加工、电火花加工、等离子弧加工、电化学加工等，利用的是热能、化学能、电化学能等。这些特种加工方法与工件的硬度、强度等力学性能无关，故可加工各种硬、软、脆、热敏、耐腐蚀、高熔点、高强度、特殊性能的金属和非金属材料。

（2）属非接触加工。特种加工不一定需要工具，有的特种加工虽使用工具，但工具与工件不接触，因此，工件不承受大的作用力，工具硬度可低于工件硬度，使刚性极低的元件及弹性元件得以加工。

（3）属微细加工，工件表面质量高。有些特种加工，如超声加工、电化学加工、水喷射加工、磨料流加工等，加工余量都很微小，故不仅可加工尺寸微小的孔或狭缝，还能获得高精度、极小表面粗糙度值的加工表面。

（4）不存在机械应变或大面积的热应变，可获得较小的表面粗糙度值。采用特种加工的工件热应力、残余应力、冷作硬化等均比较小，尺寸稳定性好。

（5）两种或两种以上的不同类型的能量可相互组合形成新的复合加工，综合加工效果明显，且便于推广使用。

（6）对简化加工工艺、变革新产品的设计及提高零件的结构工艺性等产生积极的影响。

一般地，特种加工按能量来源和作用形式以及加工原理可分为电火花加工、电化学加工、激光加工、电子束加工、离子束加工、等离子弧加工、超声加工、化学加工、快速成型等。

2. 电火花加工

电火花加工又称放电加工、电蚀加工（electro-discharge machining，简称 EDM），是一种利用脉冲放电产生的热能进行加工的方法。

图 6-1 所示是电火花加工原理示意图。工件与工具电极分别与脉冲电源的两输出端相连接。自动进给调节装置（此处为液压缸及活塞）使工具电极和工件间经常保持一很小的放电间隙。脉冲电压加到两极之间，便在当时条件下在间隙最小处或绝缘强度最低处击穿介质，产生火花放电，瞬时高温使工具电极和工件表面都蚀除掉一小部分金属，形成一个小凹坑。脉冲放电结束后，经过一段间隔时间（即脉冲间隔 t_0），工作液恢复绝缘，第二个脉冲电压又加到两极上，又会在当时极间距离相对最近或绝缘强度最弱处击穿放电，又电蚀出一个小凹坑。这样连续不断地重复放电，工具电极不断地向工件进给，就可将工具的形状复制在工件上，加工出所需要的零件。整个加工表面由无数个小凹坑组成。

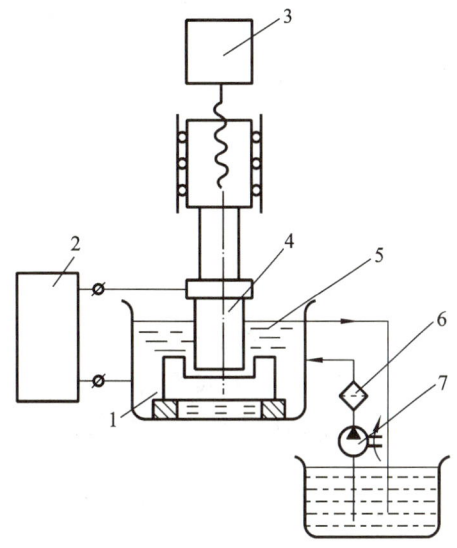

图 6-1 电火花加工原理示意图
1—工件；2—脉冲电源；3—自动进给调节装置；
4—工具电极；5—工作液；6—过滤器；7—工作液泵

按工具电极和工件相对运动的方式和用途的不同，电火花加工大致可分为电火花穿孔成形加工、电火花线切割、电火花磨削和镗磨、电火花同步共轭回转加工、电火花高速小孔加工、电火花表面强化与刻字六大类。电火花加工广泛应用于机械（特别是模具制造）、航天、航空、电子、电机电器、精密机械、仪器仪表、汽车拖拉机、轻工等行业，用以解决材料难加工及复杂形状零件难加工的加工问题。小至几微米的小轴、孔、缝，大到几米的超大型模具和零件，均可采用电火花加工。

3. 电化学加工

电化学加工（electrochemical machining，简称 ECM）可分为以下四类。

① 工件（作为阳极）溶解去除金属材料的电解加工（工件材料减少），包括电解加工和电解抛光。

② 工件（作为阴极）表层沉积金属的电化学阴极沉积工艺（工件材料增加），包括电镀、局部涂镀、电铸和复合电镀。

③ 工件作为阳极溶解去除大量材料，具有磨、研等机械作用的阴极对阳极进一步去除材料，使阳极活化而形成的电化学机械复合工艺，包括电解磨削、电解珩磨、电解研磨等。

④ 其他复合工艺，如电解电火花复合工艺、电解电火花机械复合工艺。

(1) 电解加工。

图 6-2 所示为电解加工原理示意图。加工时，工件接直流电源的正极，工具接直流电源的负极。工具向工件缓慢进给，使两极之间保持较小的间隙（0.1～1 mm），具有一定压力（0.5～2 MPa）的电解液从间隙中高速（5～50 m/s）流过，这时工件的金属被逐渐电解腐蚀，电解产物被电解液带走。在加工刚开始时，阴极与阳极距离较近的地方通过的电流密度较

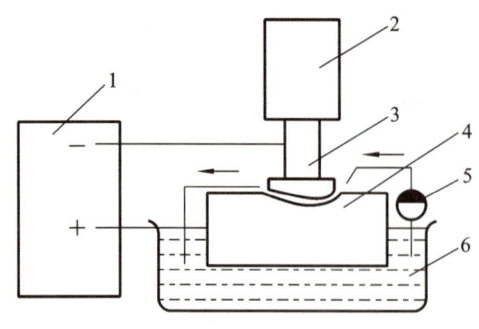

图 6-2 电解加工原理示意图
1—直流电源;2—进给机构;3—工具;
4—工件;5—电解液泵;6—电解液

大,电解液的流速也常较高,阳极溶解速度也就较快。工具相对工件不断进给,工件表面就不断被电解,电解产物不断被电解液冲走,直到工件表面形成与阴极工作面基本相似的形状为止。

与其他加工方法相比较,电解加工具有下述优点。

①加工范围广,不受金属材料本身硬度、强度以及加工表面复杂程度的限制,可以加工硬质合金、淬火钢、不锈钢、耐热合金等高硬度、高强度及高韧性金属材料,并可加工叶片、锻模等各种复杂型面。

②加工生产率较高(为电火花加工的5~10倍),在某些情况下比切削加工的生产率还高,且加工生产率不直接受加工精度和表面粗糙度的限制。

③可以达到较小的表面粗糙度($Ra=0.2 \sim 1.25~\mu m$)和$\pm 0.1~mm$左右的平均加工精度。

④加工过程中不存在机械切削力,不会产生切削力引起的残余应力和变形,没有飞边和毛刺。

⑤加工过程中阴极工具理论上不会耗损,可长期使用。

电解加工在解决生产中的难题时和在特殊行业(航空、航天)中有着广泛的用途。

(2)电化学机械复合加工。

电化学机械复合加工包括电解磨削、电解珩磨、电解研磨等加工工艺,它们的材料去除机理基本相似。

以电解磨削为例说明电化学机械复合加工原理。图 6-3 所示是电解磨削加工原理图。使用金属结合剂的砂轮具有导电能力,与直流电源的负极相连,成为阴极;工件与正极相连,成为阳极;砂轮磨料在结合剂表面的突出高度使得阴、阳两极隔离而形成电解间隙,并不会短路。加工时,钝性电解液进入间隙区域(加工部位);在电解作用下,工件被去除材料,同时生成较软的钝化薄膜,钝化薄膜会阻止电解作用的继续,但同时会因砂轮磨料的机械磨削而被去除,使得工件表面再次得到活化,进而继续重复上述"电解去除—钝化薄膜生成—磨除钝化薄膜—表面活化"过程。

可见,电解磨削主要采用钝性电解液进行,本身具有较好的成形精度,再加上最后的机械磨削作用,加工精度较高;工件材料去除主要靠电解作用,机械去除钝化薄膜、活化工件起辅助作用;钝化薄膜硬度低,砂轮磨损少,减少了修整时间,并降低了加工成本。因而,对硬质合金等高硬度刀具材料的加工,电解加工显示较大的优势,获得较多应用。

(3)电化学阴极沉积工艺。

阴极沉积是指在电场的作用下,电镀液(电解质溶液)中的金属离子到达阴极并得到电子,发生还原反应,变成原子,从而镀覆沉积到阴极上。

由于电镀液中金属离子被消耗,因而常常要求阳极的材料与电镀液的金属离子一致,并且能发生阳极溶解的氧化反应而变成离子补充到电镀液中。否则,需定时对电镀液补充溶质。

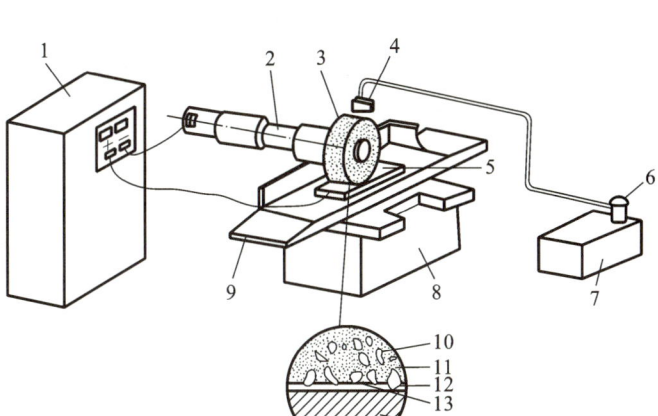

图 6-3　电解磨削加工原理图

1—直流电源；2—绝缘主轴；3—导电砂轮；4—电解液喷嘴；5—工件；6—电解液泵；7—电解液箱；
8—机床本体；9—工作台；10—磨料；11—结合剂；12—电解间隙；13—电解液

根据阴极沉积的不同要求和特点，电化学阴极沉积工艺可分为电镀、电铸、涂镀（刷镀）和复合镀等。它们的比较如表 6-1 所示。

表 6-1　电镀、电铸、刷镀（涂镀）和复合镀的比较

电化学阴极沉积工艺	电镀	电铸	涂镀（刷镀）	复合镀
目标与应用	装饰，防护，改性；用于金属或塑料等非金属	复制，成形；用于制模或复杂工艺品制造、古董的复制	增大尺寸，改善表面性能，常用于修复工作	镀耐磨镀层；制造超硬磨具、刀具；制造零件特殊耐磨层
增材厚度/mm	0.001～0.05	0.05～0.5	0.001～0.5	0.05～1
质量要求	表面光亮、光滑；无精度要求	有精度要求；有表面质量要求	有精度要求；有表面质量要求	有精度要求；有表面质量要求
结合强度	附着力强，附着牢固	能与原模分离、脱模	附着力强，附着牢固	附着力强，附着牢固
阳极材料	与电镀液金属离子同一元素	与电镀液金属离子同一元素	石墨、铂金等钝性材料	与电镀液金属离子同一元素
镀液准备	自配	自配	选购	自配
工艺实施	需镀槽，工件与阳极淹没在电镀液中，无相对运动	需镀槽，工件与阳极淹没在电镀液中，相对运动可有可无	无需镀槽，电镀液浇注或夹带于阴、阳两极之间	需镀槽，工件与阳极淹没在电镀液中，无相对运动；硬质材料置于工件表面

4. 高能束加工

现代先进加工中,激光束、电子束、离子束统称为三束。由于能量集中程度较高,它们又被称为高能束。目前它们主要应用于各种精密、细微加工场合,特别是在微电子领域,有着广泛的应用。

(1) 激光加工。

激光技术是 20 世纪 60 年代初发展起来的一门新兴科学。激光加工可以用于打孔、切割、电子器件的微调、焊接、热处理,以及激光存储、激光制导等各个领域。激光加工速度快、变形小,可以加工各种材料,在生产实践中越发显示出它的优越性,越来越受人们的重视。

① 激光加工的工作原理。

激光也是一种光,具有一般光的共性(如光的反射、折射、绕射以及干涉等),也有它自身的特性。激光的光发射以受激辐射为主,发出的光波具有相同的频率、方向、偏振态和严格的位相关系,因而激光具有亮度高、强度高、单色性好、相干性好和方向性好等特性。

激光加工的原理如下:聚焦的激光能量密度极高,激光束照射工件加工区域,使工件加工区域温度升高至数千摄氏度,甚至上万摄氏度,高温使得材料瞬时熔化、蒸发,并在热冲击波的作用下,将熔融材料爆破式喷射去除,达到相应加工目的,如图 6-4 所示。

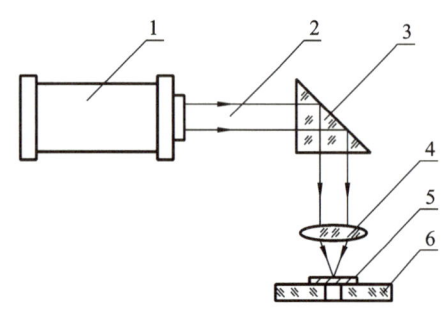

图 6-4　激光加工示意图

1—激光器;2—激光束;3—全反射棱镜;
4—聚焦棱镜;5—工件;6—工作台

② 激光加工的特点。

a. 激光瞬时功率密度高达 $10^5 \sim 10^{10}$ W/cm^2,几乎可以加工任何高硬、耐热材料。

b. 激光光斑大小可以聚焦到微米级,输出功率可以调节,因此可用于精密微细加工。

c. 加工所用工具——激光束接触工件,没有明显的机械力,没有工具损耗;加工速度快、热影响区小,容易实现加工过程自动化;能通过透明体进行加工,如对真空管内部进行焊接加工等。

d. 与其他两束(电子束、离子束)相比,工艺装置相对简单,无需抽真空装置。

e. 激光加工是一种热加工,影响因素很多,因此,做精微加工时,精度尤其是重复精度和表面粗糙度不易保证。

f. 激光加工靠聚焦点去除材料,打孔和切割时深(厚)度受限(目前打孔、切割深(厚)度一般不超过 10 mm),因而主要用于薄件加工。

③ 激光加工的应用。

a. 激光打孔。利用激光几乎可在任何材料上打微型小孔,目前激光打孔技术已应用于火箭发动机和柴油机的燃料喷嘴加工、化学纤维喷丝板打孔、钟表及仪表中的宝石轴承打孔、金刚石拉丝模加工等方面。

激光打孔适用于自动化连续打孔场合,如钟表行业红宝石轴承上直径为 0.12～0.18 mm、深度为 0.6～1.2 mm 的小孔采用自动传送激光打孔每分钟可以加工几十个;又如生产化学纤维用的喷丝板,在 ϕ100 mm 直径的不锈钢喷丝板上打一万多个直径为 0.06 mm 的小孔,采用数控激光加工,不到半天即可完成。激光打孔的直径可以小到 0.01 mm 以下,深径比可达 60∶1。

b. 激光切割。工件与激光束相对移动,可切割各种二维形状工件。由于激光器相对娇贵,因此在生产实践中一般都是移动二维数控工作台。直线切割时,还可借助柱面透镜将激光束聚焦成面束,以提高切割速度。激光可用于切割各种各样的材料,还能切割无法进行机械接触的工件(如从电子管外部切断内部的灯丝)。由于激光对被切割材料几乎不产生机械冲击和压力,因此激光适用于切割玻璃、陶瓷和半导体等既硬又脆的材料。再加上激光光斑小、切缝窄,便于自动控制,所以激光更适合用于对细小部件做各种精密切割。用激光切割金属材料时采用同轴吹氧工艺可以大大提高切割速度,而且粗糙度值也明显减小。用激光切割布匹、纸张、木材等易燃材料时,采用同轴吹保护气体(二氧化碳、氮气等),能防止烧焦和缩小切缝。英国生产的二氧化碳激光切割机附有氧气喷枪,切割6 mm厚的铁板速度达3 m/min以上。美国已用激光切割代替等离子切割,速度提高了25%,费用降低了75%。

c. 激光焊接。用激光焊接时不需要切割、打孔那么高的能量密度,只要将工件的加工区烧熔使其粘合在一起即可,因此,激光焊接通常可通过减小激光输出功率来实现,也可通过调节焦点位置来减小工件被加工点的能量密度。

d. 激光热处理。激光热处理的过程是使激光束扫射零件表面,零件表面因吸收光能量而迅速升温,产生相变甚至熔融;激光束离开零件表面,零件表面的热量马上向内部传递,以极高的速度冷却。目前激光热处理已经成功应用于发动机凸轮轴、曲轴和纺织锭尖等部位的热处理。

(2) 电子束加工。

① 电子束加工的原理、装置和特点。

电子束加工的原理是:在真空条件下,经电磁透镜聚焦后得到的高能量密度和高速度的电子束射击到工件微小的表面上,动能迅速转化为热能,使冲击部分的工件材料达到数千摄氏度的高温,从而导致相应部位工件材料熔化、汽化,并被抽走。

电子束加工工艺装置如图6-5所示。

电子束加工具有以下特点。

a. 最细聚焦直径达到0.1 μm,电子束加工是一种精细工艺。

b. 电子束加工依靠蒸发去除材料,且属非接触加工,不存在机械力,适用于各种材料的加工。

c. 生产率高:采用电子束加工工艺在2.5 mm厚的钢板上加工直径为0.4 mm的孔,可达每秒50个。

d. 控制容易:电子束加工工艺通过磁场/电场控制可对聚焦程度、强度、位置等实现自动化控制。

e. 电子束加工在真空中进行,使得工件和环境无污染,适用于纯度要求高的半导体加工。

f. 真空系统及本体系统设备比较复杂,设备成本高。

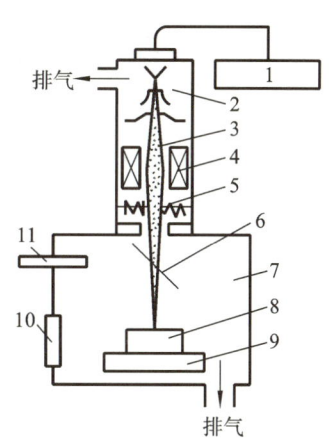

图6-5 电子束加工工艺装置
1—高速加压系统;2—电子枪;3—电子束;
4—电磁透镜;5—偏转器;6—反射镜;
7—加工室;8—工件;
9—工作台及驱动系统;
10—窗口;11—观察系统

② 电子束加工的应用。

a. 高速打孔:目前最小孔直径可达0.003 mm,速度达每秒3 000~50 000个孔,对人造革、塑料等打细孔后可增加它们的透气性。

b. 型面和特殊面加工:如在喷丝头异形孔加工,切缝(宽0.03~0.06 mm),打小孔、锥孔、斜孔方面,电子束加工已代替电火花加工;通过控制磁场强度和电子速度,采用电子束加工工艺可以加工曲面、曲槽、弯孔等。

c. 蚀刻:采用电子束加工工艺,可以制造多层固体组件、刻细槽。

d. 焊接:电子束加工可用作精加工后精密焊,且焊接强度高于本体,缝深而窄;同时,电子束加工可对难熔金属、异种金属进行焊接。

e. 热处理:电子束用于热处理时,电热转换率可高达90%,比激光热处理(7%~10%)高得多,且通过熔化并置入新合金可对零件改性。

f. 光刻:光刻即电子束曝光,是指用低功率密度的电子束照射称为电致抗蚀剂的高分子材料,入射电子与高分子相碰撞,使分子链被切断或重新聚合,从而引起分子量变化。光刻的图形分辨率高达 $0.25\ \mu m$,而可见光曝光大于 $1\ \mu m$。另外,利用激光束还可实现电子束缩放曝光,用于大规模集成电路上数十万个元件集成。

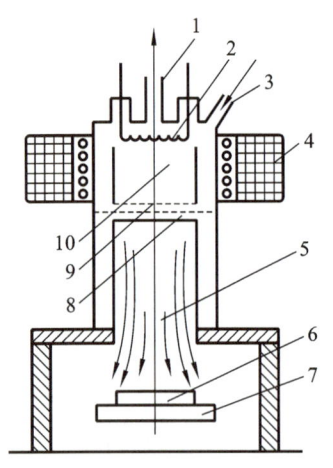

图 6-6 离子束加工原理示意图
1—真空抽气孔;2—灯丝;
3—惰性气体注入口;4—电磁线圈;
5—离子束流;6—工件;7,8—阴极;
9—阳极;10—电力室

(3) 离子束加工。

① 离子束加工的原理及特点。

离子束加工的原理类似于电子束加工的原理。离子质量是电子的数千倍或数万倍,它一旦获得加速,则动能较大。在真空下,离子束经加速、聚焦后,高速撞击工件表面,依靠机械动能将材料去除。离子束加工不像电子束加工那样需将动能转化为热能才能去除材料。图 6-6 所示为离子束加工原理示意图。

离子束加工具有以下特点。

a. 高精度。采用离子束加工工艺时,逐层去除原子,控制离子密度和能量加工可达纳米级,镀膜可达亚微米,离子注入的深度、浓度可以精确控制。离子束加工是纳米加工工艺的基础。

b. 高纯度、无污染。离子束加工适用于易氧化材料和高纯度半导体的加工。

c. 宏观压力小,无应力、热变形,适用于低刚度工件。

d. 设备费用高,成本高,加工效率低。

② 离子束加工的应用。

a. 离子刻蚀。离子刻蚀可以用于刻蚀各种材料,如金属、半导体、橡胶、塑料、陶瓷等。目前,离子刻蚀多用于图形刻蚀,如刻蚀集成电路、光电器件、光电集成器件等微电子学器件的亚微米级图形。另外,离子刻蚀还可用于月球岩石样品的加工,可以将月球岩石样品从 10 μm 减薄到 10 nm。

b. 离子镀膜。采用离子束加工工艺,可在切削工具表面镀氮化钛、碳化钛等硬质材料,以提高刀具的耐用度;也可在金属或非金属表面镀金属或非金属材料。目前离子镀膜技术已经用于镀制耐磨膜、耐热膜、耐蚀膜、润滑膜和装饰膜等。

c. 离子注入。离子注入在半导体方面的应用已很普遍,它是指将硼、磷等杂质离子注入半导体,从而改变导体的导电形式(P、N 极)。此外,离子注入在改善材料的性能,如耐磨性、硬度、耐蚀性能、润滑性能等方面都非常有效。

d. 离子溅射沉积。离子溅射沉积是指使离子以一定角度轰击靶材,靶材原子逐个剥离后,沉积在工件上,使工件镀上一层靶材薄膜,实质上是一种镀膜工艺。

5. 超声加工

(1) 超声加工的原理及特点。

超声加工(ultrasonic machining,USM)特别适用于对导体、非导体的脆硬材料进行有效加工,是对特种加工工艺的有益补充,目前主要的工艺有打孔、切割、清洗、焊接、探伤等。

超声波是一种频率超过 20 000 Hz 的纵波。它具有以下特性:具有很强的能量传递能力,能够在传播方向上施加压力;在液体介质中传播时能形成局部伸缩冲击效应和空化现象;通过不同介质时,产生波速突变,形成波的反射和折射;一定条件下能产生干涉、共振。基于超声波的特性利用超声波来进行加工的工艺称为超声加工。

超声加工原理示意图如图 6-7 所示。工具端面作超声频的振动,悬浮磨料高频冲击脆硬材料、抛磨工件,使得脆性材料产生微脆裂,从而去除小片材料。由于频率高,超声加工效率较高。另外,超声加工时,液压中正负冲击波使工件表层产生伸缩效应和空化效果,即工具离开工件时,间隙内产生负压,从而产生局部真空和空腔(泡);工具接近工件时,空泡闭合或破裂,产生冲击波,液体进入裂缝,强化加工,使材料脱离工件,并使磨料得到更新。可见,超声加工时,材料的去除是以磨料的机械冲击作用为主、磨抛与超声空化作用为辅的综合结果。

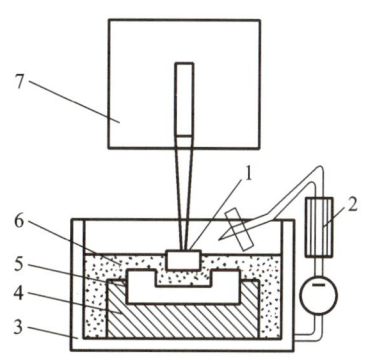

图 6-7 超声加工原理示意图
1—工具;2—冷却器;3—加工槽;4—夹具;
5—工件;6—磨料悬浮液;7—振动头

超声加工的特点如下。

①适用于脆性材料工件加工:材料越脆,加工效率越高;可加工脆性非金属材料,如玻璃、陶瓷、玛瑙、宝石、金刚石等,但加工硬度高、脆性较大的金属,如淬火钢、硬质合金等时效率低。

②机床结构简单,工具可用较软的材料做成复杂的形状,成形运动简单。

③属宏观力小的冷加工工艺,无热应力,无烧伤,可加工薄壁、窄缝、低刚度零件。

(2) 超声加工的应用。

超声加工能加工电火花加工、电化学加工所不能加工的非金属脆性材料,但效率相对低。超声加工还可用作对电火花、电化学加工件后续的磨抛加工。目前,超声加工的应用主要集中在下述四个方面。

①型孔、型腔加工:主要用于脆硬材料加工圆孔、型孔、型腔、套料、微小孔等。

②切割加工:主要用于切割脆硬的半导体材料(如单晶硅片)及脆硬的陶瓷刀具。

③复合加工:主要用于超声电解复合加工,超声电火花复合加工,超声抛光与电解超声复合抛光,超声磨削切割金刚石,超声车削,超声振动钻削、攻丝等。

④超声清洗:目前主要用于对半导体元件等去除松香、油脂。

6. 化学加工

(1) 化学铣切加工。

①化学铣切加工的原理。

化学铣切加工实质上是较大面积和较深尺寸的化学蚀刻,原理如图 6-8 所示。

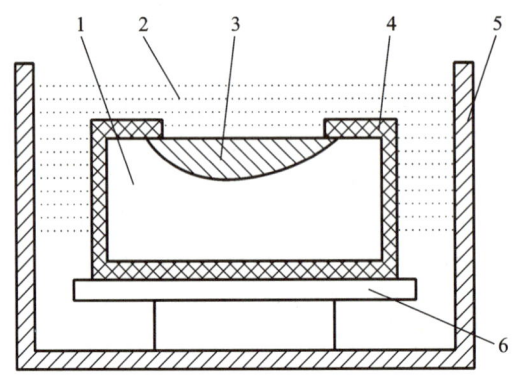

图 6-8　化学铣切加工原理示意图

1—工件材料;2—化学溶液;3—化学腐蚀部分;4—保护层;5—溶液箱;6—工作台

②化学铣切加工的特点。

a. 可加工难切削的金属材料,而不受硬度和强度的限制,如铝合金、钼合金、钛合金、镁合金、不锈钢等。

b. 适用于大面积加工,可同时加工多个工件。

c. 加工过程中不会产生应力、裂纹、毛刺等缺陷,表面粗糙度 Ra 值可达 $1.25 \sim 2.5~\mu m$。

d. 加工操作比较简单。

③化学铣切加工的应用。

a. 主要用于较大工件的金属表面厚度减薄加工。化学铣切加工铣切厚度一般小于 13 mm,在航空和航天工业中常用于局部减轻火箭、飞船舱体结构件的重量,对大面积或不利于机械加工的薄壁型整体壁板的加工亦适用。

b. 用于在厚度小于 1.5 mm 的薄壁零件上加工复杂的型孔。

(2) 光化学腐蚀加工。

光化学腐蚀加工简称光化学加工,是光学照相制版和光刻(化学腐蚀)相结合的一种精密微细加工技术。它与化学蚀刻(化学铣削)的主要区别是不靠样板人工刻形、划线,而是通过照相感光来确定工件表面要蚀除的图形、线条,因此光化学腐蚀加工可以加工出非常精细的文字图案,目前已在工艺美术、机制工业和电子工业中获得应用。

7. 快速成型技术

快速成型(rapid prototyping,RP)又称为快速原模成型、增材制造、叠层制造或分层制造,它的基本思想是基于对复杂的三维实体或壳体做有限的二维离散细化分层。在制造中,将底层的二维图形(数控)制造完毕后,向三维进给一定厚度,继续制造后一层,而前、后两层又是结合在一起的,从而达到三维制造。这是牛顿微分思想在制造中的具体应用和体现。目前,快速成型技术主要用于原模制造、零件仿制,是 20 世纪 80 年代以后出现的新技术。中国在 20 世纪 90 年代初期开始研究快速成型技术,目前已利用该项技术制造了部分设备产品。快速成型技术主要依托数控技术的发展,几乎所有的快速成型设备都配有数控系统。

目前比较成熟的快速成型工艺方法有光敏树脂液相固化、选择性粉末激光烧结、薄片分层叠加成形和熔丝堆积成形,其他方法还在进一步研究中。

二、精密及超精密加工技术

1. 精密及超精密加工技术概述

精密及超精密加工对尖端技术的发展起着十分重要的作用。当今各主要工业化国家都投入了巨大的人力、物力,来发展精密及超精密加工技术。精密及超精密加工技术已经成为现代制造技术的重要发展方向之一。

精密及超精密加工主要是根据加工精度和表面质量两项指标来划分的。这种划分是相对的,随着生产技术的不断发展,二者的划分界限也将逐渐向前推移。

(1) 一般加工。

一般加工是指加工精度在 $10\ \mu m$ 左右(IT5～IT7级)、表面粗糙度为 $Ra=0.2\sim0.8\ \mu m$ 的加工方法,如车、铣、刨、磨、电解加工等。它适用于汽车制造、拖拉机制造、模具制造和机床制造等。

(2) 精密加工。

精密加工是指精度为 $0.1\sim10\ \mu m$(IT5级或IT5级以上)、表面粗糙度 $Ra<0.1\ \mu m$ 的加工方法,如金刚石车削、高精密磨削、研磨、珩磨、冷压加工等。它适用于精密机床、精密测量仪器等制造业中的关键零件,如精密丝杠、精密齿轮、精密导轨、微型精密轴承、宝石等的加工。

(3) 超精密加工。

超精密加工一般指工件尺寸公差为 $0.01\sim0.1\ \mu m$ 数量级、表面粗糙度 Ra 为 $0.001\ \mu m$ 数量级的加工方法,如金刚石精密切削、超精密磨料加工、电子束加工、离子束加工等。它用于精密组件、大规模和超大规模集成电路及计量标准组件制造等方面。

2. 超精密加工方法的分类

根据加工方法的机理和特点不同,超精密加工方法可分为以下几大类。

(1) 机械超精密加工方法。

机械超精密加工方法包括金刚石刀具超精密切削、金刚石微粉砂轮超精密磨削、精密研磨和抛光等一些传统加工方法。

(2) 非机械超精密加工方法。

非机械超精密加工方法包括精密电火花加工、精密电解加工、精密超声加工、电子束加工、离子束加工、激光束加工等一些非传统加工方法,也称为特种精密加工方法。

(3) 复合超精密加工方法。

复合超精密加工方法包括传统加工方法的复合、特种加工方法的复合以及传统加工方法和特种加工方法的复合(如机械化学抛光、精密电解磨削、精密超声珩磨等)。

三、超高速切削技术

1. 超高速切削技术概述

实践证明,切削速度提高 10 倍、进给速度提高 20 倍,远远超越传统的切削"禁区"(图6-9中的不可用切削区)后,切削机理发生根本的变化。发生这一根本变化的显著标志是使被加工塑性金属材料在切除过程中的剪切滑移速度达到或超过某一阈值,开始趋向最佳切除条件。在这种条件下,切除被加工材料能量的消耗、切削力、工件表面温度、刀具磨具磨

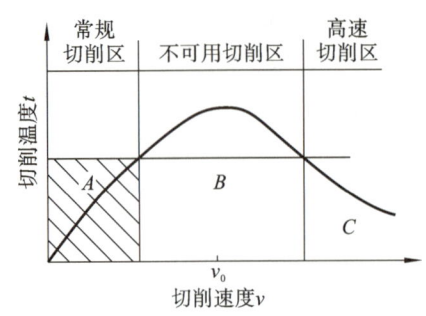

图 6-9 德国学者 Carl Salmon 博士绘制的 Carl Salmon 曲线

损、加工表面质量等均明显优于传统切削速度下的指标,加工效率大大高于传统切削速度下的加工效率。

结果是单位功率的金属切除率提高了 30%~40%,切削力至少降低了 30%,刀具的使用寿命提高了约 70%,留于工件的切削热量大幅度降低,切削振动几乎消失。切削加工发生了本质性的飞跃,一系列在常规切削加工中备受困扰的问题得到了解决。

因此,超高速切削技术是 21 世纪切削加工领域的重大技术课题之一,是切削加工领域新的里程碑。

2. 超高速切削技术的特点

(1) 加工效率高:切削速度为传统加工的 10 倍,进给速度为传统加工的 5~10 倍,材料切除率提高 3~6 倍,加工时间为传统加工的 1/3。

(2) 切削力小、刀具寿命长:切削力至少下降了 30%,刀具寿命提高约 70%。

(3) 热变形小:加工过程迅速,切屑带走 95% 的热量,热变形小,因而适用于加工易发生热变形的工件。

(4) 加工精度高、表面质量好:切削力和切削热的降低,使刀具和工件的变形减小、工件表面的残余应力下降,从而容易保证工件的尺寸精度和表面质量。

(5) 加工过程稳定:激振频率远远高于工艺系统的固有频率,不会造成工艺系统振动,因而加工过程平稳。

(6) 能加工各种难加工材料。

(7) 加工成本低:单位时间内的金属切除率高,能耗低,零件加工时间短,从而有效地提高了能源和设备的利用率,降低了生产成本。

3. 超高速切削技术的应用

(1) 汽车领域。

福特汽车公司采用由 HVM800 型卧式加工中心组成的柔性生产线加工汽车发动机零件,生产率与组合机床自动线相当,但建线投入减少了 40%,生产准备时间也少得多。

(2) 模具领域。

超高速切削技术可以实现淬火硬度达 60 HRC(某些情况下可达 70 HRC)的淬硬模具的切削加工,加工时间仅为电加工的 25% 左右,加工费用可节省 50% 以上。

(3) 航空、航天领域。

采用超高速切削技术后,切削速度达到了 100~1 000 m/min,不仅可大幅度提高生产率,还能有效减少刀具磨损,提高工件表面的加工质量。因此,飞机制造业是最早使用超高速切削技术的行业。

四、微纳技术

计算机技术、电子技术、航空技术的发展对许多装置提出了微型化的要求,使零部件的尺寸日趋微型化。这些需求导致 20 世纪 80 年代起出现了微细加工技术和纳米制造技术(目前习惯上统称为微纳技术)。

1. 微细加工技术

微细加工的出现和发展与大规模集成电路密切相关,微细加工对微电子工业而言就是一种加工尺度从微米量级到纳米量级的制造微小尺寸元器件或薄膜图形的先进制造技术。现在微细加工并不仅限于微电子制造技术,更重要的是指微机械构件的加工或微机械与微电子、微光学等的集成结构的制作技术。目前微细加工技术主要有从半导体加工工艺中发展起来的硅工艺技术。20世纪80年代中期以后利用载射线光刻、电铸和注塑的LIGA技术诞生,它形成了微细加工的另一个体系。LIGA技术是由德国卡尔斯鲁厄研究中心提出的。该技术是一种由半导体光刻工艺派生出来的采用光刻方法一次生成三维空间微机械构件的方法,技术的机理由深层载射线光刻、电铸成形及注塑成形三个工艺组成。它的主要工艺过程由载光光刻掩膜板的制作、载光深光刻、光刻胶显影、电铸成形、塑模制作、塑膜脱模成形等组成。LIGA技术具有平面内几何图形的任意性、高深宽比、高精度、小表面粗糙度值和原材料的多元性等突出优点,适用于采用多种金属、非金属材料制成大缩比的微型构件。LIGA技术在微机械加工领域中完全打破了硅平面工艺的框架,已成为最有前途的三维构件的工艺手段。

2. 纳米制造技术

纳米制造技术是科学技术发展的一个新兴领域。它不仅仅将加工和测量精度从微米级提高到纳米级,而且将人类对自然的认识和改造从宏观领域引入物理的微观领域,深入一个新的层次,即从微米层深入分子、原子级的纳米层。纳米级加工的物理实质和传统的切削、磨削加工有很大的不同,一些传统的切削、磨削方法和规律已经不能用在纳米级加工领域。欲得到纳米级的加工精度,加工的最小单位必然在亚微米级。由于原子间的距离为 0.1~100 nm,纳米级加工实际上已经到了加工精度的极限。在纳米级加工中,试件表面的一个个原子或分子将成为直接加工对象。因此,纳米级加工的物理实质就是要切断原子间的结合,实现原子或分子的去除。

任务3 制造自动化技术

一、柔性制造系统

1. 柔性制造系统概述

制造技术在市场需求及科技发展这两方面的推动下不断演化。当前,制造技术的前沿已经发展到:以信息密集的柔性自动化生产方式满足多品种、变批量的市场需求,并开始向知识密集的智能自动化方向发展。

成组技术能解决外形结构和加工工艺相差不大的工件的加工问题,但它不能很好地解决多品种、中小批量生产的自动化问题。

随着科技、生产的不断进步,市场竞争的日趋激烈,以及人们生活需求的多样化,产品品种、规格将不断增加,产品更新换代的周期将越来越短。无论是国际还是国内,多品种、中小批量生产的零件仍占大多数。为了解决机械制造业多品种、中小批量生产的自动化问题,除了用计算机控制单个机床及加工中心外,还可借助于计算机把多台数控机床连接起来组成一个柔性制造系统。

柔性制造系统(flexible manufacturing system,FMS)就是由计算机控制的、以数控机床设备为基础由物料储运系统连成的、没有固定加工顺序和节拍的自动加工制造系统。它的主要特点如下。

(1) 高柔性。柔性制造系统具有较高的灵活性、多变性,能在不停机调整的情况下,实现多种不同工艺要求的零件加工和不同型号产品的装配,满足多品种、小批量的个性化加工需求。

(2) 高效率。柔性制造系统能采用合理的切削用量实现高效加工,同时使辅助时间和准终时间减小到最低的程度。

(3) 高度自动化。加工、装配、检验、搬运、仓库存取等完全由自动化程度高的设备完成,使多品种成组生产实现高度自动化,实现自动更换工件、刀具、夹具,实现自动装夹和输送,实现自动监测加工过程,有很强的系统软件功能。

(4) 经济效益好。柔性化生产可以大大减少机床数目、减少操作人员、提高机床利用率,可以缩短生产周期、降低产品成本,可以大大削减零件成品仓库的库存、大幅度地减少流动资金、缩短资金的流动周期,因此可取得较高的综合经济效益。

2. 柔性制造系统的组成

一个柔性制造系统可概括为由三部分组成,即多工位数控加工系统、自动化的物料储运系统和计算机控制的信息系统,具体组成如图 6-10 所示。

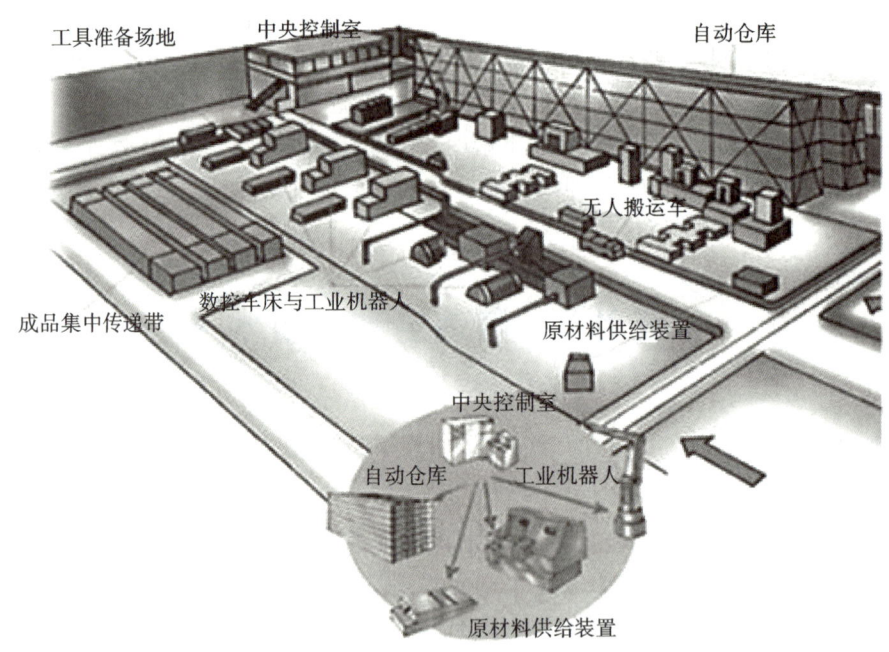

图 6-10　柔性制造系统构成图

(1) 加工系统。加工系统的功能是以任意顺序自动加工各种工件,并自动地更换工件和刀具。它通常由若干台加工零件的 CNC 机床和 CNC 板材加工设备以及操纵这种机床要使用的工具所构成。在加工较复杂零件的柔性制造系统中,由于机床上机载刀库能提供的刀具数目有限,除尽可能使产品设计标准化,以便使用通用刀具和减少专用刀具的数量外,必要时还需要在加工系统中设置机外自动刀库以弥补机载刀库容量的不足。

(2) 物流系统。柔性制造系统中的物流系统与传统的自动线或流水线有很大的差别，整个工件输送系统的工作状态是可以随机进行调度的，而且都设置有储料库以调节各工位上加工时间的差异。物流系统包含工件的输送和存储两个方面。

① 工件的输送。工件的输送包括工件从系统外部送入系统和工件在系统内部传送两部分。目前，大多数工件的送入和在夹具上的装夹仍由人工操作，送入系统中设置装卸工位，较重的工件可用各种起重设备或机器人搬运。工件的输送系统按所用运输工具不同可分成自动输送车、轨道传送系统、带式传送系统和机器人传送系统四类。

② 工件的存储。在柔性制造系统的物流系统中，通过设置适当的中央料库和托盘库及各种形式的缓冲储存区来进行工件的存储，从而保证柔性制造系统的柔性。

(3) 信息系统。信息系统包括过程控制及过程监视两个子系统，功能主要是进行加工系统及物流系统的自动控制以及在线状态数据的自动采集和处理。在柔性制造系统中，信息由多级计算机进行处理和控制。

3. 柔性制造系统的类型和适应范围

柔性制造系统一般可以分为柔性制造单元、柔性制造系统、柔性制造生产线和无人化自动工厂几种类型。

(1) 柔性制造单元(flexible manufacturing cell，FMC)。柔性制造单元由1~2台数控机床或加工中心组成，并配备有某种形式的托盘交换装置、机械手或工业机器人等夹具和工件的搬运装置，由计算机进行适时控制和管理。柔性制造单元带有工件库和夹具库，能够加工多品种的零件，加工同一种零件时数量可多可少，特别适合用于多品种、小批量零件的加工。

(2) 柔性制造系统(flexible manufacturing system，FMS)。柔性制造系统由两个以上柔性制造单元或多台加工中心(4台以上)组成，并用物料储运系统和刀具系统将机床连接起来，工件被装夹在随行夹具和托盘上，自动地按加工顺序在机床间逐个输送。它适用于多品种、小批量或中批量生产的复杂零件的加工。柔性制造系统主要应用于汽油机、柴油机、机床、汽车、齿轮传动箱和武器等产品领域。在采用柔性制造系统进行加工的材料中，铸铁占的比例较大，这是因为它的切屑较容易处理。

(3) 柔性制造生产线(flexible manufacturing line，FML)。在零件生产批量较大而品种较少的情况下，组成柔性制造系统的机床可以完全按照工件的加工顺序排列成生产线的形式。这种生产线与传统的刚性自动生产线的不同之处在于：它能同时或依次加工少量不同的零件，当零件更换时，生产节拍可做相应的调整，各机床的主轴箱也可自行进行更换。较大的柔性制造系统由两个以上柔性制造单元或多台数控机床、加工中心组成，并用一个物料储运系统将机床连接起来，工件被装夹在夹具和托盘上，自动地按加工顺序在机床间逐个输送。根据加工需要自动调度和更换刀具，直至加工完毕。

(4) 无人化自动工厂(automation factory，AF)。在一定数量的柔性制造系统的基础上，用高一级计算机把它们联系起来，对全部生产过程进行调度管理，加上立体仓库和运用工业机器人进行装配，就组成了生产的无人化自动工厂。日本近年来出现了采用柔性制造系统的无人化自动工厂。无人搬运车从原材料自动仓库将毛坯运至加工站，然后由机械手完成机床工作地的装卸工作。另外，机床配置有监视装置。零部件加工完毕后转入零件和部件自动仓库，并自动完成产品的装配工作。这种工厂实现了生产的高度自动化，白天车间中只有几十名工人，夜班时车间中没有工人，只有一个人在控制室内，而所有机床能在夜间无人照管的条件下加工零件。这样在一天24小时中机床的可用时间接近100%，机床的实际利用率平均达到65%～70%。结果在这一面积不太大的工厂中,每月可生产100台机器人、75台加工中心和75台线切割机床。可见,它显著地提高了投资效益。

应当指出的是,柔性制造系统的投资是很大的。柔性制造系统带来的经济效益,如减少机床数、减少操作人员、提高机床利用率、缩短生产周期、降低产品成本等是巨大的。但上述经济效益能否使投资在短期内回收,将是对是否采用柔性制造系统进行决策的一个重要依据。因此,国外从20世纪70年代起就一直在研究和开发柔性制造系统的模拟技术,力求在新系统建立(或老系统的改造)之前,借助于计算机上的系统模拟,找到最优的系统构成。

4. 柔性制造系统的组成环节

(1) 机床设备。组成柔性制造系统的机床设备一般选择卧式、立式或立卧两用的数控加工中心。数控加工中心是一种带有刀库和自动换刀装置(ATC)的多工序数控机床。工件经一次装夹后,数控加工中心能自动完成铣、镗、钻、铰等多种工序的加工,且它有多种换刀和选刀功能,从而可使生产率和自动化程度大大提高。

在柔性制造系统的加工系统中还有一类加工中心,它们除了机床本身之外,还配有一个储存工件的托盘站和自动上下料的工件交换台。在这类加工中心上加工完一个工件后,托盘交换装置便将加工完的工件连同托盘一起拖回环形工作台的空闲位置,然后按指令将下一个待加工的工件/托盘转到交换装置,由托盘交换装置将它送到机床上进行定位夹紧以待加工。这类具有存储较多工件/托盘的加工中心是一种基础形式的柔性制造单元。

柔性制造系统对机床设备的基本要求是:工序集中;易控制;高柔性度和高效率;具有通信接口。

(2) 机床夹具。目前,用于柔性制造系统中机床设备上的夹具有以下两种重要的发展趋势。

①大量使用组合夹具,使夹具零部件标准化,可针对不同的服务对象快速拼装出所需的夹具,使夹具的重复利用率提高。

②开发柔性夹具,使一套夹具能为多个加工对象服务。

(3) 自动化仓库。柔性制造系统的自动化仓库与一般仓库不同。它不仅是存储和检索物料的场所,也是柔性制造系统物流系统的一个组成部分。它由柔性制造系统的计算机控制系统控制。从功能性质上说,它是一个工艺仓库。正因为如此,它的布置和物料存放也以方便工艺处理为原则。目前,自动化仓库一般采用多层立体布局的结构形式,所占用的场地面积较小。

(4) 物料运载装置。物料运载装置直接担负着工件、刀具以及其他物料的运输任务,包括物料在加工机床之间、自动化仓库与托盘存储站之间以及托盘存储站与机床之间的输送与搬运。柔性制造系统中常见的物料运载装置有传送带、自动运输小车和搬运机器人等。

(5) 刀具管理系统。刀具管理系统在柔性制造系统中占有重要的地位。它的主要职能是负责刀具的运输、存储和管理,适时地向加工单元提供所需的刀具,监控管理刀具的使用,及时取走已报废或耐用度已耗尽的刀具,在保证正常生产的同时,最大限度地降低刀具的成本。刀具管理系统的功能和柔性程度直接影响到整个柔性制造系统的柔性和生产率。典型柔性制造系统的刀具管理系统通常由刀库系统、刀具预调站、刀具装卸站、刀具交换装置以及管理控制刀具流的计算机组成。

(6) 控制系统。控制系统是柔性制造系统的核心。它管理和协调柔性制造系统内的各项活动,以保证生产计划的完成,实现最大的生产率。柔性制造系统除了少数操作(如装卸、调整和维修)由人工控制外,可以说正常的工作完全是由计算机自动控制的。柔性制造系统的控制系统通常采用两级或三级递阶控制结构形式,在控制结构中,每层的信息流都是双向流动的。然而,在控制的实时性和处理信息量方面,各层控制计算机又是有所区别的。采用这种递阶的控制结构,各层的控制处理相对独立,易于实现模块化,使局部增、删、改简单易行,从而增加了整个系统的柔性和开放性。

二、计算机集成制造系统(CIMS)

1. 计算机集成制造系统的概念

计算机辅助设计(CAD)和计算机辅助制造(CAM)的软件系统是分别研制、开发的。生产技术的高度发展要求设计与制造在产品生产中有机结合,实现一体化,从而发展形成了集成制造系统。用计算机网络将产品生产全过程的各个子系统有机地集合成一个整体,以实现生产的高度柔性化、自动化和集成化,达到高效率、高质量、低成本的生产目的的集成制造系统就是计算机集成制造系统(computer integrated manufacturing system,CIMS)。

计算机集成制造系统的概念包含两个基本观点。

(1) 系统的观点:企业生产的各个环节组成一个不可分割的整体,即从市场分析、产品设计、加工制造、经营管理到售后服务的全部生产活动是一个不可分割的整体,要紧密连接,统一考虑。

(2) 信息化的观点:整个生产过程实质上是一个数据采集、传递和加工处理的过程,最终形成的产品可以看作是数据的物质表现。

由此可知,计算机集成制造系统的内涵可以表述为:计算机集成制造系统是一种组织、管理与运行企业的哲理,它将传统的制造技术与现代信息技术、管理技术、自动化技术、系统工程技术等有机结合,借助计算机(硬、软件),使企业产品的生命周期(市场需求分析—产品意义—研究开发—设计—制造—支持,包括质量、销售、采购、发送、服务以及产品最后报废、环境处理等)各阶段活动中有关的人、组织、经费管理和技术等要素及信息流、物流和价值流有机集成并优化运行,实现企业制造活动中的计算机化、信息化、智能化、集成优化,以做到产品上市快、高质、低耗、服务好、环境清洁,提高企业的柔性、健壮性、敏捷性,使企业在市场竞争中立于不败之地。

2. 计算机集成制造系统的组成

计算机集成制造系统是一项发展中的技术,它的组成还没有统一的模式。但是根据前面所述的概念,可以认为计算机集成制造系统是由以下五大子系统组成的。

(1) 生产经营信息管理分系统(CAPM 或 MIS)。

(2) 工程设计自动化分系统(CAD/CAE/CAPP/CAM)。

(3) 制造自动化分系统(FMS/FMC)。

(4) 数据库与计算机网络组成的支撑分系统(DB 与 NW)。

(5) 质量保证分系统(QCS)。

这五大部分之间的相互关系如图 6-11 所示。

3. 计算机集成制造系统的关键技术

(1) 信息集成。针对设计、管理和加工制造中大量存在的自动化独立制造岛(指由多台机床组成的系统,由于具有一定的自主性和封闭性,故称为独立岛),实现信息正确、高效的共享和交换,是提升企业技术和管理水平必须首先解决的问题。信息集成的主要内容有:企

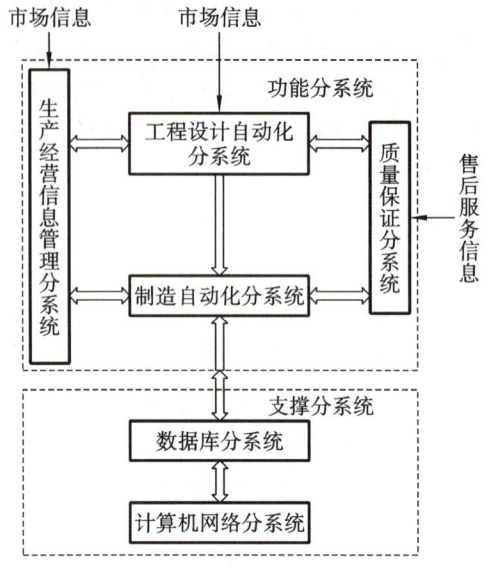

图 6-11　计算机集成制造系统的组成框图

业建模、系统设计方法、软件工具和规范,这是企业信息集成的基础;异构环境下的信息集成。

(2) 过程集成。企业除了采用信息集成这一技术手段之外,还可以对过程进行重构。产品开发设计中的各个串行过程尽可能多地转变为并行过程,在设计时考虑到下游工作中的可制造性、可装配性,设计时考虑质量(质量功能分配),可以减少反复,缩短开发时间。

(3) 企业集成。为了充分利用全球制造资源,把企业的模式调整成适应全球经济、全球制造的新模式,计算机集成制造系统必须解决资源共享、信息服务、虚拟制造、并行工程、资源优化、网络平台等关键技术,以更快、更好、更省地响应市场。

构建计算机集成制造系统要花费巨大的投资,而且需要雄厚的技术基础,包括企业应用计算机集成制造系统单项技术的能力以及一支强大的技术队伍。它涉及许多新技术,除了硬件之外,还需要功能齐全的数据库软件和系统管理软件。

计算机集成制造系统的发展水平和完善程度代表着机械制造业的发展水平。近年来,我国在汽车、民用飞机以及机床生产等行业,已经开始建立计算机集成制造系统,有些计算机集成制造系统即将启用,这标志着我国的机械制造水平已发展到了一个新的阶段。

任务 4　先进制造生产与管理模式

一、精益生产

20 世纪 80 年代初,先进制造技术开始迅速发展,但只是着眼于提高制造的效率、减少生产准备时间,却忽略了可能增加的库存带来的成本的增加。当时日本丰田汽车公司大野耐一先生注意到制造过程中的浪费是造成生产率低下和成本增加的根结,他从美国的超级市场运作受到启迪,形成了生产看板管理系统的构想,提出了准时生产制。准时生产制加上公司研制出的自动故障报警系统,再加上全面质量管理就形成了著名的丰田生产系统。

为了剖析日本经济腾飞的奥秘,美国麻省理工学院国际汽车计划研究团队按照国际机动车辆计划的安排,对日本丰田生产系统做了深刻的分析和研究,首先在《改变世界的机器:精益生产之道》一书中提出了精益生产的概念。精益生产方式实质上就是丰田生产方式,只是后者仅是丰田汽车公司本身的生产方式,而前者则是美国人通过归纳各个日本公司中推广应用丰田汽车公司的经验,并与全世界各国汽车制造方式做了详细的比较研究,提出的一种区别于福特式大量生产方式的新的生产方式。

1. 精益生产的内涵及体系

精益生产方式是指用多种现代管理手段和方法,以社会需求为依据,以充分发挥人的作用为根本,有效配置和合理使用企业资源,最大限度地为企业谋求经济效益的一种新型生产方式。

大量生产的奉行者给自己制订的目标是:可接受数量的次废品,可接受的最高库存量及相当狭窄范围的产品品种。精益生产的奉行者则将他们的目标确定为:尽善尽美,不断减少的成本、零次废品率、零库存以及无终止的产品品种类型。精益生产的原则是:团队作业,交流,有效利用资源并消除一切浪费,不断改进及改善。与大量生产相比,精益生产只需要1/2劳动力、1/2占地面积、1/2投资、1/2工程时间、1/2新产品开发时间。用一句话概括就是,精益生产方式即消除无效劳动和浪费的思想和技术。

精益生产的核心内容是准时生产制。准时生产制的核心是及时,即在一个物流系统中,原材料准确及时地提供给加工单元(或加工线),零部件准确无误地提供给装配线。该种方式通过生产看板管理,成功地制止了过量生产,从而彻底消除了产品制造过程中的浪费,提高了生产过程的合理性、高效性和灵活性。

如果把精益生产体系看作一幢大厦,那么它的基础就是在计算机网络支持下的、以小组方式工作的并行工作方式。在此基础上的三根支柱如下。

(1) 全面质量管理。它是保证产品质量、达到零缺陷目标的主要措施。

(2) 准时生产和零库存。它是缩短生产周期和降低生产成本的主要方法。

(3) 成组技术。这是实现多品种、按顾客订单组织生产、扩大批量、降低成本的技术基础。

这幢大厦的屋顶就是精益生产体系,如图 6-12 所示。

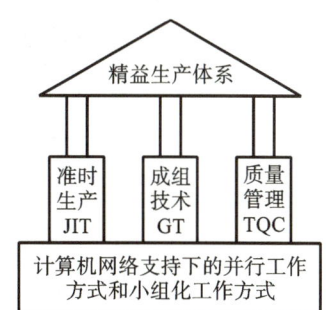

图 6-12 精益生产体系构成

2. 精益生产方式的特征

(1) 以用户为上帝,尽可能满足用户的需求,通过分析用户的消费需求来开发新产品。产品的适销性、适宜的价格、优良的质量、快的交货速度、优质的服务是面向用户的基本内容。

(2) 强调人的作用,充分发挥人的创新精神。精益生产方式把工作和责任最大限度地转移到直接为产品增值的工人身上,而且将任务分配到小组,实行小组工作法。减少不直接增值的工人,并加大工人对生产的自主权,发挥团队精神,更有利于精益生产的推行。

(3) 以精简为手段,在组织机构方面实行精简化,即降低加工设备的投入总量,简化生产制造过程,采用准时和看板方式管理物料,减少库存管理人员、设备和场所。

(4) 项目组和并行设计项目组由不同部门的专业人员组成,以并行设计方式开展工作,全面负责一个产品型号的开发和生产,包括产品设计、工艺设计、编制预算、材料购置、生产准备及投产等工作,并根据实际情况调整原有的设计和计划。

(5)采用拉动式生产方式。精益生产方式把组织生产的方式由传统的推动式变成拉动式,以市场需求拉动企业生产,在物料的生产和供应中严格实行准时生产制,做到按需要的时间和需要的数量向需要的部门或岗位提供所需要的物料。

(6)追求零缺陷工作目标。精益生产所追求的目标不是"尽可能好一些",而是"零缺陷",即最低的成本、最好的质量、无废品、零库存与产品的多样性。

二、敏捷制造

敏捷制造(又称为灵捷制造)作为一个新型制造模式,在概念和组成上在不断地更新和发展,目前尚无统一、公认的定义。通常可以这样认为:敏捷制造是在"竞争-合作/协同"机制作用下,企业通过与市场/用户、合作伙伴在更大范围、更高程度上集成,提高自身的竞争能力,最大限度地满足市场用户的需求,实现对市场需求做出灵活、快速反应的一种制造新模式。敏捷制造的内涵示意图如图6-13所示。

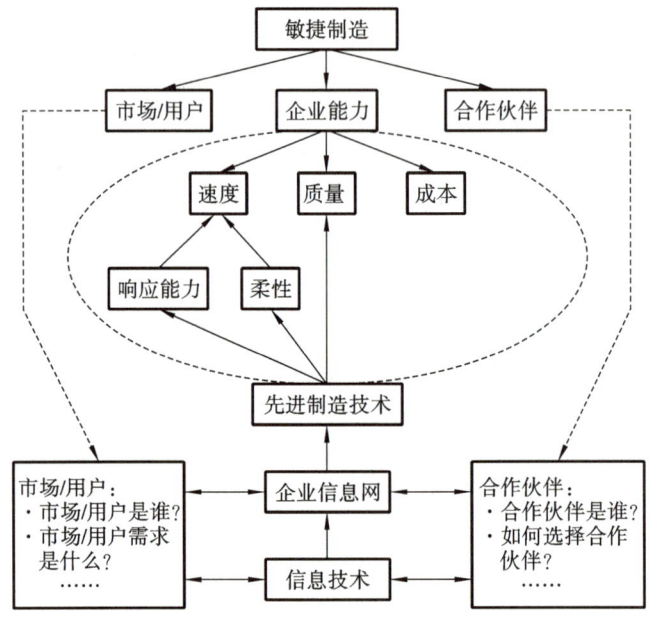

图 6-13 敏捷制造的内涵示意图

1. 敏捷制造的特点

(1)组织具有在快速变化、持续不断地分化的全球市场中提供个性化服务的能力。

(2)制造过程变成了一种服务。

(3)制造是为了开发各种信息、知识和关系的高速变化的市场价值。

(4)制造需要全面、快速、积极地反映基于解决顾客需求的生产和销售,并且以信息和服务为特征。

2. 敏捷制造的组成

敏捷制造主要由两个部分组成:基础结构和虚拟企业。

(1)敏捷制造的基础结构。

虚拟企业生成和运行所需要的必要条件决定了敏捷制造基础结构的构成。一个虚拟企业存在的必要环境包括物理基础、法律保障、社会环境和信息支持技术,它们构成了敏捷制造的基础结构。物理基础结构是指虚拟企业运行所必需的厂房、设施、资源等必要的物理条件。物理基础是指一个国家乃至全球范围内的物理设施。法律基础结构也称为规则基础结构,是指虚拟企业运行所必须遵循的规则,主要是指国家关于虚拟企业的法律、合同和政策。社会基础结构是指虚拟企业要能生存和发展,还需要社会环境,即由社会提供为虚拟企业服务的公共设施等。信息基础结构是指敏捷制造的信息支持环境,包括能提供各种服务的网点、中介机构等一切为虚拟企业服务的信息手段。

(2)虚拟企业。

敏捷制造的关键是在计算机网络和信息集成基础结构之上构成虚拟制造环境,根据用户需求和社会经济效益组成虚拟制造公司。它是依靠电子信息手段联系的一个动态组成的合作竞争组织结构,将分布在不同地区的不同公司的人力资源和物质资源组织了起来。为了共同的利益,每个公司只做自己擅长的工作,把各自的专长、知识和信息集成起来,以最短响应时间和最少的投资为目标,实现快速响应某一市场需求。只要市场机会存在,虚拟企业就会继续存在,市场机会消失;虚拟企业就将解体。

三、并行工程

1. 并行工程概述

并行工程的提出,改变了传统的串行工程的企业组织结构与工作方式以及人们的思维方法。为了实现并行工程,首先要在设计阶段完成设计人员的集成(即组织一个多功能小组,强调小组成员的协同工作),共享信息,在统一有效的管理下,借助先进的通信手段,使各项工作交叉、并行、有序地进行,从而尽早考虑产品整个生命周期中的所有因素,尽快发现并解决问题,以确保设计与制造的一次成功。有人把并行工程环境比作一个并行工程轮,如图6-14所示。

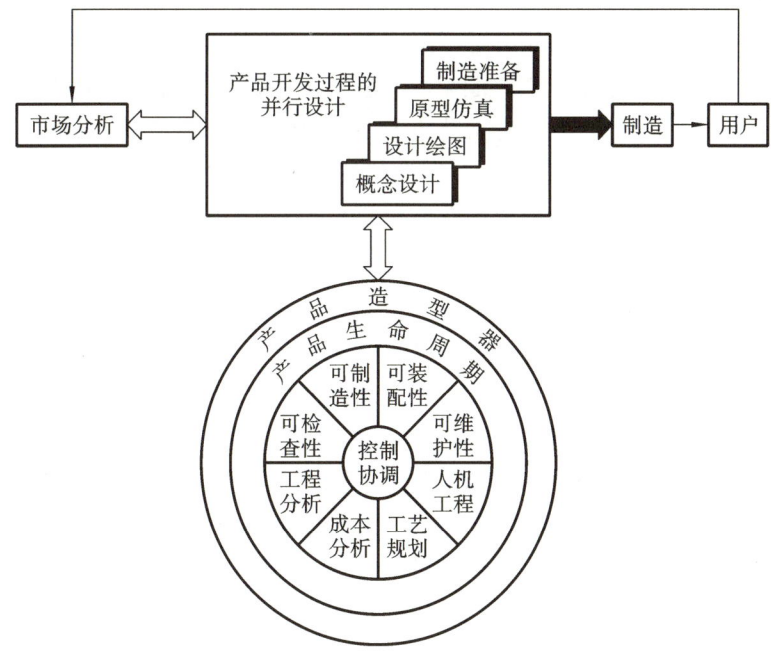

图 6-14 并行产品的开发环境与概念轮图

2. 并行工程的关键技术

(1) 产品开发过程的重构技术。

企业要实施并行工程,就要对企业现有的产品开发流程进行深入分析,找出影响产品开发进展的根本原因,重新构造能为有关各方所接受的新模式。实现新的模式需要两个保证条件:一是组织上的保证;二是计算机工具和环境的支持,如 DFA、DFM、PDM 等。

(2) 并行工程的开发团队(IPT)。

并行工程是按多功能组划分结构的,这就使得专业知识成为必需。产品开发组是由几个精通不同技术、专业学科的子单元组成的,各子单元的成员包括产品计划人员、产品概念工程师和分析员、产品设计人员、原型设计工程师、制造工程计划人员、管理和控制人员、计算机集成制造和装配人员、交货和支持成员等。

(3) 面向 X 的设计(DFX)。

面向 X 的设计包括 DFA 和 DFM 等。

DFA 的主要作用是:制订装配工艺规划,考虑装拆的可行性;优化装配路径;在结构设计过程中,通过装配仿真考虑装配干涉。DFA 的应用将有效地减少产品最终装配向设计阶段的大反馈,能有效地缩短产品开发周期。同时,DFA 也可以优化产品结构,提高产品质量。

DFM 作为一种设计方法,主要思想是在设计产品时不但要考虑功能和性能要求,而且要同时考虑制造的可能性、高效性和经济性,即产品的可制造性(或工艺性)。它的目标是在保证功能和性能的前提下使制造成本最低。

(4) 产品信息集成。

并行工程重组产品开发过程的行为,必然涉及产品信息的变化,包括数据结构和数据。

(5) 计算机支持的协同工作(CSCW)。

计算机支持的协同工作(computer support cooperative work,CSCW)研究在计算机技术支持(CS)的环境下,特别是在计算机网络环境下,一个群体如何协同工作完成一项共同的任务(CW)。它的目标是要设计出能支持各种各样的协同工作的工具、环境与应用系统。CSCW 系统融计算机的交互性、网络的分布性和多媒体的综合性为一体,为并行工程环境下的多学科小组提供协同管理的方式与手段。

四、虚拟制造

虚拟制造是 20 世纪 90 年代后期提出并得到迅速发展的一个新思想,是企业以信息集成为基础的一种新的制造哲理。虚拟制造又叫拟实制造,以计算机支持的仿真技术为前提。它的基本思想是在产品制造过程的设计阶段就利用信息技术、仿真技术、计算机技术对产品的设计、加工和装配、检验、使用整个生命周期进行模拟和仿真,将全阶段可能出现的问题解决在这一阶段,通过设计的最优化达到产品的一次性制造成功。它可以在设计阶段发现制造中可能出现的问题,在产品实际生产前就采取预防措施,从而达到降低成本、缩短产品开发周期、增强产品竞争能力的目的。虚拟制造技术按功能可分为以下几种。

(1) 产品的虚拟设计技术:面向产品原理、结构和性能进行设计、分析、模拟和评测,以优化产品本身的性能、成本为目标。

(2) 产品的虚拟制造技术:面向产品制造过程进行模拟、检验和优化,检验产品的可制造性、加工方法和工艺的合理性,以优化产品的制造工艺过程、保证产品的制造质量、最短的制造周期和最低的制造成本为目标。

（3）虚拟制造系统：着重于生产过程的规划、组织管理、资源调度、物流和信息流等的建模、仿真与优化，如虚拟企业、虚拟研发中心等。

虚拟制造技术是建模技术、虚拟现实技术和仿真技术的更高阶段。虚拟制造技术的广泛应用将从根本上改变现行的制造模式，对相关行业也将产生巨大影响。可以说，虚拟制造技术决定着企业的未来，也决定着制造业在竞争中能否立于不败之地。

五、绿色制造

绿色制造又称为环境意识制造或面向环境的制造，是一个综合考虑环境影响和资源消耗的现代制造模式。它的目标是使产品从设计、制造、包装、运输、使用到报废处理的整个生命周期，对环境负面影响最小、资源利用率最高，并使企业经济效益和社会效益协调优化。

作为一种先进制造模式，绿色制造强调在产品生命周期全过程中采取绿色措施，从而尽可能地减少产品在整个生命周期中对环境和人体健康的负面影响，提高资源和能源的利用率。所谓产品生命周期全过程，是指从地球环境（土地、空气和海洋）中提取材料，加工制造成产品，并流通给消费者使用，产品报废后经拆卸、回收和再循环将资源重新利用的整个过程，如图 6-15 所示。

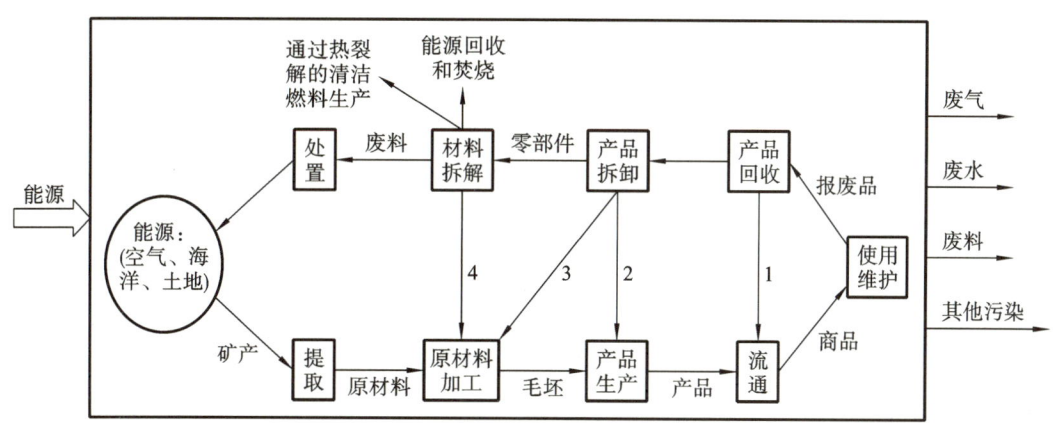

图 6-15　产品全生命周期循环过程图

绿色设计的过程和方法如下。

1. 初步设计

根据有关理论和历史资料，用生命周期评价（life cycle assessment，LCA）方法，分析待设计产品生命周期各阶段可能出现的环境影响因素。在此基础上，运用并行设计的原理，在设计中全面考虑产品生命周期各阶段中产品的绿色特性，并借助各种设计方法与理论，完成产品的初步设计。

2. 详细设计

运用 LCA 模拟追踪所设计产品生命周期过程，评估设计方案的绿色特性。在此基础上，完成详细设计。

3. 改进设计

根据评估结果，找出产品绿色特性问题之所在，进行改进设计，并从产品生命周期的角度出发对产品绿色设计进行整体优化。

任务 1 工单册

理论习题

1. 简述先进制造技术的概念与特征。

2. 简述先进制造技术的内容。

3. 简述你所熟悉的先进制造技术。

任务 2 工单册

理论习题

1. 精密加工和超精密加工各有何特点？实现精密加工和超精密加工的条件各有哪些？

2. 金刚石精密、超精密切削和磨削各自的切削机理、实现条件和应用范围是什么？

3. 从电解加工的原理出发，如何更好、更精密地对金刚石砂轮进行修整？

4. 细微加工技术的应用前景如何？

任务 3 工单册

理论习题

1. 柔性制造系统是怎样发展起来的?它的技术基础是什么?

2. 柔性制造系统由哪些子系统组成?简述柔性制造系统的特点、类型和应用场合。

3. 试述计算机集成制造系统的概念和组成。

4. 试分析柔性制造单元(FMC)、柔性制造系统(FMS)、计算机辅助工艺设计(CAPP)、计算机辅助设计(CAD)、计算机辅助制造(CAM)、计算机集成制造系统(CMIS)之间的关系。

任务 4 工单册

理论习题

1. 简述敏捷制造的概念、特征和组成。

2. 简述精益生产的内涵与特征。

3. 简述并行工程的概念和特点。

4. 简述虚拟制造的概念和功能。

项目 7 工艺综合实训

知识目标

1. 巩固机械制造工艺的设计过程。
2. 掌握工艺设计手册的使用。
3. 掌握工艺设计中的设计计算。

能力目标

掌握中等复杂零件的工艺设计。

思政目标

通过具体的工艺设计任务实践、小组成员间的协作、与指导老师的交流,培养学生理论与实践结合的能力,并使学生进一步体会社会主义核心价值观,培养学生自由、团结、友善的科学精神。

机械制造工艺及夹具综合实训是综合运用机械制造工艺及夹具的基本知识、基本理论和基本技能,分析和解决工程实际问题的一个重要教学环节,是对学生运用所掌握的机械制造工艺及夹具知识和相关知识的一次全面训练。

任务　工艺综合实训的目的、内容和步骤

一、工艺综合实训的目的

（1）培养学生制订零件机械加工工艺规程和分析工艺问题的能力，以及设计机床夹具的能力。在设计过程中，学生应熟悉有关标准和设计资料，学会使用有关手册。

（2）能熟练运用"机械制造工艺及夹具"课程中的基本理论以及在生产实践中学到的实践知识，正确地解决一个零件在加工中的定位、夹紧以及工艺路线安排、工艺尺寸确定等问题，保证零件的加工质量。

（3）学会使用手册、图表及各种标准等技术资料。学生应掌握与本工艺综合实训有关的各种资料的名称、出处，并做到熟练运用。

二、工艺综合实训的内容

1. 编制零件加工工艺规程

（1）零件工艺分析。抄画零件图，熟悉零件的技术要求，确定零件的主要加工表面、主要技术要求。

（2）确定毛坯。选择毛坯制造方法，确定加工总余量，画出毛坯图。

（3）拟订工艺路线。确定加工方法，选择加工基准，安排加工顺序，划分加工阶段，选取加工设备及工艺装备。

（4）进行工艺计算和填写工艺文件。计算加工余量、工序尺寸，选择、计算切削用量，确定加工工时，填写机械加工工艺过程综合卡片及机械加工工序卡片。

2. 撰写工艺综合实训报告

工艺综合实训报告的内容包括工艺综合实训报告封面、工艺综合实训任务书、目录、正文（工艺规程和夹具设计的基本理论、计算过程、设计结果）、参考资料。

三、工艺综合实训的步骤

1. 分析、研究零件图并进行工艺审查

（1）零件分析主要包括分析零件的几何形状、加工精度、技术要求、工艺特点，同时对件的工艺性进行研究。

（2）抄画零件图，了解零件的几何形状、结构特点以及技术要求，如有装配图，了解零件在所装配产品中的作用。零件由多个表面构成，既有基本表面，如平面、圆柱表面、圆锥表面及球面，又有特形表面，如螺旋面、双曲面等。不同的表面对应不同的加工方法，并且各个表面的精度、粗糙度不同，对加工方法的要求也不同。

（3）确定加工表面，找出零件的加工表面及其精度、粗糙度要求，结合生产类型，可查阅工艺手册中典型表面的典型加工方案和各种加工方法所能达到的经济精度，确定该表面的加工方法及经过几次加工。

2. 确定毛坯

（1）选择毛坯制造方法。

毛坯的种类有铸件、锻件、型材、焊接件及冲压件。确定毛坯种类和制造方法时，在考虑零件的结构形状、性能、材料的同时，还应考虑与规定的生产类型（批量）相适应。采用锻造

制造毛坯时,应合理确定分模面的位置;采用铸造制造毛坯时,应合理确定分型面及浇冒口的位置,以便在选择粗基准及确定定位和夹紧点时有依据。

(2) 确定毛坯余量。

查毛坯余量表,确定各加工表面的总余量、毛坯的尺寸及公差。将查得的毛坯总余量与零件分析中得到的加工总余量做对比,若毛坯总余量比加工总余量小,则需调整毛坯总余量,以保证有足够的加工总余量;若毛坯总余量比加工总余量大,应考虑增加走刀次数,或减小毛坯总余量。

(3) 绘制毛坯图。

在总余量已确定的基础上画毛坯图。在经简化了次要细节的零件图的主要视图上,将已确定的加工余量叠加在各相应的被加工表面上,即得到毛坯轮廓。毛坯轮廓用粗实线绘制,零件实体用双点画线绘制,比例尽量取 1∶1。毛坯图上应标出毛坯尺寸、公差、技术要求,以及毛坯制造的分模面、圆角半径和拔模斜度等。

3. 拟订工艺路线

零件机械加工工艺过程是工艺规程设计的中心问题。它的内容主要包括选择定位基准、安排加工顺序、确定各工序所用机床设备和工艺装备等。零件的结构、技术特点和生产批量将直接影响到所制订的工艺规程的具体内容和详细程度,这在制订工艺路线的各项内容时必须考虑到。

(1) 定位基准的选择。

正确地选择定位基准是设计工艺过程的一项重要内容,也是保证零件加工精度的关键。定位基准分为精基准、粗基准。在最初加工工序中,只能用毛坯上未经加工的表面作为定位基准(粗基准);而在后续工序中,则使用已加工表面作为定位基准(精基准)。

选择定位基准时,既要考虑零件的整个加工工艺过程,又要考虑零件的特征、设计基准及加工方法,根据粗、精基准的选择原则,合理选定零件加工过程中的定位基准。通常在制订工艺规程时,先考虑选择精基准,以保证达到精度要求并把各个表面加工出来,即先选零件表面最终加工所用的精基准和中间工序所用的精基准,然后再考虑选择合适的最初工序的粗基准把精基准加工出来。

(2) 拟订零件加工工艺路线。

经零件分析确定了各个表面的加工方法以后安排加工顺序。机加工顺序安排的原则是先粗后精、先主后次、先面后孔、基面先行。按照这个原则安排加工顺序时可以考虑将零件主要表面的加工次序作为工艺路线的主干排序,即零件的主要表面先粗加工,再半精加工,最后是精加工,如果还有光整加工,可以放在工艺路线的最后,次要表面穿插在主要表面加工顺序之间;多个次要表面排序时,按照与主要表面位置关系确定先后顺序;平面加工安排在孔加工前。

对于热处理工序、中间检验等辅助工序,以及一些次要工序等,在工艺方案中安排在适当的位置,防止遗漏。

对于工序集中与分散、加工阶段划分,主要表面粗、精加工阶段要划分开;主要表面和次要表面之间的相互位置精度要求不高时,主要表面的加工尽量采取工序分散的原则,这样有利于保证主要表面的加工质量。

根据零件加工顺序安排的一般原则及零件的特征,在拟订零件加工工艺路线时,各种工艺资料中介绍的各种典型零件在不同产量下的工艺路线(其中已经包括了工艺顺序、工序集中与分散和加工阶段的划分等内容),以及在生产实习和工厂参观时所了解到的现场工艺方案,皆可供参考。

(3) 选择机床设备及工艺装备。

机床设备及工艺装备(即刀具、夹具、量具、辅具)的选择应考虑下列因素。

① 零件的生产类型。

② 零件的材料。

③ 零件的外形尺寸和加工表面尺寸。

④ 零件的结构特点。

⑤ 该工序的加工质量要求以及生产率和经济性等相适应。

⑥ 充分考虑工厂现有的生产条件,尽量采用标准设备和工具。

(4) 工序设计。

对于工艺路线中的工序,按照要求进行设计。工序设计主要内容如下。

① 划分工步。根据工序内容及加工顺序安排的一般原则,合理划分工步。

② 确定加工余量。用查表法确定各主要加工表面的工序(工步)余量。因毛坯总余量已由毛坯(图)在设计阶段定出,故粗加工工序(工步)余量应由总余量减去精加工、半精加工余量之和而得出。若某一表面仅需一次粗加工,则该表面的粗加工余量就等于已确定出的毛坯总余量。

③ 确定工序尺寸及公差。对于简单加工的情况,工序尺寸可由后续加工的工序尺寸加上工序余量简单求得,工序公差可用查表法按加工经济精度确定。对于加工时有基准转换的较复杂的情况,需用工艺尺寸链来求算工序尺寸及公差。

④ 选择切削用量。切削用量可用查表法或访问数据库方法初步确定,再参照所用机床实际转速、走刀量最后确定。

⑤ 确定加工工时。对加工工序进行时间定额的计算,主要是确定工序的机加工时间。对于辅助时间、服务时间、自然需要时间及每批零件的准终时间等,可按照有关资料提供的比例系数估算。

4. 编制工艺文件

(1) 填写机械加工工艺过程卡片。

机械加工工艺过程卡片的格式如图 7-1 所示。它包含上面内容所述的有关选择、确定及计算的结果。机械加工以前的工序如铸造、人工时效等在机械加工工艺过程卡片中可以有所记载,但不编工序号。机械加工工艺过程卡片在工艺综合实训中只填写工艺综合实训所涉及的内容。

(2) 填写工序的机械加工工序卡片。

机械加工工序卡片的格式如图 7-2 所示。该工序卡片除包含上面内容所述的有关选择、确定及计算的结果之外,还包括工序简图。工序简图按照缩小的比例画出,不一定很严格。零件复杂、不能在工序卡片中表示时,可另页单独绘出。工序简图尽量选用一个视图,正确使用定位、夹紧符号表示出工件所处的加工位置、夹紧状态。用细实线画出工件的主要特征轮廓,并在本道工序所加工的表面标注粗糙度符号。

(3) 编写工艺综合实训报告。

工艺综合实训报告是工艺综合实训总结性文件。通过编写工艺综合实训报告,进一步培养学生分析、总结和表达问题的能力,巩固、深化在工艺综合实训过程中所获得的知识。

图 7-1　机械加工工艺过程卡片

图 7-2　机械加工工序卡片

编写工艺综合实训报告是工艺综合实训工作的一个重要组成部分。

  工艺综合实训报告应概括地介绍工艺综合实训全貌,对工艺综合实训中的各部分内容应做重点说明、分析论证及必要的计算,要求系统性好、条理清楚、图文并茂,充分表达自己的意见,且综合实训报告要求字迹工整、语言简练、逻辑性强、图例清晰。

  学生从设计一开始就应随时逐项记录工艺综合实训内容、计算结果、分析意见和资料来源,以及指导老师的合理意见、自己的见解与结论等。在每一阶段完成后,随即可整理、编写出有关部分的报告。待全部结束后,只要稍作整理,便可装订成册。

任务工单册

技能实践

工单册表 7-1　工艺综合实训的目的、内容和步骤作业表

项目名称	项目 7　工艺综合实训	
任务名称	任务　工艺综合实训的目的、内容和步骤	
分组信息	组号	
	组员姓名和学号	
	小组成员	
任务目标	知识目标	掌握零件工艺设计方法
	能力目标	掌握工艺生产组织的设计
需要完成的任务内容	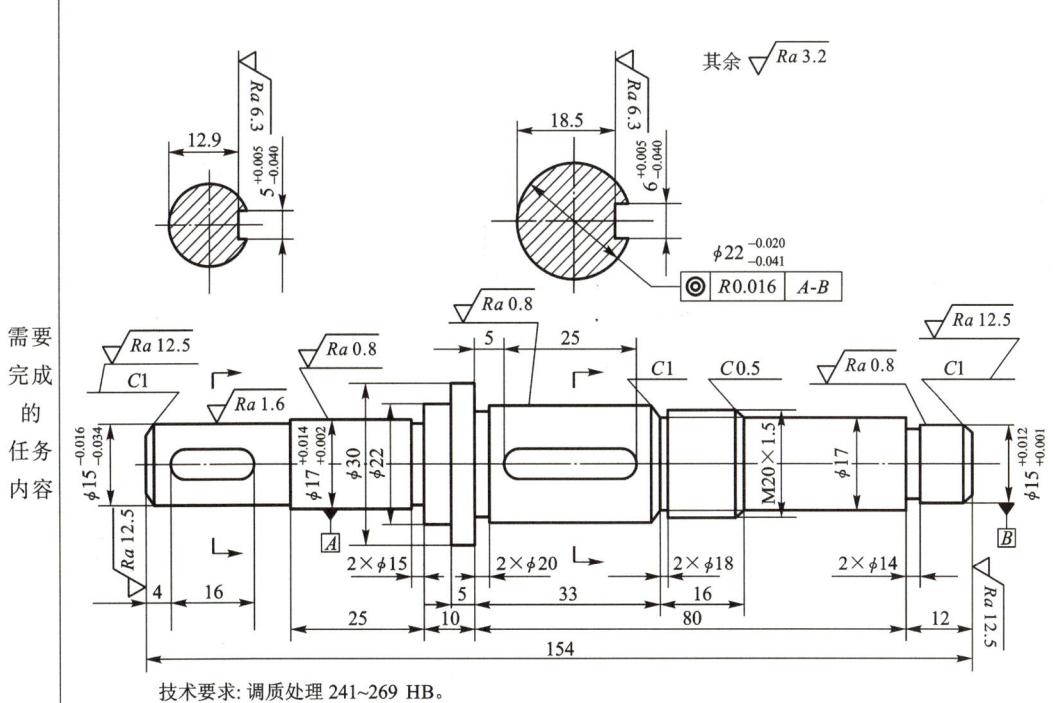 技术要求：调质处理 241~269 HB。 上图所示阶梯轴的材料为 45 热轧圆钢，试确定其成批生产的工艺过程及各工序的工序尺寸和偏差，并编写设计说明书。	

续表

机械加工工艺过程卡片		产品型号		零件图号			共 页		
		产品名称		零件名称			第 页		
材料牌号	毛坯种类	毛坯外形尺寸		每毛坯件数		每台件数		备注	
工序号	工序名称	工序内容	车间	工段	设备	工艺装备		工时	
								准终	单件
						设计(日期)	校对(日期)	审核(日期)	标准化(日期)	会签(日期)
标记	处数	更改文件号	签字	日期	标记	处数	更改文件号	签字	日期

续表

机械加工工艺过程卡片		产品型号		零件图号			共 页	第 页
		产品名称		零件名称				
材料牌号		毛坯种类		毛坯外形尺寸		每毛坯件数	每台件数	备注
工序号	工序名称	工序内容	车间	工段	设备	工艺装备		工时
								准终	单件
					设计(日期)	校对(日期)	审核(日期)	标准化(日期)	会签(日期)
标记	处数	更改文件号	签字	日期	标记	处数	更改文件号	签字	日期

续表

机械加工工艺过程卡片		产品型号		零件图号			共 页 第 页
		产品名称		零件名称			
材料牌号	毛坯种类		毛坯外形尺寸		每毛坯件数	每台件数	备注

工序号	工序名称	工序内容	车间	工段	设备	工艺装备	工时 准终 单件

				设计(日期)	校对(日期)	审核(日期)	标准化(日期)	会签(日期)

标记	处数	更改文件号	签字	日期	标记	处数	更改文件号	签字	日期

续表

机械加工工艺过程卡片		产品型号		零件图号			共 页	第 页
		产品名称		零件名称				
材料牌号		毛坯种类		毛坯外形尺寸		每毛坯件数	每台件数	备注
工序号	工序名称	工序内容	车间	工段	设备	工艺装备	工时	
							准终	单件
					设计（日期）	校对（日期）	审核（日期）	标准化（日期）	会签（日期）
标记	处数	更改文件号	签字	日期	标记	处数	更改文件号	签字	日期

续表

机械加工工艺过程卡片		产品型号		零件图号			共 页	第 页
		产品名称		零件名称				

材料牌号		毛坯种类		毛坯外形尺寸		每毛坯件数		每台件数		备注		

工序号	工序名称	工序内容	车间	工段	设备	工艺装备	工时	
							准终	单件

				设计(日期)	校对(日期)	审核(日期)	标准化(日期)	会签(日期)

标记	处数	更改文件号	签字	日期	标记	处数	更改文件号	签字	日期

续表

机械加工工序卡片		产品型号		零件图号			共 页	第 页
		产品名称		零件名称			材料牌号	
		车间	工序号	工序名称				
		毛坯种类	毛坯外形尺寸	每毛坯可制件数			每台件数	
		设备名称	设备型号	设备编号			同时加工件数	
		夹具编号		夹具名称			切削液	
		工位器具编号		工位器具名称			工序工时（分）	
							准终	单件
工步号	工步内容	工艺装备	主轴转速 r/min	切削速度 m/min	进给量 mm/r	切削深度 mm	进给次数	工步工时
								机动 辅助
				设计（日期）	校对（日期）	审核（日期）	标准化（日期）	会签（日期）
标记	处数	更改文件号	签字	日期	标记	处数	更改文件号	签字 日期

续表

机械加工工序卡片		产品型号		零件图号			共 页	第 页
		产品名称		零件名称				
		车间		工序号	工序名称		材料牌号	
		毛坯种类		毛坯外形尺寸	每毛坯可制件数		每台件数	
		设备名称		设备型号	设备编号		同时加工件数	
		夹具编号		夹具名称			切削液	
		工位器具编号		工位器具名称		工序工时(分)		
						准终	单件	
工步号	工步内容		工艺装备	主轴转速 r/min	切削速度 m/min	进给量 mm/r	切削深度 mm	进给次数	工步工时 机动 辅助
					设计(日期)	校对(日期)	审核(日期)	标准化(日期)	会签(日期)
标记	处数	更改文件号	签字	日期	标记	处数	更改文件号	签字	日期

续表

机械加工工序卡片		产品型号		零件图号			共 页	第 页
		产品名称		零件名称		工序名称		材料牌号
		车间	工序号	毛坯种类	毛坯外形尺寸	每毛坯可制件数		每台件数
		设备名称	设备型号	设备编号				同时加工件数
		夹具编号		夹具名称				切削液
		工位器具编号		工位器具名称		工序工时(分)		
						准终		单件
工步号	工步内容		工艺装备	主轴转速 r/min	切削速度 m/min	进给量 mm/r	切削深度 mm	进给次数	工步工时	
									机动	辅助
				设计(日期)	校对(日期)	审核(日期)	标准化(日期)	会签(日期)		
标记	处数	更改文件号	签字	日期						
标记	处数	更改文件号	签字	日期						

续表

机械加工工序卡片		产品型号		零件图号			共 页	
		产品名称		零件名称			第 页	
		车间	工序号	工序名称		材料牌号		
		毛坯种类	毛坯外形尺寸	每毛坯可制件数		每台件数		
		设备名称	设备型号	设备编号		同时加工件数		
		夹具编号		夹具名称		切削液		
		工位器具编号		工位器具名称		工序工时（分）		
						准终	单件	
工步号	工步内容	工艺装备	主轴转速 r/min	切削速度 m/min	进给量 mm/r	切削深度 mm	进给次数	工步工时
								机动 辅助
			设计（日期）	校对（日期）	审核（日期）	标准化（日期）	会签（日期）	
标记	处数	更改文件号	签字	日期	标记	处数	更改文件号	签字 日期

续表

机械加工工序卡片		产品型号		零件图号			共 页	第 页
		产品名称		零件名称		工序名称		材料牌号
		车间	毛坯种类	工序号	毛坯外形尺寸		每毛坯可制件数	每台件数
			设备名称		设备型号		设备编号	同时加工件数
			夹具编号		夹具名称			切削液
			工位器具编号		工位器具名称		工序工时（分）	
							准终	单件
工步号	工步内容	工艺装备		主轴转速 r/min	切削速度 m/min	进给量 mm/r	切削深度 mm	进给次数	工步工时	
									机动	辅助
					设计（日期）	校对（日期）	审核（日期）	标准化（日期）	会签（日期）	
标记	处数	更改文件号	签字	日期	标记	处数	更改文件号	签字	日期	

续表

机械加工工序卡片		产品型号		零件图号			共 页	第 页
		产品名称		零件名称			材料牌号	
		车间	工序号	工序名称				
		毛坯种类	毛坯外形尺寸	每毛坯可制件数			每台件数	
		设备名称	设备型号	设备编号			同时加工件数	
		夹具编号		夹具名称			切削液	
		工位器具编号		工位器具名称			工序工时（分）	
							准终	单件
工步号	工步内容	工艺装备	主轴转速 r/min	切削速度 m/min	进给量 mm/r	切削深度 mm	进给次数	工步工时
								机动 辅助
		设计（日期）	校对（日期）	审核（日期）		标准化（日期）	会签（日期）	
标记	处数	更改文件号	签字	日期	标记	处数	更改文件号	签字 日期

续表

机械加工工序卡片		产品型号		零件图号			共 页 第 页
		产品名称		零件名称		工序号	工序名称	材料牌号

	车间	毛坯种类	毛坯外形尺寸	每毛坯可制件数	每台件数
		设备名称	设备型号	设备编号	同时加工件数
	夹具编号		夹具名称		切削液
	工位器具编号		工位器具名称		工序工时(分)
					准终	单件

工步号	工步内容	工艺装备	主轴转速 r/min	切削速度 m/min	进给量 mm/r	切削深度 mm	进给次数	工步工时
								机动	辅助
			设计(日期)	校对(日期)	审核(日期)	标准化(日期)	会签(日期)	

标记	处数	更改文件号	签字	日期	标记	处数	更改文件号	签字	日期

续表

机械加工工序卡片		产品型号			零件图号				共 页	
		产品名称			零件名称				第 页	
				车间	工序号	工序名称		材料牌号		
				毛坯种类	毛坯外形尺寸	每毛坯可制件数		每台件数		
				设备名称	设备型号	设备编号		同时加工件数		
				夹具编号	夹具名称			切削液		
				工位器具编号	工位器具名称			工序工时（分）		
								准终	单件	
工步号	工步内容		工艺装备	主轴转速 r/min	切削速度 m/min	进给量 mm/r	切削深度 mm	进给次数	工步工时	
									机动	辅助
				设计（日期）	校对（日期）	审核（日期）		标准化（日期）	会签（日期）	
标记	处数	更改文件号	签字	日期	标记	处数	更改文件号	签字	日期	

续表

机械加工工序卡片		产品型号		零件图号			共 页	第 页
		产品名称		零件名称			材料牌号	
		车间	工序号	工序名称				
		毛坯种类	毛坯外形尺寸	每毛坯可制件数			每台件数	
		设备名称	设备型号	设备编号			同时加工件数	
		夹具编号	夹具名称				切削液	
		工位器具编号	工位器具名称				工序工时（分）	
							准终	单件
工步号	工步内容	工艺装备	主轴转速 r/min	切削速度 m/min	进给量 mm/r	切削深度 mm	进给次数	工步工时
								机动	辅助
			设计（日期）	校对（日期）	审核（日期）	标准化（日期）	会签（日期）	
标记	处数	更改文件号	签字	日期	标记	处数	更改文件号	签字	日期

续表

机械加工工序卡片		产品型号		零件图号				共 页	第 页
		产品名称		零件名称			工序号	工序名称	材料牌号
		车间	毛坯种类	毛坯外形尺寸		每毛坯可制件数			每台件数
			设备名称	设备型号		设备编号			同时加工件数
			夹具编号		夹具名称				切削液
			工位器具编号		工位器具名称			工序工时（分）	
								准终	单件
工步号	工步内容		工艺装备	主轴转速 r/min	切削速度 m/min	进给量 mm/r	切削深度 mm	进给次数	工步工时
									机动 辅助
			设计（日期）	校对（日期）	审核（日期）	标准化（日期）		会签（日期）	
标记	处数	更改文件号	签字	日期	标记	处数	更改文件号	签字	日期

续表

任务实施过程中遇到的问题及解决方法	
学习收获	

评价	个人评价(10分)		
	小组评价(20分)		
	贡献系数(20分)		
	教师评价(50分)		

参考文献

[1] 陈明. 机械制造工艺学[M]. 北京:机械工业出版社,2012.

[2] 王先逵. 机械制造工艺学[M]. 4版. 北京:机械工业出版社,2019.

[3] 王启平. 机械制造工艺学[M]. 5版. 哈尔滨:哈尔滨工业大学出版社,2005.

[4] 常同立,佟志忠. 机械制造工艺学[M]. 2版. 北京:清华大学出版社,2018.

[5] 郑修本. 机械制造工艺学[M]. 3版. 北京:机械工业出版社,2019.

[6] 卞洪元. 机械制造工艺与夹具[M]. 3版. 北京:北京理工大学出版社,2021.

[7] 刘守勇. 机械制造工艺与机床夹具(含课程设计与习题)[M]. 2版. 北京:机械工业出版社,2010.

[8] 余承辉,姜晶. 机械制造工艺与夹具[M]. 上海:上海科学技术出版社,2010.

[9] 胡岗. 机械制造工艺与机械夹具设计指导书(毕业设计指导)[M]. 北京:机械工业出版社,2016.

[10] 周世学. 机械制造工艺与夹具[M]. 2版. 北京:北京理工大学出版社,2006.

[11] 李长河,王玉玲. 机械制造工艺与夹具[M]. 北京:科学出版社,2019.

[12] 兰建设. 机械制造工艺与夹具[M]. 北京:机械工业出版社,2013.

[13] 吴拓. 机械制造工艺与机床夹具[M]. 3版. 北京:机械工业出版社,2021.

[14] 陈兴和,周益军. 机械制造工艺与专用夹具设计[M]. 镇江:江苏大学出版社,2014.